Wissen. Hier wird der Unterrichtsstoff erklärt, zum Beispiel neue Fachbegriffe. An Beispielen siehst du, wie eine Aufgabe gelöst werden kann. Im Merkkasten ist hervorgehoben, was besonders wichtig ist.

Üben. Wenn du übst, wirst du nach und nach immer sicherer. Und du lernst dazu, wie beim Training im Sport.

Am Ende des Kapitels findest du weitere Aufgaben: *Vermischte Übungen* sowie *Anwenden & Vernetzen*. Wichtige Arbeitsmethoden werden in *Methodenkästen* erläutert.

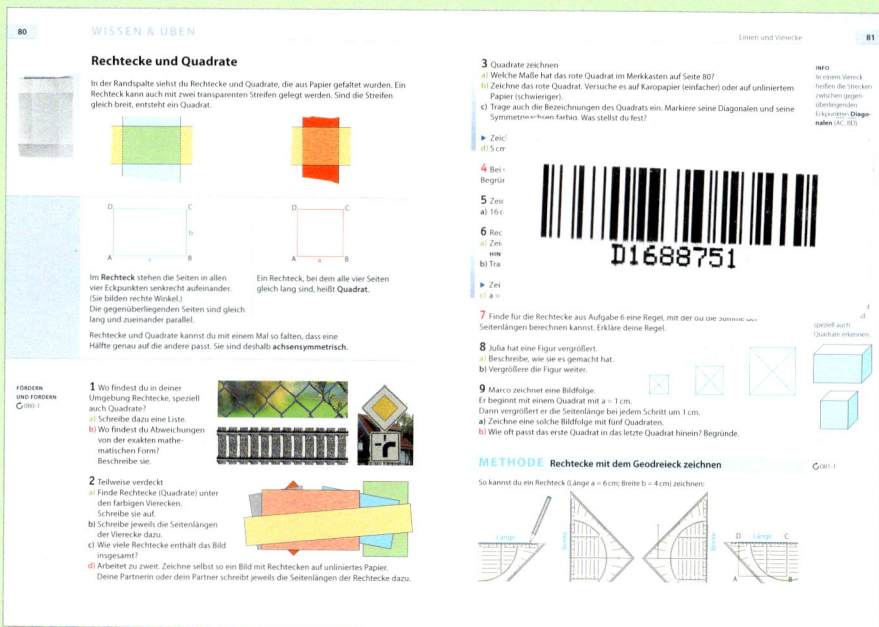

Bist du fit?
Kannst du diese Aufgaben noch lösen? Sie wurden schon vor längerer Zeit behandelt. Wenn nicht: Schlage in einem Buch oder deinem Heft nach. Beachte die Tipps zu „Erinnere dich!" auf der vorigen Seite oben.

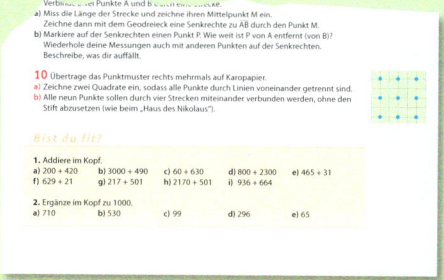

Multimediales Zusatzangebot
über Webcode im Internet
↻ Mediencode 078-1

1. Webseite www.cornelsen.de/pluspunkt-mathematik-interaktiv aufrufen
2. Buchkennung eingeben: **PMI008477**
3. Mediencode eingeben: z. B. **078-1**

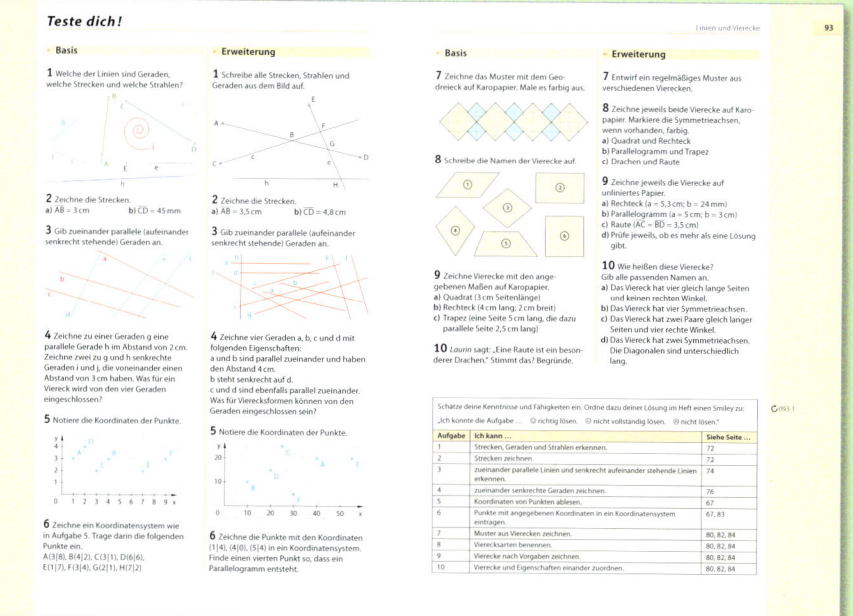

Teste dich!
Überprüfe selbst, ob du das letzte Kapitel verstanden hast.
Wähle bei jeder Aufgabe aus: Nimm die Aufgabe von der linken Seite (Basis) oder die von der rechten Seite (Erweiterung). Du kannst also die Aufgaben von beiden Seiten mischen.
Basis: Diese Aufgaben sind einfacher.
Erweiterung: Diese Aufgaben sind schwieriger.

Pluspunkt
Mathematik
Interaktiv

5

Rheinland-Pfalz

Herausgegeben von:
Prof. Dr. Peter Borneleit (Naunhof), Anja Pies-Hötzinger (Zornheim)

Erarbeitet von:
Eva Brüning (Hainfeld), Sarah Brucherseifer (Mainz),
Angelika Czernik (Rotenburg), Judith Huber (Mainz),
Katalin Retterath (Speyer), Annette Rudhof-Grüninger (Ebertshausen),
Sigrid Stöhr (Bebra), Christina Zils (Mainz)

Ihr Zugang zum E-Book auf www.scook.de:

cjbab-sevh5   Ihr Lizenzcode

Der Code beinhaltet nach Erstaktivierung eine 5-jährige Lizenz zur Nutzung des E-Books auf scook.de. Für die Nutzung ist die Zustimmung zu den AGB auf scook.de erforderlich.

9783060084777 Plusp.Ma.int.RHP 5

Herausgegeben von: Prof. Dr. Peter Borneleit (Naunhof), Anja Pies-Hötzinger (Zornheim)

Erarbeitet von: Eva Brüning (Hainfeld), Sarah Brucherseifer (Mainz), Angelika Czernik (Rotenburg), Judith Huber (Mainz), Katalin Retterath (Speyer), Annette Rudhof-Grüninger (Ebertshausen), Sigrid Stöhr (Bebra), Christina Zils (Mainz)

Beraten durch: Silvia Casado Schneider (Mainz), Susanne Müller-Huwig (Spiesen-Elversberg), Luitgard Schatral (Ludwigshafen), Naveen Schwind (Lahnstein), Ingo Sehr (Taben-Rodt), Diana Tibo (Wackernheim), Dr. Roland Weber (Mainz), Elvira Witt (Großkarlbach)

Bei der Erarbeitung wurden Materialien verwendet von: Katja Albert, Rainer Bamberg, Erika Basurco, Susanne Bluhm, Antje Erle, Matthias Felsch, Regina Hinz, Klaus de Jong, Günter Kaiser, Wibke Kiesel, Dr. Peter Kirsche, Barbara Koeberle, Jutta Lorenz, Patrick Merz, Katja Otten, Bettina Peter, Anja Pies-Hötzinger, Hans Reißfelder, Marion Roscher, Mirjam Rost, Detlef Schmidt-Glöckler, Ingo Sehr, Ines Stiller, Prof. Dr. Martin Winter

Redaktion: Matthias Felsch, Inga Paulsen
Illustrationen: Barbara Schumann, Friederike Schumann, Gudrun Lenz
Technische Zeichnungen: Christian Böhning
Bildredaktion: Peter Hartmann
Umschlaggestaltung: Anna Bakalovic für buchgestaltung +
Layoutkonzept, Gestaltung und Umsetzung: Jürgen Brinckmann

Begleitmaterialien zum Lehrwerk			
für Schülerinnen und Schüler		für Lehrerinnen und Lehrer	
Arbeitsheft 5	ISBN 978-3-06-008480-7	Lehrerfassung 5	ISBN 978-3-06-008482-1
Arbeitsheft 5 mit CD-ROM	ISBN 978-3-06-008488-3	Lösungen 5	ISBN 978-3-06-008479-1
		Kopiervorlagen 5	ISBN 978-3-06-008486-9

www.cornelsen.de

Unter der folgenden Adresse befinden sich multimediale Zusatzangebote für die Arbeit mit dem Schülerbuch: **www.cornelsen.de/pluspunkt-mathematik-interaktiv**
Die Buchkennung ist **PMI008477**.

1. Auflage, 1. Druck 2012

Alle Drucke dieser Auflage sind inhaltlich unverändert und können im Unterricht nebeneinander verwendet werden.

© 2012 Cornelsen Verlag, Berlin
Das Werk und seine Teile sind urheberrechtlich geschützt. Jede Nutzung in anderen als den gesetzlich zugelassenen Fällen bedarf der vorherigen schriftlichen Einwilligung des Verlages. Hinweis zu den §§ 46, 52 a UrhG: Weder das Werk noch seine Teile dürfen ohne eine solche Einwilligung eingescannt und in ein Netzwerk eingestellt oder sonst öffentlich zugänglich gemacht werden. Dies gilt auch für Intranets von Schulen und sonstigen Bildungseinrichtungen.

Druck: Stürtz GmbH, Würzburg, Berlin

ISBN 978-3-06-008477-7 (Schülerfassung)
ISBN 978-3-06-008482-1 (Lehrerfassung)

 Inhalt gedruckt auf säurefreiem Papier aus nachhaltiger Forstwirtschaft.

Inhaltsverzeichnis

Daten und Zahlen — 5

Erinnere dich! Zahlen darstellen 5
ANLASS Menschen auf unserem Planeten 6
ERFORSCHEN Daten erfassen und darstellen 8
Daten erheben, festhalten und auswerten 10
METHODE Befragungen auswerten 11
Diagramme lesen und zeichnen 12
METHODE Ein Säulendiagramm zeichnen 13
ERFORSCHEN Zahlen ordnen 16
Zahlen ordnen 18
Große Zahlen 20
WEITERDENKEN Zahlen und ihre Entstehung 22
ERFORSCHEN Runden und schätzen 24
Schätzen 26
Runden 28
LERNTHEKE Zahlen ordnen, schätzen und runden 32
METHODE Lerntheke 33
Vermischte Übungen 34
Anwenden & Vernetzen 36
Teste dich! 38
Zusammenfassung 40

Natürliche Zahlen addieren und subtrahieren — 41

Erinnere dich! Addieren und Subtrahieren 41
ANLASS Einkaufen auf dem Markt 42
ERFORSCHEN Addieren und Subtrahieren 44
Im Kopf addieren und subtrahieren 46
Schriftlich addieren 48
METHODE Überschlag 51
Schriftlich subtrahieren 52
Mehrere Zahlen subtrahieren 54
PROJEKT Unsere Schule soll schöner werden! 56
Vermischte Übungen 58
Anwenden & Vernetzen 60
METHODE Eine Sachaufgabe lösen 61
Teste dich! 64
Zusammenfassung 66

Linien und Vierecke — 67

Erinnere dich! Linien und Vierecke 67
ANLASS Ein Fachwerkhaus entsteht 68
ERFORSCHEN Parallele und senkrechte Linien 70
Linien und Strecken 72
Parallel und senkrecht 74
Zueinander parallele und senkrechte Geraden zeichnen 76
ERFORSCHEN Vierecke 78
Rechtecke und Quadrate 80
METHODE Rechtecke zeichnen 81
Parallelogramme und Rauten 82
WEITERDENKEN Trapeze und Drachenvierecke 84
WEITERDENKEN Zeichnen am Computer 86
Vermischte Übungen 88
Anwenden & Vernetzen 90
Teste dich! 92
Zusammenfassung 94

Natürliche Zahlen multiplizieren und dividieren — 95

Erinnere dich! Multiplizieren und Dividieren 95
ANLASS Woher kommt unser Orangensaft? .. 96
ERFORSCHEN Multiplizieren und dividieren .. 98
Im Kopf multiplizieren 100
Im Kopf dividieren 102
Schriftlich multiplizieren 104
METHODE Überschlag 105
Schriftlich dividieren durch einstellige Zahlen 108
METHODE Lerntagebuch 109
Schriftlich dividieren durch mehrstellige Zahlen 110
ERFORSCHEN Rechenausdrücke und Gleichungen 112
Rechnen mit Klammern und Vorrangregeln 114
Vorteilhaft rechnen 116
Gleichungen 118
THEMA Zaubern mit Zahlen 120
Vermischte Übungen 122
Anwenden & Vernetzen 124
Teste dich! 126
Zusammenfassung 128

Körper und ihre Darstellung — 129

Erinnere dich! Körper 129
ANLASS Burgen in Rheinland-Pfalz 130
ERFORSCHEN Körper 132
Geometrische Körper 134
Netze von Körpern 138
Körper im Schrägbild darstellen 142
PROJEKT Wir bauen eine Burg 144
Vermischte Übungen 146
Anwenden und Vernetzen 148
Teste dich! 150
Zusammenfassung 152

Größen messen — 153

Erinnere dich! Rechnen mit Größen 153
ANLASS Olympische Spiele 154
ERFORSCHEN Geld und Zeit 156
Geld 158
Mit Geld rechnen 160
Zeit messen 162
Mit Zeiten rechnen 164
ERFORSCHEN Länge und Masse 166
Längen 168
METHODE Maßstab 171
Massen 172
PROJEKT Gesunde Ernährung 176
Vermischte Übungen 178
Anwenden und Vernetzen 180
Teste dich! 182
Zusammenfassung 184

Brüche — 185

Erinnere dich! Aufteilen 185
ANLASS Gerecht geteilt? 186
ERFORSCHEN Brüche 188
Brüche 190

STATIONENLERNEN Bruchteile herstellen 192
METHODE Stationenlernen 193
Brüche darstellen 194
Anteile von Größen 196
Brüche größer als 1 198
Brüche vergleichen 200
Brüche am Zahlenstrahl 202
ERFORSCHEN Brüche addieren 204
Brüche addieren und subtrahieren 206
Vermischte Übungen 208
Anwenden und Vernetzen 210
Teste dich! 212
Zusammenfassung 214

Umfang und Flächeninhalt — 215

Erinnere dich! Messen und rechnen 215
ANLASS Auf dem Pferdehof 216
ERFORSCHEN Umfänge 218
Umfänge 220
ERFORSCHEN Flächeninhalte messen
und berechnen 222
Kleine Flächeninhalte 224
Große Flächeninhalte 226
METHODE Umrechnungstabelle 227
Flächeninhalte von Rechtecken 228
WEITERDENKEN Flächeninhalte mit
Geometriesoftware ermitteln 230
THEMA Leben in Städten 231
Vermischte Übungen 232
Anwenden und Vernetzen 234
Teste dich! 236
Zusammenfassung 238

Anhang — 239

Glossar 239
Lösungen zu den Teste-dich!-Seiten 244
Register 247

Erinnere dich!

Zahlen darstellen

BEISPIEL
In der Stellenwerttafel ist eine Zahl mit Plättchen dargestellt.

ZT	T	H	Z	E
•••	••	•••••	•	••••••••

Zahl: 32 518
als Wort: zweiunddreißigtausendfünfhundertachtzehn

ERINNERE DICH
Zahlen bestehen aus **Ziffern**. Die **Position einer Ziffer** beschreibt, ob es sich um Einer, Zehner oder Hunderter handelt. Um Zahlen darzustellen, kann man sie in eine **Stellenwerttafel** eintragen.

1 Schreibe die Zahlen erst mit Ziffern und dann als Wort.

	ZT	T	H	Z	E
a)	•	•••	••••	•••	•••••
b)	•••	•••	•••	•••	•••
c)		•••••	••••	••	•
d)	•		••	•	••
e)	•••••••••	•••			•••••

2 Gib zu den folgenden Zahlen jeweils Einer, Zehner, Hunderter, Tausender … an.

TIPP Du kannst die Stellenwerttafel auch nachlegen. Verwende Plättchen oder Stifte.

a) 712   b) 3789   c) 87 654   d) 49 752   e) 1 101 101 101

3 Zahlendiktat: Zeichne eine Stellenwerttafel. Trage darin die folgenden Zahlen ein.
a) dreihundertachtundvierzig
b) eintausendneunhundertzwölf
c) fünftausendneunhundertsiebzehn
d) vierundneunzigtausendfünfhundert
e) vierhunderttausendfünfhundertzehn
f) vier Millionen siebzehntausend

VORLAGE
Stellenwerttafel
↻ 005-1

4 Ordne die Zahlen. Beginne mit der kleinsten Zahl.
a) 347; 367; 34; 3; 36; 7
b) 5781; 507 801; 57 812; 578; 578 123
c) 210 876; 201 876; 210 786; 201 678; 31 423
d) 66 696; 696 696; 69 969; 669 966; 696 999

5 Welche Zahlen passen an die markierten Stellen? Schreibe sie in dein Heft.

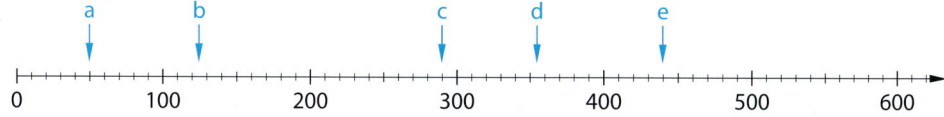

6 Arbeitet zu zweit: Zeichnet jeweils einen Zahlenstrahl und markiert Zahlen wie in Aufgabe 5. Tauscht dann die Aufgaben und löst sie. Überprüft gemeinsam eure Lösungen.

7 Zähle weiter.
a) 300, 350, 400, … (bis 1000)
b) 200, 280, 360, … (bis 1000)
c) 4000, 6000, 8000, … (bis 20 000)
d) 3000, 6000, 9000, … (bis 21 000)
e) 100 000, 120 000, 140 000, … (bis 240 000)

↻ 005-2

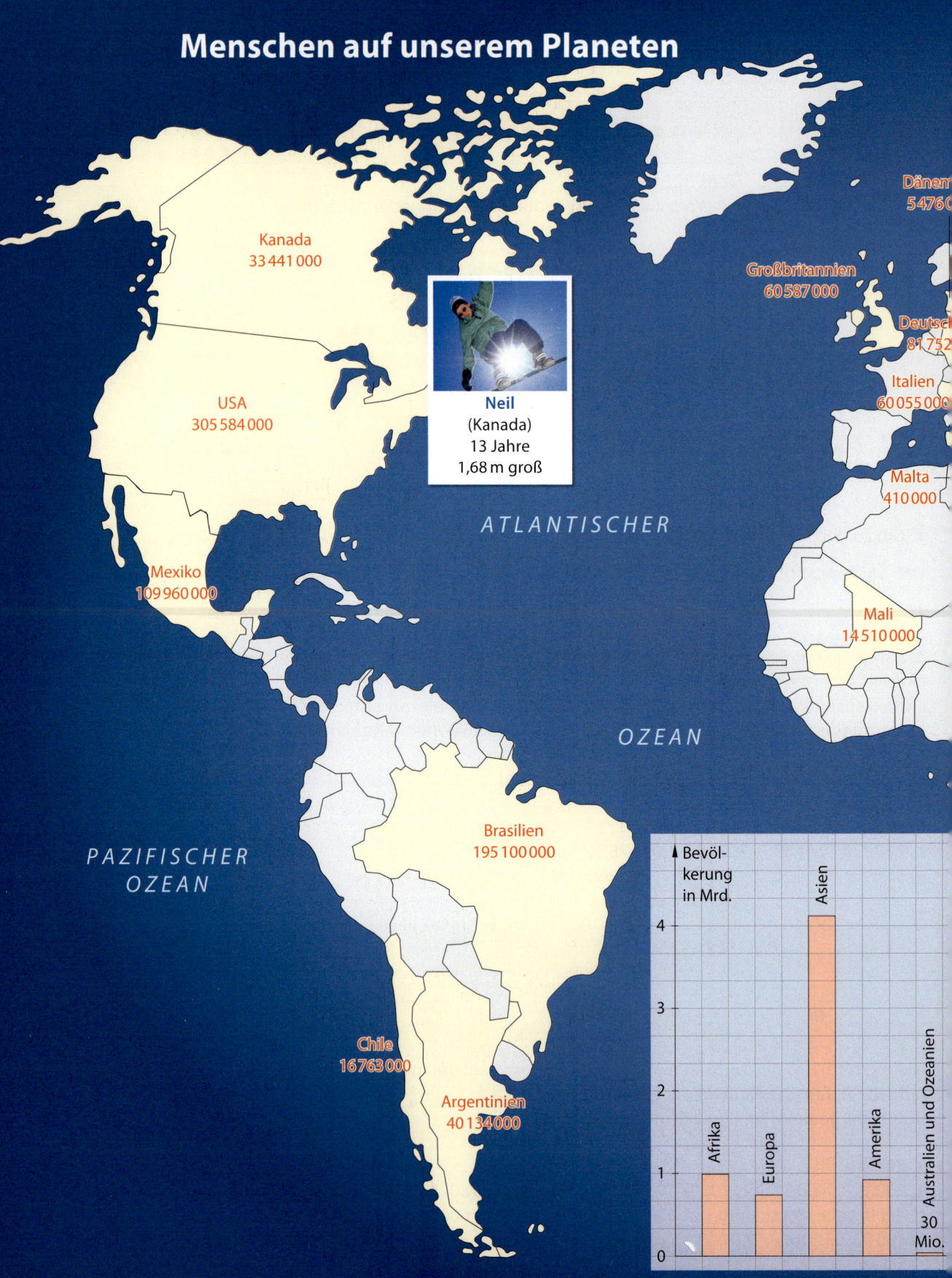

ERFORSCHEN & EXPERIMENTIEREN

Daten erfassen und darstellen

Auf der Internetseite der Talschule gibt es ein Forum für Schülerinnen und Schüler aus aller Welt. Jede Schülerin und jeder Schüler hat ein eigenes Profil.

Jan
(Deutschland)
11 Jahre
1,46 m groß

Ghada
(Malediven)
10 Jahre
1,37 m groß

Neil
(Kanada)
13 Jahre
1,68 m groß

Said
(Ägypten)
12 Jahre
1,55 m groß

Danae
(Zypern)
13 Jahre
1,58 m groß

Mathilde
(Dänemark)
9 Jahre
1,29 m groß

John
(USA)
12 Jahre
1,53 m groß

Carlos
(Argentinien)
13 Jahre
1,60 m groß

Chandan
(Indien)
12 Jahre
1,55 m groß

Yuuki
(Japan)
10 Jahre
1,34 m groß

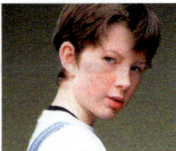
Emma
(Australien)
10 Jahre
1,47 m groß

Holly
(Großbritannien)
11 Jahre
1,46 m groß

Natalja
(Russland)
11 Jahre
1,44 m groß

Keita
(Mali)
11 Jahre
1,48 m groß

Giulia
(Italien)
13 Jahre
1,52 m groß

1 Erstellt für eure Klasse solche Profile.
- Einigt euch auf weitere Angaben, zum Beispiel Hobbys oder Lieblingstiere. Notiert diese auch in euren Profilen.
- Hängt die Profile im Klassenraum auf, sodass sie jeder gut sehen kann.

INFO
Um große Mengen zu zählen, zieht man für jedes Stück einen Strich in einer **Strichliste**, zum Beispiel |||| |||| |.

2 Die Mathelehrerin, Frau Böhle, wertet die Profile aus. Sie hat eine Strichliste begonnen.
- Vervollständige die Strichliste zu den Kindern oben in deinem Heft. Fülle auch die Spalte „Anzahl" aus.
- Du kannst auch mit den Angaben deiner Klasse eine Strichliste erstellen.
- Warum werden in Strichlisten je fünf Striche zu einem Bündel zusammengefasst?

Alter	Strichliste	Anzahl
9		
10	I	
11	I	
12	I	
13	II	
14		

3 Zu wem gehören die folgenden Profile?
- Ich komme aus Deutschland und bin größer als 140 cm.
- Ich bin 12 Jahre alt und wohne nicht in Europa.
- Ich bin ein Mädchen und habe dunkelbraune Haare.

Stellt euch gegenseitig solche Aufgaben zu Profilen.

Daten und Zahlen

4 Das „Alle, die …"-Spiel
- Ein Kind steht in der Mitte. Alle anderen sitzen im Stuhlkreis. Es gibt keinen freien Platz im Stuhlkreis.
- Das stehende Kind beginnt einen Satz mit „Alle, die …". Dann folgt eine Eigenschaft, zum Beispiel: „… schon mal geflogen sind".
- Dann stehen alle auf, die diese Eigenschaft haben. Sie suchen sich schnell einen neuen freien Platz (auch das vorher stehende Kind).
- Eine Schülerin oder ein Schüler schreibt an die Tafel, wie viele Kinder es jeweils sind.
- Wer zum Schluss noch steht, nennt die nächste Eigenschaft. Zum Beispiel: „Alle, die das Seepferdchen bestanden haben".
- Wieder stehen alle auf, die diese Eigenschaft haben …

Geflogen	5
Seepferdchen	18

5 Strichlisten erstellen
Erkundet eure Schule. Zählt mit Strichlisten zum Beispiel …
- die Anzahl der Fenster, Türen und Stühle in einer Etage,
- die Anzahl der vorbeifahrenden Autos während einer Stunde oder
- die Anzahl der vorbeifliegenden Vögel während der Pause.
Ihr könnt auch eigene Dinge zum Zählen überlegen.

6 Diagramme in der Zeitung
- In Zeitungen und Zeitschriften sind oft Diagramme zu finden. Weshalb benutzt man sie?
- Säulendiagramme und Balkendiagramme haben jeweils zwei Achsen. Betrachte die Beispiele rechts. Wie sind die Achsen beschriftet? Wie werden Daten eingetragen?
- Sammelt Beispiele aus Zeitungen und Zeitschriften. Gestaltet ein Plakat mit verschiedenen Diagrammen.
- Gibt es weitere Unterschiede bei Diagrammen? Welche Diagramme sind leicht zu verstehen, welche schwieriger?

Säulendiagramm: Lieblingsfrühstück

Balkendiagramm: Hobbys der 5. Klassen (Mädchen / Jungen)

7 Diagramme erstellen
Daten werden auf verschiedene Arten gesammelt: Auf Fragebögen, mit Interviews, durch Beobachten …
- Sammelt in eurer Klasse oder Schule Daten. Fragt nach Lieblingsfach, Traumberuf, Lieblingstier, täglicher Fernsehzeit, Lieblingsfarbe, Dauer des Schulwegs …
- Erstellt in Kleingruppen Strichlisten zu euern Daten. Stellt sie in Diagrammen dar. Welche Art Diagramm wählt ihr dafür aus? Warum macht ihr es so?
- Ist es sinnvoll, die Antworten von Jungen und Mädchen getrennt auszuwerten?
- Präsentiert eure Ergebnisse der Klasse. Beschreibt dabei eure Vorgehensweise.

Fragebogen der 5 d

Ich bin: ❏ Junge ❏ Mädchen Alter ☐

Wie kommst du zur Schule?
❏ Bus ❏ Fahrrad ❏ zu Fuß ❏ Auto ❏ Straßenbahn

Wie viele Minuten am Tag schaust du Fernsehen?
❏ bis 30 min ❏ 31–60 min
❏ 61–120 min ❏ über 120 min

Was machst du nachmittags am liebsten?
❏ Fernsehen ❏ Sport ❏ Freunde treffen
❏ Lesen ❏ am Computer spielen

WISSEN & ÜBEN

Daten erheben, festhalten und auswerten

Georgios macht in seiner Klasse eine Umfrage zum Lieblingsfrühstück. Um die Antworten schnell aufschreiben zu können, legt er eine Strichliste an und schreibt die Häufigkeiten dazu.

Frühstück	Strichliste	Häufigkeit
Toast	IIII	5
Brötchen	IIII II	7
Brot	IIII I	6
Cornflakes	II	2
Müsli	IIII	4

Was frühstückt ihr am liebsten?

Am liebsten frühstücke ich Brötchen!

Ich esse gerne Toast.

Am liebsten werden Brötchen gegessen!

Die Ergebnisse von Umfragen, Experimenten, Zählungen usw. nennt man Daten. Sie werden gesammelt und ausgewertet. Dadurch erhält man Informationen über bestimmte Merkmale.

INFO
Oftmals wird in der Mathematik statt Anzahl der Begriff Häufigkeit benutzt.

Daten werden in zwei Schritten gesammelt und ausgewertet:

1. Daten erheben und festhalten
– einen Fragebogen ausfüllen lassen *oder* eine Umfrage durchführen *oder* Beobachten, Abzählen und Notieren (in einer Strichliste)

2. Daten auswerten
– zu den Merkmalen jeweils die Häufigkeiten ermitteln
– eine Tabelle mit den Häufigkeiten erstellen
– Ergebnisse notieren

FÖRDERN UND FORDERN
↻ 010-1

1 Obst zählen

a) Welche Obstsorten siehst du?
b) Fertige eine Strichliste zu den verschiedenen Obstsorten an.
c) Ordne die Früchte nach ihrer Häufigkeit.
d) Finde ein weiteres Merkmal, zu dem du eine Strichliste erstellen kannst.

2 Lieblingsessen
Vervollständige die Strichliste und die Häufigkeiten im Heft.

Essen	Strichliste	Häufigkeit
Pizza	IIII II	
Spaghetti		5
Schnitzel	IIII	
Döner		
	Gesamt:	22

3 Schreibe zur Strichliste eine Tabelle mit Häufigkeiten. Beschreibe, wie du die Tabelle anlegst.

Getränke zum Frühstück					
Tee	IIII III	Kakao	IIII	Kaffee	II
Milch	IIII IIII III	Wasser	I	Cola	III

▶ Trage die Häufigkeiten aus den folgenden Strichlisten in Tabellen ein. Lege für jede Klasse eine eigene Tabelle an.

Lieblingsobst										
Klasse 5 a	Apfel	IIII II	Birne	IIII I	Banane	IIII	Kirsche	III	Orange	IIII
Klasse 5 b	Apfel	IIII IIII	Birne	III	Banane	IIII IIII	Kirsche	III	Kiwi	II
Klasse 5 c	Apfel	IIII IIII	Birne	II	Banane	IIII I	Melone	IIII	Kirsche	I

4 Übertrage die Tabelle in dein Heft und fülle sie aus.
a) Verwende die Daten aus den Profilen auf Seite 8.
b) Fertige eine Tabelle für deine Klasse an. Frage in deiner Klasse nach den Körpergrößen in cm. (Du kannst auch die Profile aus Aufgabe 1, Seite 8, verwenden.)

Körpergrößen in cm	Strichliste	Häufigkeit
bis 129		
130–139		
140–149		
150–159		
160–169		
ab 170		

5 Startet eine eigene Umfrage in eurer Klasse.
a) Erstellt eine Strichliste zu den Lieblingstieren in eurer Klasse.
b) Wertet die Befragung mithilfe der Methode unten aus. Beantwortet die dort gestellten Fragen.
c) Jungen mögen lieber Hunde, Mädchen eher Katzen. Stimmt das auch in eurer Klasse? Begründe deine Antwort mit den Daten aus der Befragung.
d) Findet heraus, ob mehr Mädchen oder mehr Jungen als Lieblingshobby Fußballspielen haben. Wertet auch diese Befragung mithilfe der Methode unten aus.

ANREGUNG zu Aufgabe 5: Überlegt euch auch eigene Fragen, zum Beispiel: „Was esst ihr am liebsten?" Nicht vergessen: Auch diese Befragungen auswerten!

6 Scharf gedacht?
a) Laurin ist überzeugt: „Die drei größten Jungen aus dem Forum (Seite 8) sind zusammen immer noch größer als die vier kleinsten Mädchen". Was meinst du dazu? Mit welchen Daten kannst du deine Entscheidung begründen?
b) Svenja sagt: „Wenn sich alle aus unserer Klasse übereinanderstellen, dann sind wir zusammen bestimmt höher als das Schulgebäude." Schreibe die Probleme auf, die Svenja lösen muss, um ihre Aussage zu begründen.

METHODE Befragungen auswerten – Einige häufig gestellte Fragen   ⟲ 011-1

- Welche Antworten kommen **am häufigsten** vor? Welche sind selten?
- Welche Antworten kommen **gleich oft** vor?
- Wenn nach Zahlen oder Größen gefragt wurde: Welches ist der **größte** vorkommende Wert? Welches ist der **kleinste Wert**?
- Gibt es **unsinnige Antworten** wie: „Ich bin 145 Meter groß"? Wenn ja: Wo könnte der Fehler liegen? Wie werden diese Antworten gezählt?
- **Wer** wurde befragt? Eine Befragung unter Mädchen ergibt oft andere Ergebnisse als eine unter Jungen.
- Haben die Befragten die **Fragen verstanden**? Gab es Unklarheiten oder Ähnliches?

WISSEN & ÜBEN

Diagramme lesen und zeichnen

Wie kann man das Ergebnis darstellen?

Lieblingsfrühstück		
Toast	Brötchen	Brot
Cornflakes	Müsli	

Luisa möchte diese Daten als Grafik darstellen.
Sie weiß, dass man zu einer Strichliste ein anschauliches Diagramm zeichnen kann.

Diagramme dienen der übersichtlichen Darstellung von Daten.
Zwei häufig benutzte Diagrammformen sind:

Säulendiagramm

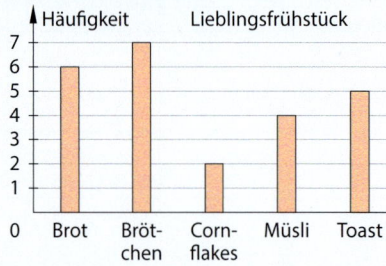

Es gibt zwei Achsen: Der jeweilige Häufigkeits- oder Messwert ist auf der y-Achse ablesbar, seine Einordnung auf der x-Achse.

Balkendiagramm

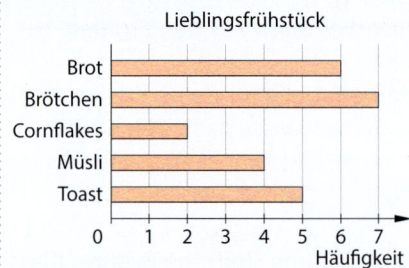

Es gibt zwei Achsen: Der jeweilige Häufigkeits- oder Messwert ist auf der x-Achse ablesbar, seine Einordnung auf der y-Achse.

FÖRDERN UND FORDERN
↻ 012-1

AUFGABE
Schreibe eine Woche lang auf, wie viele Minuten du pro Tag fernsiehst. An welchen Tagen schaust du mehr als 100 Minuten fern?

1 Wie lange hat Lea am Freitag Fernsehen geschaut? Erläutere, wie du den Wert aus dem Säulendiagramm abgelesen hast.

▶ Lies aus dem Diagramm ab.
a) An welchem Tag hat Lea am wenigsten (am meisten) ferngesehen?
b) An welchem Tag hat sie mehr als 250 Minuten ferngesehen?

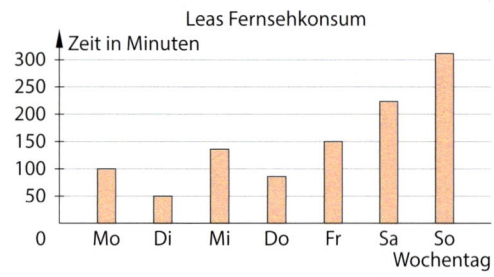

2 Wie viel von ihrem Taschengeld geben Mädchen für Musik aus?
Erkläre: Wie findest du den gesuchten Eintrag im Balkendiagramm?

▶ Lies aus dem Diagramm ab.
a) Wie viel geben Jungen für Bücher aus?
b) Wofür geben Mädchen mehr Geld aus als Jungen?
c) Wer gibt mehr für das Handy aus: Jungen oder Mädchen?
d) Wofür geben Jungen am meisten Geld aus (Mädchen am wenigsten Geld)?

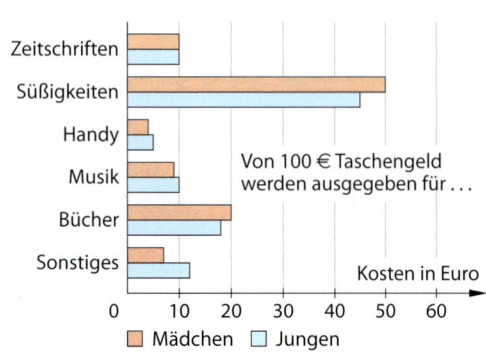

Daten und Zahlen

3 Zeichne ein Säulendiagramm. Arbeite dabei nach der Methode „Ein Säulendiagramm zeichnen" (siehe unten).

Alter der Schüler der 5 a	9	10	11	12	13
Anzahl	I	⊪⊪ ⊪⊪ IIII	⊪⊪ IIII	II	I

▶ Zeichne jeweils ein Säulendiagramm.

a) Lufttemperatur im Freibad

Tag	Mo	Mi	Fr	So
Temperatur in °C	19 °C	20 °C	24 °C	27 °C

b) Eisverkauf in der Eisdiele Venezia am 14. August

Eissorte	Vanille	Schokolade	Erdbeere	Malaga	Pistazie
Kugeln	55	40	35	15	20

c) Erfolgreiche deutsche Kinofilme und ihre Zuschauerzahlen

Der Schuh des Manitu	(T)Raumschiff Surprise	Otto – Der Film	7 Zwerge	Good bye, Lenin!	Keinohrhasen
11 721 499	9 165 932	8 783 766	6 799 699	6 584 314	6 297 816

4 Fällt die Sechs beim Würfeln tatsächlich seltener als jede andere Zahl?   ↻ 013-1
a) Spielt zusammen eine Runde „Mensch ärgere dich nicht". Führt dabei eine Strichliste, wie häufig jede Zahl vorkommt.
b) Trage die Häufigkeiten in eine Tabelle ein. Erstelle dazu ein Säulendiagramm.

METHODE Ein Säulendiagramm zeichnen   ↻ 013-2

1. Daten vorbereiten
- Was soll dargestellt werden?
- Welche Häufigkeiten bzw. Größen kommen vor? (Runde, falls nötig.)

Berg	Zugspitze	Feldberg	Brocken	Wasserkuppe
Höhe	2962 m ≈ 3000 m	1493 m ≈ 1500 m	1141 m ≈ 1100 m	950 m ≈ 1000 m

2. Achsen zeichnen und unterteilen:

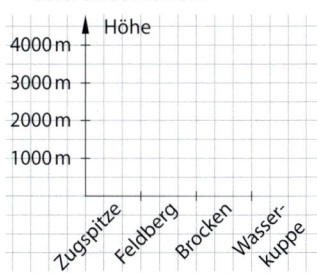

Die Achsen zeichnen, regelmäßig unterteilen und beschriften.
y-Achse: Häufigkeits- oder Messwerte,
x-Achse: Einordnung.

3. Säulen einzeichnen:

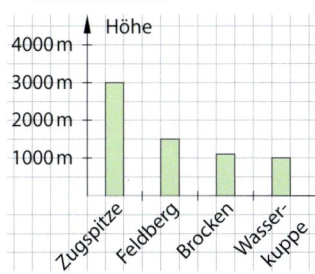

Auf der x-Achse Säulen bis zu der Höhe zeichnen, die der Häufigkeit bzw. Größe entspricht. Alle Säulen gleich breit zeichnen.

4. Diagramm beschriften:

Dem Diagramm einen Titel geben.

WISSEN & ÜBEN

5 Erläutere, wie du ein Balkendiagramm zu den Daten in der Tabelle rechts zeichnen kannst. Schreibe dafür kurze Texte zu den folgenden Schritten:

Taschengeld pro Woche	Häufigkeit
0,00 € bis 1,99 €	4
2,00 € bis 3,99 €	12
4,00 € bis 5,99 €	5
6,00 € bis 7,99 €	3

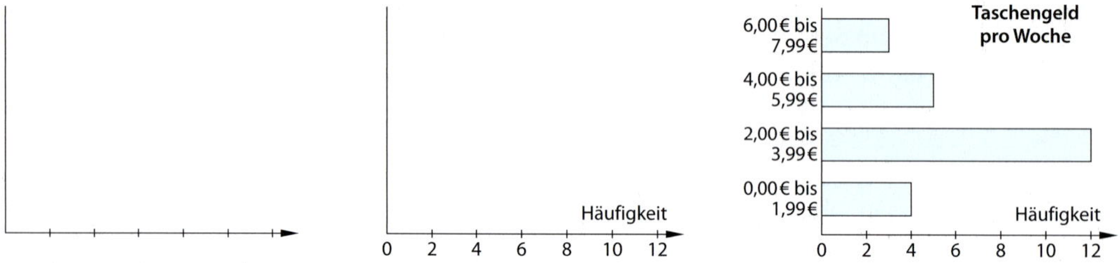

▶ Zeichne jeweils ein Balkendiagramm.

a) Wasserverbrauch in Deutschland (pro Person und Tag)

Trinken und Kochen	Toilette spülen	Baden/Duschen	Wäsche	Sonstiges
3 Liter	48 Liter	42 Liter	18 Liter	39 Liter

b) Die größten Städte in Rheinland-Pfalz und ihre Einwohnerzahlen

Mainz	Ludwigshafen	Koblenz	Trier	Kaiserslautern
200 000	160 000	110 000	110 000	100 000

TIPP zu Aufgabe 6: Runde die Höhen.

6 Zeichne zu den Höhen von Bergen aus Rheinland-Pfalz ein Diagramm.

Asberg	441 m
Ellerspring	657 m
Erbeskopf	816 m
Hohe Acht	747 m

Kandrich	637 m
Kappelberg	358 m
Lemberg	422 m
Rösterkopf	708 m

7 Bauwerke

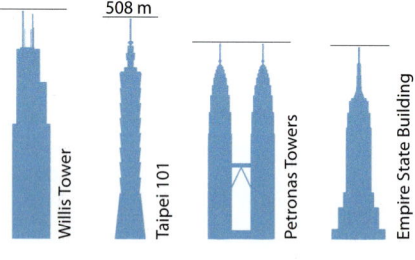

Bauwerk	Höhe
Burdsch Chalifa (Emirate)	828 m
Fernsehturm Toronto (Kanada)	553 m
Eiffelturm Paris (Frankreich)	320 m
Berliner Fernsehturm	368 m
Olympiaturm München	290 m
Ulmer Münster	161 m
Cheopspyramide (Ägypten)	143 m
Leuchtturm von Pharos (Ägypten)	124 m

a) Wie hoch sind die Bauwerke im Bild oben ungefähr?
b) Stelle die Höhen der Bauwerke aus der Tabelle in einem Diagramm dar.

8 Zeichne zu den folgenden Fußballstadien in Deutschland ein Diagramm.

Ort	Zuschauer
Freiburg	25 000
Berlin	74 228
Bremen	42 358
München	69 901

Ort	Zuschauer
Stuttgart	60 100
Mainz	34 034
Kaiserslautern	48 500
Dortmund	80 552

Der Fernsehturm in Toronto

Daten und Zahlen

Als Piktogramm bezeichnet man Diagramme mit besonders gewählten Zeichen. Jedes Zeichen entspricht darin einer bestimmten Anzahl oder Größe.

9 Welche Städte sind hier dargestellt (🏠 = 10 000 Einwohner)?
- Andernach 30 000 Einwohner
- Landau 40 000 Einwohner
- Speyer 50 000 Einwohner
- Neuwied 70 000 Einwohner
- Worms 80 000 Einwohner

a) 🏠🏠🏠🏠
b) 🏠🏠🏠
c) 🏠🏠🏠🏠🏠 🏠🏠🏠
d) 🏠🏠🏠🏠🏠
e) 🏠🏠🏠🏠🏠 🏠🏠

10 Lies im Bild rechts ab.
a) Welche drei Bundesländer haben die meisten Einwohner?
b) Welche drei Bundesländer haben die wenigsten Einwohner?
c) Nenne drei Bundesländer, die weniger Einwohner haben als Rheinland-Pfalz.
d) Welches Bundesland hat sechs Millionen Einwohner?
e) Finde Bundesländer, die zusammen so viele Einwohner haben wie Bayern.
f) Ordne die Bundesländer nach der Zahl ihrer Einwohner. Trage deine Ergebnisse in eine Tabelle ein.

Bist du fit?

1. Addiere im Kopf.
a) 32 + 15
   32 + 19
b) 60 + 35
   600 + 35
c) 120 + 15
   120 + 150
d) 430 + 200
   430 + 220
e) 800 + 60
   800 + 600

2. Finde drei Additionsaufgaben mit dem Ergebnis 999.

ERFORSCHEN & EXPERIMENTIEREN

Zahlen ordnen

1 Das Spiel „Große Hausnummer" ist für zwei bis vier Personen. Dabei geht es darum, eine möglichst große dreistellige Hausnummer zu bilden.
- Vorbereitung: Schneidet zehn gleich große Karten aus Pappe aus. Schreibt die Ziffern von 0 bis 9 auf je eine der Karten. Mischt die Karten und legt sie verdeckt auf einen Stapel. Lost aus, wer beginnt.
- Wenn du an der Reihe bist: Ziehe eine Karte und lege fest, ob die Ziffer an der Hunderterstelle, der Zehnerstelle oder der Einerstelle stehen soll.
- Danach ziehst du die zweite Karte und legst wieder die Stelle fest.
- Schließlich ziehst du die dritte Karte für die letzte freie Stelle.
- Notiere deine Hausnummer und mische deine Karten wieder unter den Stapel.

Wer hat die größte Hausnummer?
Eine Spielvariante ist: Wer hat die kleinste Hausnummer?

ZIFFERNKARTEN
↻ 016-1

PERSONENKARTEN
↻ 016-2

2 Ordnen und Sortieren

→ Niels *Bohr* wurde 1885 geboren. Er beschäftigte sich mit Atomforschung. 1962 starb er.
→ Anders *Celsius* erfand das heute noch benutzte Thermometer. Er lebte von 1701 bis 1744.
→ Marie *Curie* ist eine der wenigen berühmten Physikerinnen. Sie lebte von 1867 bis 1934 und entdeckte radioaktive Elemente.
→ Leonardo *da Vinci* lebte von 1452 bis 1519. Er malte das Bild „Mona Lisa" und hatte Ideen für Flugmaschinen.
→ Sehr bekannt ist Albert *Einstein*. Er lebte von 1879 bis 1955 und stellte die Relativitätstheorie auf.
→ Galileo *Galilei* lebte von 1564 bis 1642. Er baute ein Fernrohr und entdeckte, dass die Milchstraße aus vielen Sternen besteht.
→ Nikolaus *Kopernikus* lebte von 1473 bis 1543. Er beschrieb, dass die Erde um die Sonne kreist.
→ Lise *Meitner* lebte von 1878 bis 1968. Sie entwickelte eine Erklärung für die Kernspaltung.
→ Isaac *Newton*, der Entdecker der Schwerkraft, lebte von 1643 bis 1727.
→ Konrad *Zuse* lebte von 1910 bis 1995. Er entwickelte den ersten Computer der Welt.

Albert Einstein

Marie Curie

Galileo Galilei

TIPP
Mit dem Zeitstrahl könnt ihr euren Klassenraum gestalten.

- Oben siehst du eine Liste berühmter Naturwissenschaftlerinnen und Naturwissenschaftler. Ordne die Personen.
- Arbeitet in Gruppen:
Zeichnet einen langen Zeitstrahl und ordnet jeweils dem Geburtsjahr der Personen einen Punkt auf dem Zeitstrahl zu. Ein Bild der Person und Informationen über sie machen den Zeitstrahl interessanter.
- Finde weitere Personen und Daten für den Zeitstrahl.

3 Die größte Einwohnerzahl

   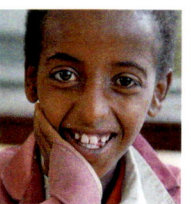 

Duygu	**Maria**	**Alex**	**Dereje**	**Catalina**
(Türkei)	(Brasilien)	(Malta)	(Ägypten)	(Chile)
12 Jahre	10 Jahre	13 Jahre	11 Jahre	11 Jahre
1,55 m groß	1,37 m groß	1,71 m groß	1,52 m groß	1,47 m groß

- Wie viele Einwohner haben die Länder, aus denen die Kinder oben stammen?
  Schau auf den Seiten 6 und 7 nach.
- Maria vergleicht die Einwohnerzahlen der fünf Länder oben.
  Sie sagt: „In meinem Heimatland wohnen die meisten Menschen und im Heimatland von Alex die wenigsten." Stimmt das?
- Auf den Seiten 8 und 9 hast du bereits andere Profile kennengelernt.
  Welches der Heimatländer dieser Kinder hat die größte Einwohnerzahl?
- Erstelle eine Liste mit den Einwohnerzahlen aller Länder auf den Seiten 6 und 7.
  Ordne sie nach der Größe, beginne dabei mit der größten Zahl.
  Welches Land steht an zehnter Stelle?
- Informiere dich im Internet: Welches Land der Welt hat heute die meisten Einwohner?
  An wievielter Stelle steht Deutschland?

ERINNERE DICH
Aus der Grundschule kennst du Zeichen für …
- „größer als": >,
- „kleiner als": <.
Die Spitze des Zeichens zeigt dabei immer zur kleineren Zahl.

4 Emails von Freunden

 Ich habe gestern einen neuen Poncho bekommen! In meinem Land leben rund 110 Millionen Menschen. Es gibt hier bestimmt genauso viele Kakteen wie Einwohner …

Mein Heimatland besteht hauptsächlich aus vier großen Inseln. Deswegen essen alle Menschen hier gerne Fisch. Die Einwohnerzahl ist weniger als halb so groß wie die der USA. Bei uns gibt es keinen Präsidenten wie in den USA, sondern einen Kaiser. Er heißt „Tenno".

Mein Vater kommt heute mit dem Zug aus der Hauptstadt nach Hause. Er ist über einen Tag unterwegs. Er fährt dann auch an einer berühmten Mauer vorbei. Geschwister habe ich leider keine. Aber in unserem Land wohnen mehr Menschen als in den anderen Ländern der Welt!

- Finde heraus, aus welchen Ländern diese Emails kommen könnten.
  Beachte wieder die Einwohnerzahlen auf den Seiten 6 und 7.
- Arbeitet zu zweit:
  Suche dir auf den Seiten 6 und 7 zwei weitere Länder aus. Beschreibe sie.
  Tauscht eure Beschreibungen untereinander aus und versucht, die Länder zu erraten.

WISSEN & ÜBEN

Zahlen ordnen

Beim Zählen verwendet man natürliche Zahlen: 1, 2, 3, …
0 ist die kleinste natürliche Zahl.

Außer zur 0 gibt es für jede Zahl einen **Vorgänger**.
BEISPIEL
Der Vorgänger der Zahl 32 lautet 31 (= 32 − 1).

Zu jeder natürlichen Zahl gibt es einen **Nachfolger**.
BEISPIEL
Der Nachfolger der Zahl 365 lautet 366 (= 365 + 1).

Es gibt unendlich viele natürliche Zahlen. Die Menge der natürlichen Zahlen wird mit $\mathbb{N}$ bezeichnet.
Man schreibt kurz: $\mathbb{N}$ = {0; 1; 2; 3; 4; 5 …}.

Am **Zahlenstrahl** lässt sich die Ordnung der natürlichen Zahlen darstellen.
BEISPIEL

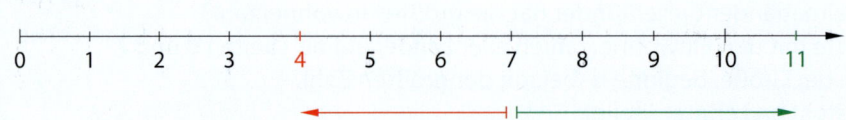

4 ist kleiner als 7 und liegt auf dem Zahlenstrahl links von 7. Kurz: 4 < 7.

11 ist größer als 7 und liegt auf dem Zahlenstrahl rechts von 7. Kurz: 11 > 7.

FÖRDERN UND FORDERN
↻ 018-1

1 In welche Schritte würdest du einen Zahlenstrahl mit den Zahlen von 0 bis 1000 einteilen? Begründe.
TIPP

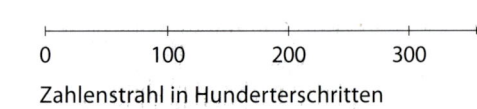

Zahlenstrahl in Einerschritten   Zahlenstrahl in Hunderterschritten

▸ Zeichne jeweils einen passenden Zahlenstrahl. Begründe deine Einteilung.
a) von 0 bis 10
b) von 0 bis 100
c) von 0 bis 100 000
d) von 0 bis 1 000 000

2 Welche Zahlen gehören an die Stellen der Buchstaben?
TIPP Achte darauf, wie der Zahlenstrahl eingeteilt ist.

a)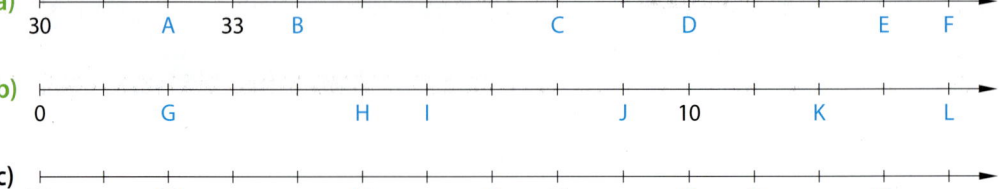

b)

c)

d)

3 Übertrage den Zahlenstrahl in dein Heft. Trage dann die Zahlen ein.

a) 2000 b) 7000 c) 11 000 d) 4500
e) 12 500 f) 10 800 g) 7700 h) 3900

4 Vorgänger und Nachfolger
a) Erkläre, wie du zur Zahl 24 den Vorgänger berechnest.
b) Erkläre, wie du zur Zahl 24 den Nachfolger berechnest.

▶ Ergänze im Heft die fehlenden Zahlen.

c)
Vorgänger	Zahl	Nachfolger
17		
100		
		79
	79 989	
		10 000

d)
Vorgänger	Zahl	Nachfolger
6000		
	100 000	
		123 030
599 999		
		700 500

5 Vergleichen
a) Ergänze im Heft jeweils das richtige Zeichen (<, > oder =).
• 4126 ■ 4128   • 56 687 ■ 112 342
b) Markiere jeweils mit rot die Stelle, die für den Vergleich entscheidend ist. Erkläre, warum diese Stelle entscheidend ist.

▶ Setze im Heft die richtigen Zeichen (<, > oder =).
c) 52 100 ■ 8521 d) 12 008 ■ 12 080
e) 52 600 ■ 52 006 f) 10 100 ■ 10 001
g) 23 645 ■ 23 465 h) 98 765 ■ 987 655
i) 10 001 ■ 100 001 j) 2468 ■ 86 420
k) 999 999 ■ 1 000 000 l) 4 504 781 ■ 548 125
m) 1 234 567 ■ 987 654 n) 52 635 255 ■ 52 653 255

6 Ordne die Zahlen der Größe nach. Beginne bei ↓ („abwärts") mit der größten Zahl, bei ↑ („aufwärts") mit der kleinsten Zahl.

TIPP Schreibe deine Lösungen so auf: 541 > 145 > 74 > …

a) ↓ 151; 28; 4; 52; 1004; 36; 354; 9
b) ↑ 862; 41; 948; 50; 2; 75; 0; 26
c) ↑ 999; 2222; 451; 1010; 10; 262
d) ↓ 3456; 6543; 35; 64; 534; 65 043; 4
e) ↑ 520; 2005; 2050; 5002; 20 005; 2500
f) ↓ 4114; 44 144; 41 414 141; 4 114 114; 14 414 414
g) ↑ 5445; 4555; 544; 4554; 555 444; 444 555; 4455
h) ↓ 8088; 45 622; 1 000 001; 362; 29; 4568; 2; 7 562 315

BEACHTE
die Zeichen:
• „größer als": >,
• „kleiner als": <.
Die Spitze des Zeichens zeigt dabei immer zur kleineren Zahl.

7 Ordne …
a) die Berge aus Aufgabe 6, Seite 14, nach ihrer Höhe.
b) die Fußballstadien aus Aufgabe 8, Seite 14, nach ihrer Zuschauerzahl.
c) die Städte aus den Aufgaben 5 b), Seite 14, und 9, Seite 15, nach ihrer Einwohnerzahl.

WISSEN & ÜBEN

Große Zahlen

Unser Zahlensystem ist ein *Zehnersystem*, der Fachbegriff lautet **Dezimalsystem**.
Darin gilt: 10 Einer ergeben 1 Zehner, 10 Zehner ergeben 1 Hunderter,
10 Hunderter ergeben 1 Tausender …

Das Zehnersystem ist ein **Stellenwertsystem**. Darin werden die Zahlen mit Ziffern geschrieben. Der Wert einer Ziffer hängt davon ab, an welcher Stelle der Zahl sie steht.
BEISPIELE In der Zahl 2586 steht die Ziffer 5 für den Wert 500.
In der Zahl 4752 steht die Ziffer 5 dagegen für den Wert 50.

SCHON GEWUSST?
So geht´s weiter:
Millionen,
Milliarden,
Billionen,
Billiarden,
Trillionen,
Trilliarden,
Quadrillionen,
…

Natürliche Zahlen kann man in einer **Stellenwerttafel** übersichtlich darstellen.

Billionen			Milliarden			Millionen			Tausender					
H	Z	E	H	Z	E	H	Z	E	H	Z	E	H	Z	E
												6	7	4	2
							8	4	3	5	1	2	4	0	7
				2	9	4	1	0	9	5	8	2	1	9
		5	4	4	0	3	3	0	2	2	0	1	1	0

H steht für Hunderter.
Z steht für Zehner.
E steht für Einer.

Lies so:
　　　　　　　　　　　　　　　　　　　　　　　6 Tausend　742
　　　　　　　　　　　　　　　843 Millionen　512 Tausend　407
　　　　　　　29 Milliarden　410 Millionen　958 Tausend　219
5 Billionen　440 Milliarden　330 Millionen　220 Tausend　110

FÖRDERN UND FORDERN
↻ 020-1

1 Stellenwerttafel
a) Die Zahl 7 829 764 soll in eine Stellenwerttafel eingetragen werden.
　　Zeichne eine passende Stellenwerttafel. Erkläre, worauf du dabei achtest.
b) Trage die Zahl in deine Stellenwerttafel ein.

▶ Trage die Zahlen in deine Stellenwerttafel aus a) ein.
c) 12 036　　　d) 47 900　　　e) 426 778　　　f) 5 542 100
g) 8 090 259　　h) 4 000 723　　i) 31 492 551　　j) 28 373 591

2 Zeichne eine Stellenwerttafel bis Milliarden. Trage folgende Zahlen ein:
a) vierundzwanzigtausendeinhundertundsiebenundsechzig
b) achthundertzweiundsechzigtausenddreihunderteinundzwanzig
c) neunzehntausendzweihundert
d) fünfhundertvierzigtausend
e) sechzehn Millionen sechshundertsiebzigtausend
f) vierunddreißig Milliarden fünfhunderteins
g) zweihundertsiebenundvierzig Milliarden sechzigtausendsiebenhundert
h) achtundvierzig Millionen dreihundertneunundsiebzigtausenddreiundvierzig

VORLAGE
Ziffernkarten
↻ 020-2

3 Lege mit Ziffernkarten 0 bis 9 …
a) die größtmögliche vierstellige Zahl,
b) die größte Zahl, die kleiner ist als 500 Millionen,
c) die kleinste Zahl, die größer ist als 100 Millionen.
d) Arbeitet zu zweit: Denkt euch selbst solche Aufgaben
　　aus und stellt sie euch gegenseitig.

Daten und Zahlen

4 In welcher Zeile der Stellenwerttafel ist die Zahl dreihunderteinundachtzigtausendfünfhundert richtig eingetragen? Begründe.

Millionen			Tausender					
H	Z	E	H	Z	E	H	Z	E
			3	1	8	5	0	0
					3	8	1	5
			3	8	1	5	0	0

▶ Arbeitet zu zweit: Lest euch gegenseitig die Zahlen aus der Stellenwerttafel rechts vor. Schreibe sie mit Worten auf.

5 Arbeitet zu zweit: Lest euch gegenseitig die Zahlen vor.
a) 9 780 642
b) 5 040 004
c) 53 401 700
d) 23 576 442
e) 340 500 000 426
f) 275 000 504 000
g) Ordne die Zahlen aus a) bis f).

	Millionen			Tausender					
	H	Z	E	H	Z	E	H	Z	E
a)				9	6	4	9	0	0
b)			1	4	0	0	1	0	0
c)			3	0	0	4	4	0	1
d)		2	4	0	0	0	4	2	4
e)	2	7	6	4	2	9	0	0	9
f)	3	2	4	3	9	6	7	0	5
g)	5	0	2	6	4	0	4	4	4
h)	8	1	0	3	5	0	1	1	0
i)	9	0	9	0	9	0	9	0	9

6 Trage die Bevölkerungszahlen der Länder auf den Seiten 6 und 7 in eine Stellenwerttafel ein. Ordne dann die Länder nach ihrer Bevölkerungszahl.

7 Setze die Zahlenfolgen regelmäßig um mindestens fünf Zahlen fort.
a) 2 000 000 000, 3 000 000 000, 4 000 000 000, …
b) 5 500 000 000, 6 000 000 000, 6 500 000 000, …
c) 1 000 000 000, 800 000 000, 600 000 000, …

8 Lies die Zahlen der Zählwerke ab. Welche Zahl wird als nächstes folgen?
a) 1 4 7 3 9 5   b) 2 9 4 9 9 9   c) 2 6 3 3 4 9   d) 0 9 9 9 9 9

e)
Tacho und Kilometerzähler

f)
Stromzähler

g)
Wasserzähler

INFO
Zählwerke erinnern an Stellenwerttafeln. In einem Zählwerk sind Rädchen mit den Ziffern 0 bis 9 nebeneinander angeordnet. Immer, wenn ein Rädchen von der 9 zur 0 geht, rückt das links daneben liegende Rädchen um eine Ziffer weiter.

Bist du fit?

1. Addiere im Kopf.
a) 100 + 500   b) 400 + 200   c) 400 + 20   d) 800 + 200   e) 800 + 2000

2. Subtrahiere im Kopf.
a) 700 – 100   b) 520 – 120   c) 520 – 121   d) 800 – 500   e) 800 – 499

3. Vervollständige im Heft. Setze für ▲ die passende Zahl ein.
a) 21 + ▲ = 90   b) ▲ + 48 = 60   c) ▲ – 9 = 32   d) 48 – ▲ = 48
e) 96 – ▲ = 34   f) 23 + ▲ = 23   g) 75 – ▲ = 25   h) 99 – ▲ = 1

WEITERDENKEN

Zahlen und ihre Entstehung

Schon während der Steinzeit versuchten die Menschen, ihre Umwelt zu erfassen. Sie zählten Dinge und Lebewesen in ihrer Umgebung, zum Beispiel die Mitglieder ihrer Familie oder die Mammuts einer Herde.

Bei kleinen Anzahlen bestimmten Finger und Hände das Zählen. Um Anzahlen darzustellen, verwendeten sie zum Beispiel ihre Hände, aber auch Steine oder Kerne von Früchten.

Daraus entstanden in den verschiedenen Regionen der Erde jeweils eigene Zahlzeichen.

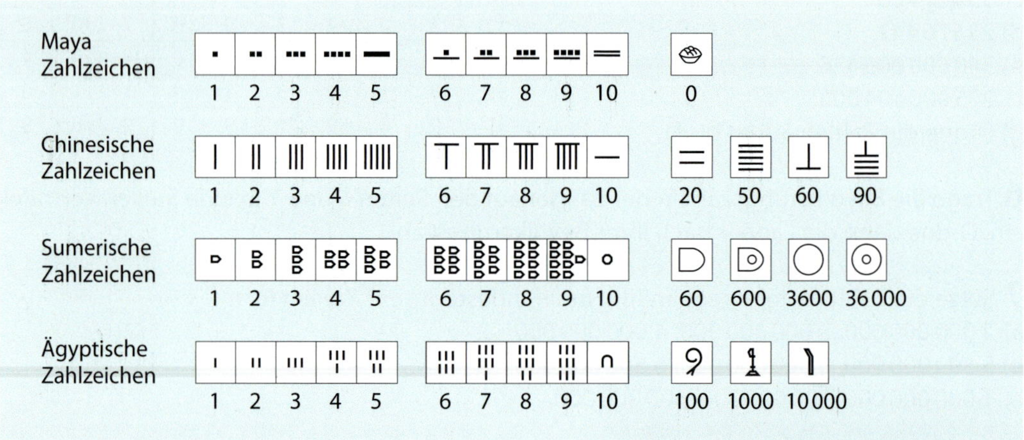

AUSPROBIERT
Versucht, chinesische Zahlzeichen mit den Händen zu zeigen. Stellt euch gegenseitig Aufgaben.

FÖRDERN UND FORDERN
↻ 022-1

Auch die Römer schrieben ihre Zahlen ganz anders, als wir es heute tun. Ihre Zahlzeichen benutzte man bis zum Mittelalter. Noch heute findet man römische Zahlen zum Beispiel bei alten Häuserinschriften, auf Wappen oder auf Uhren.

Alle Zahlen im **römischen Zahlensystem** werden aus diesen sieben Zahlzeichen gebildet:

I = 1   V = 5   X = 10   L = 50   C = 100   D = 500   M = 1000

Für die Anordnung römischer Zahlzeichen gibt es folgende Regeln:

1. Steht ein Zahlzeichen mehrmals hintereinander, so wird addiert.

   III = 1 + 1 + 1 = 3
   CC = 100 + 100 = 200

2. Addiert wird auch, wenn rechts neben einem Zahlzeichen kleinere Zahlzeichen stehen.

   XII = 10 + 2 = 12
   LX = 50 + 10 = 60

3. I, X, C und M stehen bei 1. und 2. höchstens dreimal hintereinander.

4. Steht eines der Zahlzeichen I, X oder C vor einem seiner beiden jeweils nächstgrößeren Zahlzeichen, dann wird subtrahiert.

   IV = 5 − 1 = 4
   IX = 10 − 1 = 9

5. V, L und D stehen in einer Zahl höchstens einmal.

Daten und Zahlen

1 Römische Zahlzeichen kannst du noch heute in deiner Umwelt finden.

NACHGEDACHT
Auf den Seiten 22 und 23 siehst du drei Inschriften an Gebäuden. Wann wurden diese Gebäude wohl gebaut?

a) Suche in deiner Umgebung nach römischen Zahlen. Schreibe deine Fundorte auf.
b) Schreibe die Zahlen 1 bis 12 mit römischen Zahlzeichen. Beachte die Regeln oben.
c) Was fällt dir auf, wenn du deine Lösungen aus b) mit den Zahlzeichen auf der Uhr rechts vergleichst?

2 Schreibe mit römischen Zahlzeichen.
a) 16   b) 17   c) 23   d) 34   e) 35
f) 52   g) 112   h) 250   i) 374   j) 415

3 Schreibe mit unseren Ziffern.
a) XVIII   b) XXVI   c) LXXIII   d) XXXIV   e) CCLXII
f) CCCXXIV   g) CCLXVII   h) MMCCCXXV   i) MMMDCCLXXII
j) Schreibe selbst Zahlen mit römischen Zahlzeichen auf. Übersetze sie in unsere Schreibweise.

4 Die italienische Post gab zu den XVII. Olympischen Spielen in Rom eine Sondermarke heraus.
a) Die wievielten Olympischen Spiele waren es?
b) Wann fanden diese Olympischen Spiele statt? Die Jahreszahl steht über den fünf olympischen Ringen.
c) Gestalte eine Briefmarke für die nächsten Olympischen Spiele.

5 Kannst du römisch rechnen?
a) XV + VI = ?   b) III + C = ?   c) LVI + CLX = ?   d) MCXI + MCXI = ?
e) Gibt es Vorteile beim Rechnen mit unserem Stellenwertsystem gegenüber dem römischen Zahlensystem? Begründe.

6 Finde den Inhalt der Kiste rechts.

7 Lege ein oder zwei Streichhölzer so um, dass die Rechnung stimmt.

a)  + = X

b)  - 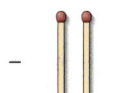 =

57 − 23
13 + 58
17 + 8
88 − 13
19 + 33
44 − 19

LII = E
LXXV = Z
XXXIV = M
XXV = N
LXXI = Ü

8 Datum einmal anders
a) Gib das heutige Datum mit römischen Zahlzeichen an.
b) Schreibe dein Geburtsdatum mit römischen Zahlzeichen.
c) Fertigt für die Klasse einen „Römischen Geburtstagskalender" an.

ERFORSCHEN & EXPERIMENTIEREN

Runden und schätzen

1 Welche der drei Angaben findest du sinnvoll? Begründe.

... genau 69 201 Zuschauer ...

... fast 70 000 Zuschauer ...

... über 69 000 Zuschauer ...

2 Sinnvoll gerundet?
In der Zeitung wurden verschiedene Artikel mit Zahlen und Größen gefunden. Einige Angaben wurden gerundet, andere nicht.
- Schreibe die Artikel mit gerundeten Angaben in dein Heft.
- Notiere auch die Artikel ohne gerundete Angaben.
- Finde mögliche Gründe dafür, ob eine Angabe gerundet wird oder nicht.
- Schreibe eine Regel, wann es sinnvoll ist, eine Angabe zu runden, und wann nicht.

Zum Sportfest kamen etwa 5000 Besucher.

Im Sportverein wurde ein neuer Vorsitzender gewählt. Er bekam 29 von 54 Stimmen.

Die Temperaturen werden heute um die 20 Grad liegen.

Ein Telefongespräch ins Festnetz kostet bei Fix-Telekom 4,68 Cent.

3 Wie geht es weiter?
Die Erde ist etwa 4,55 Milliarden Jahre alt. Die Menschen leben seit mindestens 160 000 Jahren auf der Erde. Im Jahr 1999 wurde die Zahl von sechs Milliarden Menschen überschritten. Seit 1999 ist die Weltbevölkerung weiter gewachsen. Täglich kamen rund 200 000 Menschen hinzu.
- In welchem Jahr wurde wohl die Zahl von sieben Milliarden Menschen überschritten?
- Wann wird voraussichtlich die Zahl von acht Milliarden Menschen erreicht?

HINWEIS
Daten zur Weltbevölkerung findest du auch auf den Seiten 6 und 7 und unter dem Mediencode ↻ 024-1.

4 Exakte Angaben
Rechnet man die Angaben zum Wachstum der Weltbevölkerung um, findet man heraus, dass die Weltbevölkerung pro Sekunde um 2,6 Menschen zunimmt.
- Ist die Angabe „2,6 Menschen" sinnvoll?
- In einem Zeitungsartikel steht:
  „Morgen vormittag um 9.59 Uhr leben 7 850 253 484 Menschen auf der Erde."
  Ist es sinnvoll, die Weltbevölkerung so exakt anzugeben?
  Begründe deine Entscheidung.

Daten und Zahlen

5 Ungefähr oder ganz genau?
- Wie viele Menschen leben in den Ländern?
- Daniel sagt: „Ich finde gut, dass man die Länder hier schnell vergleichen kann."
Lucia sagt: „Ich wüsste aber lieber, wie viele Menschen es genau sind."
Und was meinst du?

🇹🇷	Türkei	👤👤👤👤👤👤👤👤	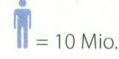 = 10 Mio.
🇮🇹	Italien	👤👤👤👤👤👤	
🇬🇧	Großbritannien	👤👤👤👤👤👤	
🇬🇷	Griechenland	👤	
🇭🇷	Kroatien	👤	

6 Schätzen
- Es ist ein großer Unterschied, ob 30 oder 100 000 Ameisen einen Ameisenhaufen bewohnen. Aber ist es wirklich wichtig zu wissen, ob 100 008 oder 100 034 Ameisen in einem Haufen krabbeln? Was meinst du dazu?
Schreibe eine Antwort.
- Schätze möglichst genau, wie viele Sonnenblumen, Vögel, Bienen und Regenschirme auf den folgenden Fotos vorhanden sind.
Schreibe auf, wie du vorgegangen bist.

- Vergleicht zu zweit eure Wege, die Anzahl von Dingen bzw. Lebewesen auf solchen Bildern möglichst gut abzuschätzen.

7 Was wird geschätzt oder gerundet?
Im Alltag, in Fernsehnachrichten oder auf Internetseiten werden geschätzte oder gerundete Werte verwendet.
- Finde dafür Beispiele und schreibe sie auf.
- Versuche herauszufinden, warum diese Angaben geschätzt oder gerundet werden.

WISSEN & ÜBEN

Schätzen

Beim Schätzen einer Anzahl oder einer Größe kennt man den genauen Wert nicht. Man versucht, durch einfache Überlegungen dem genauen Ergebnis möglichst nahe zu kommen.
Die **Rastermethode** bei Bildern ist eine Möglichkeit des Schätzens von Anzahlen.

BEISPIEL Gesucht ist die Anzahl Bonbons im Bild links.

NACHGEDACHT
Worauf muss man bei der Einteilung der Felder achten?

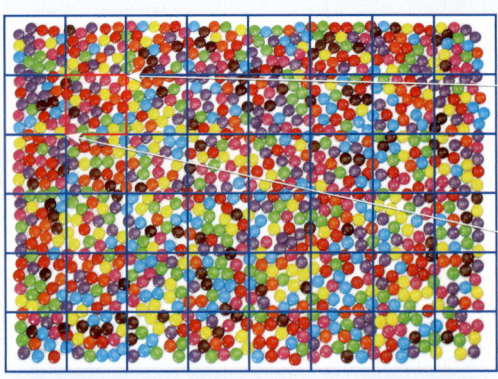 

1. Das Bild wird in gleich große Felder zerlegt. Hier sind es 48 Felder.
2. In einem Feld wird die Anzahl der Bonbons gezählt. Das ist die Bezugsgröße. Im roten Feld sind es etwa 24 Stück.
3. Die Anzahl der Bonbons im roten Feld (Bezugsgröße) wird mit der Anzahl der Felder multipliziert: $24 \cdot 48 = 1152$.
4. Ergebnis: Auf dem Bild sind etwa 1150 Bonbons zu sehen.

1 Schätzt die Breite der Tafel im Klassenraum.
a) Besprecht zu zweit, wie ihr vorgehen wollt. Schreibt die Schritte auf und schätzt.
b) Erklärt dann, wie ihr zu eurem Ergebnis gekommen seid.

▶ Schätzt …
c) die Höhe eures Klassenraumes,   d) die Anzahl der Treppenstufen in eurer Schule,
e) die Anzahl der Fenster in eurer Schule,   f) die Anzahl der Haare auf deinem Kopf.

2 Schätze die folgenden Größen und Anzahlen.
a) Wie alt können Bäume werden?
b) Wie alt können Schildkröten werden?
c) Wie viel Liter Wasser fließen täglich die Mosel bei Trier hinunter? Wie viele Badewannen könntest du damit füllen?

3 So viel zu schätzen …
a) Überlege, was man noch alles schätzen kann. Schreibe deine Überlegungen auf.
b) Denke dir eigene Schätzaufgaben aus und schreibe sie auf.
c) Finde möglichst genaue Lösungen für deine Schätzaufgaben aus b).
d) Arbeitet zu zweit: Tauscht eure Aufgaben und löst sie. Vergleicht dann eure Ergebnisse.
e) Kontrolliere deine Schätzergebnisse (Internet, Schülerbücherei).

Daten und Zahlen

4 Die Rastermethode
a) Schätze die Anzahl der Gummibärchen.
   TIPP In das Foto wurde bereits ein passendes Raster eingezeichnet.
b) Erkläre, wie du mithilfe des Rasters die Anzahl ermitteln kannst.

▶ Ermittle die Anzahl der Pflastersteine, Reißzwecken, Pinguine und Linsen möglichst genau.

c)

d)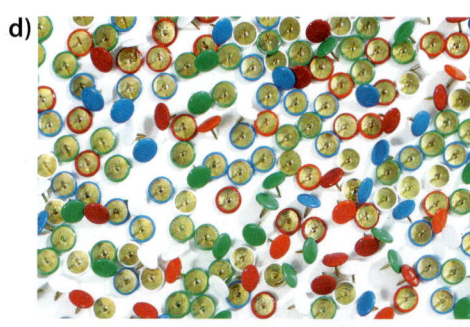

TIPP
Lege eine Klarsichtfolie mit aufgemaltem Raster über die Bilder (Mediencode ↻ 027-1).

e)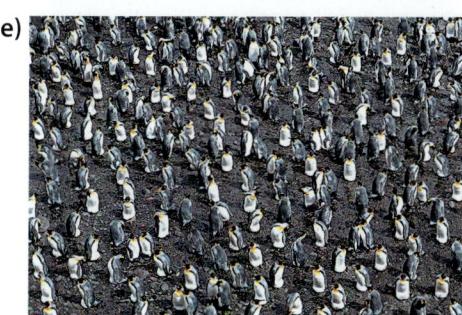

f)

5 Runden oder Schätzen?

- Wie viele Gummibärchen sind in einer Tüte?
- Wie viele Menschen leben in Europa?
- Die Stadt Münster hat 269 579 Einwohner.
- Wie viele Sandkörner sind in einer Hand voll Sand?
- Wie viel Reiskörner sind in einer Packung Reis?
- Ein Zug verfügt über 489 Sitzplätze und wenige Stehplätze.
- Beim Fußballspiel waren 78 426 Zuschauer.
- Peter hat auf dem Flohmarkt 73,95 € eingenommen.
- Wie viele Kopien werden pro Jahr an eurer Schule gemacht?

a) Entscheide, welche der Angaben man schätzen muss. Schreibe sie auf.
b) Entscheide, welche Angaben man runden kann.
c) Begründe deine Entscheidungen aus a) und b) jeweils in einem Satz.
d) Schätze die Anzahlen zu a) möglichst genau.

6 Schätze die Anzahl der blonden Menschen in Rheinland-Pfalz (4 Millionen Einwohner).

WISSEN & ÜBEN

Runden

Es ist nicht immer nötig, einen genauen Wert anzugeben.
Wenn man sich nur einen Überblick verschaffen will, reicht ein gerundeter Wert.

Beim Runden betrachtet man die Ziffer unmittelbar rechts von der Rundungsstelle.

Ist es eine 0, 1, 2, 3 oder 4,
dann wird **abgerundet**.
Die Ziffer an der Rundungsstelle
bleibt unverändert.

Ist es eine 5, 6, 7, 8 oder 9,
dann wird **aufgerundet**.
Der Stellenwert an der
Rundungsstelle erhöht sich um 1.

Alle Ziffern rechts von der Rundungsstelle werden 0.

BEISPIELE Runden auf … Zehner   86 375 ≈ 86 380
                           Hunderter 86 375 ≈ 86 400
                           Tausender 86 375 ≈ 86 000

HINWEIS
- Du kannst im Heft jeweils die Rundungsstelle rot markieren.
- Markiere dann die Ziffer rechts davon grün. Sie ist entscheidend.

1 Auf Zehner runden
a) Runde die Zahl 3842 auf die Zehnerstelle.
b) Erkläre dein Vorgehen.

▶ Runde auf Zehner. **BEISPIEL** 823 ≈ 820.
c) 547 d) 213 e) 5212 f) 44 g) 2568 h) 4123 i) 8564
j) 1259 k) 65 989 l) 7996 m) 9867 n) 27 498 o) 259 999

2 Runde auf Hunderter. **BEISPIEL** 2476 ≈ 2500.
a) 1236 b) 532 c) 6852 d) 444 e) 1867 f) 2568 g) 4123
h) 8564 i) 1259 j) 25 498 k) 65 989 l) 7996 m) 999 962

FÖRDERN UND FORDERN
↻ 028-1

3
a) Runde die Zahlen im Tausendfüßler auf Tausender.
b) Bei welchen Zahlen ist der Unterschied zur Ausgangszahl besonders groß (besonders klein)?

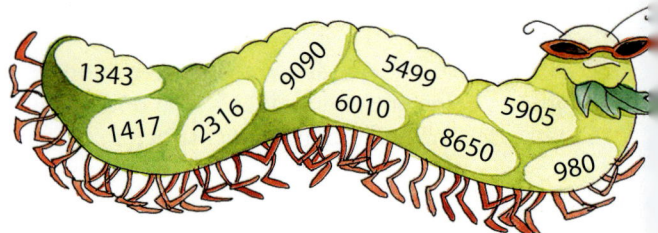

4 Runde die Zahlen auf Zehntausender
a) 12 022 b) 238 650 c) 999 999 d) 620 029

5 Runde die Zahlen auf Millionen.
a) 99 499 999 b) 702 873 989 c) 3 742 915 023 d) 19 964 572 054

6 Runde die Zahl 46 278 und begründe jeweils anhand der Zeichnung.

a) auf Hunderter

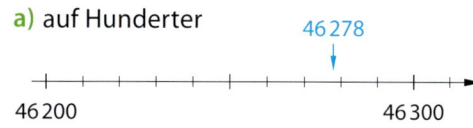

b) auf Tausender

c) auf Zehntausender

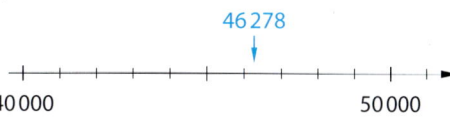

7 Runde die markierten Zahlen auf Tausender.

a)

b)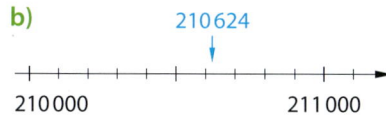

8 Zeichne Bilder wie in Aufgabe 7 für das Runden von 6819 und 837 522 auf Tausender.

9 Runde die Zahl 1647 auf Zehner, auf Hunderter und auf Tausender.
a) Runde immer von der Ausgangszahl 1647 ausgehend.
b) Runde noch einmal. Gehe dabei immer von der zuvor gerundeten Zahl aus.
c) Vergleiche die gerundeten Zahlen aus a) und b). Beschreibe deine Beobachtungen.
d) Arbeite wie in a) bis c) mit der Zahl 2489.

▶ Runde jeweils auf Zehner, Hunderter und Tausender.

HINWEIS Runde immer die Ausgangszahl. Sonst entstehen Rundungsfehler.

e) 1236 f) 6821 g) 8345 h) 4321 i) 4268 j) 66 210
k) 620 035 l) 45 212 m) 652 657 n) 852 o) 999 p) 9999

10 Die folgenden Zahlen sind bereits auf volle Tausender gerundet worden. Nenne zu jeder gerundeten Zahl mindestens drei mögliche Ausgangszahlen.
a) 5000 b) 9000 c) 14 000 d) 64 000
e) Nenne zu jeder gerundeten Zahl die kleinste mögliche Ausgangszahl.

11 Schreibe alle Zahlen auf, die sich auf 20 runden lassen.

12 Gibt es mehrere Möglichkeiten, die Sternchen sinnvoll durch Ziffern zu ersetzen? Begründe jeweils.
a) 325 ≈ 3✶0 b) 44✶25 ≈ 45 000 c) 3✶✶ ≈ 310

▶ Finde für die Sternchen alle passenden Ziffern, sodass richtig gerundet wird.
d) 146✶ ≈ 1500 e) 862✶ ≈ 9000 f) 222✶ ≈ 2✶00 g) 35✶ ≈ 350
h) 232 ≈ 2✶✶ i) 5✶3 ≈ 1000 j) 3✶4✶ ≈ 3200 k) 100✶0 ≈ 11 000

TIPP
zu Aufgabe 10:
Du kannst mit einem Zahlenstrahl arbeiten wie in Aufgabe 6 b).

WISSEN & ÜBEN

13 Runde die folgenden Zahlen auf Hunderter.
Ordne dann die gerundeten Zahlen der Größe nach. Beginne mit der kleinsten Zahl.
a) 1734; 238; 4316; 87; 721; 912; 12 810   b) 13 412; 9832; 15 976; 198; 11 329; 9999

HINWEIS
Das Runden in Sachsituationen folgt oft anderen Regeln als den mathematischen Rundungsregeln.

14 Bei welcher Angabe ist es sinnvoll zu runden, bei welcher nicht?
Begründe deine Entscheidung.
a) Länge des Klassenzimmers: 12,34 m
c) Geburtstag von Tobias: 28. 09. 2002

▶ Notiere die Angaben, die man nicht runden sollte.
d) 6 Kaugummis
e) 270 560 Einwohner
f) Telefonnummer 726 771
g) Schuhgröße 46
h) 231 Tierarten im Zoo
i) 957 km Anreise
j) Kontonummer: 114 084 645
k) 4 neue Reifen

b)
3,49 €

15 Welche der persönlichen Angaben kann gerundet werden?
Runde sinnvoll, wenn möglich.
a) Maria wurde am 18. Oktober 2001 geboren.
b) Sie ist 142 cm groß.
c) Ihr Heimatort Bad Dürkheim hat 20 099 Einwohner (Stand 2011).
d) Die Postleitzahl von Bad Dürkheim ist 67098.
e) Marias Schulweg ist 2 km und 375 m lang.
f) Erzähle nun von dir. Überlege, welche Informationen du mit gerundeten oder mit genauen Zahlen angibst.

16 Überschlage folgende Aufgaben. Gib jeweils auch das genaue Ergebnis an.
a) 671 + 346   b) 312 − 101   c) 32 · 68   d) 197 + 6427
e) 486 − 239   f) 81 · 799   g) 151 + 497 + 123 − 99

17 Eine Wandertour

a) Wie viel Kilometer wandert Daniel ungefähr von Lahnstein nach Bad Ems?
b) Wie viel Meter läuft er ungefähr, wenn er die Strecke Obernhof – Limburg wählt?
c) Findest du Daniels Aussage richtig? Begründe deine Entscheidung.
d) Plane eigene Wandertouren und gib ihre Längen an.
e) Kann Daniel die Strecke Bad Ems – Limburg an einem Tag schaffen? Begründe deine Antwort. Schreibe dazu einen kurzen Text.

Um eine Wandertour zu planen, braucht man keine so genauen Werte wie auf der Karte.

Daten und Zahlen

18 Bei einem Fußballspiel wurden 16 212 Sitzplatzkarten und 36 938 Stehplatzkarten verkauft. Außerdem wurden noch 1296 Freikarten verteilt.
a) Überschlage im Kopf, wie viele Karten ausgegeben wurden. Schreibe dein Ergebnis auf.
b) Berechne nun, wie viele Karten genau ausgegeben wurden. Runde das Ergebnis.
c) Vergleiche die Ergebnisse aus a) und b). Was stellst du fest?
d) Das Stadion bietet für Platz für 62 500 Zuschauer.

19 Bei einem Open-Air-Konzert sagt der Veranstalter am Abend:
„Wir haben rund 30 000 Eintrittskarten verkauft."
Am nächsten Tag ergibt eine genaue Rechnung insgesamt 37 936 verkaufte Karten.
Hat der Veranstalter richtig gerundet? Begründe deine Antwort.

20 Runde auf volle Euro.
Was würdest du dir für
dieses Geld kaufen?

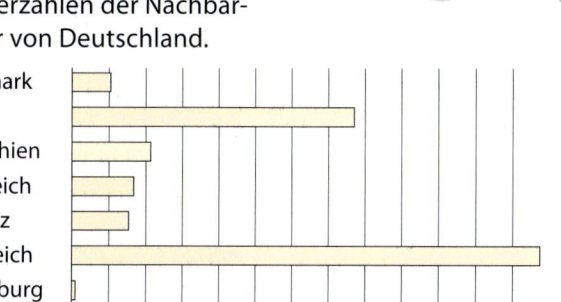

21 Das folgende Diagramm enthält die gerundeten Einwohnerzahlen der Nachbarländer von Deutschland.

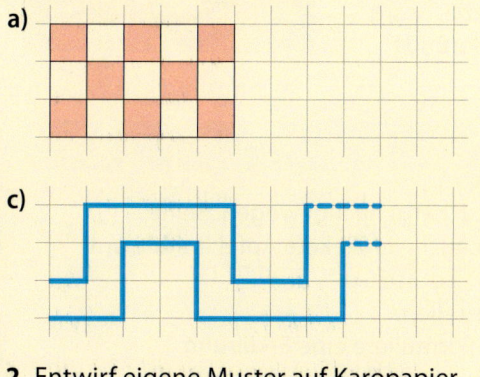

a) Lies aus dem Diagramm ab,
 • … welche Länder mehr als 10 Millionen Einwohner haben,
 • … wie viele Einwohner die Länder etwa haben.
b) Ordne die Länder nach ihrer Einwohnerzahl.
c) Vergleiche die Einwohnerzahlen von Deutschland und seinen Nachbarländern.

Bist du fit?

1. Übertrage die Muster auf Karopapier und setze sie fort.
a)
b) 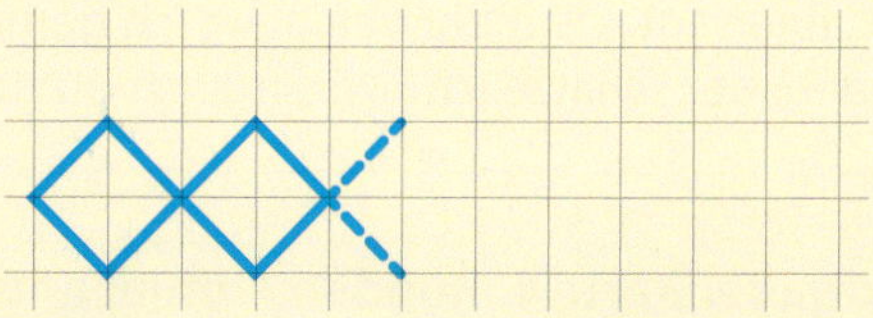
c)
d)

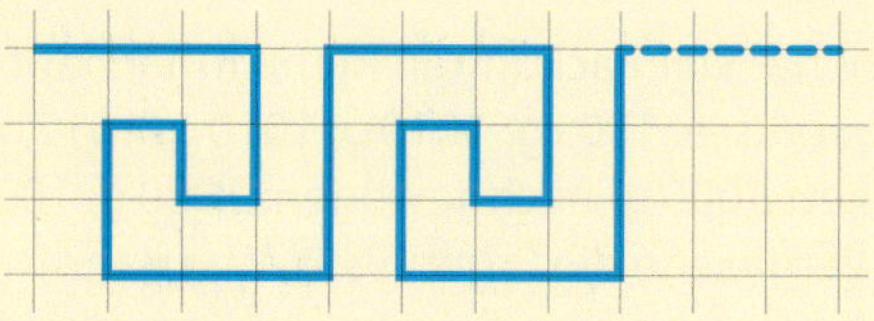

2. Entwirf eigene Muster auf Karopapier.

LERNTHEKE

Zahlen ordnen, schätzen und runden

Aufgabenkarte 1: Zahlen ordnen

TIPP
zu Aufgabe 1 d):
Hefte deine eigene Aufgabe mit einer Büroklammer an die Aufgabenkarte.

a) Bereits mit bloßem Auge kann man Planeten unseres Sonnensystems am Abendhimmel sehen. Finde heraus, wie die Planeten unseres Sonnensystems heißen.
b) Schreibe ihre Entfernungen zur Sonne mit Zahlen auf.
c) Ordne die Planeten nach ihrer Entfernung von der Sonne.
d) Denke dir eine eigene Aufgabe zum Ordnen aus. Schreibe sie für die andere Schülerinnen und Schüler auf. Tauscht eure Aufgaben aus und bearbeitet sie.

Aufgabenkarte 2: Schätzen

a) Schätze, wie viele Wassertropfen und Sonnenblumen hier abgebildet sind. Schreibe auf, wie du geschätzt hast.
b) Bei welchem Bild kannst du besser schätzen? Begründe.
c) Vergleicht zu zweit eure Schätzwerte und wie ihr geschätzt habt.

Aufgabenkarte 3: Schätzen einmal anders

MATERIAL
zu Karte 3:
1 Schüssel mit Verpackungschips, Wattekugeln oder Nudeln.

a) Greife mit beiden Händen in die Schüssel und nimm damit Gegenstände heraus.
b) Schätze wie viele Gegenstände in deine Hände passen. Notiere die Zahl.
c) Zähle die Gegenstände und notiere ihre Anzahl.
d) Wiederhole den Versuch aus a) bis c) mehrmals.
e) Laura sagt: „Je mehr Versuche ich gemacht habe, desto genauer schätze ich." Was meinst du dazu? Begründe.

Aufgabenkarte 4: Runden einmal anders

TIPP
Führe eigene Messungen durch.

Toni hat vier Packungen Mehl (Inhalt laut Etikett 1000 g) nachgewogen. Seine Ergebnisse: 1009 g; 1010 g; 1010 g; 1012 g. Er hat auch vier Pakete Äpfel (Inhalt laut Etikett 1000 g) nachgewogen: 1080 g; 1024 g; 1072 g; 1085 g.
a) Vergleiche die Ergebnisse. Was kannst du feststellen?
b) Finde mögliche Gründe für die Unterschiede. Formuliere eine Erklärung.
c) Bei welchen Lebensmitteln könnte es ähnliche Abweichungen geben?

Daten und Zahlen   33

Aufgabenkarte 5: Zahlen ordnen am Zahlenstrahl

1. Übertrage den folgenden Zahlenstrahl ins Heft. Trage dann die Zahlen ein.
a) 8 000 000 000
b) 3 500 000 000
c) 9 500 000 000
d) 9 000 000 000
e) 9 250 000 000
f) 750 000 000

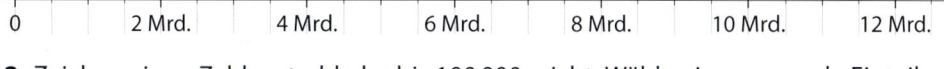

2. Zeichne einen Zahlenstrahl, der bis 100 000 reicht. Wähle eine passende Einteilung. Markiere dann die folgenden Zahlen mit einem Pfeil.
a) 10 000
b) 80 000
c) 40 000
d) 25 000
e) 31 000
f) 97 000
g) 66 500
h) 55 500

AUFGABENKARTEN
Unter dem Mediencode ↻ 033-1 gibt es fertige Aufgabenkarten zu 1 bis 7.

Aufgabenkarte 6: Eine runde Sache

a) Arbeitet zu zweit. Zeichnet beide eine Stellenwerttafel ins Heft.
b) Trage fünf Zahlen in deine Stellenwerttafel ein.
c) Tauscht die Hefte. Lest euch gegenseitig die Zahlen vor. Schreibt sie mit Worten auf.

Billionen			Milliarden			Millionen			Tausender					
H	Z	E	H	Z	E	H	Z	E	H	Z	E	H	Z	E

Aufgabenkarte 7: Schätzen

Um Sterne zu entdecken und zu untersuchen, nutzen Forscher Teleskope wie im Bild. Sie können damit unter anderem ermitteln, wie weit Sterne von der Erde entfernt sind.

Proxima Centauri:	40 Billionen km
Pollux:	320 Billionen km
Atair:	158 Billionen km
Sirius:	81 Billionen km
Aldebaran:	630 Billionen km
Wega:	237 Billionen km

a) Ordne die Sterne nach ihrer Entfernung von der Erde.
b) Erkläre, wie du die Sterne geordnet hast.

METHODE Lerntheke

↻ 033-2

Ihr möchtet üben? Ihr wollt selbst bestimmen, wie viel Zeit ihr für eine Aufgabe habt? Ihr wollt selbst aussuchen, welche Aufgaben ihr löst? Probiert es einmal mit einer Lerntheke! Die Aufgabenkarten dieser Doppelseite eignen sich dafür. Und so funktioniert es:

1. Es gibt verschiedene Aufgabenkarten. Darauf findest du Aufgaben.
2. Baut eine Theke mit den Aufgabenkarten auf.
3. Wähle eine Aufgabenkarte aus und arbeite an deinem Tisch an den Aufgaben.
4. Wenn du damit fertig bist, kannst du dir eine neue Aufgabenkarte aussuchen.
5. Ihr könnt auch zu zweit oder in einer Gruppe zusammenarbeiten.

VERMISCHTE ÜBUNGEN

1 Verkehrszählung
Eine Schülergruppe einer 5. Klasse führt für den Erdkundeunterricht eine Verkehrszählung durch. Sie erstellt eine Strichliste. Zeichne zu dieser Strichliste ein passendes Schaubild.

Fahrzeugart	Anzahl der Fahrzeuge
Pkw	‖‖‖ ‖‖‖ ‖‖‖ ‖‖‖ ‖‖‖ ‖‖‖ ‖‖
Lkw	‖‖‖ ‖‖‖ ‖‖‖ ‖‖‖ ‖‖‖‖
Motorräder usw.	‖‖‖ ‖‖‖ ‖‖‖ ‖‖‖ ‖

2 Das Säulendiagramm rechts zeigt die Ergebnisse einer Klassenarbeit. Lies daraus ab: Wie viele Schülerinnen und Schüler haben die Note 2 erhalten (die Note 4; eine bessere Note als 3)?

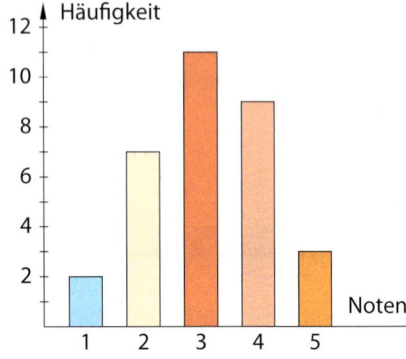

3 Im folgenden Balkendiagramm siehst du, wie viele Schülerinnen und Schüler in die 5. und 6. Klasse gehen.
a) Welches der Bundesländer hat die meisten Schülerinnen und Schüler in den Klassen 5 und 6?

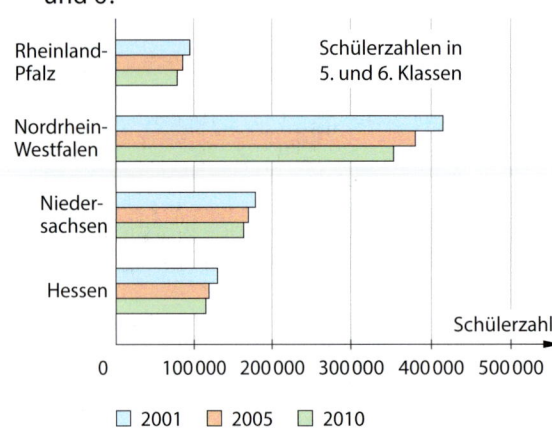

b) Welche Bundesländer hatten im Jahr 2010 mehr als 150 000 Schülerinnen und Schüler in den Klassen 5 und 6?
c) Prüfe, ob die Zahl der Schülerinnen und Schüler zwischen 2001 und 2010 gestiegen oder gesunken ist.
d) Überschlage: Wie viel mal so viele Schülerinnen und Schüler wie in Rheinland-Pfalz gehen in die Klassen 5 und 6 in Hessen (in Nordrhein-Westfalen; in Niedersachsen)?

4 Zeichne die drei Zahlenstrahlen in dein Heft. Trage dann die Zahlen
45; 8; 0; 50; 16; 22; 70; 90; 35; 14; 60; 4; 80; 75; 12; 30 ein.
Wähle dabei zu jeder Zahl einen Zahlenstrahl aus, auf dem sich die Zahl gut eintragen lässt.

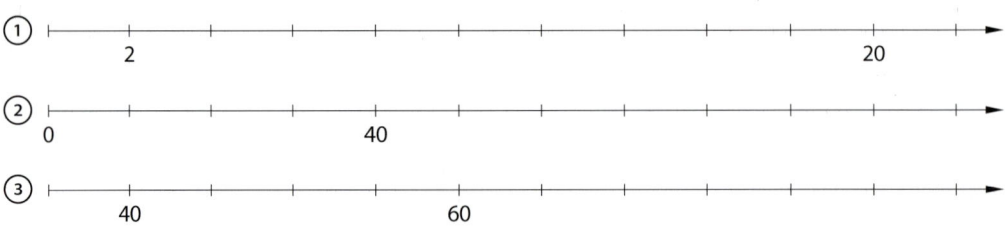

5 Lies die markierten Zahlen vom Zahlenstrahl ab.

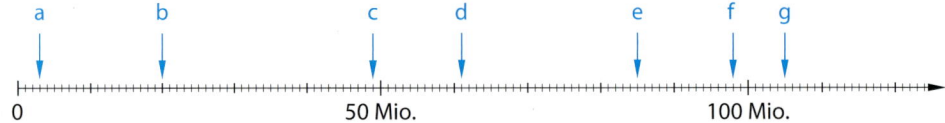

Daten und Zahlen

6 Setze im Heft die richtigen Zeichen >, < oder = ein.
a) 34 ■ 43   b) 1000 ■ 100   c) 625 ■ 2652
d) 101 ■ 110   e) 4 ■ 0   f) 77 ■ 99
g) 3765 ■ 3567   h) 399 ■ 827   i) 9009 ■ 9990
j) 8088 ■ 8808   k) 390 ■ 903   l) 1881 ■ 8118

7 Schreibe im Heft für die Sternchen passende Ziffern, sodass die Vergleiche richtig sind.

HINWEIS Es gibt oft mehrere Möglichkeiten.

a) ∗842 < 2453   b) 45∗∗1 > 45 890   c) 81∗7 < ∗033
d) 12∗ = 1∗4   e) 38∗2 < 3∗11   f) ∗24∗ = 1∗4∗

8 Zeichne eine Stellenwerttafel und trage die folgenden Zahlen ein. Runde die Zahlen danach auf Zehner, Hunderter, Tausender und Zehntausender.
a) 654 279   b) 70 084 621   c) 31 195 704

9 Schreibe zuerst die Zahlen mit Ziffern. Runde dann die Zahlen auf Tausender, Hunderttausender und Millionen.
a) siebenhunderttausenddreihundertdreiundvierzig
b) fünf Millionen achthundertdrei
c) zehn Milliarden sechshunderttausendelf
d) zwölf Billionen vierhundert Milliarden dreiundsiebzigtausendelf

TIPP zu Aufgabe 9: Du kannst eine Stellenwerttafel nutzen.

10 Zahlen schreiben
a) Schreibe die kleinste und die größte Zahl, die man aus den Ziffern 3, 2, 6, 2, 1 und 9 bilden kann. Verwende jede Ziffer genau einmal.
b) Welche Zahl ist um 1 kleiner als 100 000 000?
c) Schreibe die kleinste und die größte neunstellige Zahl, die es gibt.

11 Schätze die Anzahlen der Erdbeeren und der Kirschen auf den folgenden Bildern.

a)

b)

12 Runde die gegebenen Zahlen jeweils auf Zehner (auf Hunderter, auf Tausender). Ordne dann die Zahlen nach ihrer Größe. Beginne mit der kleinsten Zahl.
a) 2374   b) 383   c) 28 382   d) 83 385   e) 40 308
f) 987 927   g) 26 383   h) 100 987   i) 238 999

13 Wurde hier richtig gerundet? Begründe deine Aussagen.
a) 3587 $\stackrel{?}{\approx}$ 3580   b) 45 820 $\stackrel{?}{\approx}$ 45 900   c) 259 $\stackrel{?}{\approx}$ 300
d) 1015 $\stackrel{?}{\approx}$ 1010   e) 24 499 $\stackrel{?}{\approx}$ 25 000   f) 26 $\stackrel{?}{\approx}$ 20
g) 44 $\stackrel{?}{\approx}$ 40   h) 2551 $\stackrel{?}{\approx}$ 2560   i) 3888 $\stackrel{?}{\approx}$ 3800

ANWENDEN & VERNETZEN

↻ 036-1

1 Weltrekorde schätzen
Das Guinness-Buch der Rekorde ist eine Sammlung von Weltrekorden verschiedenster Art. Es beinhaltet nicht nur sportliche Rekorde, sondern auch ganz eigenartige Höchstleistungen.
Beispielsweise ist Richard Rodriguez aus den USA die längste Zeit ununterbrochen Achterbahn gefahren. Er hielt acht Tage aus. Hättet ihr das gedacht?
Oder könnt ihr euch vorstellen, dass jemand über 285 000 verschiedene Kugelschreiber besitzt?

Arbeitet in Gruppen (mit etwa 5 bis 6 Schülerinnen und Schülern):
1. Besorgt euch ein Guinness-Buch der Rekorde, zum Beispiel aus der Bibliothek. Bestimmt eine Spielleiterin oder einen Spielleiter.
2. Der Spielleiter sucht mindestens fünf Rekorde heraus.
3. Die Anderen aus der Gruppe müssen für diese fünf Rekorde eine Schätzung auf einen Zettel schreiben.
4. Vergleicht die Schätzwerte mit dem Weltrekord. Wer am besten geschätzt hat, bekommt einen Punkt.
5. Wer die meisten Punkte hat, wird Schätzkönig.

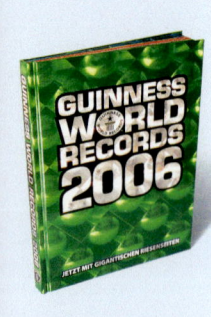

SCHON GEWUSST?
Das „Guinness-Buch der Rekorde" heißt im Original „Guinness World Records". Die wohl berühmteste Rekordsammlung erschien erstmals 1955. Nach der Bibel ist das „Guinness-Buch der Rekorde" das am häufigsten verkaufte Buch der Welt.

2 Die deutschen Bundesländer
a) Runde jeweils die Einwohnerzahlen auf Millionen.
b) Ordne die Bundesländer nach ihren Einwohnerzahlen. Beginne mit dem bevölkerungsreichsten Bundesland.
c) Wähle fünf Bundesländer aus und stelle ihre Einwohnerzahlen in einem Säulendiagramm dar.
d) Wie viele Einwohner etwa hat Deutschland insgesamt?
e) In Nordrhein-Westfalen leben etwa 9 133 000 Frauen. Sind es mehr oder weniger Frauen als Männer? Begründe deine Aussage.

Land	Anzahl
Baden-Württemberg	10 753 880
Bayern	12 538 696
Berlin	3 460 725
Brandenburg	2 503 273
Bremen	660 706
Hamburg	1 786 448
Hessen	6 067 021
Mecklenburg-Vorpommern	1 642 327
Niedersachsen	7 918 293
Nordrhein-Westfalen	17 845 154
Rheinland-Pfalz	4 003 745
Saarland	1 017 567
Sachsen	4 149 477
Sachsen-Anhalt	2 335 006
Schleswig-Holstein	2 834 259
Thüringen	2 235 025

(Stand: 31.12.2010)

3 Die Tabelle unten enthält die Einwohnerzahlen der Hauptstädte aller Bundesländer.
a) Welche der Landeshauptstädte haben rund 500 000 Einwohner?
b) Finde die fünf kleinsten Landeshauptstädte.
c) Finde drei Städte, die zusammen so viele Einwohner haben wie Hamburg.

Kiel	239 526
Hamburg	1 786 448
Schwerin	95 220
Bremen	547 340
Hannover	522 686
Potsdam	156 906
Magdeburg	231 525
Berlin	3 460 725

Düsseldorf	588 735
Wiesbaden	275 976
Erfurt	204 994
Dresden	523 058
Mainz	199 237
Saarbrücken	175 741
Stuttgart	606 588
München	1 353 186

(Stand: 31.12.2010)

4 Weltbevölkerung

a) Welche der Länder hatten im Jahr 2011 mehr als eine Milliarde Einwohner?
b) Ordne die Länder nach ihrer Einwohnerzahl im Jahr 1950 (nach ihrer Einwohnerzahl im Jahr 2011).
c) Welche beiden Länder hatten im Jahr 2011 zusammen rund 500 Millionen Einwohner?

Land	Bevölkerung 1950	Bevölkerung 2011
Brasilien	54 000 000	196 700 000
China	555 000 000	1 345 900 000
Indien	358 000 000	1 241 300 000
Indonesien	80 000 000	236 000 000
Japan	84 000 000	128 100 000
Pakistan	33 800 000	176 900 000
Russland	103 000 000	142 800 000
USA	158 000 000	311 700 000

d) Welche der Länder haben im Zeitraum von 1950 bis 2011 ihre Einwohnerzahl etwa verdoppelt?
e) Bis zum Jahr 2050 wird sich die Bevölkerungszahl gegenüber dem Jahr 2011 vermutlich so verändern:
   Brasilien: um 26 300 000 steigen   *Indien:* um 451 000 000 steigen
   USA: um 111 000 000 steigen   *China:* um 33 000 000 sinken
   Gib die voraussichtlichen Einwohnerzahlen im Jahr 2050 an.
f) Ordne die Länder China, Indien, USA und Brasilien nach ihrer voraussichtlichen Einwohnerzahl im Jahr 2050 (siehe Teilaufgabe e)).
   Vergleiche mit der Reihenfolge im Jahr 2011.

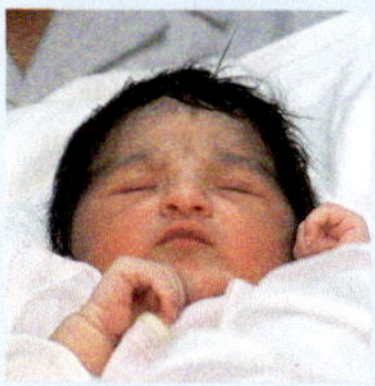

INFO
Die kleine Astha war am 11. Mai 2000 offiziell die einmilliardste Einwohnerin Indiens.

↻ 037-1

5 Straßenverkehr

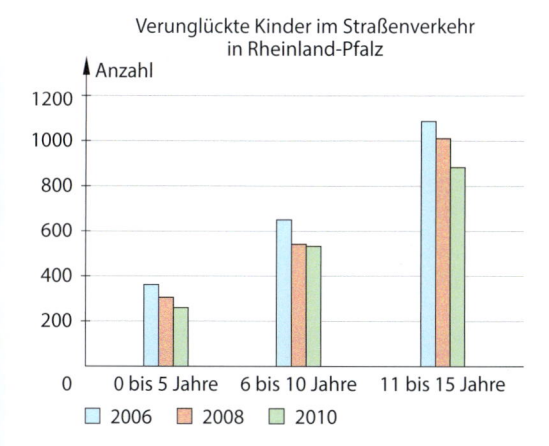

Verunglückte Kinder im Straßenverkehr in Rheinland-Pfalz

(Balkendiagramm mit Altersgruppen 0 bis 5 Jahre, 6 bis 10 Jahre, 11 bis 15 Jahre und Jahren 2006, 2008, 2010)

a) Lies aus dem Diagramm die ungefähren Zahlen für die Jahre 2006, 2008 und 2010 ab. Schreibe die Daten in eine Tabelle.
b) Schreibe fünf Sätze zu den Daten.
   BEISPIEL „Im Jahr 2010 sind in allen Altersgruppen weniger Kinder verunglückt als im Jahr 2006."
c) Schätze, wie viele Kinder im Alter von 0 bis 5 Jahren im Jahr 2012 verunglückten. Schätze dies auch für die anderen beiden Altersgruppen.
d) Finde mögliche Gründe, warum mehr 11- bis 15-Jährige verunglücken als 0- bis 5-Jährige.
e) Bildet Gruppen und entwerft ein Plakat. Es soll auf die Gefahren im Straßenverkehr für eure Altersgruppe aufmerksam machen.
   Nutzt dafür die Daten aus dem Diagramm. Zusätzlich könnt ihr selbst Daten recherchieren, zum Beispiel im Internet.

Teste dich!

▶ Basis

1 Ordne die Zahlen. Beginne jeweils mit der kleinsten Zahl.
a) 19; 137; 4; 2412; 11
b) 19; 372; 48; 394; 36; 382

2 Setze im Heft das richtige Zeichen (>, < oder =).
a) 5445 ■ 4554
b) 101 101 ■ 10 138 110

3 Gib die Zahlen an, die zu den nicht beschrifteten Skalenstrichen gehören.
a) 10 000 ─── 50 000
b) 100 000 ─── 900 000

4 Zeichne für die Zahlen 23; 22; 75; 69; 78; 35 einen passenden Zahlenstrahl. Trage darauf die Zahlen ein.

5 Schreibe zuerst mit Ziffern. Trage dann die Zahlen in eine Stellenwerttafel ein.
a) sieben Millionen sechshundert
b) fünf Millionen dreizehntausendfünfzehn
c) neundundneunzigtausendneunhundert

6 Runde die Angaben auf Tausender.
a) Berlin: 3 460 725 Einwohner
b) Hamburg: 1 786 448 Einwohner
c) Düsseldorf: 588 735 Einwohner

7 Thomas hat einen Hamster bekommen. Thomas hat an jedem Tag der Woche gezählt, wie viele Runden der Hamster im Hamsterrad gedreht hat.

Montag	9	Freitag	4
Dienstag	7	Samstag	14
Mittwoch	12	Sonntag	8
Donnerstag	11		

a) An welchem Tag ist der Hamster die meisten Runden gelaufen?
b) Wie viele Runden ist er in dieser Woche insgesamt gelaufen?
c) Erstelle ein Säulendiagramm zu den Runden pro Wochentag.

▶ Erweiterung

1 Ordne die Zahlen. Beginne jeweils mit der kleinsten Zahl.
a) 4472; 44 283; 44 832; 4523; 444
b) 2222; 2373; 2182; 2138; 2283; 2482

2 Setze im Heft das richtige Zeichen (>, < oder =).
a) 545 445 ■ 454 554
b) 101 101 ■ 1 010 101

3 Lies die Zahlen vom Zahlenstrahl ab.

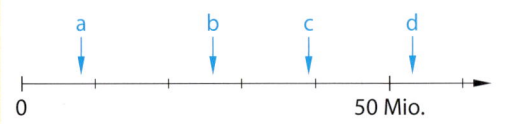

0 ─── a ─── b ─── c ─── d ─── 50 Mio.

4 Zeichne für die Zahlen aus Aufgabe 1 a) einen passenden Zahlenstrahl. Trage darauf die Zahlen ein.

5 Schreibe mit Ziffern. Trage dann die Zahlen in eine Stellenwerttafel ein.
a) fünf Milliarden dreizehntausendfünfzehn
b) siebenundsiebzig Millionen siebzig
c) vierundachtzig Milliarden vierhundert Millionen vierundachtzigtausendfünfhunderteins

6 Runde die Einwohnerzahlen der Städte sinnvoll.

Essen	574 635
Kiel	239 526
Ulm	122 801

Kassel	195 530
Erfurt	204 994
Bonn	324 899

7 In die 5. Klassen der Waldschule gehen insgesamt 68 Schülerinnen und Schüler. Sie haben eine Umfrage zum Lieblingshaustier gemacht.

Haustier	Strichliste	Häufigkeit
Hund	||||\ ||||\ ||||\ ||	
Katze		16
Meerschwein	||||\ ||||\ ||||	
Hamster		
Fisch		8

a) Vervollständige die Tabelle im Heft.
b) Zeichne zu den Daten ein Diagramm.

Daten und Zahlen

▸ Basis

8 Beantworte die Fragen zu den Einwohnerzahlen der Städte. Lies dazu im folgenden Diagramm ab.

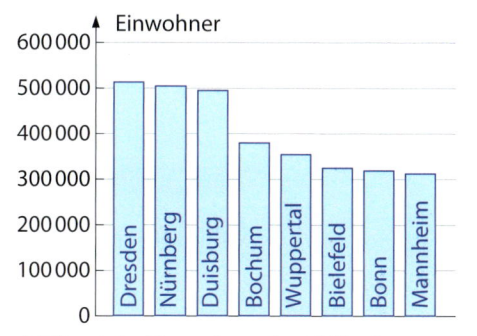

Einwohner-Diagramm: Dresden, Nürnberg, Duisburg, Bochum, Wuppertal, Bielefeld, Bonn, Mannheim

a) Wie viele Einwohner hat Nürnberg (Bochum)?
b) Welche der Städte im Diagramm haben rund 300 000 Einwohner? Schreibe sie auf.
c) Hat Dresden etwa doppelt so viele Einwohner wie Mannheim? Begründe deine Aussage.

9 Schätze die Zahl der Soldaten im Bild. Begründe deine Schätzung.

▸ Erweiterung

8 Frau Flitz will nach Boston in den USA fliegen. Sie vergleicht Angebote.
a) Mit welcher Fluggesellschaft ist Frau Flitz am schnellsten?
b) Welche Fluggesellschaft ist am günstigsten (am teuersten)?
c) Welche Fluggesellschaft sollte Frau Flitz wählen? Begründe deinen Vorschlag.

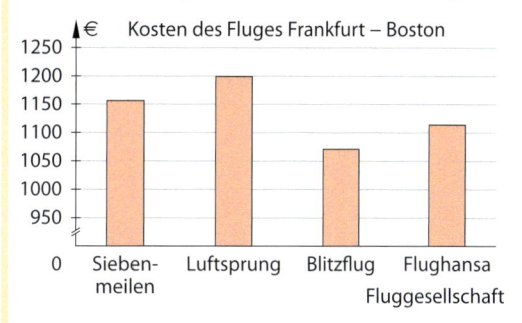

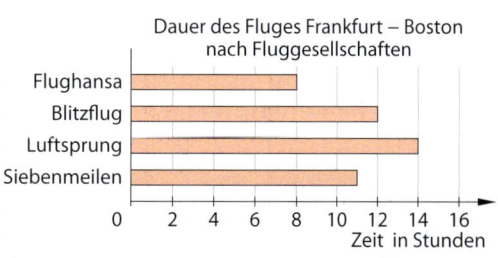

Diagramm: Kosten des Fluges Frankfurt – Boston (Siebenmeilen, Luftsprung, Blitzflug, Flughansa)

Diagramm: Dauer des Fluges Frankfurt – Boston nach Fluggesellschaften (Flughansa, Blitzflug, Luftsprung, Siebenmeilen), Zeit in Stunden

9 Stell dir vor: Alle Schülerinnen und Schüler deiner Schule kommen zum Schulfest. Sie bringen Eltern und Geschwister mit. Wie viele Gäste etwa würden dann zum Fest kommen? Begründe deine Schätzung.

Schätze deine Kenntnisse und Fähigkeiten ein. Ordne dazu deiner Lösung im Heft einen Smiley zu:
„Ich konnte die Aufgabe … ☺ richtig lösen. 😐 nicht vollständig lösen. ☹ nicht lösen."

↻ 039-1

Aufgabe	Ich kann …	Siehe Seite …
1	Zahlen ordnen.	18
2	Zahlen vergleichen.	18
3	Zahlen von einem Zahlenstrahl ablesen.	18
4	Zahlen an einem Zahlenstrahl darstellen.	18
5	Zahlen als Wort und mit Ziffern schreiben und Zahlen in einer Stellenwerttafel darstellen.	20
6	Zahlen runden.	28
7	Tabellen auswerten sowie Diagramme zeichnen.	10, 12
8	Diagramme auswerten.	12
9	Schätzungen angeben und begründen.	26

ZUSAMMENFASSUNG

Daten erheben, festhalten, auswerten — Seite 10

1. Daten erheben und festhalten:
- einen Fragebogen ausfüllen lassen *oder* eine Umfrage durchführen *oder* Beobachten, Abzählen und Notieren (in einer Strichliste)

2. Daten auswerten:
- zu den Merkmalen jeweils die Häufigkeiten ermitteln
- eine Tabelle mit den Häufigkeiten erstellen
- Ergebnisse notieren

Daten darstellen: Diagramme — Seite 12

Säulendiagramm:

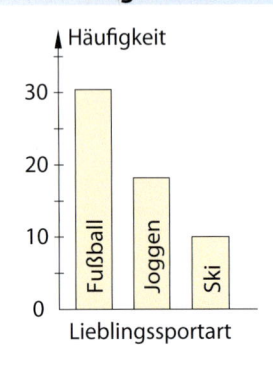

Balkendiagramm:

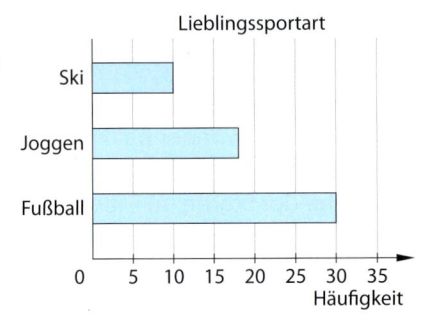

Natürliche Zahlen ordnen — Seite 18

Beim Zählen verwendet man **natürliche Zahlen**. Die kleinste natürliche Zahl ist die 0. Jede natürliche Zahl hat einen Nachfolger. Dieser Nachfolger ist auch wieder eine natürliche Zahl. Daher gibt es unendlich viele natürliche Zahlen. Um natürliche Zahlen zu vergleichen, nutzt man die Zeichen „**größer als**" (>), „**gleich**" (=) und „**kleiner als**" (<).

Natürliche Zahlen darstellen: Stellenwerttafel und Zahlenstrahl — Seiten 18, 20

Natürliche Zahlen lassen sich in einer **Stellenwerttafel** darstellen:

Billiarden			Billionen			Milliarden			Millionen			Tausender					
H	Z	E	H	Z	E	H	Z	E	H	Z	E	H	Z	E	H	Z	E
					6	0	5	1	7	0	0	0	8	1	7	0	6	5	9	0

Natürliche Zahlen lassen sich auch an einem **Zahlenstrahl** darstellen.

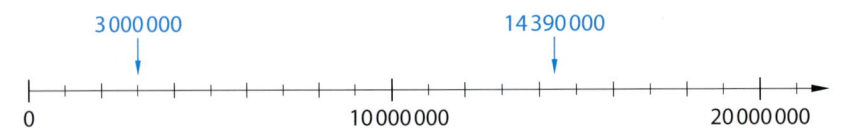

Natürliche Zahlen runden — Seite 28

Beim Runden betrachtet man die Ziffer unmittelbar rechts von der Rundungsstelle.
- Ist es eine 0, 1, 2, 3 oder 4, dann wird **abgerundet**. Die Ziffer an der Rundungsstelle bleibt unverändert.
- Ist es eine 5, 6, 7, 8 oder 9, dann wird **aufgerundet**. Der Stellenwert an der Rundungsstelle erhöht sich um 1.

Alle Ziffern rechts von der Rundungsstelle werden 0.

Erinnere dich!

Addieren und Subtrahieren

1 Ergänze im Heft die fehlenden Zahlen.
a) 28 + 7 = ☐   b) 37 + 5 = ☐   c) 35 – 8 = ☐   d) 142 – 8 = ☐
   +2 ↙ +5 ↘   +3 ↙ ☐   –5 ↙ ☐   ☐ ↙ ☐
      ☐   40   ☐   140

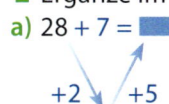

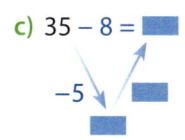

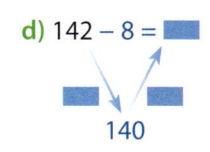

HINWEIS
Vorlagen zu den Aufgaben 1, 5 und 7 sowie weitere Übungen findest du unter dem Mediencode ↻ 041-1.

2
a) Beginne mit 230. Welche Zahl ist um 100 größer (um 200; um 300; …)? Welche Zahl ist um 10 kleiner (um 20; um 30; …)?
b) Beginne mit 220. Welche Zahl ist um 9 kleiner (um 18; um 27; um 36; …)?
c) Beginne mit 280. Welche Zahl ist um 6 größer (um 12; um 18; um 24; …)?

3 Berechne.
a) 405 + 10   b) 496 + 10   c) 199 + 10   d) 920 + 100   e) 1200 + 300
   405 – 10   496 – 10   199 – 10   920 – 100   1200 – 300

4 Addiere im Kopf oder schriftlich.
a) 45 + 55   b) 82 + 58   c) 123 + 123   d) 599 + 100
e) 376 + 123   f) 326 + 473   g) 1234 + 567   h) 1234 + 5678

5 Ergänze im Heft die fehlenden Ziffern.

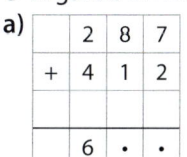

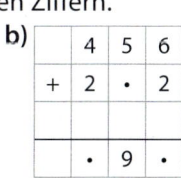

a)
	2	8	7
+	4	1	2
	6	•	•

b)
	4	5	6
+	2	•	2
	•	9	•

c)
	3	•	6
+	•	7	3
	7	9	•

6 Subtrahiere im Kopf.
a) 29 – 17   b) 33 – 12   c) 48 – 22   d) 56 – 13
e) 26 – 18   f) 32 – 14   g) 320 – 140   h) 320 – 14

7 Ergänze im Heft die fehlenden Ziffern.

a)
	•	4	7
–	2	3	2
	4	•	•

b)
	7	7	4
–	•	8	3
		1	
	3	•	•

c)
	•	3	5	9
–	6	•	0	•
	1	1	•	8

8 Schreibe zu den Situationen jeweils eine Frage auf. Beantworte sie danach mit einer Rechnung und einem Antwortsatz.
a) Hendrik hat 194 Ansichtskarten. Freunde schicken ihm 17 weitere Karten.
b) In einer Packung sind 500 Gramm Mehl. Niklas bäckt. Danach sind nur noch 120 Gramm Mehl in der Packung.
c) Frau Hempel sortiert die Socken der Familie. Von insgesamt 54 Paar Socken haben 26 Paar Löcher.

9 Berechne.
a) 145 + 15 – 9   b) 36 – 12 + 15   c) 1894 + 256 – 15   d) 456 + 456 – 45

↻ 041-2

Einkaufen auf dem Markt

Natürliche Zahlen addieren und subtrahieren

43

Harrys Fischstube

Frischer Fisch!

Räucherhering 1kg für 4 €

frische Scholle 1 Stk. für 5 €

Fischbrötchen mit Lachs 1 Stk. für 2 €

"Wir möchten für uns je einen Hering kaufen!"

"... und was essen wir dazu?"

Wurst vom Land

"Im Restaurant soll es Cordon Bleu geben."

Fleischwurst 1 Ring für 3 €

Aufschnitt 1kg für 6 €

Würstchen im Brötchen 1 Stk. für 1,50 €

ERFORSCHEN & EXPERIMENTIEREN

Addieren und Subtrahieren

1 Für ein Klassenfest wollt ihr einen Obstsalat zubereiten.

Preisschilder:
- Melonen 1 kg / 1,50 €
- Kirschen 500 g / 2,00 €
- Ananas Stück 3,00 €
- Erdbeeren 500 g / 2,50 €
- Äpfel 1 kg / 2,00 €
- Himbeeren 250 g / 2,50 €

Welches Obst verwendet ihr? Wie viel davon kauft ihr jeweils ein?
Wie viel wird euer Einkauf kosten?

2 Die Standinhaber vom Markt vergleichen ihre Tageseinnahmen.

Einnahmen am Käsestand	Einnahmen am Gemüsestand	Einnahmen am Wurststand (Datum: 20.7.2012, Ort: Wochenmarkt)
157 €	18 €	7 €
15 €	12 €	3 €
73 €	31 €	45 €
8 €	145 €	236 €
80 €	29 €	18 €
		2 €

- Das Restaurant „Zur alten Eiche" hat an allen drei Ständen eingekauft.
  Welche der Beträge könnten jeweils zum Einkauf des Restaurants passen?
- Käsehändlerin Carla überlegt, wie viel sie etwa eingenommen hat. Sie sagt: „Es waren ungefähr 300 €." Hat Carla recht? Begründe.
  Finde auch heraus, wie hoch etwa die Einnahmen an den anderen Ständen waren.
- Der Wursthändler Karl-Heinz behauptet: „Ich habe am meisten eingenommen."
  Hat er recht? Begründe mit einer Rechnung.

3 Carla sagt: „Die Einnahmen am Käsestand sind aber nicht gleich meinem Gewinn.
Ich muss die Standgebühr berücksichtigen."
Karl-Heinz ergänzt: „Und die Transportkosten!"
Der Gemüsehändler Halil sagt: „Am meisten gebe ich für den Einkauf der Waren aus."

Ausgaben für den Käsestand	Ausgaben am Gemüsestand	Ausgaben am Wurststand (Datum: 20.7.2012, Ort: Wochenmarkt)
Standgebühr: 15 €	Standgebühr: 15 €	Standgebühr: 15 €
Transportkosten: 27 €	Einkauf Großmarkt: 62 €	Lohn Verkäuferin: 30 €

- Findet zu zweit weitere Ausgaben, die anfallen können.
- Überschlagt für die drei Stände die Gewinne nach Abzug der Ausgaben.
  Berechnet sie dann genau.

4 Rechenwege

- Familie Meyer hat 509 € im Möbelmarkt ausgegeben und 21 € auf dem Wochenmarkt. Frau Meyer, ihr Sohn Peter und ihre Tochter Anna ermitteln die Summe der Ausgaben.

Anna:	Frau Meyer:	Peter:
509 € + 21 € = 510 € + 20 € = …	509 € + 21 € = 500 € + 30 € = …	509 € + 21 € = 500 € + 20 € + 9 € + 1 € = …

Wer rechnet richtig? Begründe.

- Familie Meyer hatte insgesamt 800 € für Einkäufe. Von dem restlichen Geld sollen Schuhe gekauft werden. Wie viel Euro sind dafür übrig?
Finde zwei verschiedene Rechenwege und erkläre sie.

5 Rechnen mit dem Abakus

Der Abakus ist eine Rechenhilfe, die schon seit Langem genutzt wird. Noch heute rechnen manche Menschen damit.
Der Abakus ist ein Rechenbrett mit Holzperlen, die auf Stäben aufgereiht sind. Die Perlen ganz rechts zeigen die Einer, links daneben folgen nacheinander die Perlen für die Zehner, die Hunderter usw.

- So zeigt der Abakus …
die Zahl 7:   die Zahl 18: 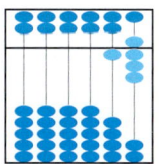   Und welche Zahlen sind das?

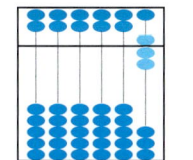

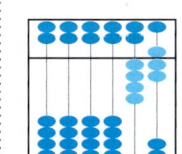

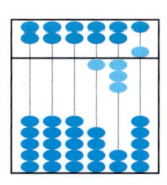

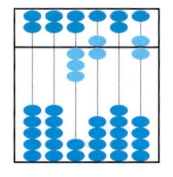

- Arbeitet zu zweit: Zeichne einen Abakus und markiere eine Zahl durch verschobene Perlen. Tauscht dann untereinander und findet die dargestellten Zahlen heraus.
- Mit dem Abakus kann man addieren. Das folgende Beispiel zeigt 7 + 5 = 12:

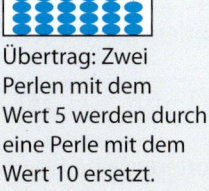

1. Schritt:	2. Schritt:	3. Schritt:	4. Schritt:
Die Zahl 7 wird eingestellt.	Zur eingestellten Zahl 7 wird eine Perle für die 5 zur Mitte geschoben.	Übertrag: Zwei Perlen mit dem Wert 5 werden durch eine Perle mit dem Wert 10 ersetzt.	Das Ergebnis 12 wird abgelesen.

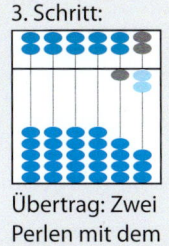

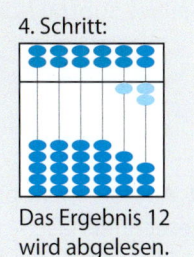

Berechne am Abakus: 6 + 9; 41 + 13; 27 + 38; 320 + 120; 166 + 272.
- Stellt euch gegenseitig weitere einfache Additionsaufgaben am Abakus.
- Überprüft die Lösungen durch Rechnen im Kopf.

6
Auf den Seiten 42 und 43 verwenden einige Verkäufer weitere Rechenhilfen. Nenne sie und versuche, im Internet weitere Informationen über sie zu sammeln.

HINWEISE
1. Eine Kopiervorlage zum Darstellen von Zahlen und Aufgaben am Abakus findest du unter ↻ 045-1.
2. Ihr könnt darauf auch Zahlen mit Plättchen legen. Die Plättchen könnt ihr wie die Perlen am Abakus verschieben.
3. Eine Simulation des Abakus am Computer findest du unter dem Mediencode ↻ 045-2.

WISSEN & ÜBEN

Im Kopf addieren und subtrahieren

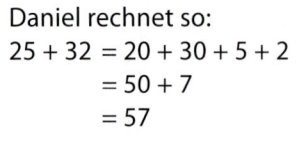

Daniel rechnet so:
25 + 32 = 20 + 30 + 5 + 2
       = 50 + 7
       = 57

Wir haben für die Feier 25 dunkle und 32 helle Brötchen gekauft.

Wie viele sind das zusammen?

Sara rechnet so:
25 + 32 = 25 + 30 + 2
       = 55 + 2
       = 57

Jan kontrolliert:
57 − 32 = 57 − 30 − 2
       = 27 − 2
       = 25

Daniel, Sara und Jan haben richtig gerechnet.

Addieren bedeutet zusammenzählen, hinzufügen, vermehren …

Fachbegriffe bei der Addition:	25	+	32	=	57
	Summand	plus	Summand	gleich	Summe

Summe (25 + 32)

Beim Addieren dürfen die Summanden stets vertauscht werden (**Vertauschungsgesetz**).

Die Subtraktion ist die Umkehrung der Addition (und umgekehrt).
Dies kann man für die **Kontrolle** einer Rechnung nutzen.
BEISPIEL 57 − 25 = 32 ist eine **Umkehraufgabe** zu 25 + 32 = 57.

Subtrahieren bedeutet abziehen, den Unterschied berechnen …

Fachbegriffe bei der Subtraktion:	57	−	25	=	32
	Minuend	minus	Subtrahend	gleich	Differenz

Differenz (57 − 25)

FÖRDERN UND FORDERN
↻ 046-1

1 Addiere im Kopf. Notiere dein Ergebnis und beschreibe in ganzen Sätzen, wie du gerechnet hast.
a) 25 + 34   b) 39 + 61   c) 39 + 65   d) 160 + 110   e) 160 + 190

▶ Addiere im Kopf. Notiere deine Ergebnisse.
f) 13 + 17   g) 73 + 22   h) 386 + 14   i) 98 + 102
j) 420 + 134   k) 75 + 626   l) 2900 + 4000   m) 4500 + 150
n) 630 + 7000   o) 70 000 + 3000 p) 2500 + 12 500 q) 7700 + 1500

KONTROLLZAHLEN
zu Aufgabe 2:
99; 109; 129; 132; 158; 293; 294; 1180.

2 Addiere im Kopf. Notiere deine Ergebnisse.
a) 84 + 15   b) 92 + 7   c) 270 + 910   d) 114 + 18   e) 15 + 143
   84 + 25   92 + 37   210 + 970   114 + 180   150 + 143

Natürliche Zahlen addieren und subtrahieren

3 Subtrahiere im Kopf. Notiere deine Ergebnisse.
a) 86 − 16
   86 − 19
b) 97 − 3
   97 − 13
c) 176 − 76
   176 − 78
d) 176 − 40
   176 − 140
e) 590 − 45
   590 − 145

KONTROLLZAHLEN
zu Aufgabe 3:
36; 67; 70; 84; 94; 98; 100; 136; 445; 545.

4 Pflücke dir je einen „Hunderter-", „Zweihunderter-" und „Dreihunderter-"Strauß.

(Blumen mit Zahlen: 112, 417, 348, 53, 1, 30, 18, 15, 35, 23, 34, 6, 68, 5, 31, 9, 3, 40, 17, 80, 7, 197)

5 Erkläre die folgenden Beispiele zur Berechnung von Summen und Differenzen in Teilschritten.

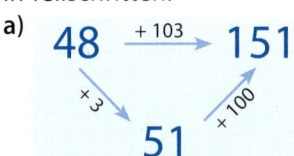

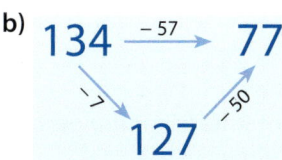

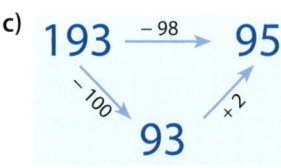

a) 48 $\xrightarrow{+103}$ 151 ; +3 → 51, +100 →
b) 134 $\xrightarrow{-57}$ 77 ; −7 → 127, −50 →
c) 193 $\xrightarrow{-98}$ 95 ; −100 → 93, +2 →

▸ Berechne schrittweise im Kopf. Notiere deine Ergebnisse.
d) 58 + 12   e) 93 + 65   f) 215 + 24   g) 413 + 81   h) 182 + 31
i) 140 + 790   j) 56 + 108   k) 273 + 84   l) 340 + 480   m) 13 + 798
n) 77 − 18   o) 48 − 24   p) 68 − 35   q) 92 − 41   r) 176 − 44
s) 800 − 86   t) 700 − 93   u) 450 − 80   v) 870 − 90   w) 650 − 58

KONTROLLZAHLEN
zu Aufgabe 5:
24; 33; 51; 59; 70; 132; 158; 164; 213; 239; 357; 370; 494; 592; 607; 714; 780; 811; 820; 930.

6 Berechne schrittweise.
a) 427 + 119   b) 732 − 97   c) 920 − 760   d) 396 − 104
e) 131 + 298   f) 348 − 145   g) 245 − 180   h) 512 − 132
i) 543 − 45   j) 237 + 77   k) 145 − 67   l) 683 + 117

7 Vorteilhaft rechnen
a) Welchen Rechenweg nimmst du?
b) Erkläre die Gründe für deine Auswahl.

Rechenweg 1:
= 38 + 43 + 17
= 38 + …
= …

Rechenweg 2:
= 43 + 38 + 17
= 43 + …
= …

▸ Rechne vorteilhaft.
c) 42 + 43 + 48   d) 26 + 8 + 14   e) 16 + 14 + 46   f) 23 + 26 + 37
g) 93 + 26 + 27   h) 330 + 180 + 270 i) 112 + 43 + 47   j) 890 + 20 + 110

8 Kontrolliere die Rechnung 666 + 111 = 777. Finde selbst solche Aufgaben und löse sie. Rechne zur Kontrolle eine Umkehraufgabe.

9 Schreibe jede Aufgabe kurz mit mathematischen Zeichen und löse sie.
a) Addiere 39 und 49.
b) Bilde die Summe aus 67 und 73.
c) Der Minuend ist 456, der Subtrahend ist 190. Bilde die Differenz.
d) Bilde die Summe der Zahlen 51 bis 59.

10 Setze in ◆◆ + ◆◆ + ◆◆ die Ziffern 0, 1, 2, …, 9 ein (jede Ziffer höchstens einmal).
a) Das Ergebnis soll möglichst groß (klein) sein.   b) Das Ergebnis soll auf 0 (auf 5) enden.

WISSEN & ÜBEN

Schriftlich addieren

Sie berechnet ihre Einnahmen in dieser Woche.
366 € + 377 € + 292 € = ?

	T	H	Z	E
		3	6	6
+		3	7	7
+		2	9	2
	1	2	1	
	1	0	3	5

2 + 7 + 6 = 15
Schreibe 5, übertrage 1.
1 + 9 + 7 + 6 = 23
Schreibe 3, übertrage 2.
2 + 2 + 3 + 3 = 10
Schreibe 0, übertrage 1.
Schreibe 1.

Käsehändlerin Carla hat an drei Markttagen eingenommen:
am Dienstag 366 €,
am Freitag 377 €,
am Samstag 292 €.

Ergebnis: Carla hat 1035 € eingenommen.

Beachte beim **schriftlichen Addieren**:
- Alle Zahlen werden stellengerecht untereinander geschrieben: Einer unter Einer, Zehner unter Zehner, …
- Es wird von rechts nach links gerechnet. Beginne mit der Einerspalte.
- Es wird spaltenweise addiert.
- Der Übertrag wird jeweils in die nächste Spalte links geschrieben.

Kontrolliere deine Ergebnisse immer durch **Überschlagen** (siehe Methode, Seite 51) oder durch eine **Probe** (einen anderen Rechenweg oder eine **Umkehraufgabe**).

SELBSTKONTROLLE bei Aufgabe 1: Die Ergebnisse verraten dir, ob du richtig gerechnet hast.

1
a) Löse die Aufgabe 2356 + 1381 schriftlich.
b) Schreibe deine Lösungsschritte ausführlich auf wie im Beispiel oben.

▶ Addiere schriftlich wie im Beispiel oben.

| c) 420 + 468 | d) 3143 + 5622 | e) 1234 + 8765 | f) 7514 + 3497 | g) 2345 + 2660 |
| h) 3746 + 1699 | i) 4591 + 4077 | j) 1663 + 339 | k) 5214 + 345136 | l) 454557 + 45443 |

FÖRDERN UND FORDERN
⟲ 048-1

2 Finde mindestens drei Aufgaben zur schriftliche Addition mit dem Ergebnis 3333.

3 Ergänze im Heft so, dass richtig gelöste Aufgaben entstehen.

a) 4■3
  + ■7■
  ─────
   697

b) ■6■
  + 2■5
  ─────
   891

c) ■47
  + 52■
  ─────
  11■7

d) 45■7
  + 2■75
  ─────
  ■51■

e) 33■4
  + ■83■
  ─────
   9■98

f) ■6■7
  + 7■8■
  ─────
  ■6545

g) 4■6■
  + ■31■
  ─────
  ■32■7

h) 1■4■3
  + 2■16
  ─────
  ■231■

i) 3■8■
  + ■3■5
  ─────
   4902

j) 12■0
  + ■43
  ─────
  ■40■

k) Bei einer dieser Teilaufgaben gibt es mehrere Lösungen. Welche ist es? Versuche, alle Lösungen zu finden.

Natürliche Zahlen addieren und subtrahieren

4 Bilde aus den Zahlen in den Luftballons Additionsaufgaben und löse sie.

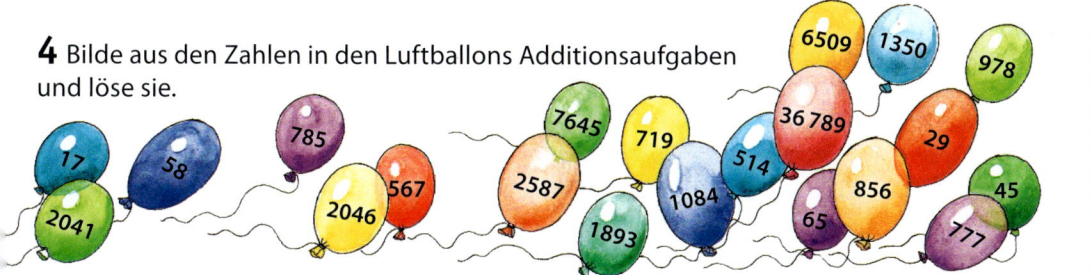

Zahlen in den Luftballons: 17, 58, 785, 2041, 2046, 567, 2587, 7645, 1893, 719, 514, 1084, 6509, 1350, 36 789, 65, 856, 29, 978, 45, 777

5 Vervollständige die Additionstabellen im Heft.

a)
+	4205	1521	9560
311			
529			
878			

b)
+	55	555	5555
88			
888			
8888			

6 Schreibe die Zahlen stellengerecht untereinander und addiere.
a) 736 + 561
b) 2469 + 3517
c) 9462 + 4773
d) 6284 + 2943
e) 45 693 + 6478
f) 144 897 + 71 915
g) 48 967 + 37 925
h) 59 426 + 4318
i) 248 125 + 64 792 + 12 853
j) 1 234 567 + 7 654 321 + 2 359 841 + 124 689 533

KONTROLLZAHLEN
zu Aufgabe 6:
1297; 5986; 9227;
14 235; 52 171;
63 744; 86 892;
216 812; 325 770;
135 938 262.

7 Welchen Überschlag zur Aufgabe 5233 + 281 findest du am besten? Begründe. Beachte die Methode auf Seite 51.

Daniels Überschlag:
5000 + 300 = 5300

Saras Überschlag:
5200 + 200 = 5400

Julias Überschlag:
5200 + 300 = 5500

▶ Überschlage.
a) 569 + 284
b) 257 + 145
c) 1534 + 279
d) 815 + 2231
e) 1199 + 418
f) 878 + 4325
g) 3588 + 278
h) 1922 + 730
i) 2379 + 1432
j) 9541 + 2328

8 Finde drei Aufgaben, die zum Überschlag 5000 + 900 = 5900 passen.

Bist du fit?

1. Mit dem Lineal messen
a) Wie misst du mit einem Lineal? Wo ist der Anfangspunkt beim Messen?
b) Wie lang ist dein kleiner Finger? Wie lang sind alle deine Finger zusammen?

2. Setze die Muster im Heft regelmäßig fort.

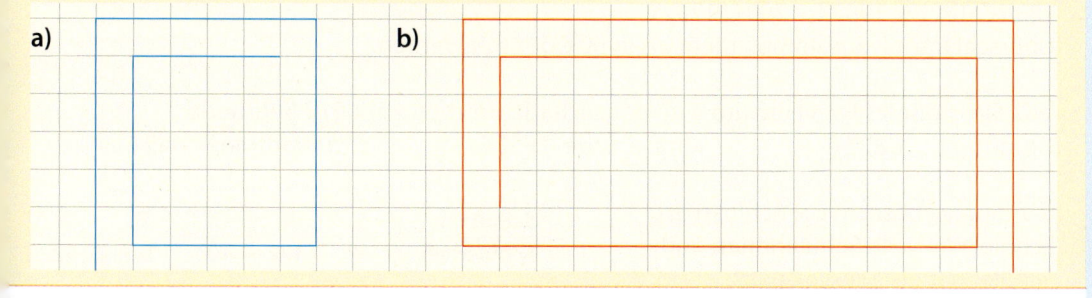

a)

b)

WISSEN & ÜBEN

9 Überlege, ob das genaue Ergebnis größer oder kleiner ist als der angegebene Überschlag. Überprüfe dann.

a) 7169 + 8277
  Überschlag:
  7000 + 8000 = 15 000

b) 8827 + 995
  Überschlag:
  9000 + 1000 = 10 000

c) 398 + 834
  Überschlag:
  400 + 800 = 1200

10
a) Überschlage die Aufgabe 6943 + 1150 + 2280.
b) Berechne danach das genaue Ergebnis.
c) Vergleiche den Überschlag und das genaue Ergebnis. Was stellst du fest?
d) Beschreibe, wie dir der Überschlag bei der Lösungskontrolle geholfen hat.

▶ Überschlage zuerst und addiere dann schriftlich.

e) 4870   f) 8043   g) 1223   h)   85
  + 3922   + 1917   + 5965   + 1243
  + 2100   + 2148   + 1999   + 469

i) 10 301 + 7150 + 2780   j) 6743 + 18 239 + 8239
k) 6239 + 41 180 + 25 829   l) 1 687 799 + 99 056 + 345 639

11 Addiere. Kontrolliere durch Überschlagen.
a) 319 + 6618   b) 736 + 8561   c) 13 678 + 4799   d) 48 + 3467
e) 4578 + 87   f) 187 + 28 912   g) 74 649 + 3128   h) 5461 + 39 467

12 Sind diese Aufgaben richtig gelöst? Kontrolliere und berichtige im Heft.

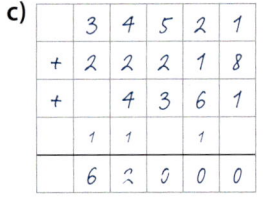

a)
	7	1	3	4	2
+		1	2	5	6	4
+			3	0	5	3
					1	
	8	6	9	5	9

b)
	1	2	4	5	8
+		2	5	1	3	4
+		4	1	1	9	7
				1	
	7	8	7	7	9

c)
	3	4	5	2	1
+		2	2	2	1	8
+			4	3	6	1
		1	1		1
	6	2	5	0	0

13 Bilde richtig gelöste Additionsaufgaben.

9005 4720 350 777 3910 + 1203 650 2280 450 260 = 1980 800 7000 4170 9655

14 Gib je drei verschiedene Additionsaufgaben zu den folgenden Ergebnissen an.
a) 999   b) 1001   c) 9999   d) 10 001

15 In einem Handwerksbetrieb werden Monatslöhne gezahlt:
1834 €; 1827 €; 1982 €; 1760 €; 1732 €.
Überschlage, ob zusammen mehr als 9000 € gezahlt werden.

16 Ein größeres Familienauto wird angeschafft. Reichen 20 000 €? Begründe.
Grundpreis: 16 822 €   Klimaanlage: 1855 €   Fahrradträger: 352 €

17 Soraya besucht die Schlossberg-Schule. Wie viele Schülerinnen und Schüler hat die Schule etwa?

Schuljahr	5.	6.	7.	8.	9.
Schülerzahl	98	122	104	117	92

AUFGABE

S E N D
+ M O R E
M O N E Y

Wie viel Geld („money") wird hier gewünscht? Gleiche Buchstaben bedeuten gleiche Ziffern.

18 Zum Spiel Mainz gegen Frankfurt waren alle 38 000 Plätze ausverkauft. 4467 Zuschauer kamen durch das Tor 1 ins Stadion. Wie viele Zuschauer können es an jedem der anderen fünf Tore gewesen sein? Stelle verschiedene Möglichkeiten zusammen.

19 In der Tabelle findest du Informationen zu den letzten fünf Heimspielen von Frankfurt in der Basketball-Bundesliga (Saison 2011/2012).

Spieltag	Spiel	Ergebnis	Zuschauer
25.	Frankfurt – Bamberg	76 : 68	4877
27.	Frankfurt – Göttingen	61 : 62	4381
29.	Frankfurt – Ulm	77 : 64	4868
31.	Frankfurt – Hagen	92 : 47	3544
33.	Frankfurt – Tübingen	89 : 96	5000

a) Wie viele Punkte hat Frankfurt in diesen fünf Heimspielen erzielt?
b) An einem Spieltag war die Halle ausverkauft. Welcher Spieltag war das?
c) Überschlage die Gesamtzahl der Zuschauer an den fünf Spieltagen.
d) Samir sagt: „An diesen fünf Spieltagen waren mehr als 20 000 Zuschauer da."
   Jakob sagt: „Es waren aber weniger als 25 000 Zuschauer."
   Was meinst du dazu? Wie könnten Samir und Jakob zu ihren Aussagen gekommen sein?
e) Berechne, wie viele Zuschauer insgesamt zu den fünf Spielen kamen. Vergleiche mit deinem Überschlag aus Aufgabe c).
f) Frankfurt hatte in der Saison 2011/2012 insgesamt 17 Heimspiele.
   Versuche, die Gesamtzahl der Zuschauer bei den Heimspielen zu schätzen.

20 Schreibe jeweils als Aufgabe und rechne.
a) Addiere die fünf kleinsten vierstelligen Zahlen.
   HINWEIS Vierstellige Zahlen, zum Beispiel 2491 oder 1000, bestehen aus vier Ziffern.
b) Addiere die sechs größten vierstelligen Zahlen.
c) Welche Summe ist größer: die Summe der achtzehn kleinsten dreistelligen Zahlen oder die Summe der beiden größten dreistelligen Zahlen?
   TIPP Versuche, Rechenvorteile zu nutzen.

METHODE Überschlag

⟳ 051-1

Warum ist es sinnvoll, eine Überschlagsrechnung zu machen?
Damit man eine Vorstellung von der Größenordnung des Ergebnisses hat.
Mit einem Überschlag kann man schriftliche Rechnungen kontrollieren.

Beachte beim Überschlagen:
1. Überschlage immer so, dass du leicht und sicher im Kopf rechnen kannst.
2. Rechne beim Überschlagen mit Zahlen, die nahe an den Zahlen in der Aufgabe liegen. Dafür gibt es verschiedene Möglichkeiten. Die verschiedenen Überschläge zu einer Aufgabe weichen deshalb unterschiedlich stark vom Ergebnis ab.

BEISPIEL 2867 + 7212
a) Überschlag: 3000 + 7000 = 10 000
b) Überschlag: 2900 + 7200 = 10 100
c) Überschlag: 2850 + 7200 = 10 050

Beim Überschlagen kann von den mathematischen Rundungsregeln abgewichen werden.

WISSEN & ÜBEN

Schriftlich subtrahieren

Gemüsehändler Halil hat diese Woche 1050 € eingenommen. Letzte Woche waren es 786 €. Er berechnet den Unterschied schriftlich.

1050 € − 786 € = ?
Überschlag: 1050 € − 800 € = 250 €

T	H	Z	E
1	0	5	0
	7	8	6
1	1	1	
	2	6	4

0 − 6 geht nicht, also 10 − 6 = 4.
Schreibe 4, übertrage 1 (da ein Zehner geborgt wurde).
1 + 8 = 9; 5 − 9 geht nicht, also 15 − 9 = 6.
Schreibe 6, übertrage 1 (da ein Hunderter geborgt wurde).
1 + 7 = 8; 0 − 8 geht nicht, also 10 − 8 = 2.
Schreibe 2, übertrage 1 (da ein Tausender geborgt wurde).
(1 − 1 = 0; Eine Null am Anfang einer Zahl wird weggelassen.)

Ergebnis: Der Unterschied zwischen den Einnahmen beträgt 264 €.

Beachte beim **schriftlichen Subtrahieren**:
- Alle Zahlen werden stellengerecht untereinander geschrieben: Einer unter Einer, Zehner unter Zehner, …
- Es wird von rechts nach links gerechnet. Beginne mit der Einerspalte.
- Der Übertrag wird jeweils in die nächste Spalte links geschrieben.

Kontrolliere deine Ergebnisse immer durch **Überschlagen** (siehe Methode, Seite 51) oder durch eine **Probe** (einen anderen Rechenweg oder eine **Umkehraufgabe**).

KONTROLLZAHLEN
zu Aufgabe 1:
307; 319; 527; 836; 1311; 1882; 2961; 3117; 4106; 6063; 58 281

1
a) Löse die Aufgabe 758 − 439 schriftlich.
b) Schreibe deine Lösungsschritte ausführlich wie im Beispiel oben auf.

▶ Subtrahiere schriftlich wie im Beispiel oben.

c) 625 − 318
d) 758 − 231
e) 4328 − 1211
f) 3456 − 2145
g) 5678 − 2717
h) 6475 − 4593
i) 3811 − 2975
j) 7940 − 3834
k) 64851 − 6570
l) 12545 − 6482

2
Bei der Rechnung rechts wurden Fehler gemacht.
a) Überschlage die Aufgabe.
b) Finde alle Fehler. Markiere sie im Heft mit rot.
c) Erkläre, welche Fehler gemacht wurden.
d) Löse die Aufgabe richtig.

	5	9	4	8	7
−		1	2	5	3	3
		4	7	9	4	3

FÖRDERN UND FORDERN
↻ 052-1

3
Berechne. Überlege vorher, ob du im Kopf oder schriftlich rechnest.
Erkläre bei Kopfrechenaufgaben, wie du rechnest.

a) 740 − 91
b) 330 − 32
c) 428 − 115
d) 775 − 324
e) 693 − 426
f) 825 − 274
g) 195 − 34
h) 1719 − 1689
i) 743 − 489
j) 1202 − 998
k) 863 − 99
l) 2415 − 1005

Natürliche Zahlen addieren und subtrahieren

4 Ergänze im Heft so, dass richtig gelöste Aufgaben entstehen.

a) 4 ■ 8
  − ■ 1 5
   3 1 ■

b) ■ 4 5 ■
  − 1 3 ■ 3
   5 ■ 2 1

c) ■ 1 3
  − 5 ■ ■
   1 2 4

d) 5 ■ ■ 5
  − ■ 6 4 5
   9 1 ■

5 Schreibe die Zahlen stellengerecht untereinander und subtrahiere. Kontrolliere deine Ergebnisse durch Überschlagen.
a) 6454 − 1333
b) 67 863 − 21 741
c) 86 351 − 24 340
d) 35 421 − 24 311
e) 75 469 − 53 456
f) 616 234 − 205 231
g) 834 150 − 834 105

6 Schreibe die Teile in eine Reihe, sodass eine Aufgabe und ihre Lösung nebeneinander stehen.

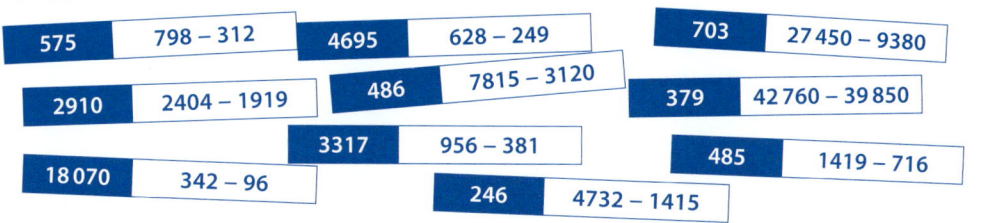

575 | 798 − 312
4695 | 628 − 249
703 | 27 450 − 9380
2910 | 2404 − 1919
486 | 7815 − 3120
379 | 42 760 − 39 850
3317 | 956 − 381
485 | 1419 − 716
18 070 | 342 − 96
246 | 4732 − 1415

AUFGABE
Finde passende Ziffern, sodass eine richtig gelöste Aufgabe entsteht. Gleiche Buchstaben bedeuten gleiche Ziffern.

```
  M A T H E
−     I S T
  C O O L
```

7 Setze die Ziffern 0; 1; 2; 3; 4; 5; 6; 7; 8; 9 in die farbigen Felder ein. Verwende jede Ziffer genau einmal. Das Ergebnis der Aufgabe soll …
a) möglichst groß sein,
b) möglichst klein sein,
c) möglichst nah an 50 000 liegen.

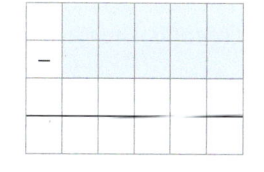

8 Interessante Ergebnisse
- 34 127 − 10 671
- 38 460 − 5127
- 314 592 − 15 293
- 97 704 − 6795
- 25 111 − 4909
- 96 900 − 6901
- 634 725 − 580 404
- 310 000 − 297 655
- 334 577 − 35 289

a) Wähle drei Aufgaben aus und löse sie.
b) Beschreibe die Regelmäßigkeiten deiner Ergebnisse aus Aufgabe a).
c) Arbeitet zu zweit: Erfinde selbst eine Aufgabe mit einem interessanten Ergebnis. Tauscht dann die Aufgaben. Löst sie und kontrolliert euch gegenseitig.
d) Beschreibe eine Methode, wie du eigene Aufgaben mit interessanten Ergebnissen erfinden kannst. Schreibe dazu einen Text mit Beispielen.

9 Gib je drei verschiedene Subtraktionsaufgaben mit den folgenden Ergebnissen an.
a) 444
b) 6666
c) 12 321
d) 50 105

10 Ein Fernseher kostete ursprünglich 649 Euro. Sein Preis wurde auf 438 Euro herabgesetzt. Um wie viel Euro sank der Preis?

11 Bei einer Kettenaufgabe ist das Ergebnis einer Aufgabe die erste Zahl der nächsten Aufgabe.

BEISPIEL Das Ergebnis von a) ist der Minuend von b).

a) Vervollständige die Kettenaufgabe rechts im Heft.
b) Erfinde eine eigene Kettenaufgabe.

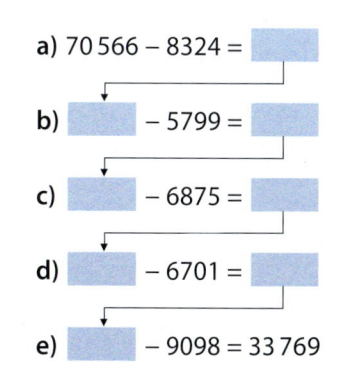

a) 70 566 − 8324 = ▢
b) ▢ − 5799 = ▢
c) ▢ − 6875 = ▢
d) ▢ − 6701 = ▢
e) ▢ − 9098 = 33 769

WISSEN & ÜBEN

Mehrere Zahlen subtrahieren

Käsehändlerin Carla hat diese Woche auf dem Markt 1035 € eingenommen.
Sie hat Ware bei Herstellern in der Region eingekauft und dafür 521 € bezahlt.
Carla hat außerdem 45 € Standgebühren auf dem Markt bezahlt.

Sie ermittelt ihren Gewinn:

1035 € − 521 € − 45 € = ?
Überschlag: 1050 € − 500 € − 50 € = 500 €

T	H	Z	E
1	0	3	5
	5	2	1
		4	5
1	1	1	
	4	6	9

5 − 1 − 5 geht nicht, also 15 − 1 − 5 = 9.
Schreibe 9, übertrage 1 (da ein Zehner geborgt wurde).
3 − 2 − 4 − 1 geht nicht, also 13 − 2 − 4 − 1 = 6.
Schreibe 6, übertrage 1 (da ein Hunderter geborgt wurde).
0 − 5 − 1 geht nicht, also 10 − 5 − 1 = 4.
Schreibe 4, übertrage 1 (da ein Tausender geborgt wurde).
1 − 1 = 0.

Ergebnis: Die Käsehändlerin machte in dieser Woche 469 € Gewinn.

Beachte beim **schriftlichen Subtrahieren mehrerer Zahlen**:

- Alle Zahlen werden stellengerecht untereinander geschrieben.
- Es wird von rechts nach links gerechnet. Beginne mit der Einerspalte.
- Der Übertrag wird jeweils in die nächste Spalte links geschrieben.

Kontrolliere deine Ergebnisse immer durch **Überschlagen** oder eine **Probe**.

FÖRDERN UND FORDERN
⟳ 054-1

1
a) Löse die Aufgabe 758 − 531 − 26 ausführlich wie im Beispiel oben.
b) Svenja löst die Aufgabe so:
- Sie addiert: 531 + 26 = 557.
- Dann rechnet sie 758 − 557 schriftlich.

Was meinst du dazu? Notiere deine Gründe.

▶ Überschlage erst und subtrahiere dann.

	c)	d)	e)	f)	g)	h)
	454	895	728	2421	2895	6666
	− 334	− 243	− 234	− 374	− 243	− 2093
	− 10	− 112	− 333	− 1430	− 1816	− 203

	i)	j)	k)	l)	m)	n)
	6723	4520	22222	69876	4789	5429
	− 1234	− 1324	− 1111	− 345	− 1324	− 824
	− 1338	− 765	− 13333	− 29999	− 224	− 368
					− 211	− 526

KONTROLLZAHLEN zu Aufgabe 1:
110; 161; 201; 540; 617; 836; 2431; 3030; 3711; 4151; 4370; 7778; 39 532.

Natürliche Zahlen addieren und subtrahieren

2 Überschlage und berechne dann schriftlich.
HINWEIS Schreibe die Zahlen stellengerecht untereinander.
a) 703 − 297 − 150 − 45
b) 2934 − 1002 − 973 − 54 − 7
c) 10 379 − 3045 − 812 − 13
d) 25 300 − 7829 − 365 − 35
e) 45 678 − 123 − 3456 − 9876
f) 70 074 − 456 − 1985 − 20 057 − 86

3 Sandra will die Aufgabe „Subtrahiere die Zahl 4312 von der Zahl 5432."
so rechnen: 4312 − 5432 = …
a) Peter sagt dazu: „Falsch!" Wo liegt Sandras Fehler?
b) Korrigiere Sandras Überlegung.

▶ Überschlage und berechne dann.
c) Subtrahiere die Zahl 134 von der Zahl 729.
d) Subtrahiere von der Zahl 1352 die Zahl 671.
e) Subtrahiere von der Zahl 3700 die Zahlen 719 und 12.
f) Subtrahiere von 3729 die Zahlen 1134, 276, 225 und 2064.
g) Subtrahiere die Zahlen 286, 190 und 384 von der Zahl 5591.
h) Subtrahiere von 11 352 die Zahlen 2671, 125, 2680 und 5326.
i) Subtrahiere die Zahlen 12 121, 7199, 17 564 und 12 von 37 000.
j) Subtrahiere von einer halben Million die Zahlen 286, 190 und 384.

KONTROLLZAHLEN
zu Aufgabe 3:
30; 104; 550; 595; 681; 1120; 2969; 4731; 499 140.

4 Taschengeld
a) Juliane hat 10,00 € Taschengeld. Sie gibt nacheinander 2,70 € für eine Zeitschrift und 1,45 € für Eis aus.
b) Juan hat 8,20 € Taschengeld. Er bekommt weitere 5,00 € geschenkt. Dann gibt er 1,20 € für einen Fahrschein und 10,00 € für eine Eintrittskarte beim Fußball aus.

5 Übertrage in dein Heft. Ersetze dabei die Zeichen ■ durch + oder −. Es sollen richtig gelöste Aufgaben entstehen.
a) 5 ■ 90 ■ 18 = 77
b) 80 ■ 16 ■ 32 = 32
c) 178 ■ 30 ■ 10 = 158
d) 297 ■ 17 ■ 14 = 300
e) 216 ■ 99 ■ 99 = 216
f) 96 ■ 96 ■ 96 = 288

6 Toni und Tahira gehen zum Imbissstand beim Schulfest. Toni möchte dort etwas kaufen.

Ich hole ein Käsebrötchen, zwei Butterbrezeln, ein Mineralwasser und eine Limonade.

Na hoffentlich reichen 4 €.

Essen
Käsebrötchen .... 75 Cent
Butterbrezel .... 80 Cent
Stück Pizza ...... 90 Cent
Würstchen .... 85 Cent

Getränke
Tee .... 50 Cent
Mineralwasser .... 65 Cent
Limonade .... 70 Cent
Saft .... 90 Cent

AUFGABE
49 − 6 = 43
43 − 6 = 37
37 − 6 = …
Wie oft kannst du so die Sechs subtrahieren?

a) Wie viel muss Toni bezahlen?
b) Was kannst du Tahira antworten?
c) Stell dir vor, du besuchst mit drei Freunden den Imbissstand.
Stelle einen Imbiss für euch zusammen. Reichen sieben Euro dafür?
Wie kannst du den Gesamtpreis möglichst einfach berechnen?

PROJEKT

Unsere Schule soll schöner werden!

Projektvorschläge:

Das Klassenzimmer verschönern

Ein Klassenfest organisieren

Den Schulhof neu gestalten

Ein Projekt hat drei Phasen: Planung, Durchführung, Auswertung

1. Planung

Zuerst muss man sich über folgende Fragen einigen:

- Was wollen wir tun?
- Wie können wir es erreichen?
- Wer übernimmt welche Aufgabe?

Diese Fragen kann man beantworten durch Diskussionen in der Klasse, durch Fragebögen, durch Abstimmen …

2. Durchführung

Jetzt arbeitet man direkt an der Sache, für die man sich entschieden hat. Folgende Fragen müssen geklärt werden:

- Was wird gebraucht? Wie bekommt man es?
- Wann wird es gemacht? Wie lange dauert es?
- Wer muss dabei sein oder Bescheid wissen?

3. Auswertung

Nach der Durchführung sollte man ein Gespräch über den Ablauf des Projekts einplanen.

- Was hat das Projekt verändert, verbessert, bewirkt?
- Was können wir in Zukunft besser machen?

BEISPIEL So könnt ihr ein Klassenfest organisieren.

1. Planung
a) „Was wollen wir tun?"
   → Abstimmung in der Klasse durchführen.

Schulhof neu gestalten	Klassenzimmer verschönern	Klassenfest organisieren
4	7	13

   → Ergebnis:
   Der Vorschlag „Klassenfest organisieren" hat die meisten Stimmen.
b) Wie kann es ein tolles Fest werden?
   Vorschlag 1: Essen und Getränke vorbereiten (zum Beispiel Salate, Brötchen und Kuchen)
   Vorschlag 2: Einladungen basteln und verteilen
   Vorschlag 3: Klassenzimmer putzen und schmücken
c) Wer möchte welche Aufgabe übernehmen?
   → Einteilung der Klasse in drei Gruppen:
   ① *Essen und Trinken*   ② *Einladungen*   ③ *Schmücken*

2. Durchführung am Beispiel der Gruppe ① *Essen*
a) Was wollen wir anbieten? Welche Zutaten werden dafür gebraucht?
   → Zutaten für Salate: Nudeln, grüner Salat, Gurken …
   → Brötchen, Butter …
   → Getränke: Saft …
   → Zutaten für Kuchen: Mehl, Eier …
   → …
b) Was kosten unsere geplanten Einkäufe? Haben wir genug Geld dafür?
c) Wer geht wann einkaufen? Wo werden die Einkäufe gelagert? Wer bereitet was zu?

3. Auswertung
a) Was hat das Projekt bewirkt?
   → Die Klasse und die Eltern haben sich besser kennengelernt.
   → Durch den Einkauf haben wir gelernt, besser mit Geld umzugehen.
   → …
b) Was können wir beim nächsten Projekt besser machen?
   → Das Geld für so ein Fest verdienen wir selbst.
   → …

Jetzt seid ihr dran. Startet ein Projekt. Ihr könnt wie im Beispiel oben vorgehen.

Oder führt euer eigenes Projekt durch. Beachtet dann die Schritte und Fragen auf Seite 56 unten.

VERMISCHTE ÜBUNGEN

1 Finde die Aufgaben mit dem gleichen Ergebnis. Überschlage zunächst.

| 148 – 57 | 215 – 43 | 200 – 96 | 23 + 68 | 86 – 52 + 34 | 86 – 34 – 52 |
| 86 + 34 + 52 | 245 + 340 | 23 + 68 – 91 | 35 + 69 | 32 + 36 | 507 + 78 |

KONTROLLZAHLEN
zu Aufgabe 2:
100; 113; 117; 227; 245; 304; 562; 602.

2 Rechne im Kopf. Finde einen vorteilhaften Rechenweg.
a) 91 + 13 + 9
b) 47 + 7 + 63
c) 41 + 15 + 44
d) 102 + 28 + 97
e) 124 + 108 + 72
f) 432 + 18 + 112
g) 107 + 45 + 93
h) 56 + 502 + 44

3 Finde für die Platzhalter ■ passende Zahlen.
a) 27 + 16 = ■
b) ■ – 72 = 100
c) 65 + ■ = 98
d) 83 – ■ = 69

4 Schreibe jeweils eine passende Aufgabe mit Platzhaltern und löse sie.
a) Die Summe zweier Zahlen ist 420. Ein Summand ist 270.
b) Die Differenz zweier Zahlen beträgt 43. Der Subtrahend ist 25.

VORLAGEN
zu den Aufgaben
1, 5, 6, 13 und 16:
↻ 058-1.

5 Vervollständige die Additionsmauern im Heft.

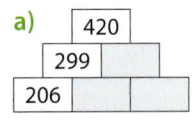

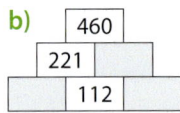

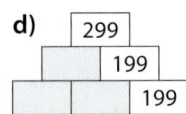

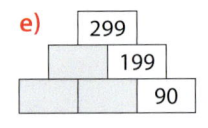

a) Spitze 420; Mitte 299, ■; Basis 206, ■, ■
b) Spitze 460; Mitte 221, ■; Basis ■, 112, ■
c) Spitze 199; Mitte 99, ■; Basis ■, 42, ■
d) Spitze 299; Mitte ■, 199; Basis ■, ■, 199
e) Spitze 299; Mitte ■, 199; Basis ■, ■, 90

f) Wie groß kann die Zahl an der Spitze einer Additionsmauer aus drei Schichten höchstens sein, wenn ganz unten lauter verschiedene zweistellige Zahlen stehen? Erkläre deine Lösung.
g) Wann lässt sich eine Additionsmauer aus drei Schichten nicht ausfüllen? Finde zwei Beispiele dafür. Begründe mithilfe deiner Beispiele.

6 Vervollständige die Additionsmauern im Heft.

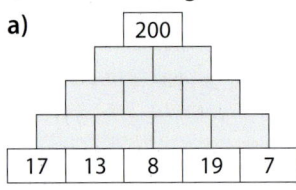

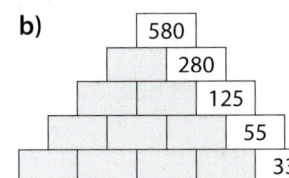

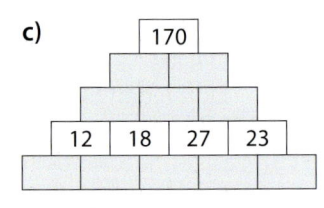

a) Spitze 200; Basis 17, 13, 8, 19, 7
b) Spitze ■; zweite Schicht von oben 580; dritte 280; vierte 125; Basis ■, ■, ■, 55, 33
c) Spitze ■; zweite Schicht 170; Basis 12, 18, 27, 23 (fünfschichtig)

d) Bilde zwei Additionsmauern mit fünf Schichten, an deren Spitze die Zahl 1000 steht.

7 Rechne im Kopf und überprüfe deine Ergebnisse mit Umkehraufgaben.
a) 32 + 85
13 + 69
74 – 31
76 – 54
b) 69 + 150
45 + 536
849 – 25
720 – 16
c) 813 + 47
305 + 95
640 – 80
650 – 80
d) 660 + 340
460 + 520
520 – 42
540 – 83
e) 430 + 280
390 + 660
980 – 590
820 – 470
f) 4300 – 280
5400 + 760
8500 – 240
2900 + 730
g) 756 + 420
560 + 357
830 – 276
610 – 153
h) 365 + 45
572 + 98
163 – 77
412 – 28

8 Setze im Heft für ■ die Zeichen + und – richtig ein.
a) 120 ■ 40 ■ 70 = 90
b) 48 ■ 45 ■ 43 = 50
c) 48 ■ 32 ■ 11 = 91
d) 48 ■ 12 ■ 8 = 44
e) 74 ■ 7 ■ 13 = 68
f) 97 ■ 41 ■ 45 = 93
g) 25 ■ 124 ■ 49 = 100
h) 97 ■ 73 ■ 79 = 103
i) 740 ■ 350 ■ 80 = 470

Natürliche Zahlen addieren und subtrahieren

9 Schreibe jede Aufgabe statt mit Worten mit mathematischen Zeichen und berechne.
a) Bilde die Summe aus 830 und 150. b) Bilde die Differenz aus 270 und 63.
c) Der Minuend ist 230, der Subtrahend 85. Wie groß ist die Differenz?
d) Die Differenz beträgt 95. Der Subtrahend ist 25. Wie groß ist der Minuend?
e) Die Summe zweier Zahlen ist 560. Ein Summand ist 356.
   Wie lautet der zweite Summand?

10 Wähle aus dem Zahlenfeld rechts mehr als zwei Summanden und berechne ihre Summen. Rechne so mindestens fünf Aufgaben.

168	87	43	1077
58	1023	165	7322
6570	93	3832	35
678	213	430	700

11 Berechne. Rechne aber nur Aufgaben schriftlich, die du nicht im Kopf rechnen kannst.
a) 443 − 322   b) 553 − 232   c) 785 − 514   d) 284 − 169
e) 584 − 236   f) 8584 − 963   g) 2028 − 1219   h) 7657 − 4248
i) 9963 − 6384   j) 5641 − 2888   k) 6523 − 420   l) 5617 − 827
m) 1234 − 800   n) 6666 − 1234   o) 9876 − 999   p) 7682 − 5001

12 Abrakadabra
a) Bilde aus drei verschiedenen Ziffern deiner Wahl (ohne 0) die größte und die kleinste dreistellige Zahl. Subtrahiere sie voneinander.
b) Addiere nun zum Ergebnis die Zahl, die durch Vertauschen der Einer- und der Hunderterziffer der Ergebniszahl aus a) entsteht.
c) Vergleicht eure Ausgangszahlen und Ergebnisse untereinander. Was stellt ihr fest?

13 Fülle die Tabellen im Heft aus.

a)
+	74			128
23		62	71	
	91		65	
409				

b)
−		125		102	
543	418	446			477
217					
		58		81	117

14 Alle Aufgaben sollst du möglichst im Kopf rechnen …
a) 4570 + 480   b) 436 − 337   c) 573 − 76   d) 293 − 95
   888 − 91   525 + 85   222 − 195   768 − 203

15 Subtrahiere schriftlich. Fertige eine Probe an (siehe Randspalte).
a) 8889   b) 9764   c) 7696   d) 16342
   − 1112   − 2120   − 2242   − 8125
   − 2034   − 3211   − 3143   − 2581

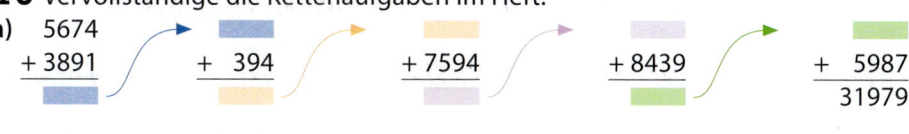

BEISPIEL
zu Aufgabe 15:
Rechnung:
```
   4543
 − 1678
 −  321
   2544
```
Probe:
```
   2544
 + 1678
 +  321
   4543
```

16 Vervollständige die Kettenaufgaben im Heft.
a) 5674 → + 394 → + 7594 → + 8439 → + 5987 = 31979
   + 3891

b) 7612 → + 625 → + 6244 → + 546 → + 1234 = 17717
   + 1456

ANWENDEN & VERNETZEN

HINWEIS
Die Aufgaben der Seiten 60 und 61 können als **Lerntheke** bearbeitet werden. Auf Seite 33 ist diese Methode beschrieben. Aufgabenkarten dazu sowie weitere Aufgabenkarten findet ihr unter dem Mediencode ↻ 060-1.

Sachaufgaben überschlagen

1 Die Kosten für einen Urlaub werden zusammengestellt.
Flug: 822 €   Hotel: 1359 €   Ausflüge: 352 €   Auto mieten: 394 €
Reichen 3000 €? Begründe mit einer Rechnung.

2 Herr Lehmann hat seine Monatsverdienste aufgelistet. Überschlage, ob er von Januar bis Mai zusammen mehr als 9000 € verdient hat.

Januar	1904 €
Februar	1892 €
März	2050 €
April	2281 €
Mai	2364 €

3 Julia springt 2,97 Meter weit. Ihre große Schwester Jana springt 115 Zentimeter weiter als Julia. Ist Jana weiter als 4,00 Meter gesprungen?

4 Für ein Konzert gibt es verschiedene Karten (siehe Bild rechts).

Reihe	Preis
1 – 10	21 €
11 – 17	19 €
18 – 19	17 €

Fast alle Karten wurden verkauft. Überschlage die Einnahmen.

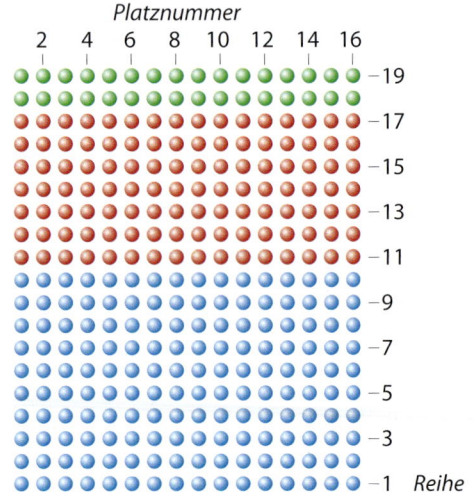

Sachaufgaben im Kopf lösen

5 Ein Bäcker hat noch 57 Brötchen. Er verkauft nacheinander fünf, sieben, acht, zwei und dann sechs Brötchen. Wie viele Brötchen hat er jetzt noch?

6 Lena erhält zu ihrem Geburtstag von den Großeltern 120 €. Sie möchte sich ein Paar Rollerblades kaufen. Die Rollerblades kosten im Angebot 78 €. Lena möchte zusätzlich noch Knie- und Ellbogenschoner für zusammen 29 € kaufen.
Reicht Lenas Geld? Wenn ja: Wie viel bleibt übrig?

7 Am Ende des Sommers werden alle Badeartikel reduziert.
a) Stelle einen eigenen Einkauf zusammen. Wie viel musst du bezahlen?
b) Frau Schmidt kauft ein Badetuch und einen Bikini. Herr Schön kauft eine Schwimmbrille und ein Paar Badeschuhe. Wie viel haben die beiden Kunden jeweils gegenüber den ursprünglichen Preisen gespart?

Natürliche Zahlen addieren und subtrahieren

Sachaufgaben mit schriftlichen Rechnungen lösen

8 Familie Mack bekommt 3720 Liter Heizöl geliefert, Familie Dick 4812 Liter. Wie viel Liter Heizöl sind das zusammen?

9 Ein 2580 Meter langer Tunnel wird von beiden Seiten aufgebohrt. Der eine Bautrupp hat bereits 987 Meter geschafft, der andere Bautrupp erst 819 Meter. Wie weit sind die beiden Bautrupps voneinander entfernt?

10 Wie viele Menschen lebten Ende 2011 insgesamt in Deutschlands Millionenstädten?
a) Überschlage zuerst.
b) Rechne nun genau.

Einwohner	
Berlin	3 499 879
Hamburg	1 799 144
München	1 353 186
Köln	1 007 119

11 Der Nil (siehe Foto) ist der längste Fluss der Erde. Er ist 6671 Kilometer lang.
a) Um wie viel Kilometer ist der Rhein kürzer als der Nil?
b) Vergleiche die Länge des Nils auch mit den Längen anderer Flüsse.
c) Vergleiche weitere Flüsse miteinander.

Fluss	Länge
Rhein	1230 km
Elbe	1165 km
Donau	2850 km
Wolga	3688 km
Amazonas	6518 km
Mississippi	3778 km
Jangtsekiang	5472 km

METHODE Eine Sachaufgabe lösen

↻ 061-1

Lies die Aufgabe aufmerksam durch.	**BEISPIEL** Für eine Fahrt nach England sammelt der Lehrer von den 26 Schülern je 153 € für Bus und Fähre ein und je 45 € für Eintrittsgelder. Karin hat bereits 123 € bezahlt.
Gib die Aufgabenstellung mit eigenen Worten wieder.	Es sind 26 Schüler. Der Lehrer sammelt 153 € und 45 € ein. Karin hat bisher 123 € bezahlt.
Formuliere geeignete Fragen, falls diese nicht vorgegeben sind.	Wie viel Euro kostet die Fahrt pro Schüler? Wie viel Euro muss Karin noch bezahlen?
Suche alle gegebenen Größen aus dem Text heraus und entscheide, welche für die Aufgabe notwendig sind.	Zu zahlen: 153 € und 45 €. Karin hat bezahlt: 123 €.
Suche nach einem Lösungsweg. Vielleicht gibt es auch mehrere Lösungswege. Entscheide dich für einen Lösungsweg. Führe die notwendigen Rechnungen durch.	153 € + 45 € = 198 € 198 € − 123 € = 75 €
Überlege, ob das Ergebnis sinnvoll ist. Mache gegebenenfalls eine Probe.	Die Ergebnisse sind sinnvoll, denn sie passen zu den Überschlägen 150 € + 50 € = 200 € und 200 € − 120 € = 80 €.
Formuliere einen Antwortsatz, der die Frage genau beantwortet.	Die Fahrt kostet 198 € pro Schüler. Karin muss noch 75 € bezahlen.

TIPP
Nicht immer sind alle Angaben notwendig.

ANWENDEN & VERNETZEN

12 Bücheraktion
Die neue Schülerbücherei bekommt zur Eröffnung von den Buchhandlungen in der Stadt Bücher geschenkt.
Die Buchhandlung Stücker schenkt 700 Bücher aus älteren Beständen, die Buchhandlung Hohl 120 Bücher.
7500 Bücher werden von der alten Schülerbücherei übernommen.
a) Wie viele Bücher sind zur Eröffnung in der Schülerbücherei vorhanden?
b) Wie viele Bücher müssen noch angeschafft werden, um einen Mindestbestand von 10 000 Büchern zu erreichen?
c) In ein langes Regal passen ungefähr 1200 Bücher. Wie viele lange Regale müssen mindestens aufgestellt werden, um 10 000 Bücher unterzubringen?
d) Passen 10 000 Bücher in euren Klassenraum? Begründe.

13 Schülercafé
Die Mosaik-Gesamtschule hat ein Schülercafé, in dem belegte Brötchen und Milch verkauft werden. Mit den Einnahmen wird die Schule unterstützt.
Vom Monat April zum Monat Mai sind die Einnahmen um 45 € auf 420 € gestiegen.
Im Juni wiederum sind sie wegen Klassenfahrten auf 320 € gefallen.
Wie hoch waren die Einnahmen im April, Mai und Juni zusammen?

14 Kilometerzähler
Janina fährt zu ihren Großeltern in den Bayerischen Wald. Sie möchte wissen, wie weit die Fahrt dorthin ist. Janina schaut deshalb auf den Kilometerzähler.

Kilometerstand bei der Abfahrt: 062751
Kilometerstand bei der Ankunft bei den Großeltern: 062999
Kilometerstand nach der Rückkehr: 063266

a) Wie lang ist die Strecke bei der Hinfahrt?
b) Vergleiche Hin- und Rückfahrt. Wie könnte der Unterschied der Streckenlängen zustande kommen?

15 Ein Würfelspiel 
Für dieses Spiel benötigst du einen Spielwürfel und einen Würfel mit den Rechenzeichen + und −.
Die Regeln lauten:
- Jeder Spieler startet mit einem Vorrat von 10 Punkten.
  Wirft er eine 4 und das Zeichen −, dann nimmt sein Vorrat um 4 Punkte ab.
  Wirft er eine 2 und das Zeichen +, dann nimmt sein Vorrat um 2 Punkte zu.
- Jeder Spieler darf höchstens 10-mal würfeln.
  Er kann aber auch schon vorher abbrechen, zum Beispiel nach zwei Würfen.
- Gewonnen hat, wer die höchste Punktzahl erreicht.

HINWEIS
Ihr könnt die Spielregeln auch selbst abändern. Erfindet eigene Varianten des Spiels!

16 Spielereien mit fünfstelligen Zahlen

Schnapszahlen

33 333 ist eine Schnapszahl, weil sie aus gleichen Ziffern besteht.

- Nenne alle fünfstelligen Schnapszahlen.
- Wie groß ist jeweils der Unterschied der aufeinanderfolgenden Schnapszahlen?

Fortlaufende Zahlen

Es gibt fünfstellige Zahlen wie 12 345 oder 23 456 oder 34 567 oder …

- Setze die Reihe fort.
- Wie groß ist jeweils der Unterschied zwischen den aufeinanderfolgenden Zahlen?

Spiegelzahlen

26 962 ist eine Spiegelzahl. Spiegelzahlen bleiben gleich, egal, ob man sie von vorne oder von hinten liest.

- Wie heißt die nächstgrößere Spiegelzahl?
- Wie viele fünfstellige Spiegelzahlen gibt es?

17 Schrittweise rechnen

a) Rechne das Beispiel rechts weiter. Nach wie vielen Durchläufen tritt ein Ergebnis zum zweiten Mal auf?
b) Rechne wie im Beispiel mit den Zahlen 6174 (1467; 5974). Nach wie vielen Durchläufen tritt ein Ergebnis zum zweiten Mal auf?
c) Rechne wie im Beispiel mit der Startzahl 3876.
d) Probiere weitere Startzahlen aus. Was stellst du fest?

1. Nimm eine vierstellige Zahl. → 5973
2. Ordne die Ziffern der Größe nach. Beginne mit der größten Ziffer. → 9753
3. Subtrahiere von der geordneten Zahl aus 2. die ungeordnete Zahl aus 1. → 9753 − 5973 = 3780
4. Hast du das Ergebnis schon einmal erhalten? Ja: Ende / Nein: Starte mit dem Ergebnis bei 1.

18 Fußball

In der Tabelle findest du Informationen zur Fußball-Bundesliga der Männer (Saison 2011/2012).

a) Welche Informationen kannst du der Tabelle entnehmen?
b) Stellt euch gegenseitig Fragen zur Tabelle. Beantwortet sie und kontrolliert euch gegenseitig.

Platz	Verein	Punkte	Zuschauer*
1.	Dortmund	81	1 368 860
2.	München	73	1 173 000
3.	Schalke	64	1 040 714
4.	Mönchengladbach	60	881 376
5.	Leverkusen	54	484 397
6.	Stuttgart	53	936 524
7.	Hannover	48	762 035
8.	Wolfsburg	44	469 446
9.	Bremen	42	693 733
10.	Nürnberg	42	713 463
11.	Hoffenheim	41	476 450
12.	Freiburg	40	385 500
13.	Mainz	39	559 470
14.	Augsburg	38	514 406
15.	Hamburg	36	908 910
16.	Berlin	31	908 630
17.	Köln	30	807 200
18.	Kaiserslautern	23	721 382

* in Heimspielen

Das Stadion in Gelsenkirchen

Teste dich!

Basis

1 Berechne im Kopf. Notiere das Ergebnis.

a) 58 + 20
958 + 12
73 + 29 + 100

b) 70 – 22 – 8
100 – 25
1000 – 250

2 Wie viel fehlt zum nächsten vollen Hunderter?

a) 77 b) 899 c) 512

3 Überschlage.

a) 988 + 2280 b) 6052 – 4962

4 Finde passende Zahlen, sodass richtig gelöste Aufgaben entstehen.

a) 27 + 72 = ▪
b) 88 + ▪ = 187
c) 170 – ▪ = 59

5 Prüfe bei den Zahlenquadraten, ob in jeder Spalte, Zeile und Diagonale die gleiche Summe steht.

a)

3	7	8
11	6	1
4	5	9

b)

5	5	4
7	5	2
2	4	8

6 Berechne. Kontrolliere durch Überschlagen.

a) 789 + 322
b) 4362 + 8971
c) 4255 + 865
d) 12 709 + 592
e) 546 – 362
f) 7654 – 1956
g) 6052 – 4962
h) 3658 – 726

7 Schreibe stellengerecht untereinander und berechne. Kontrolliere jeweils durch einen Überschlag.

a) 4367 + 5321 + 18 971
b) 80 000 – 5106 – 982

8 Berechne möglichst geschickt.

a) 319 + 65 + 81
b) 480 + 99 + 20
c) 416 – 130 – 116
d) 283 + 17 + 100

Erweiterung

1 Berechne im Kopf. Notiere das Ergebnis.

a) 991 + 13
991 + 130
993 + 77 + 200

b) 104 – 6
2012 – 99
1004 – 90 – 14

2 Wie viel fehlt zum nächsten vollen Tausender?

a) 7360 b) 13 515 c) 219 360

3 Überschlage.

a) 124 803 – 15 591 b) 98 962 + 752

4 Finde passende Zahlen, sodass richtig gelöste Aufgaben entstehen.

a) 119 + ▪ = 300
b) ▪ – 248 = 48
c) ▪ – 468 = 101

5 Übertrage die Zahlenquadrate in dein Heft. Ergänze sie so, dass in jeder Spalte, Zeile und Diagonale die gleiche Summe steht.

a)

	7		27
11		23	
19	13		25
9			3

b)

144			117
45	90	99	
		63	
36		126	9

6 Berechne. Kontrolliere durch Überschlagen.

a) 5106 + 9267
b) 78 564 + 213 465
c) 33 691 + 89 765
d) 105 976 + 7854
e) 7392 – 4247
f) 6482 – 2399
g) 23 455 – 18 456
h) 234 502 – 183 056

7 Rechne schriftlich. Kontrolliere deine Lösungen.

a) 100 000 – 18 805 – 6236
b) 555 555 + 666 666 + 777 777 + 2

8 Berechne möglichst geschickt.

a) 416 – 130 – 116 + 30
b) 283 + 17 + 100 – 53
c) 78 + 49 – 78 + 10
d) 35 + 265 + 65 + 15 + 35

Natürliche Zahlen addieren und subtrahieren

▶ Basis

9 Ein Fernsehgerät kostete ursprünglich 384 €.
a) Nun wurde sein Preis um 19 € gesenkt. Wie teuer ist das Gerät nach der Preissenkung?
b) Um wie viel Euro wurde der Preis gesenkt, wenn man noch 319 € bezahlen muss?

10 Herr Elitz ist Mitarbeiter im Außendienst. Er besucht verschiedene Städte in Rheinland-Pfalz.

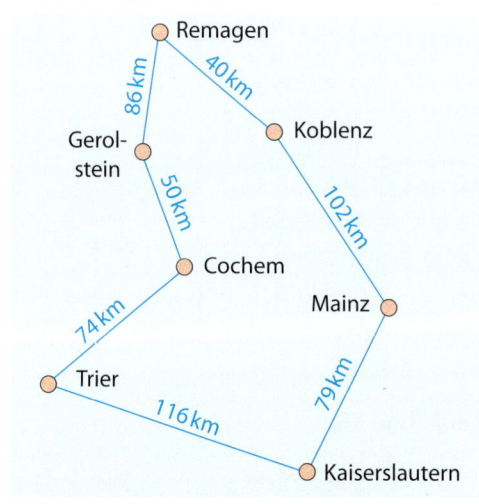

a) Wie viel Kilometer muss er fahren, wenn er alle Städte einmal besucht?
b) Herr Elitz muss morgen von Kaiserslautern nach Remagen fahren. Welche Strecke empfiehlst du ihm? Begründe mit einer Rechnung.

▶ Erweiterung

9 Die Geschwister Lena und Gustav möchten in ein Ferienlager fahren. Die Teilnahme am Ferienlager kostet für das erste Kind 270 € und für jedes weitere Kind aus einer Familie 40 € weniger. Für Ausflüge braucht jeder 30 €, außerdem bekommen Lena und Gustav je 25 € Taschengeld. Briefmarken im Wert von zusammen 4,50 € geben ihnen die Eltern auch mit.
Vorher müssen die Eltern noch neue Schlafsäcke kaufen. Der Schlafsack von Lena kostet 25 €, der von Gustav 36 €. Wie viel bezahlen die Eltern insgesamt für die Reise?

10 Frau Böhle hat Gäste eingeladen. Es werden insgesamt acht Personen. Sie kauft auf dem Markt Obst und Gemüse. Frau Böhle hat etwas mehr als 35,00 € dabei.

Schätze deine Kenntnisse und Fähigkeiten ein. Ordne dazu deiner Lösung im Heft einen Smiley zu:
„Ich konnte die Aufgabe ... ☺ richtig lösen.   ☺ nicht vollständig lösen.   ☹ nicht lösen."

Aufgabe	Ich kann ...	Siehe Seite ...
1, 2, 5	im Kopf addieren und subtrahieren.	46
3	Ergebnisse überschlagen.	51
4	Aufgaben mit Platzhaltern lösen, zum Beispiel mithilfe von Umkehraufgaben.	46
6, 7	schriftlich addieren und subtrahieren.	48, 52, 54
8	vorteilhaft rechnen.	46
9	Textaufgaben lesen, Rechenausdrücke dazu erstellen und die Aufgaben lösen.	61
10	Textaufgaben lösen und dafür Angaben aus Bildern entnehmen.	61

ZUSAMMENFASSUNG

Natürliche Zahlen addieren und subtrahieren

Überschlagen
Seite 51

Wir machen einen Überschlag, wenn …
- wir uns schnell einen *ersten Überblick* über das Ergebnis verschaffen wollen,
- das *ungefähre Ergebnis* bei einer Rechnung ausreicht,
- wir eine genaue *Rechnung kontrollieren* wollen.

Dafür kann man z. B. mit gerundeten Zahlen rechnen.

BEISPIEL
Aufgabe: 8273 + 41 882

Mögliche Überschläge:
8000 + 40 000 = 48 000
8200 + 41 800 = 50 000
8200 + 42 000 = 50 200

Addition
Seiten 46, 48

Addieren bedeutet zusammenzählen, hinzufügen, vermehren …
Beim Addieren dürfen die Summanden stets vertauscht werden (*Vertauschungsgesetz*).

$$47 + 12 = 59$$

Fachausdrücke: Summand plus Summand gleich Summe

(47 + 12 ist die Summe)

Beachte beim *schriftlichen Addieren*:
- Alle Zahlen werden stellengerecht untereinander geschrieben.
- Es wird von rechts nach links gerechnet. Beginne mit der Einerspalte.
- Der Übertrag wird jeweils in die nächste Spalte links geschrieben.

Kontrolliere deine Ergebnisse immer durch *Überschlagen* oder durch eine *Probe* (einen anderen Rechenweg oder eine *Umkehraufgabe*).
BEISPIEL 59 − 12 = 47 ist eine Umkehraufgabe zu 47 + 12 = 59.

Ein Beispiel zum schriftlichen Addieren findest du auf Seite 48.

Subtraktion
Seiten 52, 54

Subtrahieren bedeutet abziehen, den Unterschied berechnen …

$$78 - 25 = 53$$

Fachausdrücke: Minuend minus Subtrahend gleich Differenz

(78 − 25 ist die Differenz)

Beachte beim *schriftlichen Subtrahieren*:
- Alle Zahlen werden stellengerecht untereinander geschrieben.
- Es wird von rechts nach links gerechnet. Beginne mit der Einerspalte.
- Der Übertrag wird jeweils in die nächste Spalte links geschrieben.

Kontrolliere deine Ergebnisse immer durch *Überschlagen* oder durch eine *Probe* (einen anderen Rechenweg oder eine *Umkehraufgabe*).
BEISPIEL 53 + 25 = 78 ist eine Umkehraufgabe zu 78 − 25 = 53.

Beim *schriftlichen Subtrahieren mehrerer Zahlen* gibt es unterschiedliche Wege.
Beispiele zum schriftlichen Subtrahieren findest du auf den Seiten 52 und 54.

Erinnere dich!

Linien und Vierecke

1 Sind die folgenden Eiskristalle symmetrisch? Begründe.

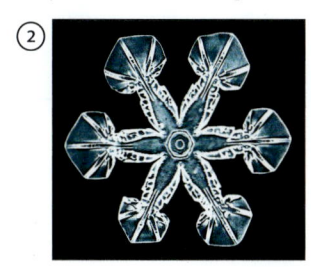

2 Figuren zeichnen und skizzieren
a) Zeichne ein Quadrat, ein Dreieck und ein Rechteck auf Karopapier.
b) Zeichne diese Figuren auch auf unliniertes Papier.

3 Gib die Koordinaten der eingezeichneten Punkte an.
BEISPIEL zu a): D(5|4)

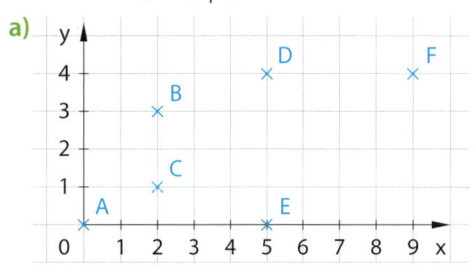

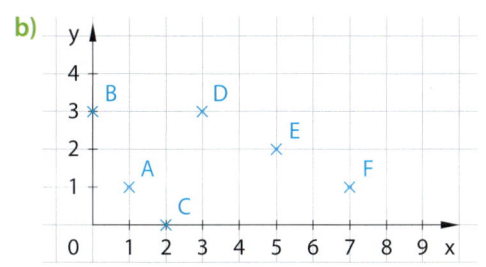

a)

b)

ERINNERE DICH
Koordinaten:
1. Wert: Ablesen auf der x-Achse
2. Wert: Ablesen auf der y-Achse

4 Zeichne ein Koordinatensystem. Trage darin die folgenden Punkte ein.
A(2|5) B(4|2) C(2|1) D(0|3) E(5|0)

5 Figuren und Ornamente
a) Übertrage die folgenden Figuren untereinander auf Karopapier. Setze sie dann nach rechts um zwei weitere Figuren fort, sodass ein regelmäßiges Bandornament entsteht.

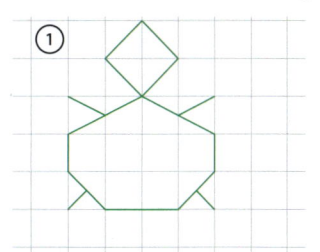

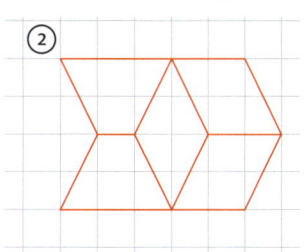

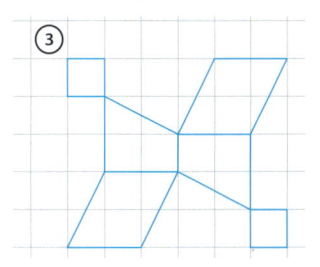

b) Entwirf ein eigenes Bandornament.

INFO
Ein Bandornament entsteht, wenn du eine Figur mehrmals aneinandersetzt:
in einer Richtung
und
in gleichen Abständen.

6 Rechne in Millimeter (mm) um.
a) 5 cm **b)** 10 cm **c)** 6 cm **d)** 12 cm **e)** 24 cm
f) 16 cm **g)** 11 cm **h)** 1,5 cm **i)** 0,5 cm **j)** 10,5 cm

7 Rechne in Zentimeter (cm) um.
a) 20 mm **b)** 30 mm **c)** 50 mm **d)** 120 mm **e)** 110 mm
f) 25 mm **g)** 36 mm **h)** 5 mm **i)** 105 mm **j)** 15 mm

Ein Fachwerkhaus entsteht

Zuerst wird vermessen und abgesteckt.

Das Fundament ist aus Stein.

Dann kommt das Gerüst. Wir bauen viel mit Holz.

Die schrägen Balken sind Stützen.

Dazwischen mauern wir mit Ziegeln aus.

Linien und Vierecke 69

Die Querbalken müssen genau waagerecht sein.

Am liebsten restauriere ich Ornamente an alten Häusern.

Sonnenscheiben als Schmuck!

Wie bei einem alten Haus!

ERFORSCHEN & EXPERIMENTIEREN

Parallele und senkrechte Linien

1 Falte ein beliebiges Blatt Papier zweimal zusammen. Falte das Papier nun wieder auf und betrachte die entstandenen Faltlinien.
Vergleicht eure Muster untereinander in Gruppen.

2 Falte ein Blatt Papier (DIN A4) so, dass du diese Muster aus Faltlinien erhältst. Erfinde auch eigene Muster aus Faltlinien.

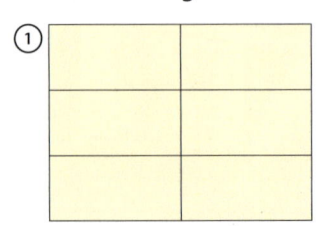

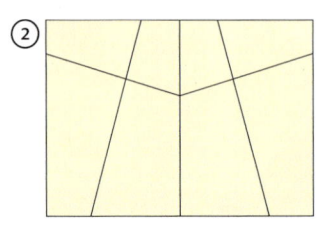

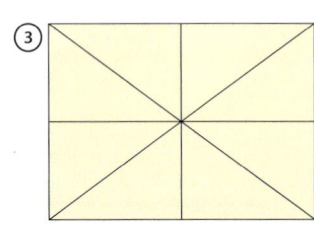

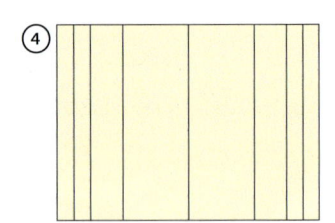

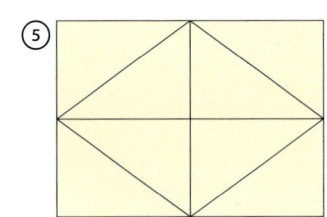

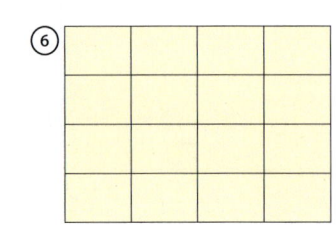

3 Vierecke falten
- Georgios möchte aus einem ungleichmäßigen Stück Papier (siehe links) ein Rechteck falten. Wie kann er weitermachen?
Probiere es selbst mit solchen Papierstücken aus.
- Kann Georgios aus einem beliebigen Papierstück auch ein Quadrat falten? Begründe.
- Daniel hat geschickt gefaltet (siehe unten). Falte sein Muster nach und erkläre, welche Formen dabei entstehen können.

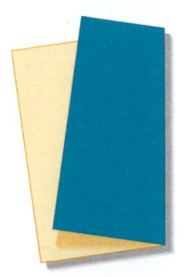

4 „Himmel und Hölle" ist ein beliebtes und altbekanntes Faltspiel.

1. Nimm ein quadratisches Stück Papier. Falte zwei Mittellinien und zwei Diagonalen.

2. Falte alle Ecken des Quadrats zur Mitte.

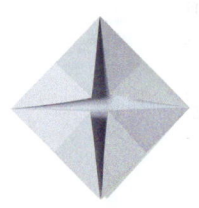

3. Drehe die Faltung um. Falte dann noch einmal alle vier Ecken zur Mitte.

4. Schiebe von unten Fingerspitzen in die vier Ecken. Forme die Figur räumlich.

INFO
Spielideen zu „Himmel und Hölle" findest du unter dem Mediencode
↻ 070-1.

Linien und Vierecke

5 Häuser falten
- Schneide von einem DIN-A4-Blatt ein großes Quadrat ab. Falte das Quadrat in der Mitte, öffne das Blatt und falte jede Hälfte zur Mittellinie.
- Drehe das Blatt und wiederhole die Faltungen.
- Schneide auf zwei gegenüberliegenden Seiten je dreimal ein. Es sieht dann so aus wie auf dem Foto.
- Finde eine Möglichkeit, wie du aus diesem Papier ein Haus falten kannst.
- Bevor du das Haus zusammenklebst, kannst du noch Türen, Fenster und Muster auf deinen Bastelbogen zeichnen.

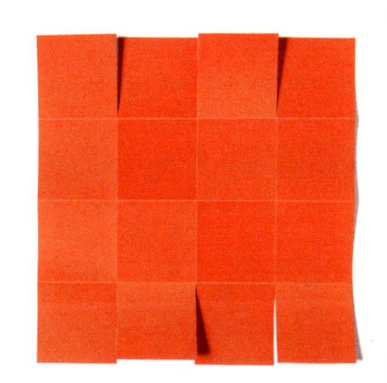

6 Hier siehst du drei Fachwerkhäuser in Speyer.

NACHGEDACHT
Welche Materialien wurden beim Bau von Fachwerkhäusern früher verwendet? Welche Berufe hatten die Bauleute?

- Welche Formen und Figuren erkennst du an den Häusern?
- Finde heraus, ob und wo es in eurer Umgebung Fachwerkhäuser gibt.
- Versuche, ein Fachwerkhaus zu zeichnen und farbig anzumalen.

7 Schon vor 1000 Jahren gab es Fachwerkhäuser. Rechts siehst du den Grundriss eines solchen Hauses.
- Man lebte damals mit den Haustieren in einem Gebäude. Finde einen Grund dafür.
- Skizziere einen Grundriss eurer Wohnung. Vergleiche diesen Grundriss mit dem des alten Hauses rechts.
- Ist dein Zimmer „quadratisch", „rechteckig" oder ganz anders? Beschreibe.
- Skizziere einen Grundriss deiner Traumwohnung.

8 Freihand zeichnen (ohne Lineal)
- Skizziere die nebenstehende Figur freihand in möglichst wenigen Schritten.
- Wie oft musst du den Stift dabei absetzen?

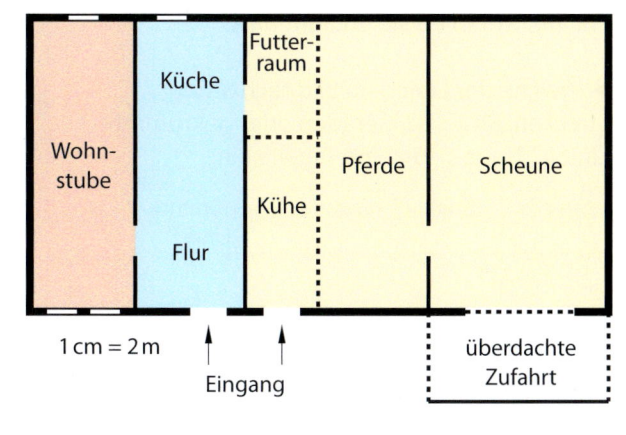

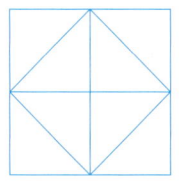

WISSEN & ÜBEN

Linien und Strecken

Am Fachwerkhaus siehst du gerade Linien und gekrümmte Linien.

Solche Linien findest du auch an Körpern:

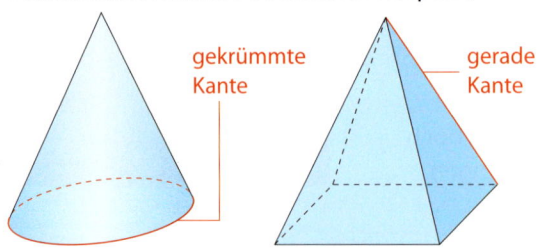

gekrümmte Kante — gerade Kante

Eine **Strecke** ist eine gerade Linie, die von zwei Punkten begrenzt wird. Eine Strecke ist die kürzeste Verbindung zwischen zwei Punkten.

Ein **Strahl** ist eine gerade Linie, die von einem Punkt ausgeht und nicht durch einen weiteren Punkt begrenzt wird. Statt Strahl sagt man auch Halbgerade.

Eine **Gerade** ist eine gerade Linie, die nicht durch Punkte begrenzt wird.

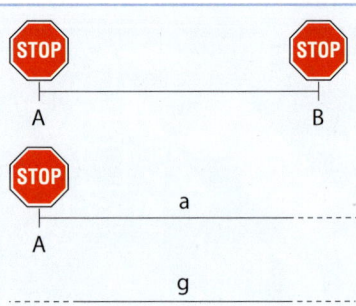

Strecken werden mit ihren Endpunkten bezeichnet: $\overline{AB}$, $\overline{CD}$ …
Strahlen und Geraden werden durch Kleinbuchstaben bezeichnet: a, b, c, …, g, h …

FÖRDERN UND FORDERN
↻ 072-1

1 Finde im Bild rechts zwei Strecken. Erkläre, woran du sie erkannt hast.

▶ Welche der Linien im Bild rechts sind Strecken, Strahlen, Geraden oder gekrümmte Linien? Trage sie in eine Tabelle ein.

Strecke	Strahl	Gerade	gekrümmte Linie

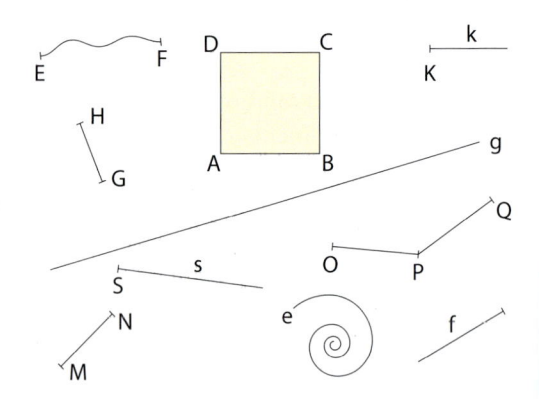

2 Schreibe Strecken auf, die an dem rechts abgebildeten Körper vorkommen. Wie viele Strecken findest du?

3 Weg*strecke*; Ziel*gerade*; *gerade* rechtzeitig ankommen; *gerade*aus; Licht*strahl*; …
a) Arbeitet zu zweit. Findet weitere solche Begriffe und Redewendungen aus dem Alltag. Erklärt, was sie mit den mathematischen Begriffen gemeinsam haben.
b) „Vom Marktplatz verlaufen die Straßen strahlenförmig in alle Richtungen." Fertigt in Partnerarbeit zu dieser Aussage eine Skizze an.

Linien und Vierecke

4 Miss die Länge der Strecke $\overline{AB}$. Erkläre deiner Partnerin oder deinem Partner, worauf du dabei achtest.

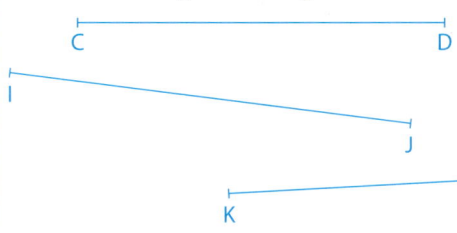

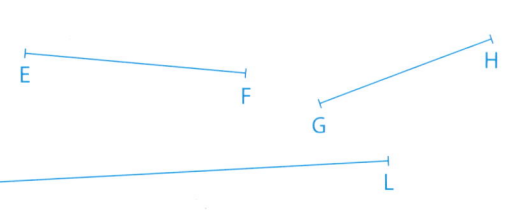

TIPP
zu Aufgabe 4:
Schreibe ins Heft zum Beispiel:
$\overline{AB} = \ldots$ cm.

▶ Miss die Längen der folgenden Strecken.

5 Zeichne die Strecken aus Aufgabe 4 jeweils um 1,5 cm verlängert in dein Heft.

6 Ermittle die Längen aller Strecken in der rechts abgebildeten Figur.

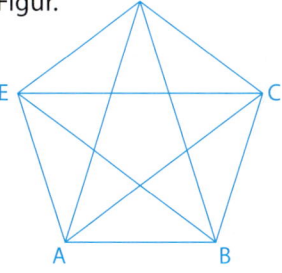

ZUM KNOBELN
Versuche, die Figur aus Aufgabe 6 in einem Zug zu zeichnen (ohne abzusetzen).

7 Zeichne mit dem Geodreieck die folgenden Strecken auf unliniertes Papier.
a) $\overline{AB} = 4$ cm
b) $\overline{CD} = 12$ cm
c) $\overline{EF} = 43$ mm
d) $\overline{GH} = 2{,}7$ cm

8 Zeichne Punkte in dein Heft. Zeichne dann Geraden durch die Punkte.
a) 2 Punkte
b) 3 Punkte
c) 4 Punkte
d) 5 Punkte
e) 6 Punkte
f) Wie viele Geraden kannst du jeweils zeichnen?

9 Welche der sechs Geraden geht durch den Punkt A? Begründe.

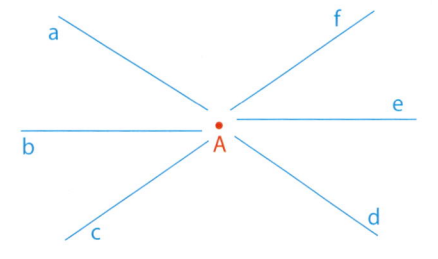

10 Arbeitet zu zweit. Zeichnet drei Geraden auf ein Blatt Papier, die sich möglichst oft schneiden. Wiederholt dies auch mit zwei, vier, fünf und sechs Geraden.
Wie viele Schnittpunkte gibt es jeweils?

11 Zeichne sechs Punkte A, B, C, D, E und F in dein Heft.
Zeichne dann von D als Anfangspunkt aus Strahlen durch alle anderen Punkte.

12 Vom Punkt A gehen zwei Strahlen aus. Auf dem einen Strahl liegen im Abstand von je 2 cm die Punkte A, B, D und F. Auf dem anderen Strahl liegen im Abstand von je 3 cm die Punkte A, C, E und G. Zeichne eine solche Figur.
Was fällt dir an den Strecken $\overline{BC}$, $\overline{DE}$ und $\overline{FG}$ auf? Beschreibe.

13 Wie lang ist der Streckenzug von A nach E im Bild rechts? Erkläre mithilfe des Bildes, was ein Streckenzug ist.

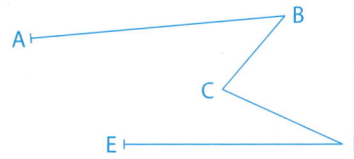

▶ Zeichne einen Streckenzug, der aus vier Teilstrecken besteht (Längen der Teilstrecken: 3,5 cm; 5 cm; 4 cm; 2,5 cm).

WISSEN & ÜBEN

Parallel und senkrecht

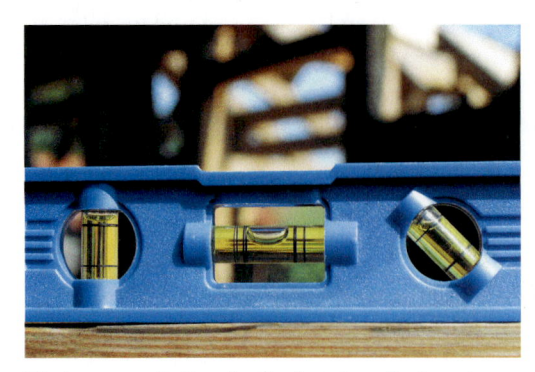

Die Lage von Balken im Gerüst eines Fachwerkhauses prüft ein Zimmermann zum Beispiel mithilfe einer Wasserwaage.

Wo Fenster eingebaut werden, müssen Balken senkrecht aufeinander stehen. Ein Zimmermann prüft dies mit dem Anschlagwinkel.

Bei **zueinander parallelen** Geraden sind alle Punkte der einen Geraden von der anderen Geraden gleich weit entfernt.

Man schreibt: g ∥ h. Man spricht: „Die Gerade g ist parallel zur Geraden h."

Der **Abstand** ist die Länge der kürzesten Verbindungslinie zwischen einem Punkt und einer Geraden bzw. zwischen zwei zueinander parallelen Geraden.

Senkrecht aufeinander stehen Geraden, die an ihrem Schnittpunkt rechte Winkel bilden.
Man schreibt: k ⊥ m. Man spricht:
„Die Gerade k steht senkrecht auf der Geraden m."

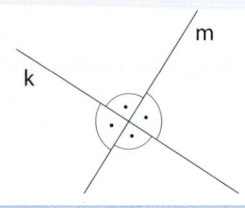

1 Zeige im Klassenraum Linien oder Kanten, die …
a) zueinander parallel sind,   b) senkrecht aufeinander stehen.
Erkläre, wie du es überprüfen kannst.

▶ Zeigt euch gegenseitig in Partnerarbeit Kanten an einem quaderförmigen Körper (z. B. an einer Milchpackung), die …
c) zueinander parallel sind,   d) senkrecht aufeinander stehen.

2 Papier falten
Sandra sagt: „Ich kann zueinander parallele Linien falten!"
Selma sagt: „Und ich kann senkrecht aufeinander stehende Linien falten!"
Probiere aus, solche Linien zu falten.
Besprich deine Ergebnisse mit deiner Partnerin oder deinem Partner.

3 Wie kann ein Handwerker feststellen, ob ein Balken oder eine Mauer senkrecht zum Fundament eines Hauses steht?
Kann er durch Messen feststellen, ob zwei Balken zueinander parallel sind?
Begründe jeweils deine Antworten (zum Beispiel durch Vorführung, Skizze, Text).

Linien und Vierecke

4 Geraden zeichnen
a) Zeichne nach Augenmaß zwei (drei, vier) zueinander parallele Geraden.
b) Vergleicht untereinander in Gruppen. Wodurch unterscheiden sich eure Bilder?
c) Zeichne nach Augenmaß zwei senkrecht aufeinander stehende Geraden.
d) Versuche, ein Gitter aus Geraden zu zeichnen, die entweder zueinander parallel sind oder senkrecht aufeinander stehen.

5 Finde im Bild eine Gerade, die zur Geraden e parallel ist. Erkläre, woran du sie erkannt hast.

▶ Welche Geraden im Bild sind zueinander parallel?
Prüfe zuerst. Schreibe dann zum Beispiel h ∥ f.

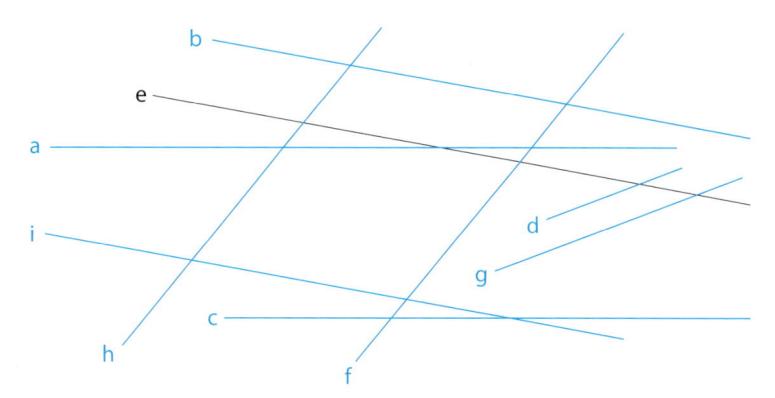

6 Miss jeweils den Abstand der Geraden aus Aufgabe 5, die zueinander parallel sind.

7 Welche der folgenden Geraden stehen senkrecht aufeinander?
Beschreibe, wie du es überprüfen kannst.

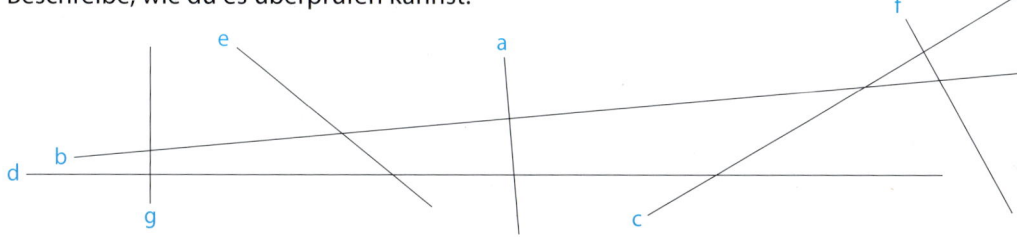

8 Zueinander parallel oder nicht?
a)
b)
c)

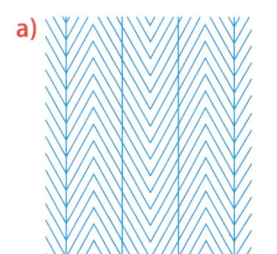

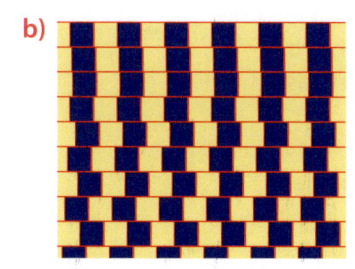

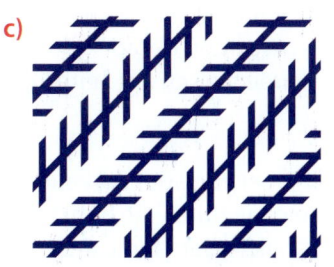

9 Senkrecht aufeinander stehend oder nicht?
a)
b)
c)

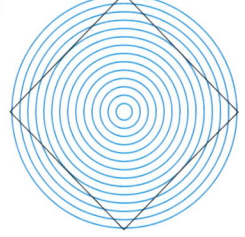

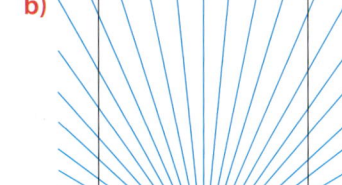

WISSEN & ÜBEN

Zueinander parallele und senkrechte Geraden zeichnen

Auf dem **Geodreieck** gibt es Linien, die dir beim Zeichnen von zueinander parallelen Linien und von zueinander senkrechten Linien helfen.

Zueinander parallele Geraden (Parallelen) zeichnen
Mithilfe der rot markierten Linien kannst du zueinander parallele Geraden im Abstand von 5 mm, 10 mm, 15 mm … zeichnen.

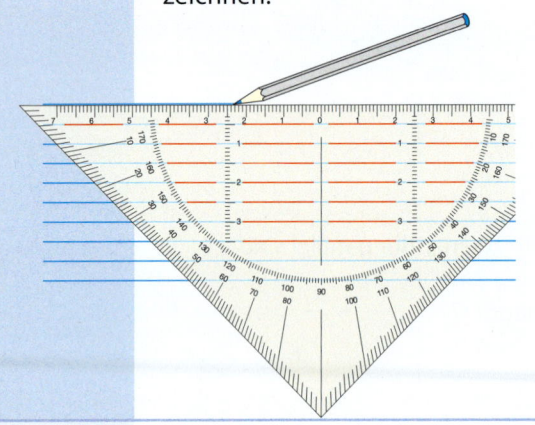

Zwei senkrecht aufeinander stehende Geraden zeichnen
Lege das Geodreieck mit der rot markierten Linie genau auf die vorhandene Gerade (im Bild grün).

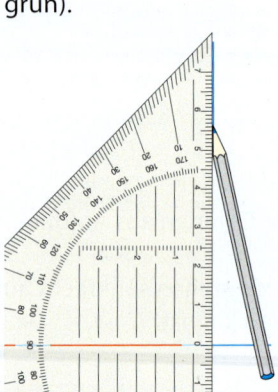

Durch einen Punkt eine Senkrechte zu einer Geraden zeichnen
Lege die rot markierte Linie so auf die vorhandene Gerade, dass die Kante des Geodreiecks durch den Punkt verläuft.

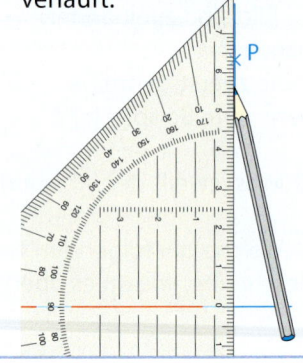

FÖRDERN UND FORDERN
↻ 076-1

1 Finde mit dem Geodreieck im Bild zwei Geraden, die parallel zueinander sind (die senkrecht aufeinander stehen). Beschreibe, wie du dabei vorgehst.

▶ Schreibe alle zueinander parallelen und senkrechten Geraden auf. Beachte die Schreibweisen auf Seite 74, Merkkasten.

2 Übertrage das Bild auf Karopapier. Zeichne durch die Punkte A bis F jeweils parallele Geraden zur Geraden g.

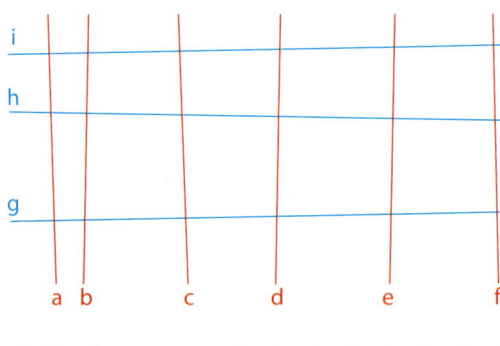

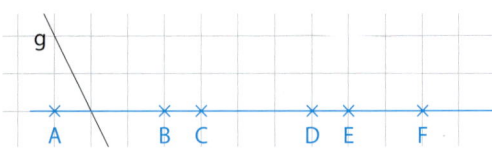

3 Geraden zeichnen
a) Zeichne zu einer Geraden g eine parallele Gerade im Abstand von 3 cm.
b) Zeichne eine Gerade g und einen Punkt P, der nicht auf der Geraden g liegt. Zeichne durch P eine zu g parallele Gerade.
c) Zeichne im Heft zwei zueinander senkrechte Geraden g und h. Zeichne zu g und h je drei parallele Geraden. Beschreibe das Muster, das dabei entsteht.

4 Zeichne auf unlinierten Papier Zebrastreifen, die senkrecht zur Geraden g sind.
HINWEIS Schraffiere die dunklen Streifen mit einem Bleistift.

Linien und Vierecke

5 Geraden zeichnen und Abstände messen
a) Zeichne zwei zueinander parallele Geraden a und b im Abstand von 3 cm.
   Zeichne zur Geraden b eine parallele Gerade c im Abstand von 1 cm.
b) Welchen Abstand haben die Geraden a und c aus Aufgabe a) voneinander?
c) Zeichne zu einer Geraden g nacheinander zehn parallele Geraden im Abstand von
   je 0,5 cm. Miss dann den Abstand zwischen den beiden außen liegenden Geraden.
   Wie genau hast du gezeichnet?

HINWEIS
zu Aufgabe 5 a), b):
Es gibt zwei
Lösungen.

6 Übertrage den Punkt A und die
Geraden g und h auf Karopapier.
Markiere dann den Abstand vom Punkt A
zur Geraden g durch eine Strecke.
Miss den Abstand mit dem Geodreieck.

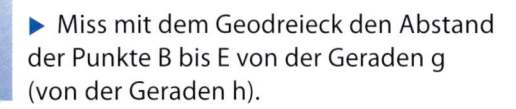

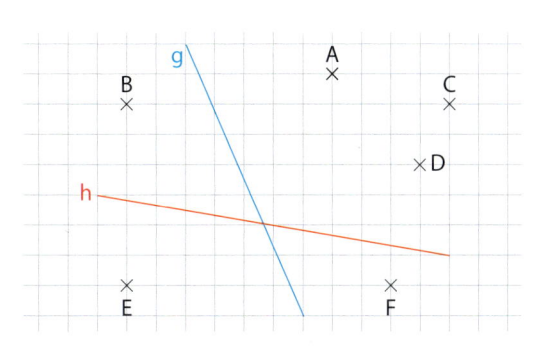

▶ Miss mit dem Geodreieck den Abstand
der Punkte B bis E von der Geraden g
(von der Geraden h).

7 Zeichne eine Gerade g. Markiere auf dieser Geraden zwei Punkte P und Q.
Zeichne durch jeden der Punkte eine Senkrechte zu g. Was fällt dir auf?

▶ Zeichne eine Strecke $\overline{AB}$ = 8 cm auf unliniertes Papier. Zeichne vier zu $\overline{AB}$ senkrechte
Geraden im Abstand von je 2 cm.

8 Zeichne eine Gerade g und einen Punkt P, der nicht auf g liegt. Zeichne auf der anderen
Seite der Geraden einen Punkt Q. Zeichne dann durch P und Q je eine Parallele zu g.
Was fällt dir auf?

9 Verbinde zwei Punkte A und B durch eine Strecke.
a) Miss die Länge der Strecke und zeichne ihren Mittelpunkt M ein.
   Zeichne dann mit dem Geodreieck eine Senkrechte zu $\overline{AB}$ durch den Punkt M.
b) Markiere auf der Senkrechten einen Punkt P. Wie weit ist P von A entfernt (von B)?
   Wiederhole deine Messungen auch mit anderen Punkten auf der Senkrechten.
   Beschreibe, was dir auffällt.

10 Übertrage das Punktmuster rechts mehrmals auf Karopapier.
a) Zeichne zwei Quadrate ein, sodass alle Punkte durch Linien voneinander getrennt sind.
b) Alle neun Punkte sollen durch vier Strecken miteinander verbunden werden, ohne den
   Stift abzusetzen (wie beim „Haus des Nikolaus").

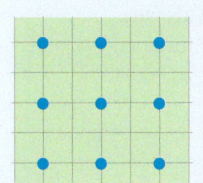

Bist du fit?

1. Addiere im Kopf.
a) 200 + 420   b) 3000 + 490   c) 60 + 630   d) 800 + 2300   e) 465 + 31
f) 629 + 21   g) 217 + 501   h) 2170 + 501 i) 936 + 664

2. Ergänze im Kopf zu 1000.
a) 710   b) 530   c) 99   d) 296   e) 65

ERFORSCHEN & EXPERIMENTIEREN

Vierecke

1 Mit Papierstreifen arbeiten 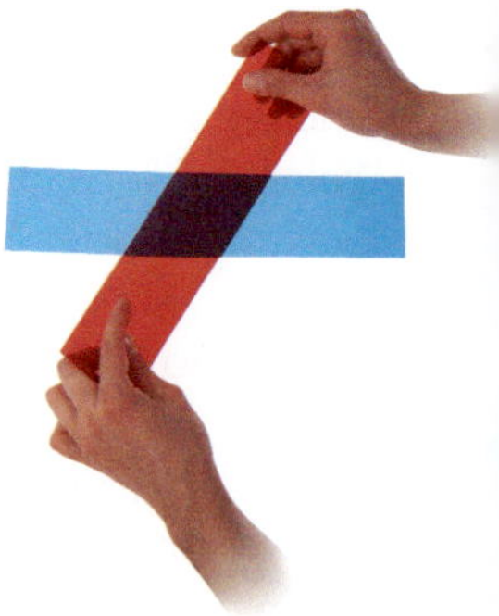
- Sara sagt:
„Ich habe mir verschieden breite Streifen aus farbigem Transparentpapier geschnitten. Wenn ich zwei Streifen übereinander lege, dann kann ich verschiedene Figuren erzeugen."
- Toni sagt:
„Gib mir irgendein Stück Zeitungspapier. Egal, wie es aussieht. Ich kann daraus ein Quadrat falten."
- Lucia sagt:
„Ich habe einen drei Zentimeter breiten Papierstreifen. Mit je einem geraden Schnitt kann ich verschiedene Vierecke abschneiden. Diese Vierecke haben mindestens eine Gemeinsamkeit."
- Tahira sagt:
„Ich falte ein Stück Papier zusammen. Dann schneide ich ein Stück so ab, wie du es im Bild rechts siehst. Dadurch stelle ich ein besonderes Viereck her." 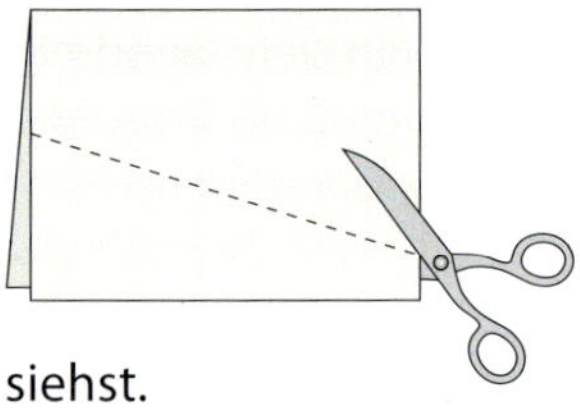
- Daniel sagt:
„Ich falte ein Stück Papier so, wie du es im folgenden Bild links siehst. Dann schneide ich zwei Dreiecke weg. Weißt du, was für eine Figur dabei entsteht?

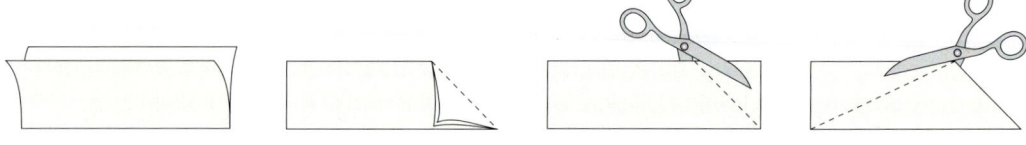

INFO
Der Zollstock ist ein weit verbreitetes Messgerät für Längen.

BEISPIEL
für einen Steckbrief zu Aufgabe 2:
Ein Quadrat besitzt … gleich lange Seiten.
Gegenüberliegende Seiten sind …
Benachbarte Seiten stehen … aufeinander.

2 *Georgios* sagt: „Ich habe mit einem Zollstock verschiedene Vierecke geformt."

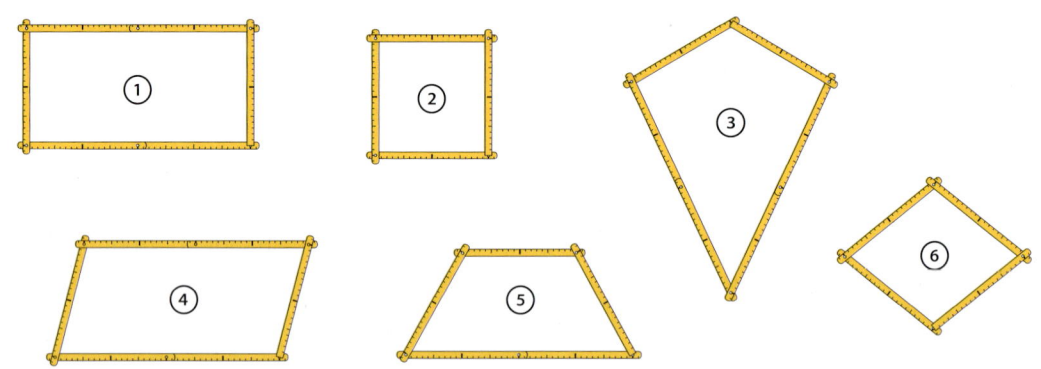

Franziska sagt: „Ich schreibe Steckbriefe für deine Vierecke."

3 Arbeitet zu zweit an Strohhalmvierecken.
- Bastelt aus vier Strohhalmen und einem Bindfaden ein Rechteck, das kein Quadrat ist.
  TIPP Zieht den Bindfaden durch die Strohhalme. Verknotet ihn dann.
- Was müsst ihr beachten, damit beim Basteln kein Quadrat entsteht?
- Legt das Rechteck auf den Tisch. Verschiebt die Strohhalme so, dass aus dem Rechteck nacheinander verschiedene andere Vierecke entstehen. Welche der Vierecksformen ① bis ⑥ aus der vorigen Aufgabe erkennt ihr dabei wieder?

Linien und Vierecke

Am Geobrett

Rechts siehst du ein Geobrett (auch „Nagelbrett" genannt). Mit Gummiringen kannst du darauf ganz leicht viele Figuren spannen.
Das abgebildete Geobrett hat fünf Reihen. In jeder Reihe befinden sich fünf Stifte. Es heißt deshalb 5 × 5-Geobrett. Es gibt auch andere Geobretter, zum Beispiel 4 × 4 oder 10 × 10.

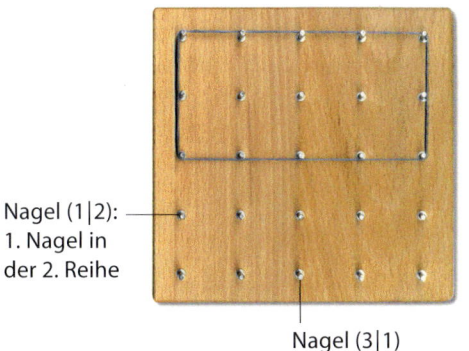

Nagel (1|2): 1. Nagel in der 2. Reihe

Nagel (3|1)

↻ 079-1

4 Spanne verschiedene Figuren auf einem Geobrett.
Besprich mit deiner Partnerin oder deinem Partner, welche Figuren ihr erkennt.

5 Spanne die folgenden Figuren auf einem Geobrett (5 × 5).
- Von Nagel 1 in der 1. Reihe (1|1) zu Nagel 3 in der 1. Reihe (3|1).
  Von Nagel 3 in der 1. Reihe (3|1) zu Nagel 3 in der 3. Reihe (3|3).
  Von Nagel 3 in der 3. Reihe (3|3) zu Nagel 1 in der 3. Reihe (1|3).
  Von Nagel 1 in der 3. Reihe (1|3) zu Nagel 1 in der 1. Reihe (1|1).
  Was für eine Figur entsteht? Zeichne sie in dein Heft.
- Ziehe nun das Gummi von (1|3) nach (1|5) und das Gummi von (3|3) nach (3|5).
  Zeichne auch diese Figur in dein Heft. Vergleiche sie dann mit der Ausgangsfigur.

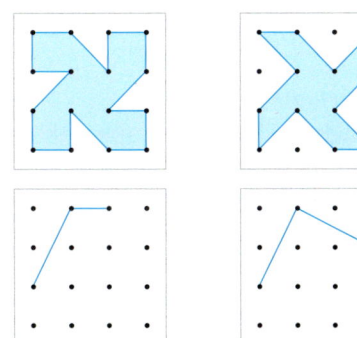

6 Figuren spannen
- Spanne auf einem Geobrett nacheinander die Vierecksformen ① bis ⑥ von Seite 78.
  Kontrolliert eure Lösungen gegenseitig in Partnerarbeit.
- Spanne nebeneinander drei verschiedene Vierecke.
  Die Vierecke dürfen nicht die gleiche Form haben.
- Rechts siehst du zwei „Windräder".
  Spanne sie auf deinem Geobrett nur aus Vierecken.
  Verwende dafür jeweils möglichst wenige Gummiringe.
- Drei Nägel sind in den Bildern rechts bereits umspannt. Welche Vierecksformen ① bis ⑥ von Seite 78 kannst du darstellen, indem du einen vierten Nagel passend auswählst?
- Diktiere deiner Partnerin oder deinem Partner drei Punkte auf dem Geobrett (zum Beispiel „(1|2)", siehe oben). Sie oder er soll die drei Punkte zu einer der Vierecksformen ① bis ⑥ von Seite 78 ergänzen.

7 Spanne aus verschiedenen Vierecken ein Bild, zum Beispiel ein Schiff.

8 Eingeschlossen
- Spanne ein Rechteck, das genau zwei Nägel (drei, sechs Nägel) einschließt.
- Kann man ein Quadrat spannen, das genau zwei Nägel (drei, vier Nägel) einschließt? Probiere es aus.

INFO zu Aufgabe 8:

Diese Figur schließt einen Nagel ein.

WISSEN & ÜBEN

Rechtecke und Quadrate

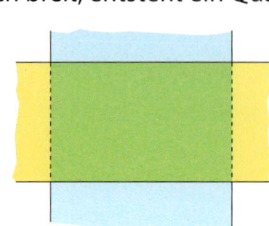

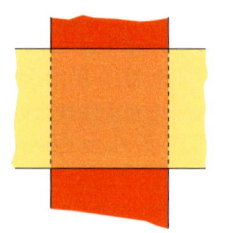

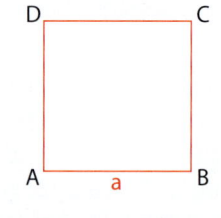

In der Randspalte siehst du Rechtecke und Quadrate, die aus Papier gefaltet wurden. Ein Rechteck kann auch mit zwei transparenten Streifen gelegt werden. Sind die Streifen gleich breit, entsteht ein Quadrat.

Im Rechteck stehen die Seiten in allen vier Eckpunkten senkrecht aufeinander. (Sie bilden rechte Winkel.)
Die gegenüberliegenden Seiten sind gleich lang und zueinander parallel.

Ein Rechteck, bei dem alle vier Seiten gleich lang sind, heißt **Quadrat**.

Rechtecke und Quadrate kannst du mit einem Mal so falten, dass eine Hälfte genau auf die andere passt. Sie sind deshalb **achsensymmetrisch**.

FÖRDERN UND FORDERN
↻ 080-1

1 Wo findest du in deiner Umgebung Rechtecke, speziell auch Quadrate?
a) Schreibe dazu eine Liste.
b) Wo findest du Abweichungen von der exakten mathematischen Form? Beschreibe sie.

2 Teilweise verdeckt
a) Finde Rechtecke (Quadrate) unter den farbigen Vierecken. Schreibe sie auf.
b) Schreibe jeweils die Seitenlängen der Vierecke dazu.
c) Wie viele Rechtecke enthält das Bild insgesamt?
d) Arbeitet zu zweit. Zeichne selbst so ein Bild mit Rechtecken auf unliniertes Papier. Deine Partnerin oder dein Partner schreibt jeweils die Seitenlängen der Rechtecke dazu.

Linien und Vierecke

3 Quadrate zeichnen
a) Welche Maße hat das rote Quadrat im Merkkasten auf Seite 80?
b) Zeichne das rote Quadrat. Versuche es auf Karopapier (einfacher) oder auf unliniertem Papier (schwieriger).
c) Trage auch die Bezeichnungen des Quadrats ein. Markiere seine Diagonalen und seine Symmetrieachsen farbig. Was stellst du fest?

▶ Zeichne auf unliniertes Papier Quadrate mit den folgenden Maßen.
d) 5 cm   e) 6 cm   f) 4,5 cm   g) 65 mm   h) 38 mm

4 Bei welchem der Quadrate aus Aufgabe 3 ist die Summe der Seitenlängen am größten? Begründe.

5 Zeichne Quadrate, deren Seiten zusammen die angegebene Länge haben.
a) 16 cm   b) 8 cm   c) 20 cm

6 Rechtecke zeichnen
a) Zeichne ein Rechteck mit a = 6 cm und b = 4 cm in dein Heft.
HINWEIS Beachte die Methode unten.
b) Trage die Diagonalen und die Symmetrieachsen ein.

▶ Zeichne auf unliniertes Papier Rechtecke mit den folgenden Maßen.
c) a = 5 cm; b = 3 cm   d) a = 45 mm; b = 25 mm   e) a = 3,8 cm; b = 1,9 cm

7 Finde für die Rechtecke aus Aufgabe 6 eine Regel, mit der du die Summe der Seitenlängen berechnen kannst. Erkläre deine Regel.

8 Julia hat eine Figur vergrößert.
a) Beschreibe, wie sie es gemacht hat.
b) Vergrößere die Figur weiter.

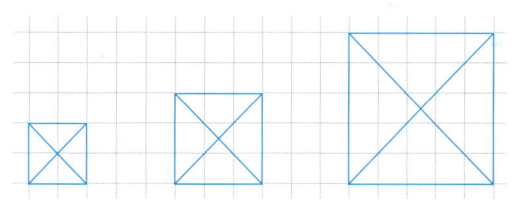

9 Marco zeichnet eine Bildfolge.
Er beginnt mit einem Quadrat mit a = 1 cm.
Dann vergrößert er die Seitenlänge bei jedem Schritt um 1 cm.
a) Zeichne eine solche Bildfolge mit fünf Quadraten.
b) Wie oft passt das erste Quadrat in das letzte Quadrat hinein? Begründe.

INFO
In einem Viereck heißen die Strecken zwischen gegenüberliegenden Eckpunkten **Diagonalen** (AC; BD).

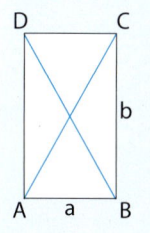

INFO
Auch an Quadern und Würfeln kannst du Rechtecke und speziell auch Quadrate erkennen.

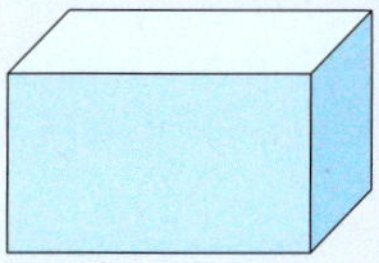

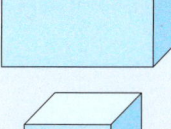

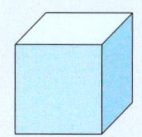

METHODE Rechtecke mit dem Geodreieck zeichnen

081-1

So kannst du ein Rechteck (Länge a = 6 cm; Breite b = 4 cm) zeichnen:

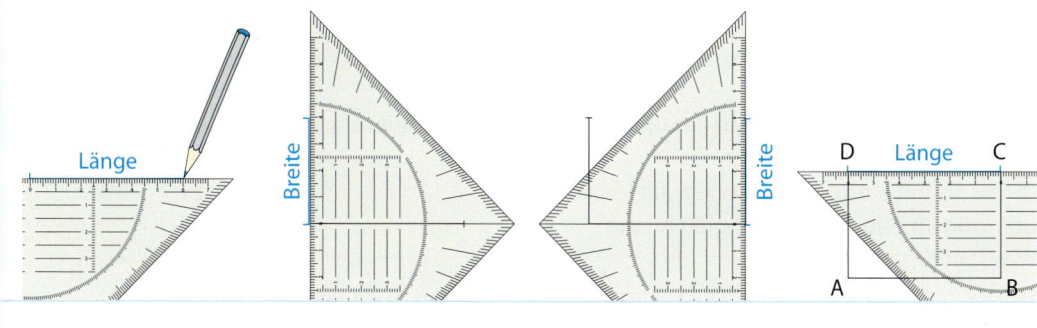

WISSEN & ÜBEN

Parallelogramme und Rauten

Hier wurden jeweils zwei Streifen Transparentpapier übereinander gelegt.

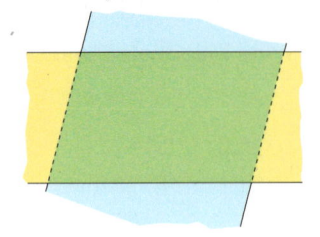

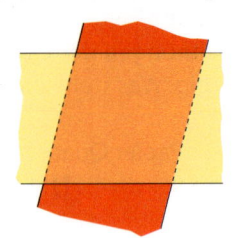

INFO
Rauten sind immer achsensymmetrisch. Parallelogramme, die keine Rauten oder Rechtecke sind, sind dagegen nicht achsensymmetrisch.

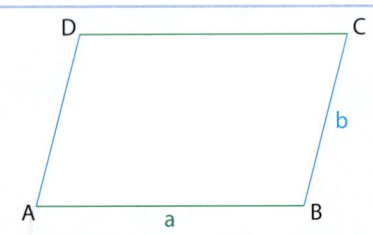

Im **Parallelogramm** sind einander gegenüberliegende Seiten zueinander parallel und gleich lang.

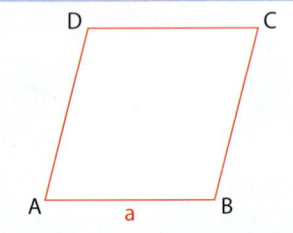

Ein Parallelogramm, bei dem alle vier Seiten gleich lang sind, heißt **Raute** (oder **Rhombus**).

1 Finde Parallelogramme (Rauten) …
a) auf den Fotos der Fachwerkhäuser auf Seite 71,
b) in deiner Umgebung.

2 Wie viele Parallelogramme (Rauten) findest du in den folgenden Figuren? Erkläre, woran du sie erkannt hast.
a)   b)   c)   d)

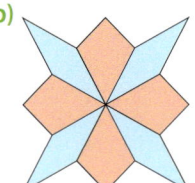

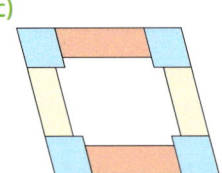

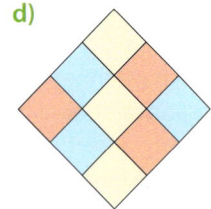

3 Parallelogramme herstellen
a) Wie kannst du mit einem Zollstock verschiedene Parallelogramme (Rauten) legen? Zeige es deiner Partnerin oder deinem Partner.
b) Wie kannst du Parallelogramme durch Falten von Papier herstellen? Zeige es deiner Partnerin oder deinem Partner.

4 Zeichne auf Karo- oder Punktpapier ein Parallelogramm. Erkläre, wie du vorgehst.

▸ Zeichne drei verschiedene Parallelogramme mit den Seitenlängen 5 cm und 3 cm.

5 Die Seiten a und b der vier Parallelogramme im Bild rechts sind gleich lang. Was fällt dir auf?

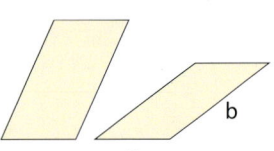

Linien und Vierecke

6 Zeichne auf Karopapier ein großes Parallelogramm und schneide es aus. Finde durch Falten heraus, ob es symmetrisch ist. Begründe dein Ergebnis. Vergleicht eure Ergebnisse in der Klasse.

7 Ergänze im Heft zu Parallelogrammen.

8 Zeichne ein Koordinatensystem und trage die Punkte ein. Ergänze jeweils einen vierten Punkt so, dass ein Parallelogramm entsteht. Schreibe seine Koordinaten auf.
a) A(2|1); B(5|1); C(7|3); D(?|?)
b) E(2|4); F(4|4); G(5|7); H(?|?)
c) I(6|5); J(8|4); K(10|5); L(?|?)

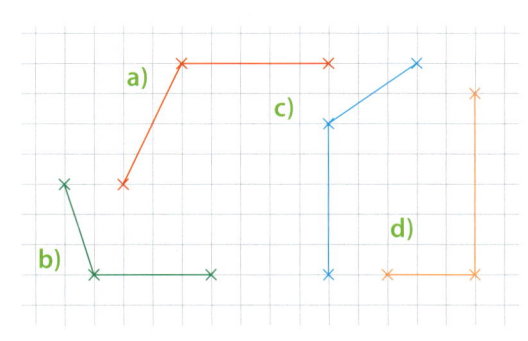

ERINNERE DICH
A(3|2) bedeutet im Koordinatensystem: vom Punkt (0|0) aus 3 Einheiten nach rechts und 2 Einheiten nach oben.

9 Übertrage die rechts abgebildete Figur auf Karopapier und gestalte sie farbig. Wie viele Parallelogramme erkennst du in der Figur?

10 Zeichne jeweils zwei verschiedene Parallelogramme auf Karopapier.
a) a = 4 cm; b = 2 cm
b) a = 6 cm; b = 2,5 cm
c) a = 55 mm; b = 35 mm

11 Miss die Seitenlängen der rechts abgebildeten Vierecke.
Gib dann an, welche der Vierecke Parallelogramme sind, und begründe.

12 Zeichne die folgenden Parallelogramme auf unliniertes Papier. Überlege zuerst, wie du dabei vorgehen kannst. Gibt es jeweils mehr als eine Lösung?
a) a = 4 cm; b = 3 cm
b) a = 5 cm; b = 2,5 cm

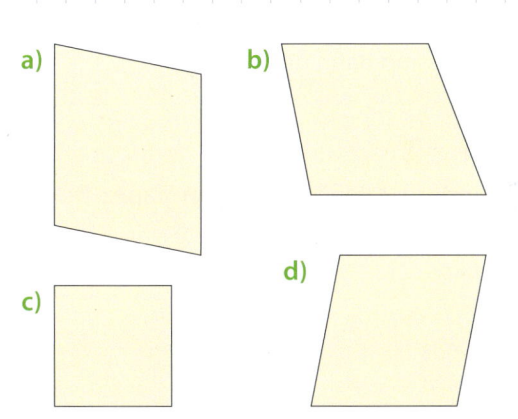

13 Rauten und ihre Diagonalen
a) Zeichne auf Karopapier zwei verschiedene Rauten. Zeichne dann jeweils die Diagonalen der Rauten ein.
b) Was fällt dir an der Lage der Diagonalen auf? Beschreibe.

14 Rauten zeichnen
a) Zeichne die abgebildete Raute in dein Heft.
b) Zeichne eine Raute, bei der eine Diagonale 4 cm und die andere Diagonale 6 cm lang ist.
c) Welche Seitenlänge hat die größte Raute, die du auf ein Blatt Papier (DIN A4) zeichnen kannst?

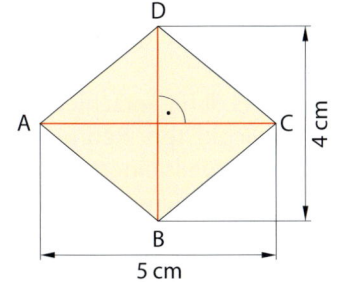

15 Svenja fragt:
a) „Ist jede Raute ein Parallelogramm?"
b) „Ist jedes Quadrat auch eine Raute?"

WEITERDENKEN

Trapeze und Drachenvierecke

Schneide einen 2 cm breiten Papierstreifen mehrfach schräg durch.
So erhältst du Vierecke, die eine gemeinsame Eigenschaft haben.

Ein Viereck mit zwei zueinander parallelen Seiten heißt **Trapez**.

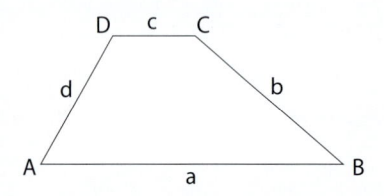

Wenn ein Trapez eine Symmetrieachse hat, dann ist es ein achsensymmetrisches (gleichschenkliges) Trapez. Die Seiten b und d sind dann gleich lang.

Ein Viereck, das zwei Paare gleich langer benachbarter Seiten hat, heißt **Drachen** oder **Drachenviereck**.

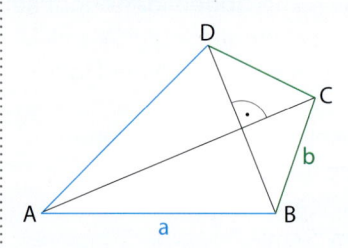

Seine Diagonalen stehen immer senkrecht aufeinander. Drachen sind achsensymmetrisch.

1 Finde im folgenden Bild ein Trapez. Beschreibe, woran du es erkannt hast.

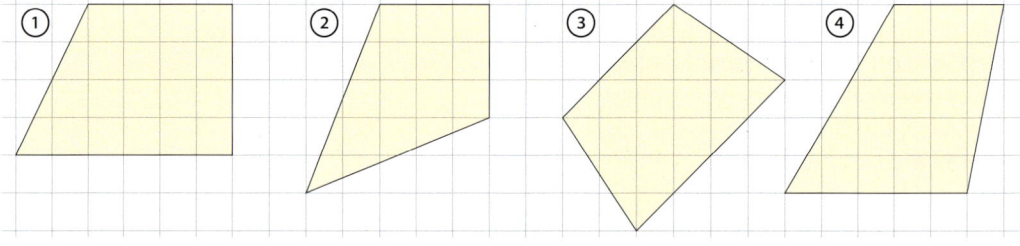

▶ Welche der Vierecke im Bild sind Trapeze (Drachen)? Begründe jeweils.

2 Zu Trapezen ergänzen
a) Ergänze die Figuren im Heft zu Trapezen.
b) Gibt es dafür verschiedene Möglichkeiten? Begründe.
c) Finde jeweils einen vierten Punkt, sodass ein achsensymmetrisches Trapez entsteht.

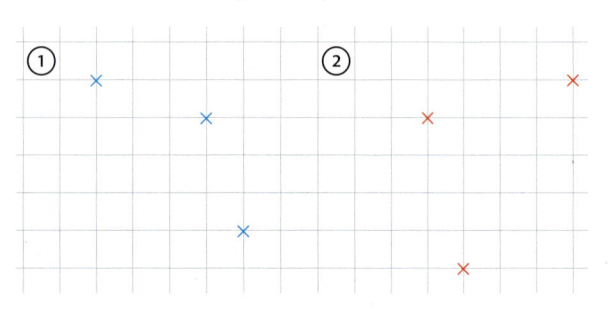

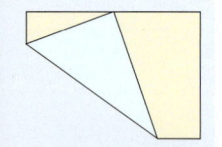

3 Nimm ein einmal gefaltetes Stück Papier (siehe Bild links). Versuche, daraus mit möglichst wenigen Schnitten einen Drachen auszuschneiden.

Linien und Vierecke

4 Zu Drachen ergänzen
a) Ergänze die Figuren im Heft zu Drachen. Zeichne jeweils die beiden Diagonalen ein.
b) Markiere die Symmetrieachsen der Drachen farbig. Was fällt dir auf?

5 Trapeze zeichnen
a) Zeichne verschiedene Trapeze, bei denen die zueinander parallelen Seiten einen Abstand von 3 cm haben.
b) Zeichne ein Trapez mit $\overline{AB}$ = 5 cm und $\overline{CD}$ = 4 cm. Die zueinander parallelen Seiten sollen einen Abstand von 2 cm haben.
c) Zeichne ein Trapez wie in b), das aber zusätzlich achsensymmetrisch ist.

6 Ergänze die Figuren im Heft zu achsensymmetrischen Trapezen. Was fällt dir auf, wenn du bei jedem Trapez die Längen der Seiten vergleichst?

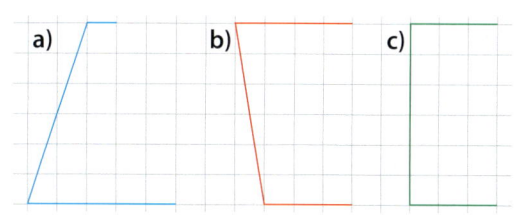

7 Drachen zeichnen
a) Bei einem Drachen ist eine Diagonale 2,8 cm lang, die andere Diagonale ist doppelt so lang. Zeichne einen solchen Drachen.
b) Gibt es bei a) nur eine Lösung? Begründe.
c) Zeichne einen Drachen mit $\overline{AC}$ = 5 cm und $\overline{BD}$ = 4 cm. Die Diagonale $\overline{BD}$ soll zum Punkt C einen Abstand von 2 cm haben.

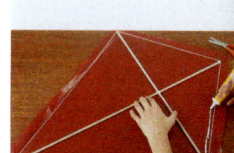

Einen Drachen basteln

8 Zeichne die folgenden Punkte in ein Koordinatensystem. Ergänze einen vierten Punkt, sodass ein Drachen entsteht. Gibt es dafür mehr als eine Möglichkeit?
a) A(2|0,5); B(3,5|3,5); C(2|5,5)
b) E(4|1,5); F(5|0); G(9|1,5)
c) I(5,5|6,5); J(4|5); K(5,5|3,5)

9 „Wodurch unterscheiden sich das Trapez und das Parallelogramm?"
Beantworte Tahiras Frage. Schreibe eine Erklärung dazu.

▶ Entscheide und begründe.
a) „Ist das Parallelogramm auch ein Trapez?" b) „Ist das Trapez auch ein Parallelogramm?"
c) „Ist das Quadrat auch ein Trapez?"

Bist du fit?

1. Markiere auf einem Zahlenstrahl die Zahlen 250, 320 und 95.

2. Überschlage.
a) 3789 + 351   b) 8765 + 4005   c) 4003 + 5412   d) 765 + 4321   e) 2345 + 9011

3. Was fällt dir auf? Finde weitere Aufgaben dieser Art.
a) 79 − 36 = 43   b) 63 − 21 = 42   c) 83 − 62 = 21
   97 − 63 = 34   36 − 12 = 24   38 − 26 = 12

WEITERDENKEN

Zeichnen am Computer

GeoGebra ist ein interaktives Geometrie-Programm. Damit kannst du Punkte, Strecken, Geraden, Vierecke und vieles mehr zeichnen. Interaktiv bedeutet dabei, dass du eine vorhandene Zeichnung verändern kannst. Ein Beispiel: Verschiebe mit der Maus eine Seite eines Vierecks. Die anderen Viereckseiten wandern automatisch mit.

So sieht das **Hauptfenster** von GeoGebra aus:

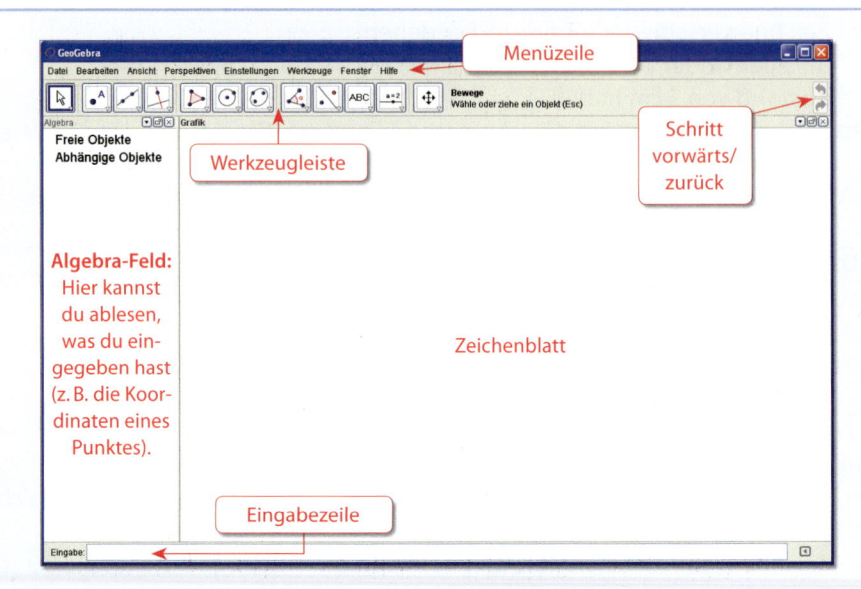

HINWEIS
Links und weitere Informationen zu GeoGebra und anderen Geometrieprogrammen findest du unter ↻ 086-1.

Bevor du mit dem Zeichnen beginnst, schaue dir die Werkzeugleiste an. Wenn du mit dem Cursor über die einzelnen Werkzeuge fährst, wird angezeigt, was du damit machen kannst.

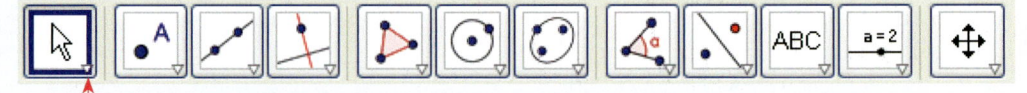

Das kleine Dreieck rechts unten öffnet ein Fenster, in dem die weiteren Werkzeuge zu dem Thema angeklickt werden können.

1 Aktiviere im Menü unter **Ansicht** das **Koordinatengitter** und die **Achsen**.
a) Zeichne folgende Punkte ein:
  A(3|1), B(12|3), C(2|4), D(13|5), E(4|7) und F(10|9).
b) Zeichne anschließend …
  • eine Gerade durch A und B,
  • einen Strahl durch C und D, der im Punkt C beginnt, und
  • eine Strecke zwischen E und F.
Beobachte jeweils, welche Angaben links im **Algebra-Feld** erscheinen.

2 Zeichne eine Gerade a durch die Punkte A(4|6) und B(8|2).
a) Liegen die Punkte C(6|4), D(6|6) und E(2|8) auf der Geraden a?
b) Nenne die Koordinaten des …
  • Schnittpunktes R der Geraden a mit der x-Achse,
  • Schnittpunktes H der Geraden a mit der y-Achse.

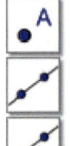

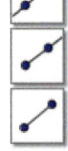

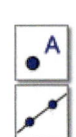

Linien und Vierecke

3 Punkte und Geraden zeichnen
a) Zeichne die Punkte A(3|5) und B(5|6). Verbinde sie durch eine Strecke. Verschiebe dann den Punkt B mit der Maus so, dass er die Koordinaten (8|7) hat.
b) Zeichne den Mittelpunkt C der Strecke $\overline{AB}$ ein. Lies seine Koordinaten ab.
c) Zeichne durch C die Senkrechte zur Strecke $\overline{AB}$.
d) Setze einen beliebigen Punkt D auf die Senkrechte und zeichne durch D die Parallele zur Strecke $\overline{AB}$. Bewege nun mit der Maus den Punkt A. Was beobachtest du?

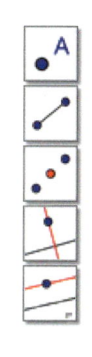

HINWEIS
Wähle für alle Aufgaben auf dieser Seite im Menü unter Ansicht aus: Koordinatengitter und Achsenkreuz.

4 Die Lage von Geraden
a) Zeichne je eine Gerade durch die folgenden Punkte.
  ▸ A(2|4), B(6|4)   ▸ C(1|1), D(1|8)   ▸ E(5|2), F(9|7)   ▸ G(2|3), H(10|0)
b) Wie liegt die Gerade durch A und B zur Gerade durch C und D?
c) Steht die Gerade durch E und F senkrecht auf der Geraden durch G und H?
d) Beschreibe jeweils, wie du es überprüft hast.

5 Zeichne die Punkte A(1|3), B(3|1), C(3|5), D(5|3), E(1|5,5) und F(5|0,5).
a) Zeichne eine Gerade durch die Punkte A und B (C und D; E und F).
b) Welche der drei Geraden sind zueinander parallel?
c) Beschreibe deine Vorgehensweise.

6 Zeichne die Flaggen in GeoGebra.
a) Deutschland   b) Schweiz   c) ein Land deiner Wahl

TIPPS
- Nutze für Flächen das Werkzeug „Vieleck".
- Wenn du mit der rechten Maustaste auf einen Punkt oder eine Figur klickst, kannst du ihre Eigenschaften ändern: Farbe, Beschriftung …

7 Vierecke
Du findest diese Datei unter dem Mediencode 087-1.
a) Ergänze jeweils den vierten Punkt der angegebenen Figuren.
b) Beachte jeweils die Angaben im Algebra-Feld zu den Koordinaten und zu den Viereckseiten. Was kannst du dort ablesen? Wie kannst du dies zur Kontrolle deiner Lösung nutzen?

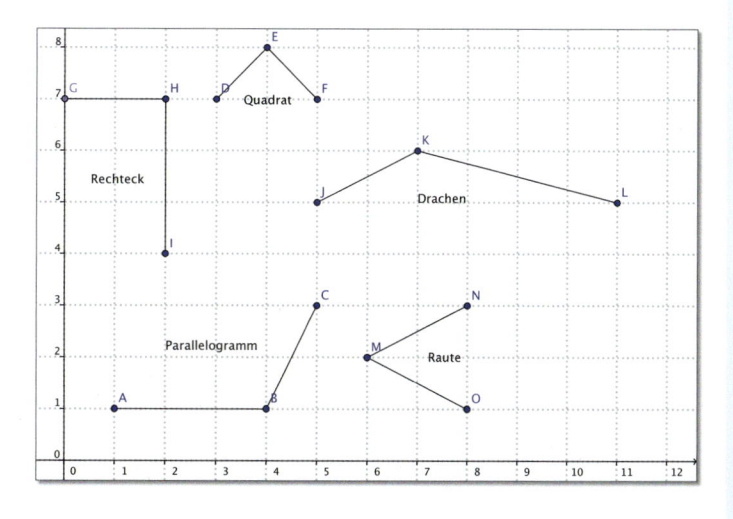

↻ 087-1

VERMISCHTE ÜBUNGEN

VORLAGEN
für die Aufgaben
2, 4, 7, 10, 11:
↻ 088-1

AUFGABE
Markiere auf einem Blatt Papier (DIN A4) einen Punkt so, dass er einen größtmöglichen Abstand zu den Rändern des Blattes hat.

1 Wie viele Strecken, Strahlen und Geraden kannst du im Bild rechts erkennen? Welche Strecke ist am längsten, welche ist am kürzesten?

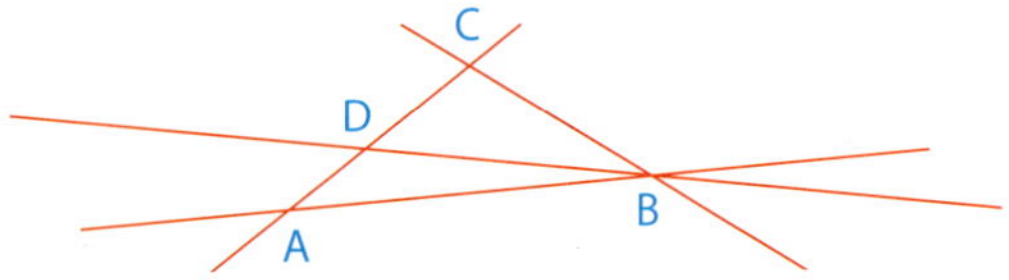

2 Zeichne das Koordinatensystem und die Punkte ab.
a) Zeichne die Strecke $\overline{AB}$ ein.
b) Zeichne zu $\overline{AB}$ parallele Geraden durch C und durch D.

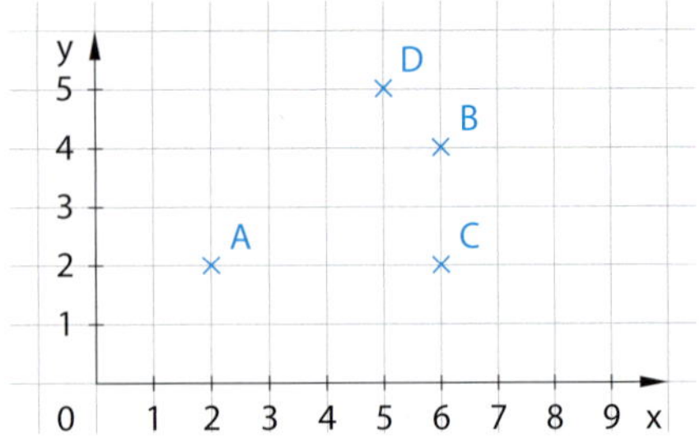

3 Zeichne in einem Koordinatensystem zur Strecke $\overline{AB}$ jeweils die Parallele durch den Punkt Z.
a) A(5|3), B(8|5), Z(5|6)
b) A(1|3), B(4|1), Z(4|5)
c) A(1|1), B(5|5), Z(2|7)
d) A(1|2), B(4|5), Z(6|3)

4 Zeichne das Koordinatensystem und die Punkte A bis D ab.
a) Zeichne durch die Punkte A, B, C und D die Senkrechten zur Geraden g.
b) Beschreibe dein Vorgehen in einem kurzen Text.

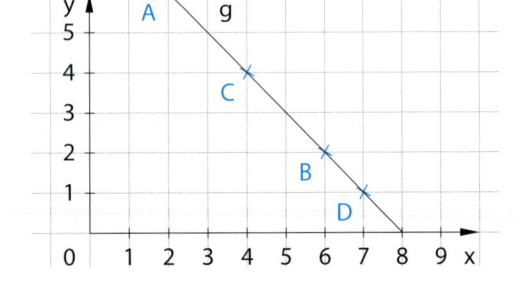

5 Zeichne in einem Koordinatensystem zur Strecke $\overline{AB}$ jeweils eine Senkrechte durch den Punkt Z.
a) A(1|1), B(1|7), Z(3|4)
b) A(3|4), B(7|0), Z(8|5)
c) A(2|2), B(7|4), Z(3|7)

6 Zeichne jeweils zwei verschiedene Rechtecke. In jedem Rechteck sollen dessen Seiten zusammen die angegebene Länge haben.
a) 16 cm
b) 19 cm
c) 14 cm
d) 15 cm
e) 10 cm
f) Finde im Inneren jedes Rechtecks aus Aufgabe a) den Punkt, der von den Seiten des Rechtecks den größten Abstand hat.

7 Übertrage ins Heft. Verbinde alle Punkte durch Strecken miteinander. Wie viele Strecken je Figur hast du gezeichnet?

a) C, A, B
b) D, C, A, B
c) D, E, A, B
d) E, F, A, C, B, D

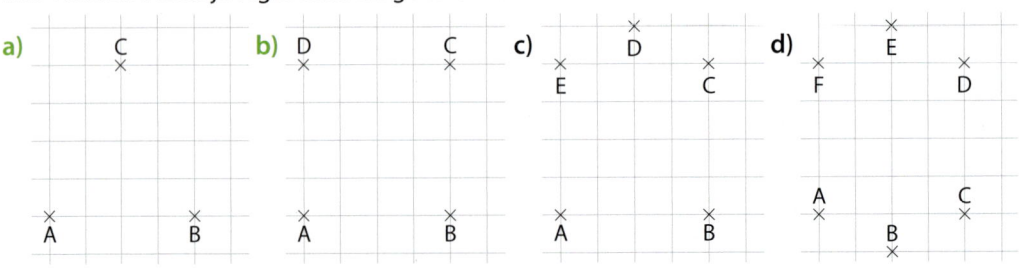

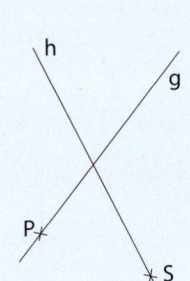

8 Zeichne eine Figur wie im Bild links auf unliniertes Papier.
a) Zeichne eine Gerade a durch den Punkt P, die zur Geraden h parallel ist.
b) Zeichne eine Gerade b durch den Punkt S, die zur Geraden g parallel ist.
c) Welche Form wird von den vier Geraden eingeschlossen?

Linien und Vierecke

9 Welche Viereckarten erkennst du? Notiere sie in dein Heft.

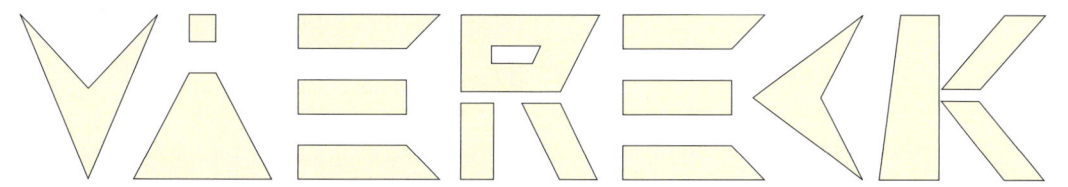

VIERECK

10 Zu Vierecken ergänzen

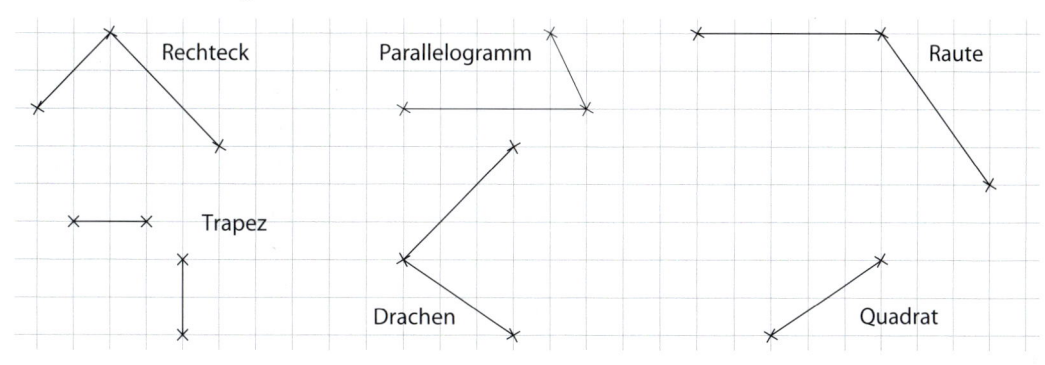

Rechteck   Parallelogramm   Raute

Trapez

Drachen   Quadrat

AUFGABE
Kann man Vierecke mit genau einem, zwei oder drei rechten Winkeln zeichnen? Begründe, zum Beispiel durch Skizzen.

a) Übertrage in dein Heft und ergänze jeweils zu der genannten Figur.
b) Kennzeichne gleich lange Seiten jeweils mit der gleichen Farbe.

11 Zeichne die Figuren auf Karopapier und setze sie nach innen regelmäßig fort.

12 Die Diagonalen eines Drachens sind 4 cm und 9 cm lang.

a) Zeichne einen solchen Drachen und markiere die Mittelpunkte der Seiten. Verbinde die Mittelpunkte zu einem Viereck.
b) Fahre mit diesem Viereck so fort: Halbiere die Seiten. Verbinde die so entstandenen Mittelpunkte zu einem weiteren Viereck.
c) Wie sieht die Figur nach dem ersten, zweiten und dritten Schritt aus?

13 Finde passende Vierecke zu den Steckbriefen.

14 Manche Vierecke sind miteinander „verwandt", da sie gemeinsame Eigenschaften haben.
BEISPIEL Trapez und Parallelogramm haben mindestens ein Paar zueinander parallele Seiten. Finde weitere Verwandte.

Gesucht: Viereck mit 4 gleich langen Seiten, aber kein Quadrat. d. Sheriff

Wanted: Viereck mit nur einer Symmetrieachse, aber kein Drachen.

15 Für welche Viereckarten gilt die Aussage? Wie viele Viereckarten findest du?
a) … haben genau zwei zueinander parallele Seiten.
b) … haben genau zwei senkrecht aufeinander stehende Seiten.
c) … haben vier gleich lange Seiten.
d) … haben genau ein Paar gleich langer Seiten.

ANWENDEN & VERNETZEN

Pentominos und andere „Mehrlinge"

Dieses schöne Bild besteht aus besonderen Figuren, die wiederum aus je fünf kleinen Quadraten bestehen. Diese „Fünflinge" heißen auch Pentominos.
Sicher kennst du Spielsteine wie im folgenden Bild. Sie heißen „Dominos".

INFO
Spielstein aus
… zwei Quadraten
= Zwilling
= **Domino**
… drei Quadraten
= Drilling
= **Tronimo**
… vier Quadraten
= Vierling
= **Tetronimo**
… fünf Quadraten
= Fünfling
= **Pentomino**

1 Neben Dominos und Pentominos gibt es noch andere Mehrlinge. 
a) Dominos können nur eine Form haben, aber schon bei Drillingen gibt es zwei Möglichkeiten …
b) Wie viele Vierlinge findest du? Skizziere sie auf Karopapier.
c) Noch interessanter sind die Pentominos. Es gibt zwölf verschiedene Formen. Finde sie alle und skizziere sie auf Karopapier.

2 Pentominos herstellen
a) Zeichne die zwölf Formen aus Aufgabe 1 c) auf ein Stück festes unliniertes Papier oder dünnen farbigen Karton (Seitenlänge je Teilquadrat: 1 cm). Arbeite möglichst genau. Schneide die Formen anschließend aus.
b) Pentominos werden nach Buchstaben benannt, weil sie eine ähnliche Form haben:
F, I, L, N, P, T, U, V, W, X, Y, Z.
Finde heraus, welches Pentomino zu welchem Buchstaben gehört.

INFO
Eine Vorlage für Pentominos findest du auch unter dem Mediencode
↻ 090-1.

3 Figuren legen
a) Lege die folgenden Tierfiguren mit deinen Pentominos nach.

① ② ③ ④

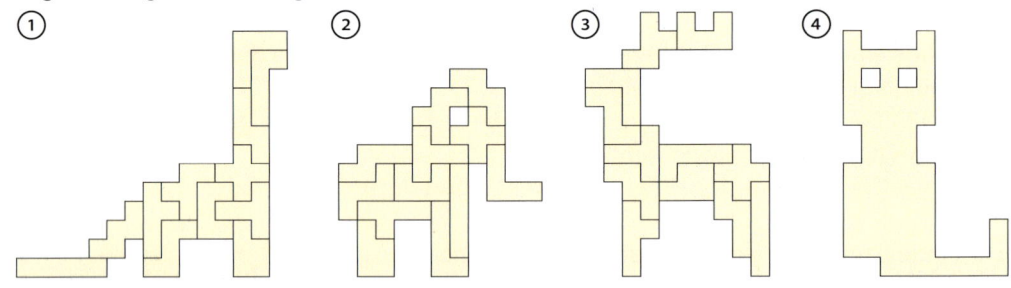

b) Diese Figuren kannst du mit je drei Pentominos legen.

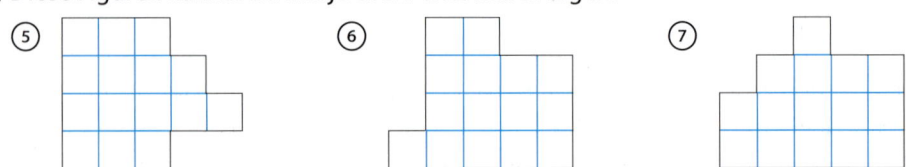

⑤ ⑥ ⑦

4 Alle zwölf Pentominos zusammen bestehen aus 60 Teilquadraten.
a) Zeichne ein Rechteck mit den Seitenlängen a = 6 cm und b = 10 cm. Du kannst es komplett mit deinen zwölf Pentominos auslegen.
b) Man kann auch ein Rechteck mit a = 3 cm und b = 20 cm komplett auslegen.

Linien und Vierecke

Geocaching

5 Geocaching ist eine Art Schatzsuche. Wer mitmacht, der versteckt Behälter in seiner Umgebung. Die Behälter enthalten kleine Überraschungen (zum Beispiel Geschenke) und ein Logbuch. Die Koordinaten des Verstecks werden im Internet veröffentlicht. Andere Menschen suchen das Versteck mit elektronischen Hilfsmitteln. Sie nutzen zum Beispiel GPS-Geräte (satellitengestützte Navigationssysteme) und Landkarten. Sie orientieren sich mithilfe von Koordinaten. Wenn sie das Versteck gefunden haben, tauschen sie das Geschenk aus und tragen sich ins Logbuch ein. Sie veröffentlichen dies wieder im Internet.

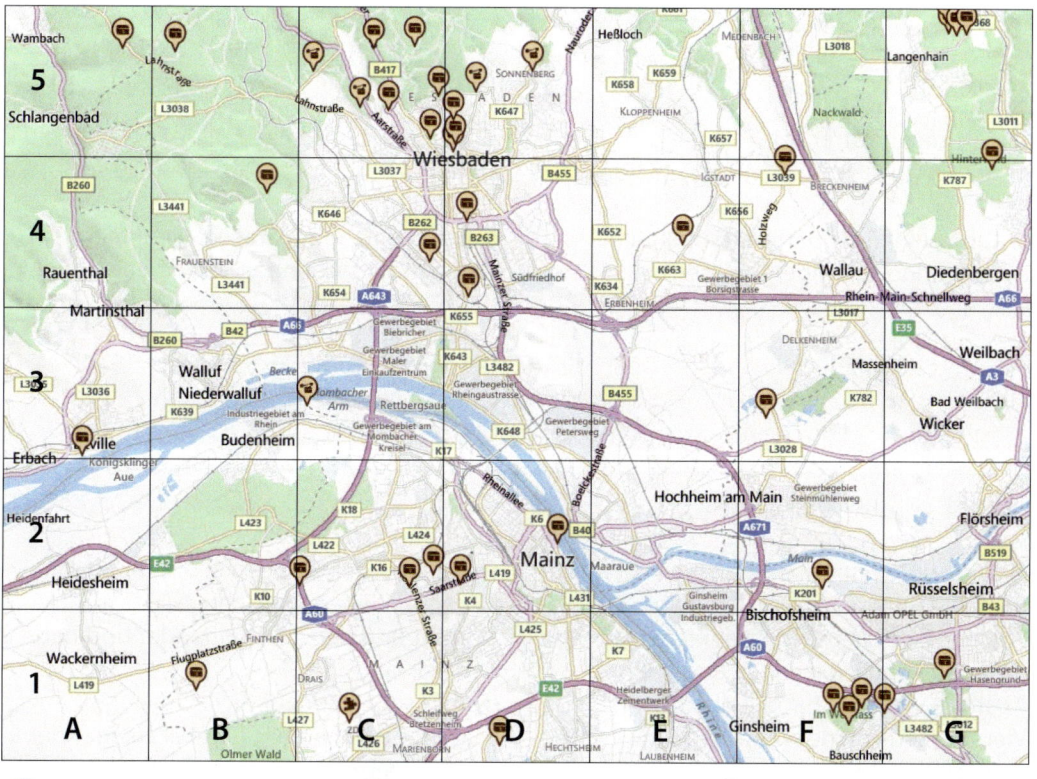

TIPP
Unter dem Mediencode ↻ 091-1 findest du weitere Informationen zu Geocaching.

Geocache mit Geschenk   Geocache mit Rätsel   Multi-Geocache

Diese Karte enthält Geocache-Verstecke. Durch den Buchstaben F und die Zahl 3 als Koordinaten lässt sich beschreiben, dass im Planquadrat F3 ein Geocache-Versteck liegt.

a) Welche Orte liegen in den Planquadraten A1, D2, B3 und F4?
b) In welchen Planquadraten gibt es besonders viel Wald (besonders wenig Wald)?
   HINWEIS Wälder sind in der Karte grün markiert.
c) Durch welche Planquadrate fließen die Flüsse Rhein und Main?
d) Durch welche Planquadrate verläuft wohl eine Wanderung von Walluf nach Schlangenbad? Lässt sich die Wanderung so organisieren, dass die Suche nach einem Geocache sinnvoll ist?
e) In welchem Planquadrat liegen die meisten Geocache-Verstecke?
   In welchen Planquadraten liegen genau zwei Geocache-Verstecke?
f) In welchem Planquadrat liegt ein Geocache-Versteck mit Rätseln?
g) Stellt euch gegenseitig in Partnerarbeit weitere Aufgaben zur Karte.

INFO
to cache (engl.) – verstecken

Teste dich!

▶ Basis

1 Welche der Linien sind Geraden, welche Strecken und welche Strahlen?

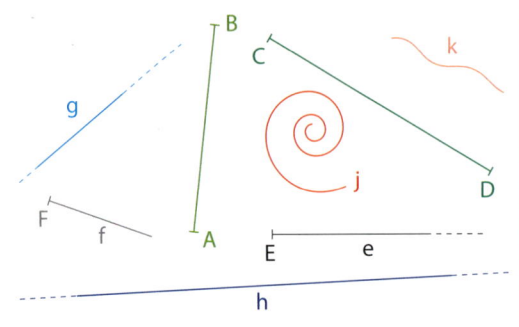

2 Zeichne die Strecken.
a) $\overline{AB}$ = 3 cm   b) $\overline{CD}$ = 45 mm

3 Gib zueinander parallele (senkrecht aufeinander stehende) Geraden an.

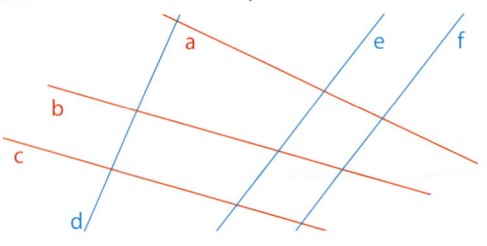

4 Zeichne zu einer Geraden g eine parallele Gerade h im Abstand von 2 cm. Zeichne zwei zu g und h senkrechte Geraden i und j, die voneinander einen Abstand von 3 cm haben. Was für ein Viereck wird von den vier Geraden eingeschlossen?

5 Notiere die Koordinaten der Punkte.

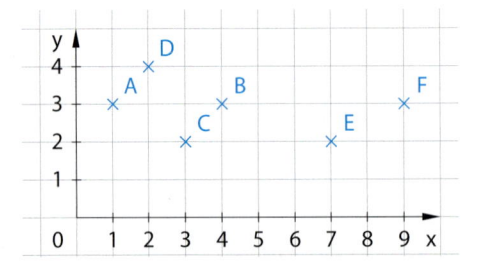

6 Zeichne ein Koordinatensystem wie in Aufgabe 5. Trage darin die folgenden Punkte ein.
A(3|8), B(4|2), C(3|1), D(6|6), E(1|7), F(3|4), G(2|1), H(7|2)

▶ Erweiterung

1 Schreibe alle Strecken, Strahlen und Geraden aus dem Bild auf.

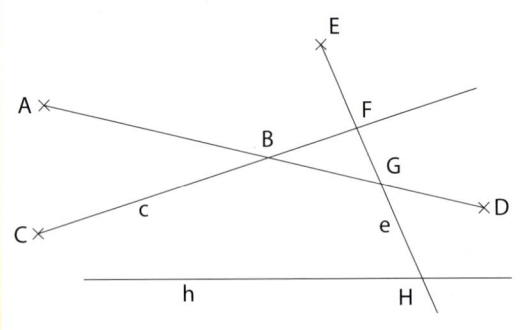

2 Zeichne die Strecken.
a) $\overline{AB}$ = 3,5 cm   b) $\overline{CD}$ = 4,8 cm

3 Gib zueinander parallele (senkrecht aufeinander stehende) Geraden an.

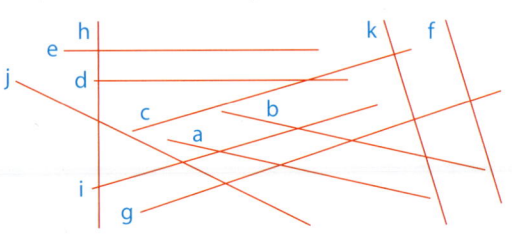

4 Zeichne vier Geraden a, b, c und d mit folgenden Eigenschaften:
a und b sind parallel zueinander und haben den Abstand 4 cm.
b steht senkrecht auf d.
c und d sind ebenfalls parallel zueinander.
Was für Vierecksformen können von den Geraden eingeschlossen sein?

5 Notiere die Koordinaten der Punkte.

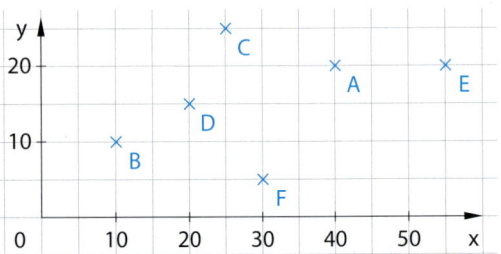

6 Zeichne die Punkte mit den Koordinaten (1|4), (4|0), (5|4) in ein Koordinatensystem. Finde einen vierten Punkt so, dass ein Parallelogramm entsteht.

Linien und Vierecke

▶ Basis

7 Zeichne das Muster mit dem Geodreieck auf Karopapier. Male es farbig aus.

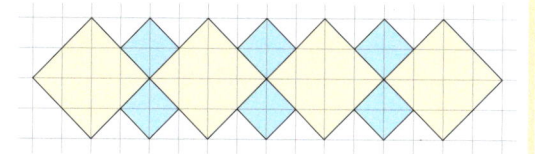

8 Schreibe die Namen der Vierecke auf.

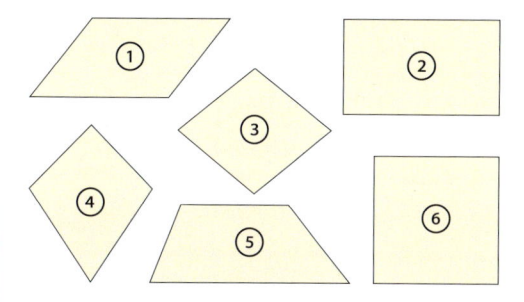

9 Zeichne Vierecke mit den angegebenen Maßen auf Karopapier.
a) Quadrat (3 cm Seitenlänge)
b) Rechteck (4 cm lang; 2 cm breit)
c) Trapez (eine Seite 5 cm lang, die dazu parallele Seite 2,5 cm lang)

10 *Laurin* sagt: „Eine Raute ist ein besonderer Drachen." Stimmt das? Begründe.

▶ Erweiterung

7 Entwirf ein regelmäßiges Muster aus verschiedenen Vierecken.

8 Zeichne jeweils beide Vierecke auf Karopapier. Markiere die Symmetrieachsen, wenn vorhanden, farbig.
a) Quadrat und Rechteck
b) Parallelogramm und Trapez
c) Drachen und Raute

9 Zeichne jeweils die Vierecke auf unliniertes Papier.
a) Rechteck (a = 5,3 cm; b = 24 mm)
b) Parallelogramm (a = 5 cm; b = 3 cm)
c) Raute ($\overline{AC} = \overline{BD}$ = 3,5 cm)
d) Prüfe jeweils, ob es mehr als eine Lösung gibt.

10 Wie heißen diese Vierecke? Gib alle passenden Namen an.
a) Das Viereck hat vier gleich lange Seiten und keinen rechten Winkel.
b) Das Viereck hat vier Symmetrieachsen.
c) Das Viereck hat zwei Paare gleich langer Seiten und vier rechte Winkel.
d) Das Viereck hat zwei Symmetrieachsen. Die Diagonalen sind unterschiedlich lang.

Schätze deine Kenntnisse und Fähigkeiten ein. Ordne dazu deiner Lösung im Heft einen Smiley zu:
„Ich konnte die Aufgabe …   ☺ richtig lösen.   😐 nicht vollständig lösen.   ☹ nicht lösen."

↻ 093-1

Aufgabe	Ich kann …	Siehe Seite …
1	Strecken, Geraden und Strahlen erkennen.	72
2	Strecken zeichnen.	72
3	zueinander parallele Linien und senkrecht aufeinander stehende Linien erkennen.	74
4	zueinander senkrechte Geraden zeichnen.	76
5	Koordinaten von Punkten ablesen.	67
6	Punkte mit angegebenen Koordinaten in ein Koordinatensystem eintragen.	67, 83
7	Muster aus Vierecken zeichnen.	80, 82, 84
8	Viereckarten benennen.	80, 82, 84
9	Vierecke nach Vorgaben zeichnen.	80, 82, 84
10	Vierecke und Eigenschaften einander zuordnen.	80, 82, 84

ZUSAMMENFASSUNG

Linien und Vierecke

Strecke, Strahl, Gerade
Seite 72

Eine **Strecke** ist eine gerade Linie, die von zwei Punkten begrenzt wird.

Ein **Strahl** ist eine gerade Linie, die von einem Punkt ausgeht und nicht durch einen weiteren Punkt begrenzt wird.

Eine **Gerade** ist eine gerade Linie, die nicht durch Punkte begrenzt wird.

Abstand
Seite 74

Der Abstand zwischen einem Punkt und einer Geraden (zwischen zwei zueinander parallelen Geraden) wird entlang einer zur Geraden senkrechten Linie gemessen.

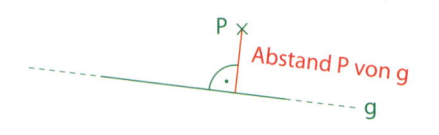

Linien, die parallel zueinander liegen
Seiten 74, 76

Bei zueinander parallelen Geraden sind alle Punkte der einen Geraden von der anderen Geraden gleich weit entfernt.

Dies gilt entsprechend auch für Strecken und Strahlen.

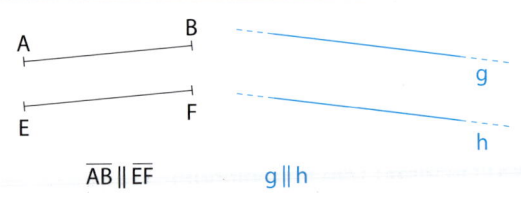

$\overline{AB} \parallel \overline{EF}$

$g \parallel h$

Linien, die senkrecht aufeinander stehen
Seiten 74, 76

Senkrecht aufeinander stehen Geraden, die an ihrem Schnittpunkt rechte Winkel bilden.

Dies gilt entsprechend auch für Strecken und Strahlen.

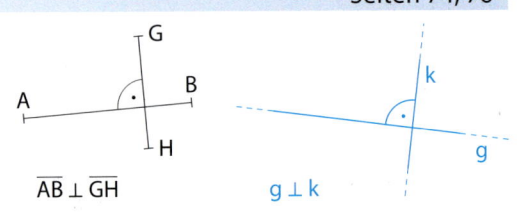

$\overline{AB} \perp \overline{GH}$

$g \perp k$

Vierecke
Seiten 80, 82, 84

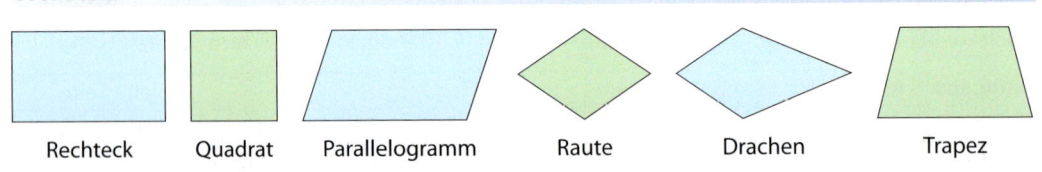

Rechteck   Quadrat   Parallelogramm   Raute   Drachen   Trapez

Koordinatensystem
Seite 67

In einem Koordinatensystem wird die Lage von Punkten dargestellt.

Ein Koordinatensystem besteht aus einer x-Achse und einer y-Achse.
Diese Achsen stehen senkrecht aufeinander und treffen sich im Ursprung (0|0).

Für einen Punkt P mit den Koordinaten 2 und 4 schreibt man kurz P(2|4).

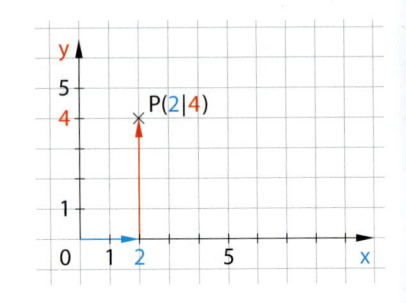

Erinnere dich!

Multiplizieren und Dividieren

1 Welche Zahlen sind auf dem Zahlenstrahl markiert?

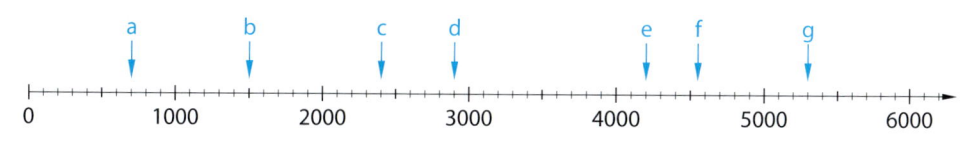

2 Überschlage die Aufgaben.
a) 8324 + 195
b) 6121 + 3866
c) 5004 + 3485
d) 691 + 6301

3 Verdopple im Kopf.
a) 40
b) 45
c) 450
d) 31
e) 310
f) 18
g) 180
h) 80
i) 85
j) 90

4 Aufgaben erfinden
a) Erfinde fünf Malaufgaben mit dem Ergebnis 100.
b) Erfinde fünf Geteiltaufgaben mit dem Ergebnis 8.

5 Arbeitet in kleinen Gruppen. Probiert aus, welche Möglichkeiten es gibt, die 72 Karten eines Memoryspiels als Rechteck anzuordnen. Schreibt zu jeder Möglichkeit eine passende Malaufgabe auf.

TIPP
Das kleine 1 × 1 sollte man gut beherrschen. Intensiv üben muss man allerdings nur 36 Aufgaben. Du findest sie unter dem Mediencode ↻ 095-1.

6 Malaufgaben darstellen

4 · 6 am Rechenbrett

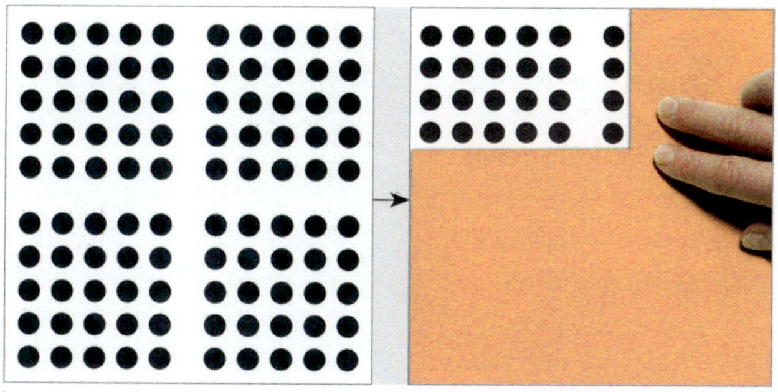

Abdecken von 4 · 6 an einem 10 × 10-Punktmuster

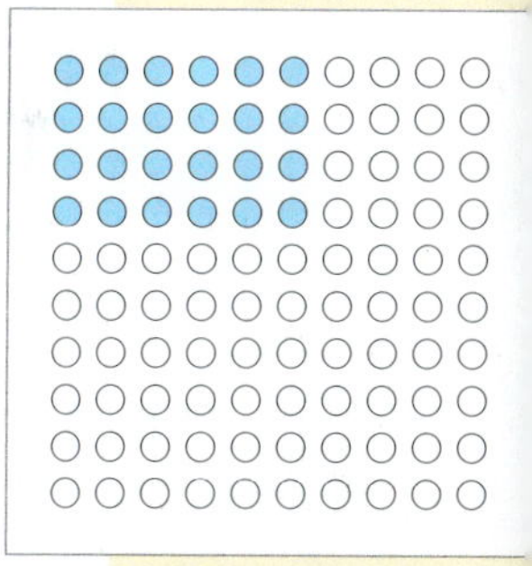

Markieren von 4 · 6 in einem 10 × 10-Punktmuster

Stelle die folgenden Malaufgaben wie in den Beispielen oben dar. Notiere die Ergebnisse.
a) 4 · 3
b) 3 · 8
c) 8 · 7
d) 9 · 6
e) 9 · 3
f) 8 · 8

7 Finde Aufgaben zu den Situationen und löse sie.
a) 
b) Luca sagt: „Unser Fußballtraining findet freitags von 17 bis 18 Uhr statt."
c) Sara sagt: „Ich bin schon 85 cm groß." Ihre Mutter sagt: „Ich bin fast doppelt so groß wie du."
d) Leon sagt: „Ich habe 22 Euro gespart." Lukas antwortet: „Ich habe dreimal so viel gespart wie du."

↻ 095-2

Woher kommt unser Orangensaft?

Orangensaft ist der beliebteste Fruchtsaft in Deutschland.

Dafür werden bestimmt viele Orangen gebraucht.

Wo kommen die eigentlich her?

Jan, Svenja und Georgios informieren sich im Internet.
Hier findest du ihre Ergebnisse:

Brasilien

Der überwiegende Teil unseres Orangensaftes kommt aus Brasilien, mehr als 8000 Kilometer von Mitteleuropa entfernt.

In Brasilien werden Orangenbäume in großen Plantagen angepflanzt. Sie stehen in der Plantage im Abstand von etwa 8 m × 8 m.

Orangenbäume werden bis zu zehn Meter hoch.

Die reifen Orangen werden nach der Ernte in Saftfabriken transportiert.

Natürliche Zahlen multiplizieren und dividieren

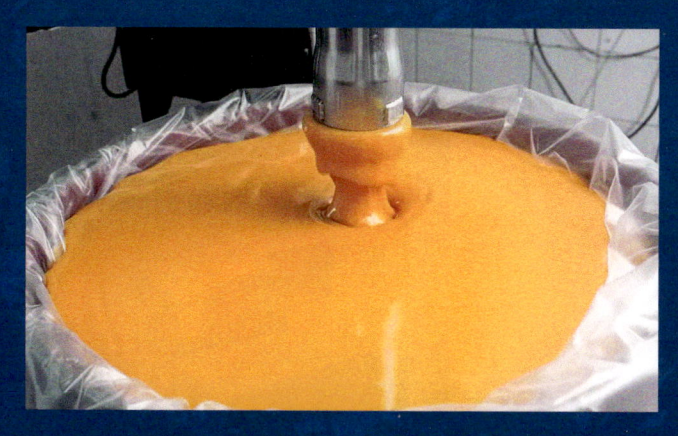

Dort wird Orangensaft gepresst. 10 bis 20 Orangen ergeben einen Liter Saft. Um daraus Konzentrat herzustellen, wird dem Saft Wasser entzogen. Das fertige Konzentrat wird dann in Fässer gefüllt und eingefroren.

In Schiffen wird das Konzentrat nach Europa transportiert, zum Beispiel zum Hafen von Rotterdam (Niederlande).

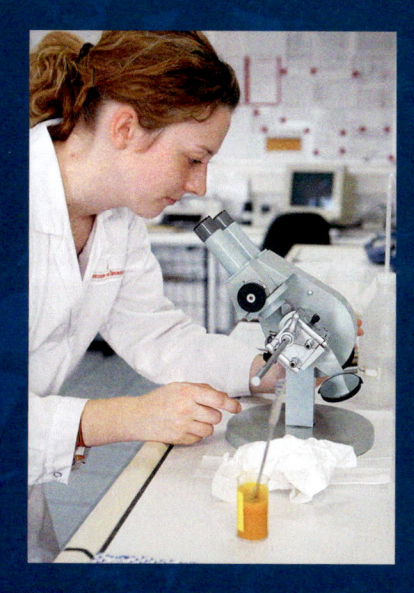

Bevor aus dem Konzentrat wieder Saft hergestellt wird, findet eine Qualitätskontrolle im Labor statt.

Dann wird das Konzentrat mit Wasser verdünnt. Aus einer Flasche Konzentrat werden dabei sieben Flaschen Saft. Der fertige Saft wird in Flaschen oder Kartons gefüllt, die zum Beispiel einen Liter fassen.

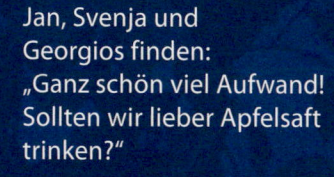

Jan, Svenja und Georgios finden: „Ganz schön viel Aufwand! Sollten wir lieber Apfelsaft trinken?"

ERFORSCHEN & EXPERIMENTIEREN

Multiplizieren und Dividieren

1 Orangensaft

Was meinst du: Wie viele *Packungen* Orangensaft sind im Bild oben rechts auf der Palette gestapelt? Begründe deine Vermutung.

- Orangensaft wird auch in *Mehrwegflaschen* aus Glas angeboten.
  Je sechs Flaschen werden in Kisten verpackt. Die Kisten werden auf eine Palette gepackt.
  Wie könnten die Kisten sinnvoll gepackt sein?
  Du kannst schreiben oder zeichnen.
- *Einwegflaschen* für Orangensaft sind meist aus Kunststoff. Je sechs Einwegflaschen werden mit Folie zusammengeschweißt. Sie bilden sogenannte Gebinde. Die Gebinde werden auf Paletten gestapelt (vier Gebinde übereinander, also vier Lagen).
  Auf einer Palette stehen 312 Flaschen. Wie viele Gebinde sind das?
  Wie viele Gebinde stehen in einer Lage nebeneinander? Begründe jeweils.
- Stelle dir vor, auf eine Palette werden fünf Lagen mit Gebinden aus Einwegflaschen gepackt. Wie viele Flaschen sind dann auf der Palette? Könnte diese Anzahl auch auf vier Lagen verteilt werden? Begründe jeweils.
- Lucia soll für acht Flaschen Orangensaft sieben Euro bezahlen. Kann das stimmen?

2 Mit den Fingern multiplizieren
Arbeitet zu zweit: Übt den folgenden Trick und berechnet einige Aufgaben.

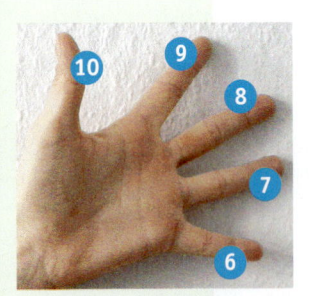

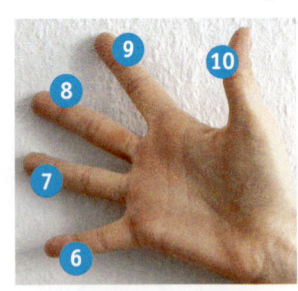

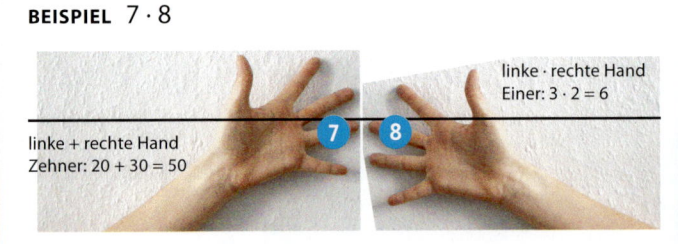

BEISPIEL 7 · 8

linke + rechte Hand
Zehner: 20 + 30 = 50

linke · rechte Hand
Einer: 3 · 2 = 6

TIPP
Erkläre den Trick anderen Personen, zum Beispiel deinen Eltern.

- Bezeichne deine Finger von 6 bis 10 (siehe Bild links).
- Halte die Finger mit den Zahlen zusammen, die malgenommen werden sollen (siehe Beispiel rechts, Aufgabe 7 · 8).
- Zähle diese Finger und die Finger darunter zusammen.
  Das ergibt den Zehner des Ergebnisses.
- Betrachte die Anzahl der Finger über den sich berührenden Fingern.
  Nimm deren Anzahl an der linken Hand mal deren Anzahl an der rechten Hand.
  Addiere das Ergebnis zu den Zehnern.

3 Kann man beim Multiplizieren mit Fingern auch mit größeren Zahlen rechnen?
- Probiere es mit 11 · 11 bis 15 · 15.
  TIPPS Das Verfahren aus Aufgabe 2 muss abgewandelt werden. Nur die Finger, die sich berühren, und die Finger darunter sind für die Rechnung wichtig. Addiere zum Ergebnis immer 100.
- Berechne auf diese Weise 12 · 13; 13 · 14; 11 · 15 und 12 · 11.

4 Zahlen streichen (Spiele für 2 bis 4 Personen)
- *Variante 1:* Wer an der Reihe ist, wirft beide Würfel und multipliziert die Augenzahlen. (Kontrolliert gegenseitig eure Lösungen.)
  Das Ergebnis kann auf dem eigenen Zahlenfeld abgestrichen werden. Ist eine Zahl bereits abgestrichen, dann ist der Nächste an der Reihe. Wer zuerst neun Zahlen abgestrichen hat, gewinnt.
- *Variante 2:* Wer an der Reihe ist, wirft beide Würfel. Dann bildet er eine Divisionsaufgabe mit einer Zahl aus dem Zahlenfeld und einer der beiden Zahlen auf den Würfeln. Das Ergebnis darf keinen Rest enthalten. (Kontrolliert gegenseitig die Lösungen der Aufgaben.) Dann streicht man die verwendete Zahl auf dem eigenen Zahlenfeld ab. Es gewinnt, wessen Zahlen auf dem Zahlenfeld zuerst abgestrichen sind.

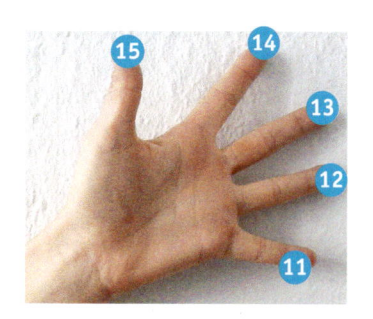

Zahlenfeld zu Variante 1:

1	2	3	4	5	6
7	8	9	10	11	12
13	14	15	16	17	18
19	20	21	22	23	24
25	26	27	28	29	30
31	32	33	34	35	36

Zahlenfeld zu Variante 2:

15	30	45
60	75	92

MATERIAL
2 Würfel
Stifte
ein Zahlenfeld pro Spieler (selbst geschrieben oder zu finden unter dem Mediencode
↻ 099-1)

5 Zahlenfolgen
Oft erhält man in Tests die Aufgabe, Zahlenfolgen weiterzuführen.
Dazu versucht man herauszufinden, wie die Zahlenfolgen gebildet werden (Bildungsgesetz).

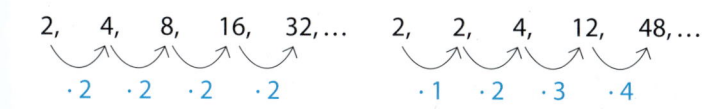

2, 4, 8, 16, 32, … ·2 ·2 ·2 ·2

2, 2, 4, 12, 48, … ·1 ·2 ·3 ·4

4374, 1458, 486, … :3 :3 :3

Setze jede Zahlenfolge mit vier weiteren Zahlen fort.
Wie lautet das Bildungsgesetz? Begründe im Heft.
Folge A: 1024; 512; 256; …
Folge B: 1 000 000; 200 000; 40 000; …
Folge C: 7; 70; 35; 350; 175; …
Folge D: 1; 4; 9; 16; …

6 Größtes Ergebnis, kleinstes Ergebnis

| 1 | 2 | 3 | 4 | 5 | 6 | 7 | 8 | 9 |

- Du hast Ziffernkarten von 1 bis 9. Bilde daraus Malaufgaben und notiere diese (ohne sie zu lösen).
- Überlege, welche deiner Aufgaben wohl das größte Ergebnis liefert. Löse dann die Aufgaben. War deine Vermutung richtig?
- Führe solche Überlegungen auch zum kleinsten Ergebnis einer Malaufgabe durch.

WISSEN & ÜBEN

Im Kopf multiplizieren

Die Anzahl der Kartons mit Orangensaft im Gebinde kann man auf verschiedene Weise berechnen.

Man addiert zum Beispiel:
2 + 2 + 2 + 2 + 2 + 2 = 12 oder
6 + 6 = 12.

Die Multiplikation ist eine Abkürzung der Addition von gleichen Summanden:
2 + 2 + 2 + 2 + 2 + 2 = 6 · 2 = 12   6 + 6 = 2 · 6 = 12

Multiplizieren bedeutet auch „vervielfachen" oder „malnehmen".

Fachbegriffe bei der Multiplikation:

7	·	15	=	105
Faktor	mal	Faktor	gleich	Produkt

Produkt (unter 7 · 15)

105 ist das Ergebnis der Multiplikation. Man sagt auch, 105 ist der Wert des Produkts.

FÖRDERN UND FORDERN
↻ 100-1

1 Beschreibe, wie du die Gesamtzahl an Flaschen in den Kästen rechts bestimmst.

▶ Bestimme die Gesamtzahl an …
a)
b)
c) Flaschen, 
d) Schokoladenstücken, 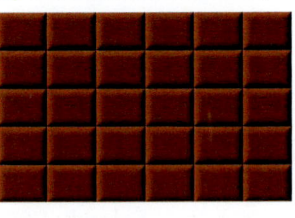
e) Sitzplätzen.

SELBSTKONTROLLE
zu Aufgabe 2:
Die Lösungen sind unter den Zahlen
8; 12; 24; 28; 40; 48; 56; 80; 84; 88; 96; 112; 120; 800; 1200.

2 Multipliziere. Notiere deine Ergebnisse.

a) 4 · 2
   4 · 20
   4 · 200
   400 · 2

b) 3 · 4
   3 · 8
   3 · 16
   3 · 32

c) 6 · 2
   6 · 20
   6 · 200
   60 · 20

d) 7 · 4
   7 · 8
   7 · 12
   7 · 16

e) 5 · 8
   6 · 8
   11 · 8
   8 · 11

f) Beschreibe jeweils Unterschiede und Gemeinsamkeiten in den Aufgabenpäckchen. Welche Auswirkungen haben sie jeweils auf die Lösungen?

3 Schreibe die Additionen kürzer als Multiplikationen. Berechne dann.
a) 3 + 3 + 3 + 3 + 3 + 3
b) 7 + 7 + 7 + 7
c) 9 + 9 + 9 + 9 + 9 + 9
d) 11 + 11 + 11 + 11 + 11
e) 160 + 160
f) 72 + 72 + 72 + 72
g) 12 + 12 + 12 + 8 + 8
h) 17 + 15 + 17 + 15
i) 15 + 11 + 15 + 15 + 11

Natürliche Zahlen multiplizieren und dividieren

4 Vervollständige die Tabellen im Heft.

a)
·	1	2	3	4	5	6	7	8	9	10
2										
4										
8										

b)
·	1	2	3	4	5	6	7	8	9	10
3										
6										
9										

c) Erkennst du Regelmäßigkeiten bei den Ergebnissen? Beschreibe sie.

5 Rechne im Kopf. Erkläre, wie du rechnest.
a) 11 · 8   b) 7 · 17   c) 3 · 29   d) 6 · 90

▸ Rechne im Kopf. Notiere deine Ergebnisse.
e) 4 · 9   f) 7 · 7   g) 6 · 4   h) 5 · 40   i) 7 · 20   j) 3 · 200
   4 · 8   8 · 9   9 · 9   2 · 20   8 · 50   5 · 700
   5 · 9   8 · 5   8 · 7   4 · 70   6 · 30   8 · 300
k) 6 · 500   l) 3 · 11   m) 3 · 19   n) 4 · 16   o) 4 · 13   p) 15 · 25
   7 · 900   5 · 12   7 · 12   8 · 18   6 · 11   12 · 12
   2 · 250   8 · 15   6 · 18   2 · 19   5 · 15   12 · 101

6 Vervollständige die Begründungen im Heft.
a) 13 · 13 > 8 · 20, denn …
b) 8 · 5 < 12 · 5, denn …

▸ Setze im Heft für ■ das richtige Zeichen >, = oder <.
c) 6 · 6 ■ 4 · 8   d) 6 · 7 ■ 4 · 12   e) 6 · 9 ■ 6 · 8   f) 3 · 5 ■ 4 · 7
g) 4 · 9 ■ 6 · 6   h) 8 · 7 ■ 7 · 8   i) 4 · 25 ■ 8 · 12   j) 9 · 70 ■ 80 · 8

INFO
Produkte aus gleichen Faktoren kann man kurz als **Potenzen** schreiben.
Beispiele:
$6 · 6 = 6^2$
$4 · 4 · 4 = 4^3$
$8 · 8 · 8 · 8 · 8 = 8^5$

7 Berechne die folgenden Potenzen. Beachte die Info in der Randspalte.
a) $7^2 = 7 · 7$ b) $9^2 = 9 · 9$ c) $10^3 = 10 · 10 · 10$ d) $12^2 = 12 · 12$
e) 20^2 f) 30^2 g) 5^3 h) 10^4

8 Schreibe die Zahlen in den Fischen jeweils als Produkt von zwei Faktoren.

42, 72, 108, 96, 75, 28, 51, 48, 63

9 An eine Schule wird Kopierpapier geliefert. In einem Paket Papier sind 500 Blatt. In einer Kiste sind zwölf Pakete. Die Schule erhält insgesamt vier Kisten.

10 Muss in der Aufgabe 8 · ▲ = 72 die Zahl 5, 6, 9 oder 11 an der Stelle des Platzhalters stehen, damit eine richtig gelöste Aufgabe entsteht? Begründe.

▸ Setze im Heft für die Platzhalter passende Zahlen ein, sodass richtig gelöste Aufgaben entstehen.
a) 2 · ▲ = 28;   4 · ▲ = 28;   7 · ▲ = 28;   14 · ▲ = 28
b) 2 · ▲ = 56;   4 · ▲ = 56;   8 · ▲ = 56;   7 · ▲ = 56
c) 2 · ▲ = 36;   4 · ▲ = 36;   6 · ▲ = 36;   12 · ▲ = 36
d) 2 · ▲ = 60;   4 · ▲ = 60;   6 · ▲ = 60;   12 · ▲ = 60
e) 3 · ▲ = 54;   6 · ▲ = 54;   9 · ▲ = 54;   27 · ▲ = 54

WISSEN & ÜBEN

Im Kopf dividieren

Luca und Leonie unterhalten sich während des Saftpressens.

Leonie: „Acht Orangen ergeben einen Krug Saft."

Luca: „Ich habe 24 Orangen ausgepresst."

Leonie: „Dann erhalten wir drei Krüge Saft, denn 24 : 8 = 3."

Dividieren bedeutet „gleichmäßig verteilen", „aufteilen" oder „teilen durch …"

Fachbegriffe beim Dividieren:

$$24 : 8 = 3$$
Dividend durch Divisor gleich Quotient

Quotient

BEACHTE
Durch 0 kann man nicht dividieren.
Die Aufgabe 7 : 0 ist nicht lösbar.

Die Division ist die Umkehrung der Multiplikation (und umgekehrt).
Dies kann man für die Kontrolle einer Rechnung nutzen.
BEISPIEL 24 : 8 = 3 ist eine Umkehraufgabe zu 8 · 3 = 24.

FÖRDERN UND FORDERN
↻ 102-1

1 Arbeitet zu zweit.
a) Erkläre deiner Partnerin oder deinem Partner an den Beispielen rechts den Begriff Umkehraufgabe.
b) Erkläre auch, wie man Umkehraufgaben zur Kontrolle nutzen kann.

BEISPIELE
• 56 : 8 = 7, denn 8 · 7 = 56.
• 81 : 9 = 9, denn 9 · 9 = 81.

▶ Dividiere im Kopf und kontrolliere mit Umkehraufgaben.

c) 63 : 7
63 : 9

d) 40 : 8
40 : 5

e) 72 : 8
72 : 9

f) 54 : 6
54 : 9

g) 14 : 7
28 : 7

h) 36 : 6
49 : 7

i) 39 : 3
39 : 13

j) 144 : 12
240 : 20

k) 30 : 10
300 : 100

l) 99 : 11
121 : 11

SELBSTKONTROLLE
Die Lösungen zu Aufgabe 2 sind unter den Zahlen:
2; 5; 6; 7; 8; 9; 10; 11; 12; 16; 20; 24; 25; 40; 50; 200; 250.

2 Dividiere im Kopf. Notiere deine Ergebnisse.

a) 18 : 3
21 : 3

b) 16 : 2
24 : 2

c) 40 : 5
45 : 5

d) 90 : 9
81 : 9

e) 50 : 5
60 : 5

f) 12 : 6
120 : 6

g) 36 : 4
44 : 4

h) 64 : 4
64 : 8

i) 66 : 6
88 : 8

j) 200 : 5
500 : 2

k) 120 : 12
240 : 12

l) 100 : 4
96 : 4

m) 600 : 3
600 : 30

n) 400 : 40
400 : 80

o) 250 : 5
125 : 5

3 Vervollständige die Tabelle im Heft.

:	2	3		6	8	12
48	24		12			3
				24		
240						

Natürliche Zahlen multiplizieren und dividieren

4 Arbeitet zu zweit. Erklärt euch gegenseitig den Zusammenhang zwischen den Aufgaben und den Ergebnissen im Beispiel rechts.

BEISPIEL
42 : 6 = 7
420 : 6 = 70
4200 : 6 = 700
4200 : 60 = 70

▶ Dividiere.
a) 60 : 10 b) 80 : 20 c) 90 : 30 d) 100 : 50 e) 350 : 5
f) 480 : 12 g) 770 : 11 h) 350 : 7 i) 640 : 80 j) 720 : 90
k) 540 : 60 l) 480 : 30 m) 160 : 40 n) 760 : 40 o) 1250 : 250
p) 1050 : 150 q) 12 000 : 40 r) 28 000 : 700 s) 240 000 : 30

5 Finde je drei Beispiele für Divisionsaufgaben mit Rest und ohne Rest.

BEISPIEL
Es gibt keine natürliche Zahl, die Ergebnis der Aufgabe 17 : 2 ist. Bei dieser Division bleibt ein Rest, und zwar 1.

▶ Bilde mit den Zahlen aus den folgenden Feldern Divisionsaufgaben ohne Rest, zum Beispiel 65 : 5 = 13.

65	60	52
35	22	63
19	96	72

:

4	13	7
15	5	19
11	12	6

=

1	2	13
8	5	7
12	9	4

6 Rechenschema
a) Übertrage das Schema ins Heft und fülle es passend aus.
b) Arbeitet zu zweit. Stellt selbst ein solches Rechennetz auf. Lasse es von deiner Partnerin oder deinem Partner lösen. Kontrolliert gemeinsam.

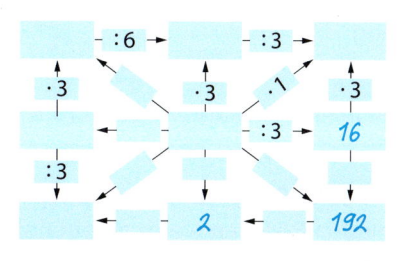

VORLAGE
↻ 103-1

7 Bei körperlicher Belastung verdoppelt sich die Anzahl der Atemzüge auf 1800 pro Stunde. Bildet dazu eigene Aufgaben und löst sie.

8 Tischtennisbälle werden in Packungen zu je drei Stück verkauft. 360 Tischtennisbälle gingen in einem Laden über den Ladentisch.

9 Herr Müller bekommt an allen sieben Tagen in der Woche eine Tageszeitung. Am Ende jedes Monats bündelt er sie für die Altpapiersammlung. Im Juni wiegt der ganze Packen 6000 Gramm. Wie schwer ist eine Tageszeitung ungefähr?

Bist du fit?

1. Schreibe mit Ziffern.
a) neunhundertfünfundsiebzig
b) zweitausendundsechzehn
c) neuntausendneunundneunzig
d) elftausendachthundertvier

2. Welche Zahlen sind auf dem Zahlenstrahl markiert?

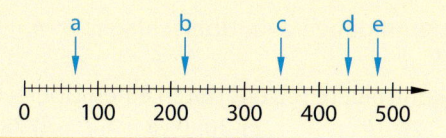

WISSEN & ÜBEN

Schriftlich multiplizieren

Von Montag bis Freitag werden pro Tag etwa 142 Trinkpäckchen verkauft.

Wie viele wurden in einer Woche insgesamt verkauft?

Franziska überschlägt:
140 · 5 = 700.
Das passt zu Marios Rechnung.

Mario rechnet schriftlich:

H	Z	E		
1	4	2	·	5
	7	1	0	
H	Z	E		

2 · 5 = 10 Schreibe 0, übertrage 1.
4 · 5 + 1 = 21 Schreibe 1, übertrage 2.
1 · 5 + 2 = 7 Schreibe 7 (kein Übertrag).

Ergebnis: In einer Woche wurden 710 Trinkpäckchen verkauft.

Beachte beim **schriftlichen Multiplizieren**:
- Die beiden Faktoren werden nebeneinander geschrieben.
- Der erste Faktor wird mit jeder Ziffer des zweiten Faktors multipliziert.
- Die einzelnen Teilprodukte werden untereinander geschrieben, wobei der Einer des Produktes unter der entsprechenden Ziffer des zweiten Faktors steht.
- Die Teilprodukte werden addiert.

Kontrolliere deine Ergebnisse immer durch **Überschlagen** (siehe Methode Seite 105) oder eine **Probe** (zum Beispiel eine **Umkehraufgabe**).

BEISPIEL

	1	1	8	·	6	5
			7	0	8	
+			5	9	0	
				1		
			7	6	7	0
			T	H	Z	E

FÖRDERN UND FORDERN
↻ 104-1

1
a) Überschlage die Aufgabe 273 · 6. Löse sie dann schriftlich.
b) Schreibe deine Lösungsschritte ausführlich auf wie Mario im Beispiel oben.

▶ Multipliziere schriftlich. Vergleicht dann eure Lösungen in Partnerarbeit.
c) 32 · 2   d) 53 · 3   e) 38 · 7   f) 223 · 3   g) 413 · 2   h) 493 · 3
i) 624 · 5   j) 183 · 8   k) 942 · 6   l) 385 · 7   m) 7958 · 8   n) 6075 · 4

2 Finde drei passende Aufgaben zum Überschlag 300 · 4 = 1200. Löse sie.

3 Multipliziere und kontrolliere jeweils durch einen Überschlag.
a) 412 · 3   b) 126 · 7   c) 3050 · 8   d) 7858 · 7   e) 19 475 · 6

Natürliche Zahlen multiplizieren und dividieren

4 Häufig werden Nullen bei der schriftlichen Multiplikation vergessen. Rechne jeweils beide Aufgaben rechts. Beschreibe, was dir auffällt.

a) 56 · 8
   560 · 8

b) 42 · 9
   420 · 9

KONTROLLZAHLEN
zu Aufgabe 4:
378; 448; 1440;
2650; 3780; 4480;
6860; 8010; 8880;
32 480; 211 320;
1 635 240.

▶ Multipliziere schriftlich.
c) 16 · 90
d) 53 · 50
e) 98 · 70
f) 148 · 60
g) 267 · 30
h) 812 · 40
i) 2348 · 90
j) 81 762 · 20

5
a) Herr Müller verdient 2260 € pro Monat. Wie viel verdient er in 5 (in 7, in 11) Monaten?
b) In einer Kantine werden täglich 865 Mahlzeiten zubereitet. Wie viele Mahlzeiten sind das in einer Woche mit fünf Arbeitstagen?
c) Ein Kino verkaufte an einem Abend 387 Karten zu 6 Euro und 185 Karten zu 7 Euro. Wie hoch waren die Einnahmen?
d) Ein Großhändlerin bestellt bei einer Fahrradfabrik 300 Trekkingräder zu je 289 Euro, 500 Mountainbikes zu je 259 Euro und 600 Kinderfahrräder zu je 128 Euro. Wie viel hat sie insgesamt zu zahlen?

6 Multipliziere.

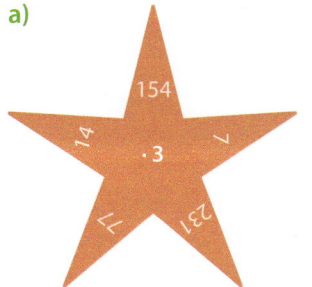

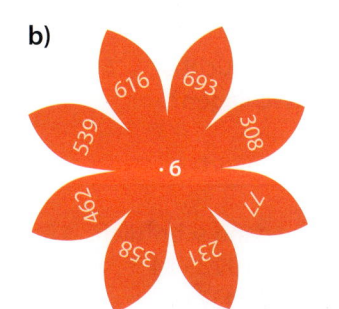

a) Stern · 3 mit Zahlen: 154, 14, 7, 7, 231

b) Blume · 6 mit Zahlen: 616, 693, 539, 308, 462, 77, 358, 231

c) Stern · 7 mit Zahlen: 10101, 7215, 8658, 12987, 11544

7 Aufgaben mit Worten
a) Multipliziere 267 mit 8.
b) Berechne das Produkt aus 9872 und 7.
c) Der erste Faktor ist 7007, der zweite Faktor ist 9. Wie groß ist das Produkt?
d) Berechne das Produkt der Faktoren 4, 25, 10 und 300.

METHODE Überschlag

Mit einem vorherigen Überschlag kann man schriftliche Rechnungen kontrollieren.
Beachte beim Überschlagen:
- Überschlage immer so, dass du leicht und sicher rechnen kannst.
- Bei der Multiplikation wird oft ausgleichend gerundet. Das heißt, einen Faktor aufzurunden, den anderen abzurunden.
  Der Überschlag zur Aufgabe 289 · 66 könnte daher lauten 300 · 60 = 18 000.
  Rundet man in diesem Fall beide Zahlen auf, entfernt sich der Überschlag zu stark vom genauen Ergebnis.

BEISPIELE

a) Aufgabe: 323 · 9
   Möglicher Überschlag:
   300 · 10 = 3000

b) Aufgabe: 323 · 436
   Möglicher Überschlag:
   300 · 500 = 150 000

WISSEN & ÜBEN

8 Löse das Kreuzzahlenrätsel im Heft.

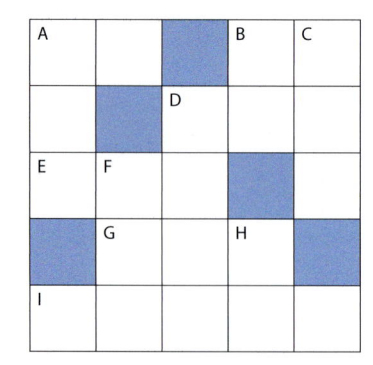

waagerecht	senkrecht
A 7 · 8	A 113 · 5
B 22 · 3	B 2 · 34
D 4 · 71	C 8 · 81
E 3 · 177	D 5 · 422
G 56 · 2	F 4 · 79
I 3 · 22 003	H 5 · 4

9
a) Vervollständige im Heft die Rechnung aus dem Bild rechts.
b) Erkläre deiner Nachbarin oder deinem Nachbarn, wie du gerechnet hast.

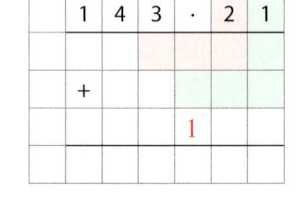

▶ Überschlage zuerst, multipliziere dann schriftlich.
c) 311 · 21   d) 113 · 23   e) 131 · 32   f) 103 · 32
g) 203 · 13   h) 210 · 21   i) 203 · 23   j) 213 · 22

10
a) Welche der Aufgaben rechts sind brauchbar, um die Aufgabe 612 · 53 zu überschlagen? Begründe.
b) Vergleicht eure Ergebnisse untereinander.

612 · 50 =   600 · 60 =
600 · 50 =   610 · 53 =
700 · 60   610 · 50

▶ Überschlage zuerst, multipliziere dann schriftlich.
c) 84 · 28   d) 42 · 76   e) 123 · 34   f) 731 · 72   g) 124 · 33
h) 1621 · 63 i) 2432 · 72 j) 4371 · 52   k) 6312 · 47   l) 3145 · 67
m) 671 · 176 n) 729 · 279 o) 611 · 451   p) 678 · 913   q) 542 · 542

11 Berechne die Aufgaben schriftlich. Erkläre an den Beispielen, wie du mit den Nullen in den Faktoren umgehst.

a) 230 · 17
b) 506 · 28

KONTROLLZAHLEN
zu Aufgabe 11:
3910; 10 530; 14 168; 15 040; 26 312; 308 356; 600 000; 2 871 120; 4 020 300; 6 040 650; 6 669 000; 8 221 048.

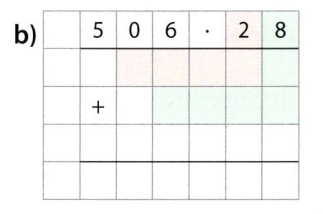

▶ Multipliziere schriftlich. Achte besonders auf die Nullen.
c) 320 · 47   d) 506 · 52   e) 702 · 15   f) 607 · 508   g) 750 · 800
h) 9064 · 907 i) 7445 · 540 j) 60 · 47 852 k) 9880 · 675 l) 78 450 · 77

12 Preistabellen
a) Eine Kiwi kostet 19 Cent. Übertrage die Tabelle ins Heft und vervollständige sie.

Anzahl Kiwis	1	5	10	25	30
Preis in ct					

b) Eine Avocado kostet 89 Cent. Übertrage die Tabelle ins Heft und vervollständige sie.

Anzahl Avocados	1	6	12	15	20
Preis in ct	89				

13 Finde passende Zahlen, sodass richtig gelöste Aufgaben entstehen.
a) 25 961 · ▲ = 0
b) ▲ · 138 831 = 138 831

14 Wie weit kannst du die Folgen fortsetzen?
Das Ergebnis soll nicht größer als 200 000 werden.
a) Multipliziere 385 mit 12 (mit 24; mit 36; …).
b) Multipliziere 956 mit 11 (mit 13; mit 15; …).

15 Für das 5. Schuljahr hat jeder Schüler der Klasse 5a Bücher im Wert von 112 € bekommen. Wie teuer waren die Bücher für alle 24 Schüler zusammen?

16 Die Tribüne eines Fußballstadions hat 28 Reihen mit je 232 Sitzplätzen.

17 Familie Brunnenbauer bestellt Steinplatten für einen Gartenumbau. Es werden 184 Steine benötigt. Ein Stein wiegt 14 Kilogramm.
Herr Brunnenbauer fragt sich, ob er die Steine mit seinem Pkw transportieren kann.

18 Beim Jazzkonzert werden Eintrittsbuttons verkauft. Das Stück kostet 14 Euro.
Caroline verkauft 384 Buttons, Ben 189 Buttons und Biljana 267 Buttons.
a) Wie viel Euro hat Caroline eingenommen?
b) Wie viele Tickets haben die drei insgesamt verkauft?
c) Wie viel Euro haben die drei insgesamt eingenommen?
d) Ermittle die Unterschiede zwischen den Einnahmen von Caroline, Ben und Biljana.

19 Wähle aus dem Zahlenfeld A ein Produkt aus. Suche dann im Zahlenfeld B dazu passende Faktoren.

A:
110		80	
	105		171
18		198	
	238		192
585		20	
	168		

B:
11		19		7		12
	8		22		5	
3		15		9		16
	45		13		2	
6		17		4		21
	10		14		18	

20 Vervollständige im Heft zu richtig gelösten Aufgaben.
a) ■5 · 6   b) ■3 · 4   c) 45■ · 3   d) ■78 · 8   e) 2■08 · 7
   15■   9■   1■53   ■0■4   147■6

21 Welche der blauen Produkte gehören in welche Kiste?
7 · 210   224 · 30   162 · 77
140 · 39   462 · 27   297 · 42
126 · 99   168 · 40   35 · 42
280 · 32   105 · 14   35 · 156
84 · 65   560 · 12   70 · 21

Kisten: 6720, 12474, 1470, 5460

Finde eine passende Aufschrift für die Kiste mit dem leeren Schild.

Schriftlich dividieren durch einstellige Zahlen

Nach dem Schulfest verpackt Daniel leere Flaschen in Sechserkästen.

Oh je, 162 Flaschen.

Reichen dir 20 Kisten?

... 16, 17, 18 ...

Daniel überschlägt: 180 : 6 = 30

Er achtet dabei darauf, dass kein Rest bleibt und der Überschlag möglichst nahe am Ergebnis liegt.

Ergebnis: Daniel benötigt 27 Kisten.

Daniel rechnet genau:

1	6	2	:	6	=	2	7
−	1	2		◂ · 6			
		4	2				
	−	4	2	◂ · 6			
			0				

Zwei Wochen später räumt Toni 187 Flaschen in 6er-Kisten ein.

Toni rechnet so:

1	8	7	:	6	=	3	1	Rest 1
−	1	8		◂ · 6				
		0	7					
	−		6	◂ · 6				
			1					

Probe:
31 · 6 + 1
= 186 + 1 = 187

Tonis Mathematiklehrer sagt zu dieser Rechnung: „So wie du wollen wir das Ergebnis nicht aufschreiben, sondern so:
187 : 6 = 31 + 1 : 6."

Ergebnis: Toni benötigt 32 Kisten. Die letzte Kiste wird aber nicht voll.

↻ 108-1

Beachte beim **schriftlichen Dividieren**:
- Dividend und Divisor werden nebeneinander geschrieben.
- Man betrachtet von links nach rechts die einzelnen Stellen des Dividenden und zieht jeweils Vielfache des Divisors ab.

Kontrolliere deine Ergebnisse immer durch **Überschlagen** (siehe Methode Seite 105) oder durch eine Probe, zum Beispiel mithilfe einer **Umkehraufgabe**.

FÖRDERN UND FORDERN

↻ 108-2

1 Dividiere schriftlich 265 : 5 und führe eine Probe durch.
Erkläre den Zusammenhang von Aufgabe und Probe.

▸ Dividiere und kontrolliere durch eine Probe.
a) 466 : 2   b) 693 : 9   c) 354 : 3   d) 464 : 4   e) 861 : 7
f) 756 : 6   g) 928 : 8   h) 966 : 6   i) 1106 : 7   j) 3440 : 8

Natürliche Zahlen multiplizieren und dividieren

2 Dividiere und kontrolliere deine Rechnungen.
a) 276 : 6   b) 434 : 7   c) 546 : 3   d) 592 : 8   e) 576 : 9

3 Erkläre anhand eines Beispiels, wie du das Ergebnis einer schriftlichen Division mit Rest kontrollieren kannst.

▶ Dividiere. Beachte, dass Reste vorkommen.
a) 654 : 4   b) 2137 : 6   c) 3409 : 8   d) 7369 : 5   e) 7714 : 8

4 Löse jeweils beide Aufgaben. Erkläre, worauf du bei der Division großer Zahlen achten musst.
a) 285 : 5
   2850 : 5
   28 500 : 5
b) 264 : 6
   26 400 : 6
   264 000 : 6

KONTROLLZAHLEN
zu Aufgabe 4:
44; 57; 570; 4400; 5700; 8500; 17 700; 29 000; 43 000; 44 000; 250 300; 567 000; 1 563 950; 7 821 000.

▶ Dividiere schriftlich.
c) 42 500 : 5   d) 203 000 : 7   e) 344 000 : 8   f) 70 800 : 4
g) 1 752 100 : 7   h) 3 402 000 : 6   i) 70 389 000 : 9   j) 12 511 600 : 8

5 Schreibe in dein Lerntagebuch nicht nur, was du über die schriftliche Division durch einstellige Zahlen gelernt hast, sondern auch, welche Fragen und Unklarheiten du noch hast.

6 Vervollständige die Tabelle im Heft.

7 Sieben Kinder wollen Kastanienmännchen basteln. Sie haben zusammen 441 Kastanien gesammelt. Wie viele Kastanien erhält jedes Kind?

:	2	4	8
752	376		
1448			
4496			
44 960			

8 Der Geflügelhof Müller verpackt in einer Woche 83 200 Eier. Frau Müller sagt: „Wir verpacken in 10er- und in 30er-Packs. Die kommen dann in 180er- oder in 360er-Kartons."

METHODE Lerntagebuch

↻ 109-1

In vielen Aufgaben dieses Buches wirst du aufgefordert, deine Gedanken und Lösungswege zu beschreiben oder zu begründen. Hierzu eignet sich ganz besonders ein *Lerntagebuch*, in welches du deine Überlegungen, aber auch Fragen und Unklarheiten hineinschreiben kannst.

- Verwende ein leeres, kariertes Heft und beginne jeden Eintrag mit einem Datum und einer Überschrift.
- Das Lerntagebuch gehört dir. Du kannst es gestalten wie du möchtest, z. B. können verschiedene Farben verwendet werden. Aber achte unbedingt auf Sauberkeit.
- Scheue dich nicht, auch mal einen Fehler zu machen. Fehler sind oft ein guter Weg zum Ziel.
- Du kannst in das Tagebuch auch Beispiele oder wichtige Merksätze schreiben oder Dinge, die du herausgefunden hast.

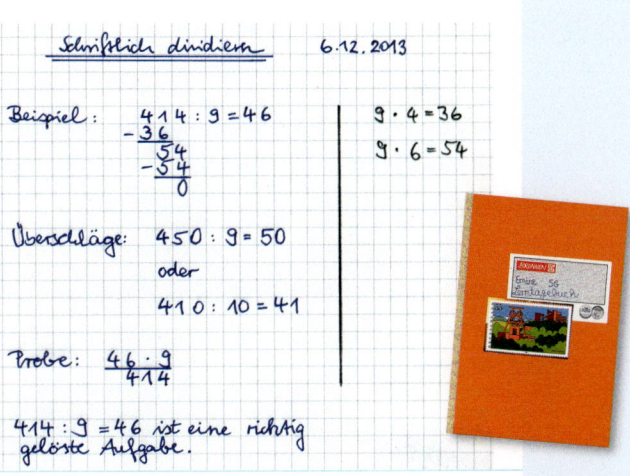

WISSEN & ÜBEN

Schriftlich dividieren durch mehrstellige Zahlen

Wir haben 256,64 € eingenommen.

Ja. Ganz schön viel für die Klassenkasse. Das sind bei 19 Schülern ja ...

Anna überschlägt zuerst:
260 : 20 = 13.

Der Überschlag passt zur Rechnung.

Ergebnis:
Etwa 13,50 € pro Schüler kommen in die Klassenkasse.

Nun rechnet Anna schriftlich.
Dafür wandelt sie 256,64 € in 25 664 ct um.

	2	5	6	6	4	:	1	9	=	1	3	5	0
−	1	9				◂	· 19			Rest 14 ct			
		6	6										
	−	5	7			◂	· 19						
			9	6									
		−	9	5		◂	· 19						
				1	4								
			−		0	◂	· 19						
				1	4								

Annas Lehrerin sagt:
„Du hast richtig gerechnet.
Wir wollen dein Ergebnis aber so aufschreiben:
25 664 : 19
= 1350 + 14 : 19."

Beachte zum **schriftlichen Dividieren** den Merkkasten auf Seite 108.

FÖRDERN UND FORDERN
↻ 110-1

1 Beschreibe an einem selbst gewählten Beispiel, wie du schriftlich durch mehrstellige Zahlen dividierst.

▸ Dividiere schriftlich.
a) 275 : 11   b) 252 : 14   c) 915 : 15   d) 368 : 16   e) 486 : 18
f) 285 : 19   g) 406 : 14   h) 408 : 12   i) 648 : 18   j) 1185 : 15

2 Arbeitet zu zweit.
a) Zeigt durch eine Probe, dass die folgenden Aufgaben falsch gelöst wurden.
b) Findet die Fehler in den Rechnungen und korrigiert sie.

①
	3	7	7	:	1	3	=	2	4
−	2	6							f
		5	1						
−		5	1						
			0						

②
	5	6	0	:	2	8	=	2
−	5	6						f
		0	0					

3 Dividiere die Zahlen 4840; 24 200 und 9680
a) durch 11,   b) durch 20,   c) durch 22,   d) durch 52.

Natürliche Zahlen multiplizieren und dividieren

4 Dividiere die Zahlen 4500; 49 500 und 28 500
a) durch 15,   b) durch 12,   c) durch 25,   d) durch 34.

5 Dividiere schriftlich. Beachte, dass Reste bleiben.
a) 231 : 12   b) 243 : 21   c) 384 : 31   d) 482 : 33   e) 652 : 34
f) 762 : 46   g) 772 : 92   h) 862 : 61   i) 3952 : 51   j) 2857 : 68

6 Erkläre, wie im Beispiel die Aufgabe 42 800 : 40 vereinfacht wurde.

$$42\,800 : 40 = 4280 : 4$$

▶ Vereinfache die Aufgaben und dividiere dann schriftlich.
a) 42 800 : 40   b) 562 800 : 2100   c) 561 750 : 210
d) 751 800 : 4200   e) 531 000 : 500   f) 388 300 : 1100

7 Sachaufgaben
a) Frau Weigel fuhr an 15 Tagen mit dem Pkw den gleichen Weg zur Arbeit. Insgesamt legte sie 930 Kilometer zurück. Wie viel Kilometer fuhr sie täglich?
b) Ein Händler erhält eine Bestellung über 1240 Flaschen Cola. Es stehen nur Kästen für je 20 Flaschen zur Verfügung. Wie viele Kästen werden für diese Bestellung benötigt?
c) Herr Meier kauft sich ein neues Auto für 16 450 Euro. Er leistet 2350 Euro Anzahlung. Den Restbetrag zahlt er in zwölf Monatsraten ab.

8 Überschlage zuerst. Finde dafür eine leicht rechenbare Aufgabe. Wie groß ist jeweils die Abweichung vom genau berechneten Ergebnis?
a) 2466 : 6   b) 34 084 : 4   c) 72 064 : 8   d) 999 000 : 9

9 Finde die fehlenden Ziffern.
a) ■24 : 12 = 2■
   −24
    8■
   −■■
    ■

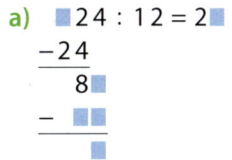

b) 3■6■ : 13 = ■3■
   −26
    4■
   −■■
    78

c) ■6■2 : 1■ = 1■6
   −■■
    95
   − 85
    ■■■

10 Ordne die Ergebnisse rechts den richtigen Aufgaben zu.

Aufgaben:	Ergebnisse:
6312 : 19	209 Rest 10
6538 : 21	223
7805 : 35	245 Rest 6
15 925 : 49	332 Rest 4
17 646 : 72	311 Rest 7
18 402 : 88	325

11 Übertrage die folgende Treppe in dein Heft. Trage dort das richtige Ergebnis in das entsprechende gelbe Feld ein. Die Lösungen befinden sich unter den roten Zahlen.

```
54 570 : 85  = 642
 510
 357         31 944 : 66  =
 340
 170                      21 231 : 21  =
 170
   0                                   12 493 : 31  =
                                                    28 334 : 62  =
                                                                 10 578 : 41  =
```

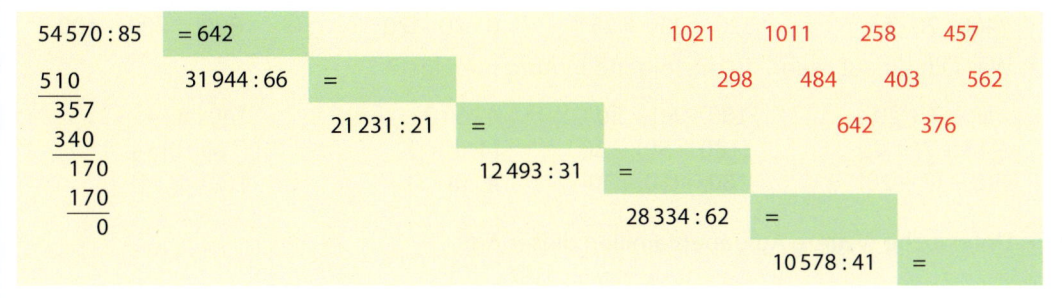

1021   1011   258   457
 298   484   403   562
               642   376

ERFORSCHEN & EXPERIMENTIEREN

Rechenausdrücke und Gleichungen

1 Tahira muss 31 Cent für einen Apfel bezahlen. Sie hat nur 2-Cent-Münzen, 5-Cent-Münzen und 10-Cent-Münzen zur Verfügung, davon allerdings je fünf Stück. Welche Möglichkeiten hat sie, mit diesen Münzen 31 Cent zu bezahlen? Schreibe alle Möglichkeiten auf.

2 Finde verschiedene Möglichkeiten, die Anzahlen der Spielkarten zu berechnen. Schreibe die Aufgaben dazu auf.

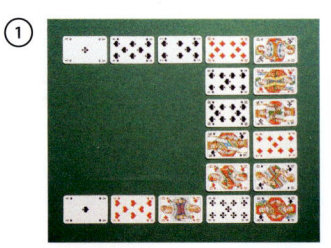

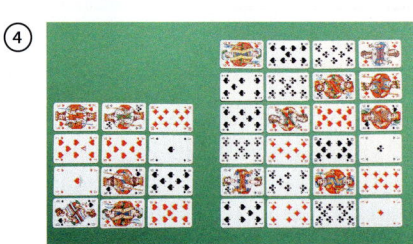

3 Rechenbäume

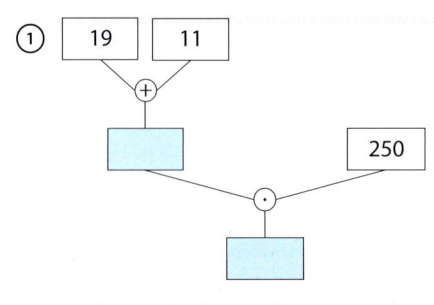

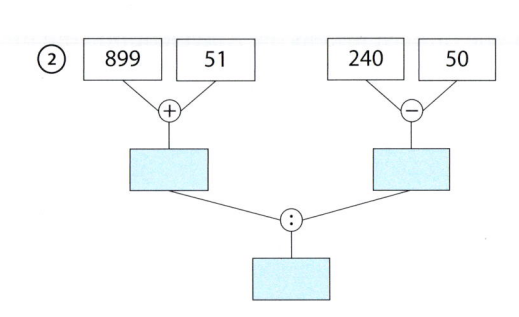

① 19   11
     +
        250
     ·

② 899   51   240   50
      +   −
           :

- Welche Aufgaben gehören zu den Rechenbäumen? Schreibe sie auf. Vervollständige dann die Rechenbäume im Heft.
- Verändere die Zahlen in den Rechenbäumen jeweils so, dass als Ergebnis 10 000 herauskommt.

4 Teilaufgaben in Klammern rechnet man immer zuerst.
- Welche der folgenden Aufgaben hat das größte Ergebnis?
  5 · (20 − 6)   5 · 20 − 6   (5 · 20) − 6
- Setze in den Aufgaben Klammern so, dass möglichst große Ergebnisse entstehen.
  2400 : 20 · 6   320 − 280 + 25   8 · 70 − 20   8000 : 200 − 100
- Was fällt dir auf, wenn du die folgenden Aufgaben löst?

13 + 7 + 20	180 − 50 − 30	4 · 5 · 3	160 : 8 : 4
(13 + 7) + 20	(180 − 50) − 30	(4 · 5) · 3	(160 : 8) : 4
13 + (7 + 20)	180 − (50 − 30)	4 · (5 · 3)	160 : (8 : 4)

- Untersuche weitere Aufgabenfamilien dieser Art.

Natürliche Zahlen multiplizieren und dividieren

5 Lücken füllen
- Setze Zahlen ein, sodass richtig gelöste Aufgaben entstehen. Findest du mehrere passende Lösungen?

   (▲ + ■) : ● = 175   ▲ · (■ − ●) = 2500   100 − (▲ − ■) − ● = 73

- Arbeitet zu zweit: Erfindet eigene Lückenaufgaben. Stellt sie euch gegenseitig.

6 Zahlen entflohen
Du findest die Zahlen, wenn du …
- 16, 6 und 5 multiplizierst.
- zu dem Produkt aus 39 und 6 die Zahl 37 addierst.
- 42 durch 3 dividierst und zu dem Ergebnis 500 addierst.

Schickt selbst Zahlen auf die Flucht. Legt damit eine Übungskartei für eure Mitschülerinnen und Mitschüler an.

7 Geburtstagszauber

Ein Zauberer sagt: „Schreibe dein Geburtsdatum auf einen Zettel und zeige ihn mir nicht. Multipliziere jetzt den Tag deiner Geburt mit 20 und addiere dann 4. Multipliziere diese Zahl nun mit 5.

Addiere zu dieser Zahl die Monatszahl deiner Geburt und multipliziere das Ergebnis wieder mit 20. Addiere nun wieder 4 und multipliziere dieses Ergebnis mit 5.

Jetzt addiere die Zahl aus den letzten beiden Ziffern deines Geburtsjahres. Nenne dein Ergebnis und ich sage dir dein Geburtsdatum."

BEISPIEL
Geburtsdatum
4. 6. 2002

$4 \cdot 20 = 80$
$80 + 4 = 84$
$84 \cdot 5 = \ldots$
…

- So kann der Zauberer den Geburtstag berechnen:
   „Ich subtrahiere vom Ergebnis 2020 und kann dann den Geburtstag ablesen."
   Probiert es aus.
- Führt den Trick mit Freunden oder Eltern durch.

8 Geburtstagsaufgaben
Im Mathematikunterricht der 5. Klasse von Frau Kolb erhalten die Geburtstagskinder eine Geburtstagsaufgabe. Heute hat Robert seinen 12. Geburtstag. Er wurde am 18. 11. 1999 geboren. Und hier ist die Aufgabe für die Klasse:
„Bilde mit den Zahlen 18, 11, 19, 9 und 9 sowie Rechenzeichen und Klammern eine Aufgabe, die ein möglichst großes Ergebnis (ein möglichst kleines Ergebnis) hat."

BEISPIEL 1
   $18 \cdot 11 + 19 \cdot 9 + 9$
   $= 198 + 171 + 9$
   $= 378$

BEISPIEL 2
   $(18 + 11) \cdot (19 + 9 + 9)$
   $= 29 \cdot (19 + 18)$
   $= 29 \cdot 37$
   $= 1073$

- Bilde selbst solche Aufgaben mit dem aktuellen Datum. Vergleicht eure Ergebnisse untereinander.
- Bilde solche Aufgaben mit deinem Geburtstag.

WISSEN & ÜBEN

Rechnen mit Klammern und Vorrangregeln

Wie im Straßenverkehr auch, gibt es beim Rechnen Vorrangregeln.
Sind in einer Aufgabe verschiedene Rechenarten auszuführen, hilft:

Regel 1: Rechne Teilaufgaben in **Klammern zuerst**.

$$3 \cdot (40 + 80)$$
$$= 3 \cdot 120$$
$$= 360$$

Regel 2: Rechne Aufgaben ohne Klammern, bei denen nur addiert oder subtrahiert werden muss, **von links nach rechts**.

$$100 - 20 + 3$$
$$= 80 + 3$$
$$= 83$$

Regel 3: Rechne Aufgaben ohne Klammern, bei denen nur multipliziert oder dividiert werden muss, **von links nach rechts**.

$$20 : 4 \cdot 18$$
$$= 5 \cdot 18$$
$$= 90$$

Addition und Subtraktion sind „**Strichrechnungen**".
Multiplikation und Division sind „**Punktrechnungen**".

Regel 4: Bei Aufgaben mit Punkt- und Strichrechnungen, aber ohne Klammern, gilt:
Punktrechnung geht vor Strichrechnung.

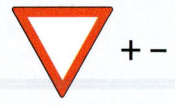

$$2 + 8 \cdot 6$$
$$= 2 + 48$$
$$= 50$$

FÖRDERN UND FORDERN
↻ 114-1

1 Schreibe deine Lösungen ausführlich auf. Erkläre, wie du rechnest und welche Vorrangregeln du beachtest.
a) $7 \cdot 5 + 24$ b) $83 - 2 \cdot 9$ c) $3 \cdot (4 + 9)$
d) $15 - 7 + 28 - 3$ e) $5 + (17 - 9) \cdot 2$ f) $(27 - 12) \cdot (9 + 3)$

▶ Berechne.
g) $56 + 28 : 7$ h) $89 - 5 \cdot 9$ i) $17 \cdot 3 - 18$ j) $63 - 6 \cdot 9$
k) $12 \cdot 7 - 34$ l) $21 \cdot 3 - 25 : 5$ m) $144 : 12 - 2 \cdot 3$ n) $78 - 15 - 63 : 7$

2 Berechne. Beachte die Klammern.
a) $34 - (17 + 2)$ b) $46 + (9 - 4)$
c) $500 + (150 - 30)$ d) $110 - (147 - 107)$
e) $1324 + (543 - 256)$ f) $152 - (89 - 46)$
g) $(675 - 67) - 173$ h) $(91 - 34) - (198 - 160)$
i) $(86 - 45) - (86 - 66)$ j) $(175 + 35) - (175 - 35)$
k) $1100 - (245 - 197) - (437 + 12)$ l) $543 - (13 + 78 + 56 + 14)$

3 Berechne. Beachte die Vorrangregeln.
a) $8 \cdot 4 + 5$ $8 \cdot (4 + 5)$ $(8 + 4) \cdot 5$ $8 + 4 \cdot 5$
b) $10 - 4 : 2$ $(10 - 4) : 2$ $10 : 2 - 4$ $10 - (4 : 2)$
c) $(5 + 3) \cdot (7 - 4)$ $5 + 3 \cdot 7 - 4$ $(5 + 3) \cdot 7 - 4$ $5 + 3 \cdot (7 - 4)$

Natürliche Zahlen multiplizieren und dividieren

4 Berechne. Beachte alle Vorrangregeln.
a) (27 − 15 + 8) · 43
b) (112 + 56 : 7) : 12
c) 76 + (48 : 6 − 5)
d) 17 + 24 : 4 − 11 + 18
e) 234 − 93 − (72 : 9 + 3 · 7)
f) 21 · (17 − 9) − (87 − 36 : 6)

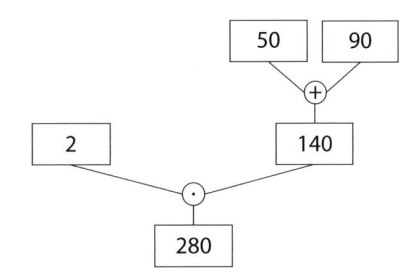

5 Rechenbäume
a) Schreibe zum Rechenbaum rechts eine passende Aufgabe.
b) Die 50 im Rechenbaum wird durch 500 und die 90 durch 1 ersetzt. Wird das Ergebnis dadurch größer oder kleiner? Begründe.

▶ Vervollständige die Rechenbäume im Heft. Schreibe jeweils die passende Aufgabe dazu.

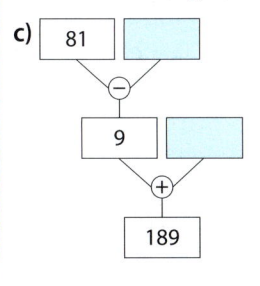

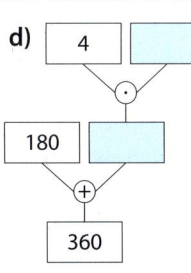

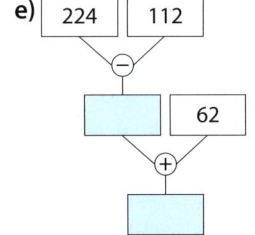

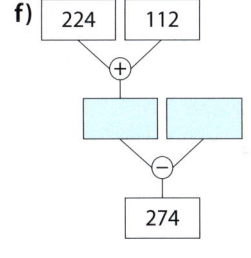

VORLAGEN ⟳ 115-1

6 Welche der Klammern kannst du weglassen, ohne dass sich das Ergebnis ändert? Begründe jeweils.
a) 27 − 13 + (24 − 7)
b) 3 · 7 + (72 − 41)
c) (26 − 11) − (8 + 5)
d) (14 − 9) · (45 − 39)
e) 81 : (3 · 9)
f) (140 : 2) : (25 : 5)

7 Aufgaben bilden: Verwende jedes Zeichen und jede Zahl höchstens einmal.

| 1 | 2 | 3 | 4 | (|) | + | − | · | : |

a) Bilde aus den Zahlen und Rechenzeichen oben eine Aufgabe mit einem Ergebnis größer als 9.
b) Bilde aus den Zahlen und Rechenzeichen oben eine Aufgabe mit dem Ergebnis 18 (mit dem Ergebnis 2).
c) Bilde mit den Zahlen und Rechenzeichen eine Aufgabe mit einem möglichst großen Ergebnis (einem möglichst kleinen Ergebnis).

8 Wenn du alle Aufgaben dieses Dominos richtig gerechnet hast und die Steine mit gleichen Ergebnissen aneinanderfügst, erhältst du eine geschlossene Kette.

BASTELVORLAGE ⟳ 115-2

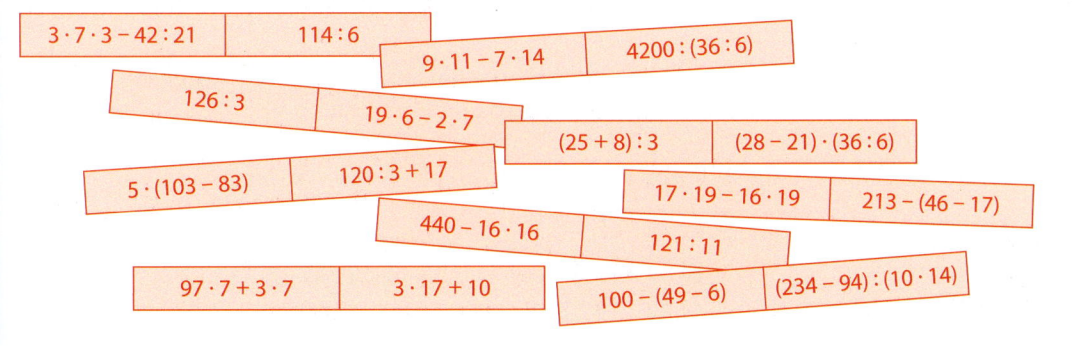

- 3 · 7 · 3 − 42 : 21
- 114 : 6
- 9 · 11 − 7 · 14
- 4200 : (36 : 6)
- 126 : 3
- 19 · 6 − 2 · 7
- (25 + 8) : 3
- (28 − 21) · (36 : 6)
- 5 · (103 − 83)
- 120 : 3 + 17
- 17 · 19 − 16 · 19
- 213 − (46 − 17)
- 440 − 16 · 16
- 121 : 11
- 97 · 7 + 3 · 7
- 3 · 17 + 10
- 100 − (49 − 6)
- (234 − 94) : (10 · 14)

WISSEN & ÜBEN

Vorteilhaft rechnen

Um einfache Rechenwege zu finden und vorteilhaft zu rechnen, hast du die Rechengesetze bereits angewendet. Hier findest du noch einmal alle Rechengesetze im Überblick mit Beispielen.

Verbindungsgesetz (Assoziativgesetz)

Addition
$(27 + 19) + 41$
$= 27 + (19 + 41)$
$= 27 + \quad 60$
$= 87$

Multiplikation
$2 \cdot (5 \cdot 17)$
$= (2 \cdot 5) \cdot 17$
$= \quad 10 \quad \cdot 17$
$= 170$

Das Verbindungsgesetz gilt bei Aufgaben, in denen nur addiert oder nur multipliziert wird. Man kann beliebig zusammenfassen. Das Ergebnis ändert sich nicht.

Vertauschungsgesetz (Kommutativgesetz)

Addition
$18 + 72 = 90$
$72 + 18 = 90$

Also: $18 + 72 = 72 + 18$

Multiplikation
$12 \cdot 9 = 108$
$9 \cdot 12 = 108$

Also: $12 \cdot 9 = 9 \cdot 12$

Das Vertauschungsgesetz gilt bei Aufgaben, in denen nur addiert oder nur multipliziert wird. Man kann beliebig vertauschen. Das Ergebnis ändert sich nicht.

Verteilungsgesetz (Distributivgesetz)

$8 \cdot 42 = 8 \cdot (40 + 2)$
$\quad\quad = 8 \cdot 40 + 8 \cdot 2$
$\quad\quad = 320 + 16$
$\quad\quad = 336$

$7 \cdot 97 = 7 \cdot (100 - 3)$
$\quad\quad = 7 \cdot 100 - 7 \cdot 3$
$\quad\quad = 700 - 21$
$\quad\quad = 679$

Das Verteilungsgesetz gilt, wenn du eine Zahl mit einer Klammer multiplizierst. In der Klammer steht eine Summe oder Differenz.

Für alle natürlichen Zahlen gelten die folgenden **Rechengesetze**:

Verbindungsgesetz	$(a + b) + c = a + (b + c)$	$(a \cdot b) \cdot c = a \cdot (b \cdot c)$
Vertauschungsgesetz	$a + b = b + a$	$a \cdot b = b \cdot a$
Verteilungsgesetz	$a \cdot (b + c) = a \cdot b + a \cdot c$	$a \cdot (b - c) = a \cdot b - a \cdot c \quad (b > c)$

BEISPIEL
zu Aufgabe 1:
$42 + 43 + 8$
$= (42 + 8) + 43$
$= \quad 50 \quad + 43$
$= 93$

1 Berechne jeweils. Welches Rechengesetz wendest du an, um vorteilhaft zu rechnen? Besprecht die Aufgaben in Partnerarbeit.
a) $526 + 8 + 14$
b) $4 \cdot 7 \cdot 25$

▶ Berechne vorteilhaft.
c) $16 + 14 + 46$
d) $2 \cdot 26 \cdot 5$
e) $23 + 26 + 37$
f) $20 \cdot 7 \cdot 5$
g) $6 \cdot 9 \cdot 5$
h) $330 + 180 + 270$
i) $25 \cdot 9 \cdot 4$
j) $37 + 94 + 163 + 6$

FÖRDERN UND FORDERN
↻ 116-1

2 Denke dir eigene Aufgaben aus, in denen du die Rechengesetze zum vorteilhaften Rechnen anwendest. Präsentiere deine Aufgaben und ihre Lösungen.

3 Beschreibe, wie man die Aufgabe $46 \cdot 3 + 4 \cdot 3$ vorteilhaft lösen kann.

▶ Berechne vorteilhaft.
a) $40 \cdot 3 + 10 \cdot 3$
b) $97 \cdot 5 - 7 \cdot 5$
c) $37 \cdot 7 + 13 \cdot 7$
d) $35 \cdot 8 - 15 \cdot 8$
e) $42 \cdot 9 + 58 \cdot 9$
f) $102 \cdot 9 - 2 \cdot 9$

Natürliche Zahlen multiplizieren und dividieren

4 Setze im Heft die richtigen Zahlen ein. Löse dann die Aufgaben.
a) 7 · 8 + 7 · 2 = 7 · (◆ + ▮) = 7 · ▲
b) 4 · 9 − 4 · 8 = 4 · (◆ − ▮) = 4 · ▲
c) 5 · 9 − 5 · 6 = 5 · (◆ − ▮) = 5 · ▲

5 Man kann das Verteilungsgesetz auch nutzen, um Aufgaben wie 8 · 51 oder 6 · 98 einfach zu berechnen.
Erkläre, wie das geht.

$$8 \cdot 51 = 8 \cdot (50 + \ldots)$$
$$= 8 \cdot \ldots + 8 \cdot \ldots$$
$$= \ldots + \ldots$$
$$= \ldots$$

▶ Rechne vorteilhaft mit dem Verteilungsgesetz.
a) 3 · 98   b) 29 · 5   c) 59 · 70   d) 18 · 45   e) 104 · 40

6 Rechne vorteilhaft.
a) 7 + 99 + 13   b) 82 + 27 + 18   c) 7 · 21   d) 9 · 18
e) 2 · 89 · 5   f) 24 · 6   g) 45 · 5   h) 34 · 3
i) 99 · 12   j) 20 · 24 · 5   k) 4 · 11 · 5 l) 64 + 18 + 36

KONTROLLZAHLEN
zu Aufgabe 6:
102; 118; 119; 127; 144; 147; 162; 220; 225; 890; 1188; 2400.

7 Zeige an Beispielen, dass das Verbindungsgesetz für die Subtraktion (die Division) nicht gilt.

8 Jan und seine Schwester Lisa kaufen einen bunten Strauß mit 3 Rosen, 3 Fresien und 3 Nelken.
Preise: 1 Rose: 1,50 €; 1 Fresie: 0,80 €; 1 Nelke: 0,90 €
Wie würdest du den Preis für den Strauß berechnen?
Erkläre.

9 Herr Lorenz kauft vier Dosen Lakritz (je 2 Euro), vier große Tafeln Schokolade (je 1,30 Euro) und vier Päckchen Pralinen (je 2,80 Euro).

Bist du fit?

1. Hausmarken
Früher wurden oft Hausmarken anstelle von Adressen verwendet. Welche dieser Hausmarken sind symmetrisch?

2. Entwirf drei eigene Hausmarken, die symmetrisch sind. Zeichne sie in dein Heft.

3. Zeichne auf Karopapier ein Quadrat. Teile es in vier gleich große Teile. Findest du mehrere Lösungen?

4. Zeichne auf Karopapier ein Rechteck. Zeichne dann die Symmetrieachsen ein. Wie viele findest du?

5. Zeichne auf Karopapier Rechtecke.
Zeichne in die Rechtecke Muster ein, sodass eine symmetrische Figur entsteht.

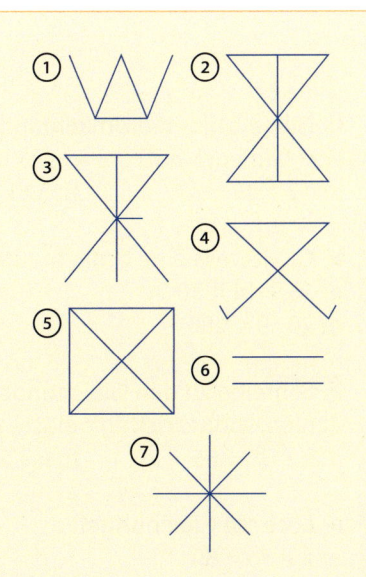

WISSEN & ÜBEN

Gleichungen

Man kennt die Zahl nicht, die sich Toni denkt. Deshalb schreibt man für sie den **Platzhalter** x. Für Tonis Rechnung erhält man die Aufgabe
x + 4 = 20.
Dies ist eine Gleichung.

Ich denke mir eine Zahl, addiere 4 und erhalte 20.

INFO
Platzhalter wie ▲ oder ■ kennst du aus der Grundschule. In der Mathematik verwendet man Buchstaben wie a oder x als Platzhalter. Statt Platzhalter sagt man **Variable**.

Mit der Umkehraufgabe 20 − 4 = x kann man die gesuchte Zahl ermitteln:
x = 16. Die Zahl 16 nennt man Lösung der Gleichung x + 4 = 20.
Setzt man die gefundene Lösung 16 für den Platzhalter x in die Gleichung ein, dann kann man die Lösung überprüfen, denn 16 + 4 = 20 (**Probe**).

Zahlen und Variablen sind **Terme**. Werden sie mit Rechenzeichen und Klammern sinnvoll verknüpft, so entstehen ebenfalls Terme (Rechenausdrücke).

BEISPIELE für Terme sind:
3 + (50 − 24)
18 + x
7 − 3 · a

Werden zwei Terme durch ein Gleichheitszeichen verbunden, so entsteht eine **Gleichung**.
Eine Gleichung mit Variablen lösen, heißt passende Zahlen finden, bei deren Einsetzen für die Variablen beide Terme dem Wert nach gleich sind. Solche Lösungen von Gleichungen erhält man zum Beispiel mithilfe von Umkehraufgaben.

BEISPIELE
a) 5 · x = 20 ist eine Gleichung.
   Mit der Umkehraufgabe
   20 : 5 = x
   findet man x = 4 als Lösung der Gleichung.

b) Die Gleichung x − 35 = 5 hat die Lösung x = 40, denn 40 − 5 = 35.

FÖRDERN UND FORDERN
↻ 118-1

1 Gib jeweils eine Umkehraufgabe an. Vergleicht eure Umkehraufgaben untereinander. Was fällt euch auf?

a) 12 + 25 = 37   b) 370 − 210 = 160   c) 65 : 5 = 13   d) 3 · 15 = 45

▶ Gib jeweils eine Umkehraufgabe an.

e) 16 + 14 = 30   f) 53 − 37 = 16   g) 330 : 11 = 30
h) 20 · 9 = 180   i) 63 : 9 = 7   j) 40 · 5 = 200

2 Schreibe zu den Gleichungen jeweils eine Umkehraufgabe. Finde dann für x passende Zahlen, sodass richtig gelöste Aufgaben entstehen.

a) x + 35 = 65   b) x − 21 = 79   c) x : 4 = 20   d) x · 7 = 42

▶ Löse die Gleichungen.

e) x + 56 = 80   f) x − 43 = 5   g) x : 3 = 7
h) x · 6 = 54   i) x + 67 = 100   j) x · 40 = 240

3 Löse die Gleichungen. (TIPP Eine Gleichung ist nicht lösbar.)
a) 9 + x = 37
b) 37 − x = 16
c) 5 · x = 100
d) 32 : x = 4
e) x − 19 = 36
f) x + 34 = 67
g) x · 9 = 720
h) x − 67 = 127
i) x + 83 = 45
j) 3 · x = 39
k) 54 − x = 7
l) 38 + x = 108
m) 14 · x = 42
n) 100 − x = 49
o) 91 + x = 182

SELBSTKONTROLLE zu Aufgabe 3: Die Lösungen der Gleichungen sind unter den Zahlen 3; 8; 13; 20; 21; 28; 33; 47; 51; 55; 70; 80; 91; 194.

4 Finde drei eigene Gleichungen mit der Lösung x = 10.

5 Schreibe die Aufgaben aus der Tabelle mit Platzhaltern und löse sie.
BEISPIEL zu a): 6 · x = 24; Lösung x = 4.

a)
·	4	5	
6	24		90
	32		

b)
−	60		199
200	140	75	
245			

c)
+	33		
44	77	99	
	121		88

d)
:	4		
16	4		
	58	29	232

6 Ordne jeweils dem Text die passende Gleichung zu.

Addiere zur gesuchten Zahl 15 und du erhältst als Ergebnis 47.	Verdopple die gesuchte Zahl. Du erhältst 24.	Ziehe von der gesuchten Zahl 24 ab und du erhältst 2.	Multipliziere die gesuchte Zahl mit 5. Du erhältst 80.	Subtrahiere die gesuchte Zahl von 47 und du erhältst 15.
47 − x = 15	x · 5 = 80	x + 2 = 24	2 · x = 24	x − 24 = 2
x − 47 = 15	24 · x = 2	80 = 5 + x	15 + 47 = x	x + 15 = 47

ERINNERE DICH
Malnehmen → Multiplizieren
Teilen → Dividieren
Zusammenzählen → Addieren
Abziehen → Subtrahieren

7 Schreibe zu den Texten jeweils eine passende Gleichung. Verwende für die gedachte Zahl den Platzhalter x. Finde dann die gedachte Zahl.
a) Wenn ich meine gedachte Zahl mit 5 malnehme, erhalte ich 45.
b) Wenn ich meine gedachte Zahl von 100 subtrahiere, erhalte ich 13.
c) Meine gedachte Zahl geteilt durch 7 ergibt 15.
d) Ich denke mir eine Zahl und multipliziere sie mit 50. Als Ergebnis erhalte ich 150.
e) Wenn ich zu dem Doppelten meiner gedachten Zahl erst 90 addiere und vom Ergebnis anschließend 14 subtrahiere, dann erhalte ich als Ergebnis 80.

8 Wie lautet die Lösung der Gleichung 3 · x + 15 = 36? Gehe schrittweise vor und erkläre.

▶ Löse die Gleichungen.
a) 4 · a + 35 = 75
b) 10 · a − 51 = 9
c) 7 · y − 28 = 7
d) 5 · a + 10 = 90
e) 40 − 2 · y = 10
f) 6 · y − 2 · y = 20

9 Wie alt sind die Personen jeweils?
a) Oma, Mutter und Tochter sind zusammen 108 Jahre alt. Die Oma ist 24 Jahre älter als die Mutter, die Mutter 24 Jahre älter als die Tochter.
b) Karins Mutter ist doppelt so alt wie Karin. Zusammen sind sie 63 Jahre alt.

THEMA

Zaubern mit Zahlen

1 Robert und der Zahlenteufel
Robert war nicht so begeistert von der Mathematik. Dies änderte sich aber mithilfe des Zahlenteufels, der ihm im Traum einige interessante Dinge über Zahlen erzählte. Unter anderem stellte der Zahlenteufel immer wieder Rätsel.

Nun denkt sich aber Robert ein Rätsel für den Zahlenteufel aus:
„Welche Zahl habe ich mir ausgedacht? Wenn ich sie mit 5 multipliziere und dann 35 subtrahiere, erhalte ich 20."
Der Zahlenteufel lacht und fuchtelt mit seinem Stock vor Roberts Nase herum.
„Das ist die einfachste Sache der Welt", behauptet er.

a) Siehst du das auch so wie der Zahlenteufel?
b) Arbeitet zu zweit: Denke dir auch solche Zahlenrätsel aus. Stellt euch die Rätsel gegenseitig und löst sie.

2 Der Zahlenteufel verblüfft gerne mit Kopfrechentricks für das Multiplizieren von Zahlen, die ein wenig kleiner sind als 100.

> **BEISPIEL** $92 \cdot 97 = ?$
> - Er macht zunächst einen Überschlag, damit er weiß, wie groß das Ergebnis ungefähr ist:
> $90 \cdot 100 = 9000$.
> - Dann rechnet er: $100 - 92 = 8$
> $100 - 97 = 3$
> $8 + 3 = 11 \qquad 100 - 11 = 89$
> $8 \cdot 3 = 24$
> - Das Ergebnis lautet $92 \cdot 97 = 8924$.

Multipliziere wie der Zahlenteufel.
a) $91 \cdot 98$ **b)** $94 \cdot 96$ **c)** $95 \cdot 95$ **d)** $89 \cdot 96$

3 Der Zahlenteufel kennt einen weiteren Trick zum Multiplizieren, wenn die Zahlen wenig größer als 100 sind.

> **BEISPIEL** $104 \cdot 107 = ?$
> - Überschlag: $100 \cdot 100 = 10\,000$
> - Dann rechnet er: $104 - 100 = 4$
> $107 - 100 = 7$
> $4 + 7 = 11 \qquad 100 + 11 = 111$
> $4 \cdot 7 = 28$
> - Das Ergebnis lautet $104 \cdot 107 = 11\,128$.

Wende den Trick des Zahlenteufels an.
a) $101 \cdot 104$ **b)** $103 \cdot 109$ **c)** $102 \cdot 108$ **d)** $105 \cdot 105$

4 Wenn eine Zahl ein wenig kleiner als 100 ist und eine andere Zahl ein wenig größer, dann funktionieren die Tricks zur Multiplikation bei den Aufgaben 2 und 3 leider nicht mehr so einfach. Aber vielleicht habt ihr dazu eine Idee?

LÖSUNGEN zu den Aufgaben 2 und 3: 8918, 9024, 9025, 8544, 10504, 11227, 11016, 11025.

Natürliche Zahlen multiplizieren und dividieren   121

5 Zahlen raten – ein Trick

Ein Zahlenzauberer sagt zu dir: „Du denkst dir eine Zahl und multiplizierst die Zahl mit 5. Dann multiplizierst du sie mit 2. Zu dem Ergebnis addierst du die Zahl 17. Sage mir dein Ergebnis und ich weiß, welche Zahl du dir ausgedacht hast."

Wisst ihr, wie das geht? Probiert es zu zweit aus.

6 Multipliziere 12 345 679 mit 18 (mit 27; 36; 45; 63; 72; 81).
Du erhältst besondere Ergebnisse.

7 Muster und Zahlen
a) Zeichne die Muster in dein Heft. Finde passende Zahlen zu den einzelnen Figuren. Schreibe sie darunter.

b) Versuche, die Muster im Heft regelmäßig fortzusetzen.
c) Finde Regelmäßigkeiten und Bildungsgesetze für die Zahlen, die zu den abgebildeten Mustern passen.

8 Immer haben die Menschen nach Möglichkeiten gesucht, sich das Rechnen zu vereinfachen. Die folgende Methode stammt wahrscheinlich aus Indien und wurde schon im 11. Jahrhundert dort verwendet.

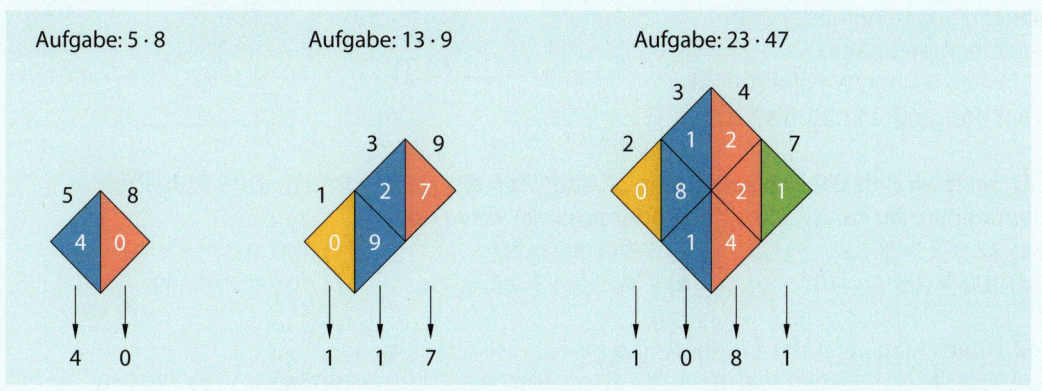

Aufgabe: 5 · 8   Aufgabe: 13 · 9   Aufgabe: 23 · 47

a) Kannst du aus den Beispielen entnehmen, wie das Verfahren funktioniert? Erkläre.
 • Notiere zunächst die Rechenaufgabe.
 • Ordne den Farben Stellenwerte zu (Einer, Zehner, Hunderter, Tausender …)
 • Beachte den Übertrag.
b) Überprüfe das Verfahren an eigenen Aufgaben. Wähle dabei auch größere Zahlen. Arbeitet dann zu zweit. Tausche deine Aufgaben mit deiner Nachbarin bzw. deinem Nachbarn. Kontrolliert euch gegenseitig.
c) Überlegt euch, wie man das Verfahren anderen Schülerinnen und Schülern erklären kann. Zeichnet ein eigenes Beispiel dazu. Präsentiert es in einer Gruppe oder vor der Klasse.

VERMISCHTE ÜBUNGEN

1 Zahlenmauern
a) Vervollständige die Zahlenmauern im Heft. In jedem Baustein soll das Produkt der beiden darunter stehenden Zahlen stehen.

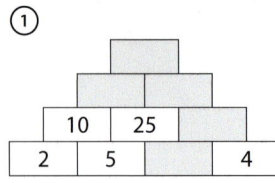

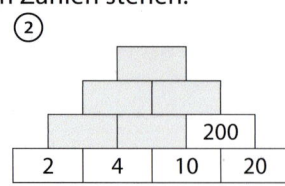

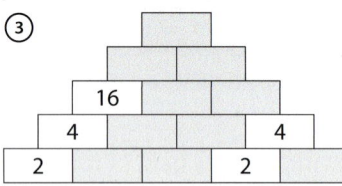

① 10 25 — 2 5 — 4
② — 200 — 2 4 10 20
③ 16 4 — 4 — 2 — 2

b) Welche Auswirkungen hat es, wenn in der untersten Zeile einer Multiplikationsmauer die Zahl Null steht? Begründe.

2 Schreibe die Aufgabe mit einem Divisionszeichen an der richtigen Stelle in dein Heft. Überprüfe deine Ergebnisse.
a) 3 7 5 2 0 7 0 = 5
b) 4 8 7 2 8 1 2 = 6
c) 1 8 9 0 1 2 6 = 15
d) 4 0 8 8 8 = 511

3 Schreibe die Zahlen als Produkte von zwei Faktoren. Finde möglichst viele Möglichkeiten.
BEISPIEL 450 = 50 · 9 = 45 · 10 = …
a) 72   b) 210   c) 420   d) 125   e) 105
f) 630   g) 2750   h) 7500   i) 96 000   j) 6 000 000

LÖSUNGEN
zu Aufgabe 4:
17 **T**
168 **S**
28 **D**
360 **N**
500 **A**
1000 **E**
0 **U**

4 Die Ergebnisse der Aufgaben bilden ein Lösungswort (siehe Randspalte).
a) 425 : 25   b) 8500 : 17   c) 5 · 4 · 3 · 2 · 0   d) 12 · 14
e) 125 · 8   f) 3 · 4 · 5 · 6   g) 420 : 15

5 Multipliziere jede Zahl der linken Spalte mit jeder Zahl der rechten Spalte. Schätze vorher: Welche Aufgabe hat das größte Ergebnis?

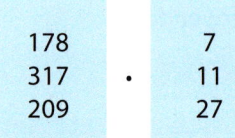

a) 178, 317, 209 · 7, 11, 27
b) 20 790, 73 589, 12 702 · 109, 250, 867

6 Setze im Heft die Rechenzeichen „·" und „:" so ein, dass richtig gelöste Aufgaben entstehen. Du kannst sie einmal oder zweimal verwenden.
a) 72 ◆ 8 ◆ 3 = 3
b) 5 ◆ 8 ◆ 2 = 20
c) 100 ◆ 2 ◆ 5 = 10
d) 100 ◆ 2 ◆ 5 = 40
e) 2 ◆ 3 ◆ 4 ◆ 24 = 1
f) 4 ◆ 4 ◆ 4 = 64

7 Überschlage erst das Ergebnis und berechne es dann genau.
a) 154 : 7   b) 2664 : 8   c) 11 106 : 9   d) 18 180 : 6   e) 1701 : 3
f) 8008 : 8   g) 32 140 : 5   h) 29 322 : 9   i) 4185 : 31   j) 14 314 : 17
k) 14 504 : 14   l) 1386 : 42   m) 43 284 : 12   n) 138 138 : 69   o) 39 627 : 51
p) Berechne jeweils die Differenz zwischen dem Überschlag und dem genauen Ergebnis? Bei welchen Aufgaben war dein Überschlag besonders nahe am genauen Ergebnis?

8 Berechne im Kopf. Zerlege dazu in geeignete Teilaufgaben, wenn nötig.
a) 8 · 12   b) 5 · 11   c) 16 · 7   d) 4 · 17   e) 6 · 700
f) 7 · 300   g) 7 · 15   h) 9 · 12   i) 30 · 90   j) 8 · 11
k) 4 · 250   l) 4 · 700   m) 3 · 19   n) 3 · 14   o) 4 · 8
p) 3 · 15   q) 9 · 300   r) 9 · 800   s) 0 · 19   t) 5 · 13

Natürliche Zahlen multiplizieren und dividieren

9 Beantworte die Fragen. Notiere deine Überlegungen.
a) Dividend und Divisor sind gleich groß, aber nicht 0. Wie groß ist der Quotient?
b) Ein Produkt beträgt 1215, der erste Faktor ist 45. Wie lautet der zweite Faktor?
c) Das Produkt 432 soll nur aus den Faktoren 3 und 4 gebildet werden.
Wie oft steht darin der Faktor 3, wie oft der Faktor 4?

10 Stelle mit den Zahlen Divisionsaufgaben zusammen.
Wie viele Aufgaben sind möglich?
Bei welchen Divisionen bleibt kein Rest?

16 458	17 883		6	7
	11 656	:	8	
17 171				9

11 Schreibe jeweils als Multiplikationsaufgabe. Berechne dann.
a) 2^4 b) 3^3 c) 7^3 d) 3^5 e) 6^4 f) 10^4

HINWEIS
zu Aufgabe 11:
Beachte die Info auf Seite 101.

12 Vergleiche.
a) 3^4 und 3^5 b) 4^4 und 16^2 c) 7^6 und 7^5 d) 15^4 und 16^4

13 Finde passende Zahlen für die Platzhalter.
a) $6 \cdot y = 30$ b) $25 - a = 18$ c) $12 + b = 17$ d) $2 \cdot c - 1 = 1$
e) $2 \cdot y + 3 = 13$ f) $10 \cdot x - 6 = 24$ g) $27 : z = 9$ h) $x : 8 = 2$

14 Welche Rechnungen sind richtig? Gib für die falschen Rechnungen an, welche Vorrangregeln nicht beachtet wurden.
a) $56 : 7 \cdot 4 = 56 : 28 = 2$ $56 : 7 \cdot 4 = 8 \cdot 4 = 32$
b) $100 - 45 + 18 = 55 + 18 = 73$ $100 - 45 + 18 = 100 - 63 = 37$
c) $120 - 24 : 8 = 96 : 8 = 12$ $120 - 24 : 8 = 120 - 3 = 117$
d) Finde eigene Aufgaben, an denen du die Vorrangregeln erklären kannst.

15
a) Neun Freunde mieten ein Ferienhaus für 2000 Euro pro Woche.
Wie viel muss jeder der Freunde ungefähr zahlen?
b) Ein Herz schlägt im Ruhezustand etwa einmal pro Sekunde.
Wie oft schlägt es in einer Stunde (an einem Tag, in einem Jahr)?
c) Ein Konzertsaal hat 28 Reihen mit je 35 Plätzen. Wie viel Geld kann eingenommen werden, wenn eine Karte 15 Euro kostet?
d) Toni kauft fünf Schulhefte zu je 35 Cent, drei Bleistifte zu je 45 Cent und einen Radiergummi zu 40 Cent. Er hat 5,00 € dabei.
Reicht das Restgeld noch für ein Comicheft für 1,20 €?

16 Welche der schwarz gedruckten Faktoren passen zu den grün gedruckten Produkten? Übertrage das Zahlenfeld in dein Heft und streiche ab.

99	13	9	72	11	112
6	7	80	18	44	12
90	7	3	25	5	63
15	78	11	84	9	6
8	5	16	8	4	42
12	150	14	14	180	9

17
a) Franziska kann fünf Zweien
2 2 2 2 2 = …
so mit den Zeichen +, −, · und : verknüpfen, dass sie die Ergebnisse 0 bis 10 erhält.
b) Findest du auch solche Aufgaben zu den Ergebnissen 12, 14 und 18?

ANWENDEN & VERNETZEN

1 Robin ist ein begeisterter Skateboardfahrer.
Zum Geburtstag wünscht er sich ein neues Board.
Robin informiert sich in einem Skaterladen über die Kosten:

Deck: 79 €	Rollen Stück: 13 €
Achsen Stück: 39 €	Kugellager Set: 36 €
Shortys Set: 5 €	Griptape: 9 €
Spacer und Speedrings: 5 €	

Mit welchen Gesamtkosten muss Robin rechnen?

Preisliste
Anfahrt 25 €
Arbeitsstunde 32 €

2 Herr Scholz betreut den Computerraum in der Schule.
Um ein Problem zu lösen, ruft er einen Fachmann an.
Herr Scholz erkundigt sich zunächst nach den Preisen (siehe Randspalte).
a) Wie viel muss Herr Scholz bezahlen, wenn die Reparatur eine Stunde dauert (2; 3; 4 Stunden)?
b) Der Computerfachmann kommt am nächsten Tag noch einmal. Wie viele Stunden hat er insgesamt gearbeitet, wenn die Rechnung 242 Euro beträgt?

3 Im Großmarkt werden Obst und Gemüse in großen Mengen verkauft. Dort kaufen Händler und Restaurants ihre Waren, meist sehr früh am Morgen. Hier findest du einige Beispiele für Preise:

Anzahl Kiwi	20	100	200	500
Preis in €	3,80	18,00	34,20	80,75

Anzahl Ananas	10	100	200	500
Preis in €	22,90	217,00	412,20	973,25

a) Wie viel kostet eine Kiwi, wenn man 20 Stück kauft?
b) Wie viel kostet eine Ananas, wenn man 10 Stück kauft?
c) Gibt es Preisnachlässe beim Kauf großer Anzahlen? Begründe.
d) Wie viele Ananas bekommt man für 50 Euro?
e) Wie viel spart ein Restaurant etwa pro Frucht, wenn es große Mengen Kiwis einkauft? Warum kann es trotzdem sinnvoll sein, eine kleinere Anzahl Kiwis zu kaufen? Erläutere jeweils deine Antworten.

4 Familie Bruns hat Nachwuchs bekommen und benötigt ein größeres Auto. Für das alte Auto zahlt ihnen der Autohändler 9000 €. Zum Kaufpreis des neuen Autos fehlen aber noch 10 800 €. Diesen Betrag möchte Familie Bruns in 30 monatlichen Raten bezahlen.
a) Wie teuer ist das neue Auto?
b) Ist eine Monatsrate höher oder niedriger als 200 Euro? Begründe.
c) Frau Bruns sagt: „Lass uns lieber 24 statt 36 Monatsraten nehmen." Wird die monatliche Rate dadurch größer oder kleiner? Erkläre.

Natürliche Zahlen multiplizieren und dividieren

5 Der Flughafen Frankfurt-Hahn hat im Mai 2012 genau 252 287 Passagiere abgefertigt. Im April 2012 waren es 244 814 Passagiere.
a) Wie groß ist der Unterschied zwischen den Passagierzahlen im April 2012 und im Mai 2012?
b) Schätze: Wie viele Passagiere wurden im Jahr 2012 auf dem Flughafen Hahn abgefertigt?
c) Finde mögliche Gründe, warum die Passagierzahlen von Monat zu Monat schwanken.
d) Wie viele Fluggäste wurden im April und Mai 2012 durchschnittlich pro Tag abgefertigt?

6 Im Durchschnitt
a) Familie Bauer hat sieben Tage Urlaub am Schliersee gemacht und 1386 € ausgegeben. Wie viel Euro waren das je Tag?
b) Frau Maier fährt von Nürnberg nach Dortmund (534 km) in sechs Stunden. Wie viel Kilometer hat sie pro Stunde zurückgelegt?
c) Der Inter-City-Express (ICE) fährt die Strecke von München nach Hamburg in sechs Stunden. Die Strecke ist 822 km lang. Wie viel Kilometer legt er pro Stunde zurück?
d) Was bedeutet „im Durchschnitt"? Erkläre mit eigenen Worten. Welche Werte können in den Situationen a) bis c) tatsächlich auftreten?

7 Im Aufzug
a) Was bedeuten die Angaben auf den folgenden Schildern?

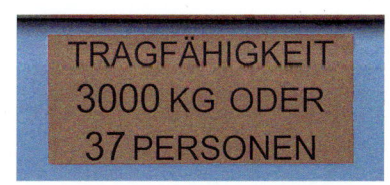

Tragfähigkeit 1000 kg oder 13 Personen

TRAGFÄHIGKEIT 3000 KG ODER 37 PERSONEN

b) Bei Personenaufzügen rechnet eine Firma mit einem durchschnittlichen Gewicht von 75 Kilogramm pro Person. Für wie viele Personen ist ein Aufzug zugelassen, wenn auf dem Schild steht: „Maximale Belastung 1200 kg"?

8 Ein Sportverein veranstaltet jährlich einen „Eurolauf". Dabei wählt sich ein Sponsor einen der Sportler aus und zahlt am Ende für jeweils 500 Meter zurückgelegte Strecke einen Euro als Spende.
Natürlich versucht jeder Teilnehmer, eine möglichst lange Strecke zurückzulegen.
Hier findest du die Ergebnisse von sechs Läufern:

Jannis:	8 km
Leon:	4 km 500 m
Yasar:	11 km
Tiago:	12 km 500 m
Paul:	6 km 500 m
Max:	7 km

a) Wie viel Geld hat der Sportverein für diese sechs Läufer als Spende eingenommen?
b) Wie viel Kilometer mehr hätten die sechs Läufer laufen müssen, um zusammen auf 100 Euro zu bekommen?

Teste dich!

▸ Basis

1 Rechne im Kopf.
a) 4 · 9 b) 48 : 8 c) 6 · 11
d) 30 : 6 e) 8 · 70 f) 30 · 9
g) 240 : 6 h) 3600 : 10 i) 50 · 80

2 Überschlage erst und berechne dann schriftlich.
a) 72 · 3 b) 314 · 4
c) 638 · 12 d) 906 · 24
e) 168 : 6 f) 2826 : 9
g) 312 : 12 h) 25 030 : 15

3 Finde je zwei Multiplikationsaufgaben mit zwei Faktoren, die die angegebene Lösung haben.
a) 54 b) 120
c) 96 d) 72

4 Notiere fünf Divisionsaufgaben ohne Rest, die sich aus den folgenden Zahlen bilden lassen.
Löse die Aufgaben.

45	30		5	10	
64	66	:	9	31	=
27	93		3	6	
18	48		8	12	

5 Das Antriebsrad einer Maschine macht in einer Minute 645 Umdrehungen. Wie viele Umdrehungen macht das Rad in 4 Minuten (in 8 Minuten; in 20 Minuten)?

6 Ein ICE-Zug legt auf der Strecke Köln – Frankfurt in einer Minute ungefähr fünf Kilometer zurück.
a) Wie viele Kilometer fährt der Zug in 48 Minuten?
b) Der Zug ist 135 Kilometer gefahren. Wie lange hat er dafür etwa gebraucht?

7 Rechne geschickt.
a) 4 · 8 · 25 b) 5 · 19 · 20
c) 59 + 172 + 41 + 28
d) 29 · 30 e) 9 · 61

▸ Erweiterung

1 Rechne im Kopf.
a) 70 · 9 b) 640 : 8 c) 20 · 3
d) 120 : 4 e) 50 · 11 f) 880 : 22
g) 480 : 12 h) 400 · 9 i) 260 · 50

2 Überschlage erst und berechne dann schriftlich.
a) 531 · 6 b) 8,29 € · 9
c) 557 · 42 d) 6,75 € · 12
e) 826 : 4 f) 7216 : 8
g) 4830 : 12 h) 78 084 : 81

3 Finde möglichst viele Multiplikationsaufgaben mit der angegebenen Lösung.
a) 56 b) 110
c) 96 d) 156

4 Ermittle die gesuchten Zahlen.
a) Der Quotient zweier Zahlen ist 8. Der Dividend ist 168. Wie lautet der Divisor?
b) Ein Produkt beträgt 2706, einer der beiden Faktoren ist 66. Wie lautet der andere Faktor?
c) Schreibe eine Divisionsaufgabe mit dem Quotienten 12 und dem Divisor 52. Wie lautet der Dividend?

5 Das Antriebsrad einer Maschine macht in einer Minute 645 Umdrehungen. Hat das Rad in einer Viertelstunde mehr als 10 000 Umdrehungen gemacht? Begründe.

6 Der französische TGV-Zug legt in einer Sekunde bis zu 90 Meter zurück.
a) Wie viele Kilometer fährt er in einer halben Stunde?
b) Wie lange braucht der Zug auf der Strecke von Paris nach Lyon (409 Kilometer) mindestens?

7 Rechne geschickt.
a) 69 · 11 b) 4 · 60 · 15
c) 125 · 24 · 8 · 2 d) 48 · 250
e) 781 + 201 − 81 + 99 + 19

Natürliche Zahlen multiplizieren und dividieren

▶ Basis

8 Berechne.
a) 5 · (6 + 24)   b) (4 · 6) + 4
c) 99 − 165 : 3   d) 42 · 2 − 48

9 Finde für x passende Zahlen, sodass richtig gelöste Aufgaben entstehen.
a) x + 15 = 71
b) 2 · x − 7 = 25
c) x − 5 = 19
d) 23 − x = 8
e) x + 5 = 11
f) 8 · x − 16 = 24

10 In der Klassenkasse der 5 c sind 432 Euro. In der Klasse sind 24 Schülerinnen und Schüler.
Sascha schlägt vor: „Wir machen einen Ausflug in den Zoo. Die Eintrittskarten kosten 192 Euro für uns alle. Die Hin- und Rückfahrt mit dem Bus kostet zusammen 7 Euro pro Kopf."
Ist der Ausflug möglich?

11 Verteile die vier Zahlen 1; 8; 10 und 100 auf die Felder ● · ■ + ▲ − ◆, sodass ein möglichst großes Ergebnis entsteht.

▶ Erweiterung

8 Ordne die Lösungen der Größe nach.
a) 255 : (19 + 38 · 2 − 10)
b) (25 + 87 − 13) · (151 − 3 · 17)
c) 17 + 3 · 6 + 72 : 9 − 39

9 Löse die Gleichungen.
a) 8 · x − 16 = 24
b) 2 · z − 5 = 19
c) 23 − 2 · x = 15
d) 10 · a − 19 = 11
e) 8 · b − 3 = 13
f) 7 · x + 15 = 71
g) 12 · y − 7 = 89

10 Herr Paul hat 6830 Euro im Lotto gewonnen. Er will das Geld unter den sieben Familienmitgliedern aufteilen.
Wie viel Euro erhält jedes Familienmitglied, wenn Herr Paul die Hälfte für sich behält und 500 Euro spendet?

11 Berechne die Produkte 1 · 1; 2 · 2; 3 · 3; …; 15 · 15.
Was fällt dir auf, wenn du die Unterschiede zwischen den Nachbarn dieser Folge betrachtest?
Beschreibe.

Schätze deine Kenntnisse und Fähigkeiten ein. Ordne dazu deiner Lösung im Heft einen Smiley zu: ↻ 127-1
„Ich konnte die Aufgabe …   ☺ richtig lösen.   😐 nicht vollständig lösen.   ☹ nicht lösen."

Aufgabe	Ich kann …	Siehe Seite …
1	im Kopf multiplizieren und dividieren.	100, 102
2	Multiplikations- und Divisionsaufgaben überschlagen und schriftlich lösen.	104, 108, 110
3	Multiplikationsaufgaben zu vorgegebenen Ergebnissen bilden.	98
4	mit Fachbegriffen zur Division umgehen.	102
5, 6, 10	Sachaufgaben mit Multiplikationen und Divisionen lösen.	100, 102, 104, 108, 110
7	vorteilhaft rechnen und dabei Rechengesetze nutzen.	116
8	die Vorrangregeln bei Aufgaben anwenden, in denen +, −, · und : vermischt vorkommen.	114
9	Gleichungen lösen mithilfe von Umkehraufgaben.	118
11	Zusammenhänge zwischen Zahlen in Aufgaben und deren Ergebnissen untersuchen.	114, 116

ZUSAMMENFASSUNG

Natürliche Zahlen multiplizieren und dividieren

Multiplikation
Seiten 100, 104

$$8 \cdot 14 = 112$$

Faktor · Faktor = Produkt (mal, gleich)

Die beiden Faktoren bilden das Produkt.

Regeln für das schriftliche Multiplizieren

- Die beiden Faktoren werden nebeneinander geschrieben.
- Der erste Faktor wird mit jeder Ziffer des zweiten Faktors multipliziert.
- Die einzelnen Teilprodukte werden untereinander geschrieben, wobei der Einer des Produktes unter der entsprechenden Ziffer des zweiten Faktors steht.
- Die Teilprodukte werden addiert.

BEISPIEL $123 \cdot 75$
Überschlag: $120 \cdot 80 = 9600$

```
1 2 3 · 7 5
    8 6 1
      6 1 5
      1
    9 2 2 5
```

Division
Seiten 102, 108, 110

$$72 : 9 = 8$$

Dividend : Divisor = Quotient (durch, gleich)

Dividend durch Divisor bildet den Quotienten.

Regeln für das schriftliche Dividieren

- Dividend und Divisor werden nebeneinander geschrieben.
- Man betrachtet von links nach rechts die einzelnen Stellen des Dividenden und zieht jeweils Vielfache des Divisors ab.

BEISPIEL $544 : 8$
Überschlag: $560 : 8 = 70$

```
5 4 4 : 8 = 6 8
4 8
  6 4
  6 4
    0
```

Rechnen mit Klammern und Vorrangregeln
Seite 114

- Teilaufgaben in Klammern rechnet man zuerst.
- Rechne Aufgaben ohne Klammern, bei denen nur addiert oder subtrahiert (nur multipliziert oder dividiert) werden muss, von links nach rechts.
- In den Klammern oder bei Aufgaben ohne Klammern gilt immer: Punktrechnung geht vor Strichrechnung.

Rechengesetze
Seite 116

Für alle natürlichen Zahlen gilt:

Vertauschungsgesetz	$a + b = b + a$	$a \cdot b = b \cdot a$
Verbindungsgesetz	$(a + b) + c = a + (b + c)$	$(a \cdot b) \cdot c = a \cdot (b \cdot c)$
Verteilungsgesetz	$a \cdot (b + c) = a \cdot b + a \cdot c$	$a \cdot (b - c) = a \cdot b - a \cdot c$ $(b > c)$

Gleichungen lösen
Seite 118

$x + 6 = 22$ ist eine Gleichung. Man kann sie zum Beispiel durch das Aufstellen einer Umkehraufgabe lösen: $22 - 6 = x$ bzw. $16 = x$.
16 ist eine Lösung der Gleichung $x + 6 = 22$, denn $16 + 6 = 22$.

Erinnere dich!

Körper

1 Die Bausteine sollen in Schubladen einsortiert werden. In den Schubladen sollen die Bausteine immer eine gemeinsame Eigenschaft haben. Welche Schubladen würdest du einrichten?

2 Für welche Bausteine kennst du bereits einen Namen?

Körper sind dreidimensionale Gebilde.

3 Kennst du andere Gegenstände, die genau oder ungefähr wie einer der Bausteine geformt sind? Erstelle eine Tabelle mit deinen Beispielen.

4 Ist Würfelzucker wirklich würfelförmig?

Körper bzw. Baustein	Beispiele
Kugel (5)	Orange, Mond, Schmuckperlen, Wassertropfen
…	…

5 Nenne die Körper aus dem Bild oben, die folgende Eigenschaften haben:
- Körper mit einer Spitze,
- Körper mit acht Ecken,
- Körper mit fünf Ecken,
- Körper ohne Kanten,
- Körper mit mindestens einer gekrümmten Kante,
- Körper mit mindestens einer gekrümmten Fläche.

↻ 129-1

Burgen in Rheinland-Pfalz

An vielen Orten gibt es alte Burgen, die im Mittelalter erbaut wurden. Sie sind oft nicht mehr vollständig erhalten. Eine der bekanntesten Burgruinen in Rheinland-Pfalz ist die **Nürburg**. Die Burg wurde 1689 zerstört. Wie sah sie wohl vollständig aus?

Burgen liegen nicht immer auf Bergen. Manche liegen sogar auf Inseln im Rhein, zum Beispiel der **Mäuseturm bei Bingen** (Bild links) oder die Burg Pfalzgrafenstein. Wie sieht der Mäuseturm wohl von innen aus?

Körper und ihre Darstellung

Die **Burg Eltz** ist eine der bekanntesten Burgen in Rheinland-Pfalz.
Sie wurde niemals erobert oder zerstört.
Warum wurden an der Burg wohl so viele unterschiedliche Dachformen verwendet?

ERFORSCHEN & EXPERIMENTIEREN

Körper

1 Die Burg Eltz steht in Rheinland-Pfalz (siehe Seite 131).
Welche geometrischen Körper sind an dieser Burg zu erkennen?

2 Kantenmodelle

TIPPS
zu Aufgabe 2:
Die Ecken könnt ihr mit Knetmasse oder Klebeecken (siehe Bild) verbinden.

Baut eure Modelle gleich auf einer Unterlage aus Karton. Sie können sonst beim Transport kaputtgehen.

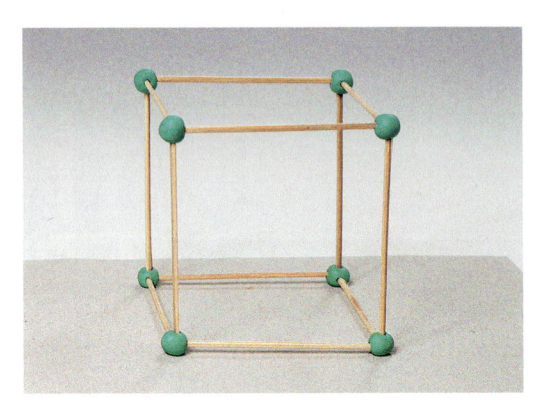

- Bastelt in Kleingruppen Kantenmodelle aus Holzstäben oder Strohhalmen.
- Welche Schritte sind schwierig?
- Welche Eigenschaften der Körper sind an den Modellen gut zu erkennen?

3 Körper – Ecken und Kanten

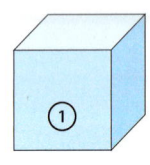

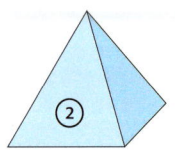

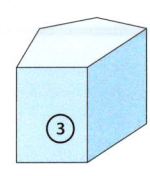

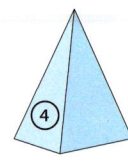

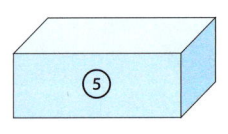

- Welcher der Körper hat die meisten Ecken, welcher die wenigsten?
  Woran liegt es, dass die Anzahl der Ecken unterschiedlich ist?
- Wie viele begrenzende Flächen haben die Körper jeweils?
- Gibt es einen Körper mit nur einer begrenzenden Fläche?

4 Körpernetze
- Burgen kann man aus Papier nachbauen. Fertige Vordrucke gibt es auf Bastelbögen.
  Teile von Burgen könnten auf einem Bastelbogen so aussehen:

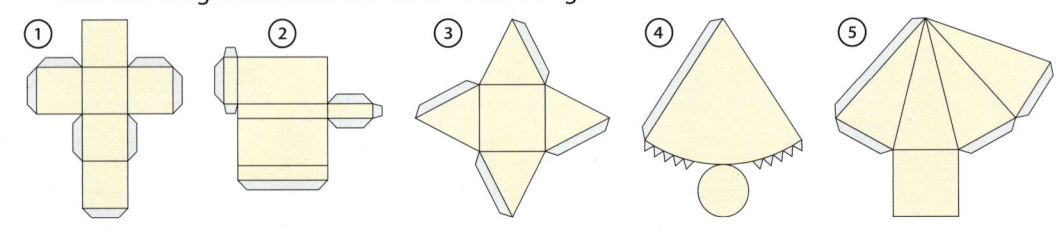

VORLAGEN
für Aufgabe 4:
↻ 132-1

- Wie sehen wohl die Ergebnisse aus, wenn die Bastelbögen jeweils ausgeschnitten und zu Körpern gefaltet werden?
- Vorlagen zum Basteln findest du unter dem Mediencode 132-1. Suche dir eine Figur aus.
  Baue daraus den Teil einer Burg. Vergleicht eure gebastelten Körper miteinander.
- Lässt man in den Figuren die Klebeflächen (im Bild grau) weg, dann erhält man Netze der Körper. Überlege: Wie sehen Netze aus für andere geometrische Körper, die du kennst?

Körper und ihre Darstellung

5 Lege dir einen Quader und einen Würfel sowie Papier und Schere zurecht.
- Schneide aus Papier Verpackungen für beide Körper aus.
  Die Verpackungen sollen jeweils aus einem Stück sein.
  Die Körper sollen genau hineinpassen.
- Wo kannst du bei deinen Verpackungen Klebeflächen anbringen, damit du sie zusammenkleben kannst?

6 Verpackungen
- Schneide eine leere Papp- oder Papierverpackung an den Kanten so auf, dass du sie eben ausbreiten kannst.
- Kennst du Namen für die Teilflächen? Schreibe sie darauf.
- Wo findest du Klebeflächen? Markiere sie.

7 Schrägbilder
Von wo aus müsstest du schauen, um einen Quader so zu sehen wie auf den Abbildungen? Von links oder von rechts, von vorne, von oben oder von unten?

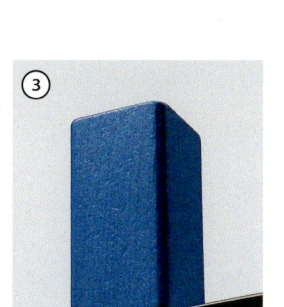

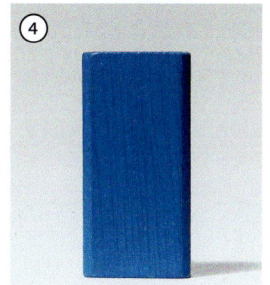

8 Schattenbilder
- Arbeitet in Gruppen. Befestigt ein großes weißes Blatt an der Wand oder der Tafel.
  Leuchtet mit einer Lampe auf das Papier.
  Haltet ein Kantenmodell (siehe Aufgabe 2) in den Schein der Lampe.
  Es entsteht ein Schattenbild des Kantenmodells.
- Versucht, euer Schattenbild nachzuzeichnen. Was fällt euch dabei auf?
- Diskutiert eure Ergebnisse in der Gruppe. Wird euer Kantenmodell durch das Schattenbild gut dargestellt?
- Vergleicht eure Ergebnisse auch mit denen anderer Gruppen.
  Haben alle Gruppen gleiche Kantenmodelle benutzt? Wie wirken sich Unterschiede zwischen den Modellen auf die Schattenbilder aus?

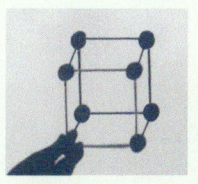

MATERIAL
Lampe; weißes Papier (mindestens DIN A3); Kantenmodell

WISSEN & ÜBEN

Geometrische Körper

Viele Gegenstände aus dem Alltag haben einfache Grundformen.

Getränkekartons sind oft quaderförmig. Konservendosen sind häufig zylindrisch.

Mathematische Körper werden von **Flächen** begrenzt.
Kanten entstehen, wenn zwei Flächen aneinanderstoßen.
Treffen sich Kanten in einem Punkt, entstehen **Ecken**.

HINWEIS
In der Spitze einer Pyramide treffen sich Kanten. Die Spitze zählt deshalb auch zu den Ecken. In der Spitze eines Kegels treffen sich keine Kanten. Sie ist deshalb keine Ecke.

Die wichtigsten mathematischen Körperformen sind:

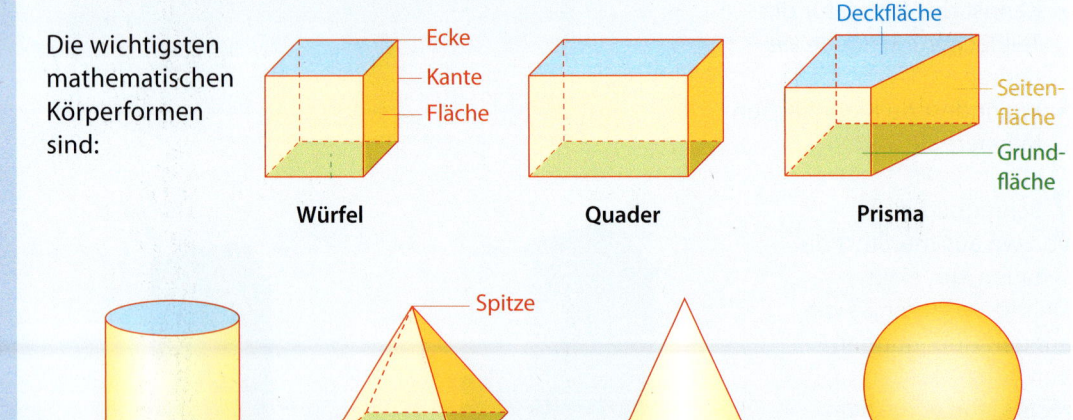

Würfel — Ecke, Kante, Fläche
Quader
Prisma — Deckfläche, Seitenfläche, Grundfläche

Zylinder
Pyramide — Spitze
Kegel
Kugel

1 Finde die Quader unter den folgenden Körpern. Erkläre, woran du sie erkannt hast.

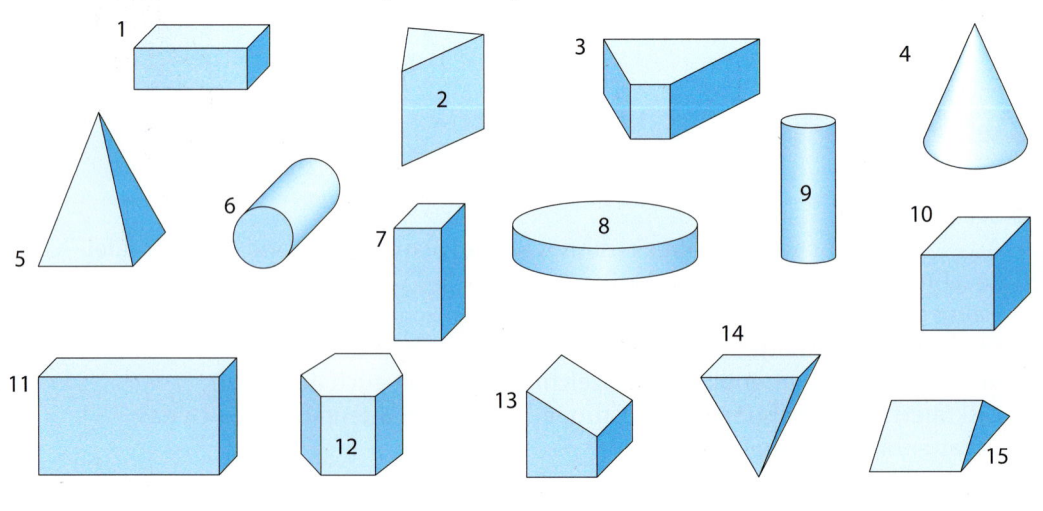

▶ Benenne auch die anderen Körper im Bild oben.

Körper und ihre Darstellung 135

2 Körper im Alltag
a) Wo findest du Kegelformen bei den folgenden Gegenständen? Erkläre, woran du sie erkannt hast.
b) Zwischen den kegelförmigen Gegenständen und der Form eines mathematischen Kegels gibt es Abweichungen. Finde Beispiele dafür und erkläre sie.

▶
c) Welche weiteren Körperformen erkennst du bei den Gegenständen?
d) Warum wurden die Körperformen wohl jeweils so gewählt? Finde für zwei Gegenstände mögliche Gründe.
e) Finde Beispiele für Abweichungen zwischen der Form des Gegenstands und der Form des zugehörigen mathematischen Körpers.

3 Suche in Zeitschriften Bilder von Gegenständen, die Körperformen wie im Merkkasten haben. Schneide sie aus und klebe sie in dein Heft. Schreibe die Körpernamen dazu.

4 Gestalte Steckbriefe zu den Körpern im Merkkasten. Arbeitet dann zu zweit: Tauscht eure Steckbriefe untereinander aus und findet heraus, um welche Körper es sich handelt.

Körper 1:
Flächen: 6 Quadrate
Kanten: 12
Ecken: 8
Spitze: keine

Körper 2:
Flächen: 2 Trapeze und 4 Rechtecke
Kanten: 12
Ecken: 8
Spitze: keine

Körper 3:
Flächen: 1 Quadrat und 4 Dreiecke
Kanten: 8
Ecken: 5
Spitze: 1

WISSEN & ÜBEN

5 Rechts siehst du Prismen. Vervollständige mithilfe des Bildes den folgenden Lückentext.

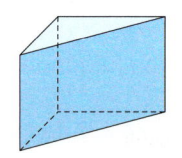

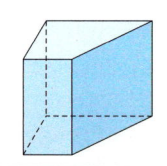

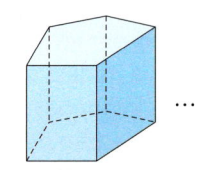

> Prismen sind Körper. Sie haben zum Beispiel ein ▲, ▲ oder ▲ als Grundfläche.
> Die Seitenflächen sind immer ▲. Sie stehen ▲ auf der Grundfläche.
> Die Deckfläche und die Grundfläche sind ▲.

SCHREIBVORLAGEN zu den Aufgaben 5 und 9: ↻ 136-1

6 Schreibe eine mathematische Erklärung zum Begriff Pyramide.

TIPPS
- Beachte das Bild rechts.
- Orientiere dich am Text zu den Prismen aus Aufgabe 5.

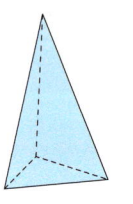

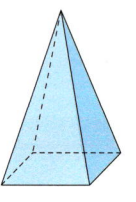

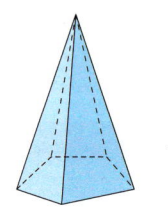

7
a) Welche Zahl liegt bei einem normalen Spielwürfel der „6" (der „5", der „3") gegenüber? 
b) Bilde jeweils die Summe der Punktzahlen auf den gegenüberliegenden Flächen eines Spielwürfels. Was fällt dir auf?

8 Aus welchen Teilkörpern ist der rechts abgebildete Körper zusammengesetzt? Woran erkennst du die Teilkörper? Beschreibe genau.

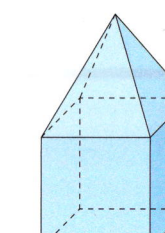

▶ Nenne die Teilkörper, aus denen die folgenden Körper zusammengesetzt sind.

a)   b) 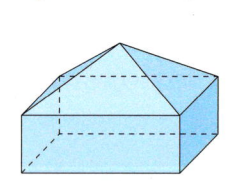   c) 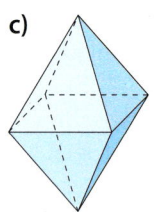   d) 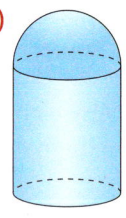   e)

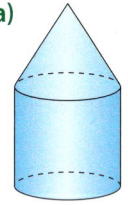

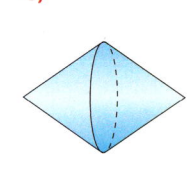

9 Ecken, Kanten, Flächen

TIPP zu Aufgabe 9: Beachte bei Pyramiden den Hinweis zu Ecken und Spitzen auf Seite 134, Randspalte.

Körper	Anzahl der ...			
	Ecken	Flächen	Ecken und Flächen	Kanten
Würfel				
Quader				
Pyramide mit einem Dreieck als Grundfläche				
Pyramide mit einem Viereck als Grundfläche				
Prisma mit einem Dreieck als Grundfläche				
Prisma mit einem Viereck als Grundfläche				

a) Ergänze im Heft die fehlenden Werte in der Tabelle.
b) Was fällt dir auf, wenn du die Anzahlen betrachtest?

10 Wie viele Flächen und Kanten erkennst du am folgenden Burgturm?

11 Schattenbilder
a) Nenne drei Beispiele für Körper, die einen Schatten wie bei ① werfen können.

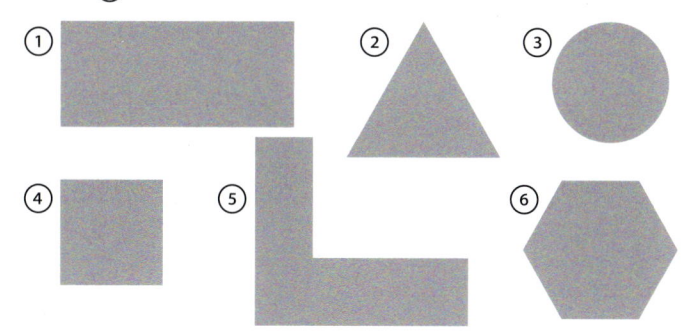

Burgturm in Bad Säckingen

b) Nenne Beispiele für Körper, die Schatten wie bei ② bis ⑥ werfen können.
c) Arbeitet zu zweit. Stellt euch gegenseitig weitere Aufgaben mit Schattenbildern.

12 Gibt es Körper, die mehr Ecken (mehr Flächen; mehr Kanten) haben als ein Würfel? Begründe durch Beispiele.

13 Hanna behauptet: „In jeder Ecke eines Quaders stoßen drei Kanten zusammen. Da ein Quader acht Ecken hat, hat er also 8 · 3 = 24 Kanten."

14 Wahr oder falsch? Finde das Lösungswort.

	Behauptung	wahr	falsch
a)	Jeder Würfel hat genau fünf Flächen.	M	G
b)	Eine Streichholzschachtel hat die Form eines Quaders.	E	A
c)	Jedes Prisma hat sechs Ecken.	T	O
d)	Ein Zylinder hat keine Ecken.	M	H
e)	Der Würfel ist ein spezieller Quader.	E	O
f)	Jedes Prisma ist ein spezieller Quader.	M	T
g)	Eine Pyramide ist kein Quader.	R	A
h)	Eine Pyramide mit einem Viereck als Grundfläche hat immer sechs Flächen.	T	I
i)	Bei einem Prisma gibt es keine Kanten, die zueinander parallel sind.	K	E

Bist du fit?

1. Berechne im Kopf.
a) 52 + 190   b) 12 · 8   c) 1020 − 30   d) 540 : 6

2. Berechne vorteilhaft im Kopf.
a) 14 · 6   b) 19 · 3   c) 12 + 176 + 8   d) 79 · 4
e) 18 · 6   f) 206 − 90 − 6   g) 4 · 97 · 25   h) 188 − 39 − 8

3. Ordne den Aufgaben die richtigen Ergebnisse zu. Mache dazu einen Überschlag.

726 : 3	24 826 : 2	7777 : 11	1557 : 9	1089 : 99
173	11	242	707	12 413

WISSEN & ÜBEN

Netze von Körpern

Laurin schneidet eine quaderförmige Verpackung an den Kanten auseinander.

Er zeichnet die flach ausgebreitete Packung mit einem Stift nach.

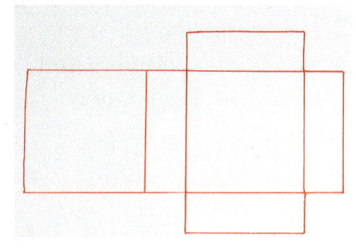

Dann zeichnet er die Knickkanten nach. So erhält Laurin ein Netz.

Ein Quader kann ganz unterschiedliche Netze haben.
Die folgenden Netze passen alle zum selben Quader.

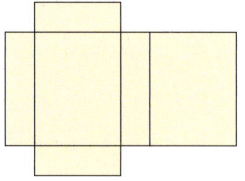

Netz 1:

Netz 2:

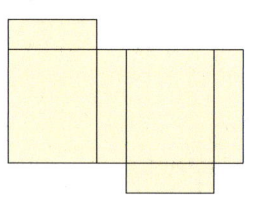

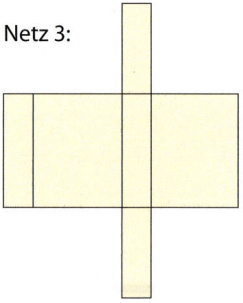

Netz 3:

Ein **Netz eines Körpers** entsteht, wenn man dessen Flächen als zusammenhängende Figur eben anordnet. Es gibt für einen Körper immer mehrere Möglichkeiten, ein Netz zu zeichnen.
Faltet man ein Netz passend zusammen, entsteht daraus der Körper.

FÖRDERN UND FORDERN
↻ 138-1

1
a) Zeichne das rechts abgebildete Netz auf Karopapier und schneide es aus.
b) Welcher Körper entsteht, wenn du es zusammenfaltest?

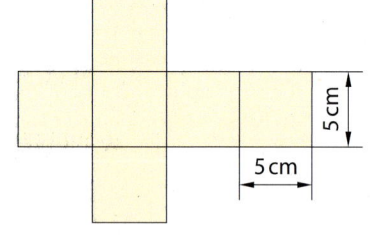

5 cm
5 cm

▶ Welche der folgenden Netze lassen sich zu einem Würfel (zu einem Quader) falten?

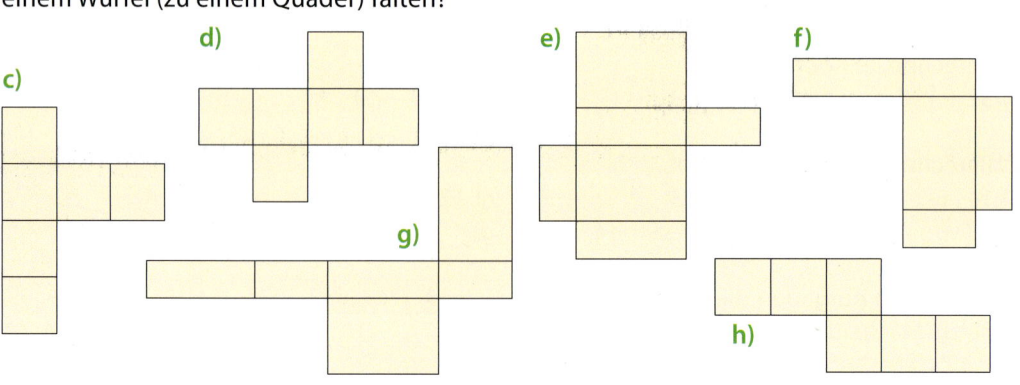

c)   d)   e)   f)

g)

h)

Körper und ihre Darstellung

2 Ordne die Netze den jeweiligen Körpern zu. Begründe deine Entscheidungen.

① ② ③ ④ ⑤

a) b) c) d) e)

3 Die folgenden Bilder zeigen Netze von Würfeln. Jeder dieser Würfel hat eine rote Fläche. Welche Farbe hat dann die am Körper gegenüberliegende Fläche?

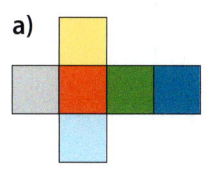

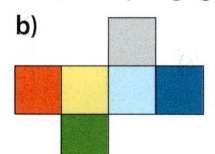

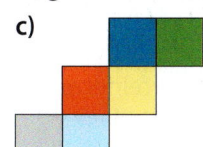

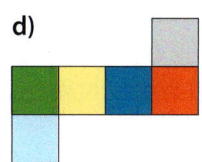

a)   b)   c)   d)

4

a) Lisa bastelt einen Spielwürfel aus Karton. Sie zeichnet dafür ein passendes Netz (siehe rechts). Ist Lisas Beschriftung mit Augenzahlen richtig? Begründe deine Aussage.

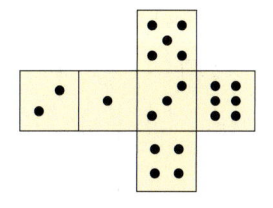

▶

b) Stelle fest, ob die Augenzahlen bei diesen Netzen richtig eingetragen sind.

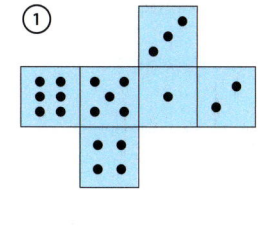

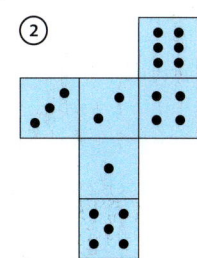

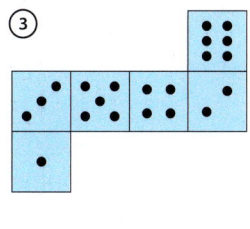

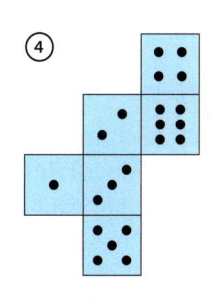

① ② ③ ④

c) Trage im Heft in die Würfelnetze die passenden Augenzahlen ein.

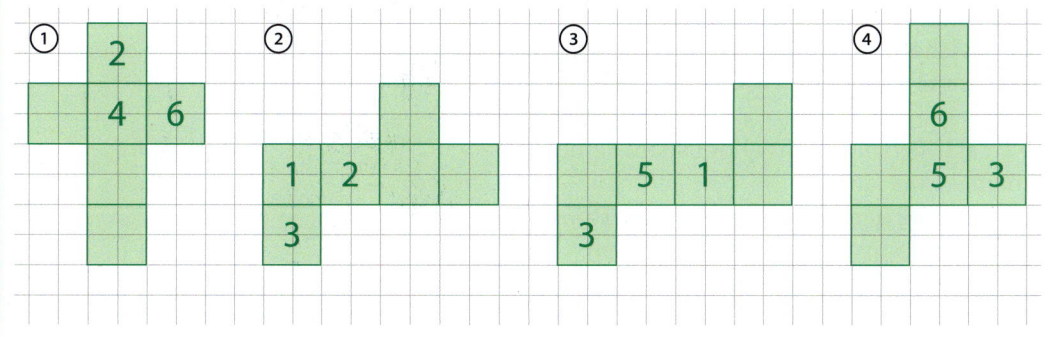

① ② ③ ④

BEACHTE
Bei einem Spielwürfel liegt die Augenzahl 6 immer der 1 gegenüber, die 5 der 2 und die 4 der 3. Die Summe der Augenzahlen gegenüberliegender Flächen ist also immer 7.

WISSEN & ÜBEN

5 Zeichne zu einer Verpackung ein Netz wie Laurin (Seite 138 oben). Vergiss nicht, die Knickkanten nachträglich einzuzeichnen.

6 Zu Würfelnetzen ergänzen
a) Wie viele Quadrate fehlen bei dieser Figur zu einem Würfelnetz?
b) Übertrage die Figur auf Karopapier. Ergänze sie zu einem Würfelnetz.

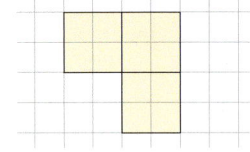

▶ Vervollständige im Heft zu Würfelnetzen.

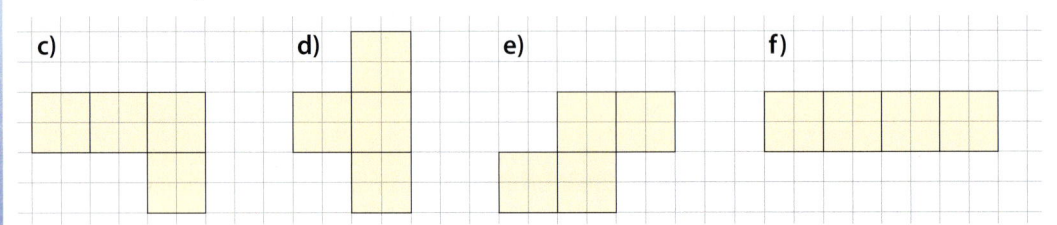

c)   d)   e)   f)

7
a) Wie viele verschiedene Würfelnetze findest du auf den Seiten 138 und 139?
b) Es gibt insgesamt elf verschiedene Würfelnetze. Zeichne möglichst viele davon auf Karopapier.

8 Rezan stellt einen Würfel aus dünner Pappe her. Schreibe dazu eine Anleitung.

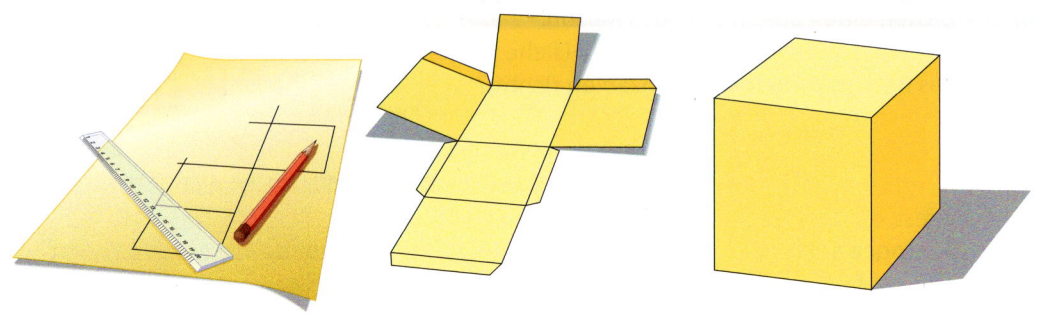

9
a) Zeichne ein Netz …
  • eines Würfels mit der Kantenlänge 3 cm,
  • eines Quaders mit den Kantenlängen 5 cm; 4 cm; 3 cm.
b) Schneide die Netze aus und knicke die Kanten.
c) Prüfe durch Falten nach, ob du tatsächlich die gewünschten Körper erhältst.
d) Klebe die Netze in dein Heft. Befestige sie nur an einer Fläche.

10 Welche Form hat das Etikett einer Konservendose, wenn man es ablöst und eben ausbreitet?

11 Lässt sich die rechts abgebildete Figur zu einem Prisma falten?
a) Überprüfe durch Nachbauen aus Karton.
  TIPP Du kannst die Vorlage unter dem Mediencode 140-1 nutzen.
b) Überprüfe durch Messen und begründe.

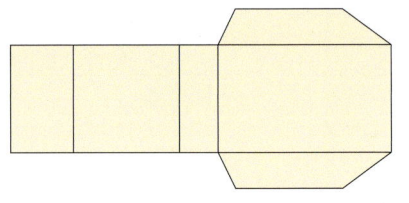

VORLAGE
↻ 140-1

12 Vervollständige die Figuren im Heft zu Körpernetzen. Gib die Namen der Körper an.

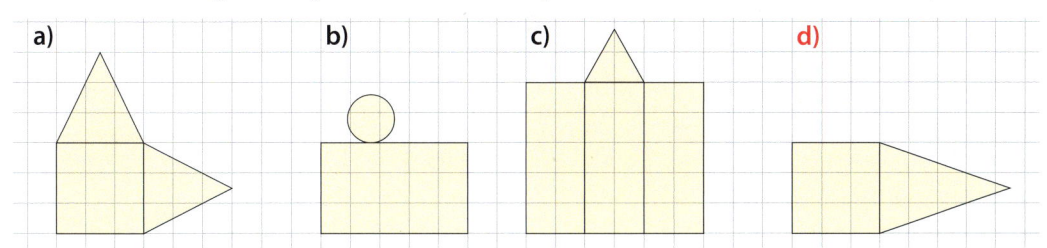

a)   b)   c)   d)

e) Gib jeweils an, ob mehrere Lösungen möglich sind. Begründe mit Beispielen.

13 Pyramiden bauen
a) Baue ein Kantenmodell einer Pyramide.
   TIPP Beachte Aufgabe 2 auf Seite 132.
b) Zeichne das Netz der Pyramide im Bild rechts auf Karton. Falte daraus die Pyramide.
   TIPP Du kannst sie mit Klebestreifen zusammenkleben.

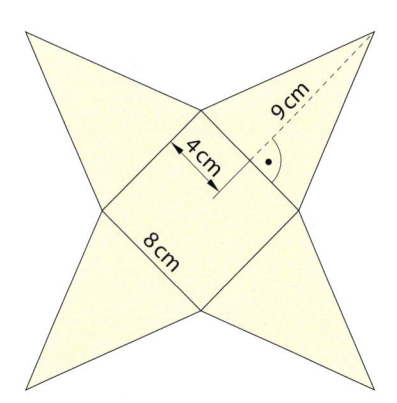

14 Kegel bauen
- Schneide einen Kreis aus.
- Schneide den Kreis bis zum Mittelpunkt ein (siehe Bild rechts). Forme daraus einen unten offenen Kegel. Klebe ihn mit Klebestreifen zusammen.
- Miss den Durchmesser der benötigten Grundfläche.
- Zeichne einen Kreis mit dem Durchmesser der Grundfläche. Schneide den Kreis aus und klebe ihn mit Klebestreifen an den offenen Kegel.

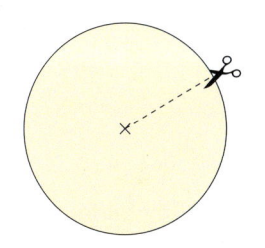

15 Arbeitet zu zweit. Zeichnet das Netz eines Körpers und tauscht mit einer anderen Zweiergruppe. Faltet das Netz der anderen Zweiergruppe zu einem Körper.

Bist du fit?

1. Multipliziere schriftlich.
a) 324 · 12   b) 304 · 12   c) 324 · 97   d) 25 614 · 8   e) 7520 · 81
f) 7520 · 162   g) 316 · 589   h) 306 · 589   i) 408 · 1268

2. Finde heraus, ohne die Aufgabe zu lösen: Welche der Zahlen kann nicht das Ergebnis der Aufgabe 508 · 96 sein?
a) 48 768   b) 2668   c) 1 299 500   d) 46 608   e) 50 448   f) 111 111

3. Rechne vorteilhaft.
a) 99 · 120   b) 5 · 201   c) 31 · 60   d) 31 · 600

4. Finde fünf Multiplikationsaufgaben, die zum Überschlag 20 · 900 = 18 000 passen.

WISSEN & ÜBEN

Körper im Schrägbild darstellen

Die Schrägbilder von Körpern in der Mathematik erinnern an Schattenbilder von Kantenmodellen.

Ein Schrägbild vermittelt eine räumliche Vorstellung von einem Körper.

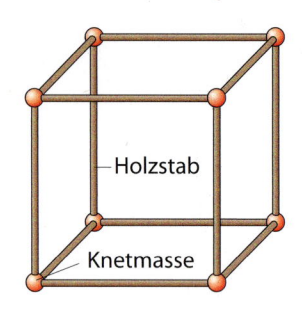

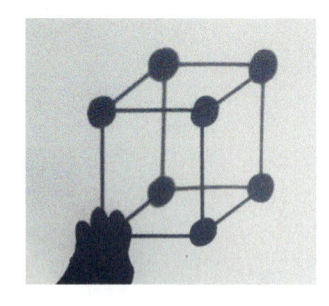

— Holzstab
— Knetmasse

So zeichnet man ein **Schrägbild** eines Würfels:

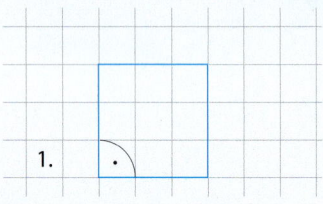

1. Zeichne zuerst die nach vorne zeigende Fläche.

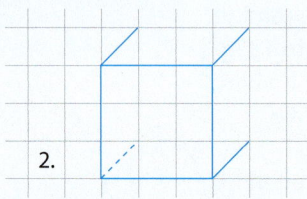

2. Zeichne die nach hinten verlaufenden Kanten auf die Kästchendiagonalen, aber verkürzt auf die Hälfte der wahren Länge.

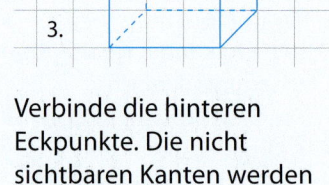

3. Verbinde die hinteren Eckpunkte. Die nicht sichtbaren Kanten werden gestrichelt.

FÖRDERN UND FORDERN
↻ 142-1

1 Schrägbilder von Würfeln
a) Zeichne auf Karopapier ein Schrägbild eines Würfels mit der Kantenlänge 6 cm.
b) Beschreibe genau, wie du dabei vorgehst.

▶ Zeichne auf Karopapier Schrägbilder der Würfel.
c) Kantenlänge 4 cm
d) Kantenlänge 8 cm
e) Kantenlänge 5 cm
f) Kantenlänge 3,6 cm
g) Kantenlänge 2,4 cm
h) Kantenlänge 52 mm

2 Ein Quader hat die Maße:
5 cm lang, 3 cm breit und 2 cm hoch.
a) Prüfe, ob das Schrägbild des Quaders (rechts) richtig gezeichnet wurde.
b) Was fällt dir auf, wenn du die Maße im Bild mit den wahren Maßen vergleichst? Beschreibe.

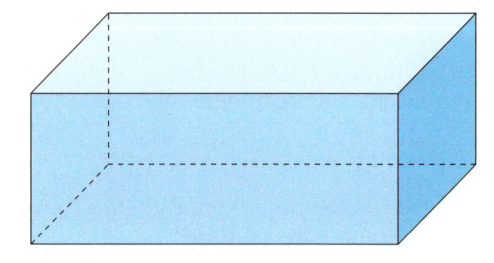

▶ Zeichne auf Karopapier Schrägbilder der Quader.
c) 6 cm lang; 4 cm breit; 4 cm hoch
d) 5 cm lang; 2 cm breit; 2 cm hoch
e) 4 cm lang; 6 cm breit; 3 cm hoch
f) 4,6 cm lang; 3 cm breit; 2,4 cm hoch
g) 44 mm lang; 4 cm breit; 36 mm hoch
h) 6,3 cm lang; 37 mm breit; 5,2 cm hoch
i) Stelle dir vor, du hast eine quaderförmige Schachtel mit den Maßen aus Teilaufgabe h). Finde drei Gegenstände, die du darin verpacken könntest.

Körper und ihre Darstellung

3 Quader

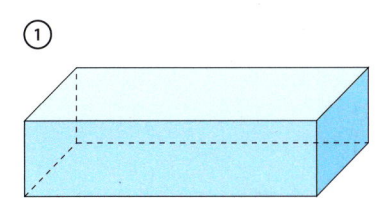

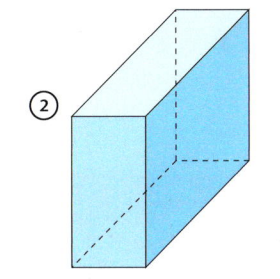

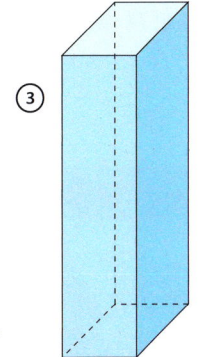

① ② ③

Sind das drei verschiedene Quader?

a) Was meinst du zu Jans Aussage? Begründe deine Antwort.
b) Besprecht eure Antworten dann zu zweit.

4 Ein Schrägbild eines Quaders wurde nicht
fertig gezeichnet (siehe Bild rechts).
Arbeitet zu zweit. Erklärt euch gegenseitig,
wie ihr den Quader vervollständigen könnt.

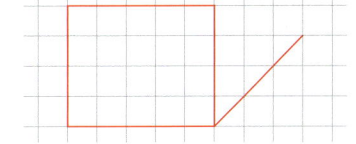

▶ Vervollständige im Heft zu Schrägbildern von Quadern.

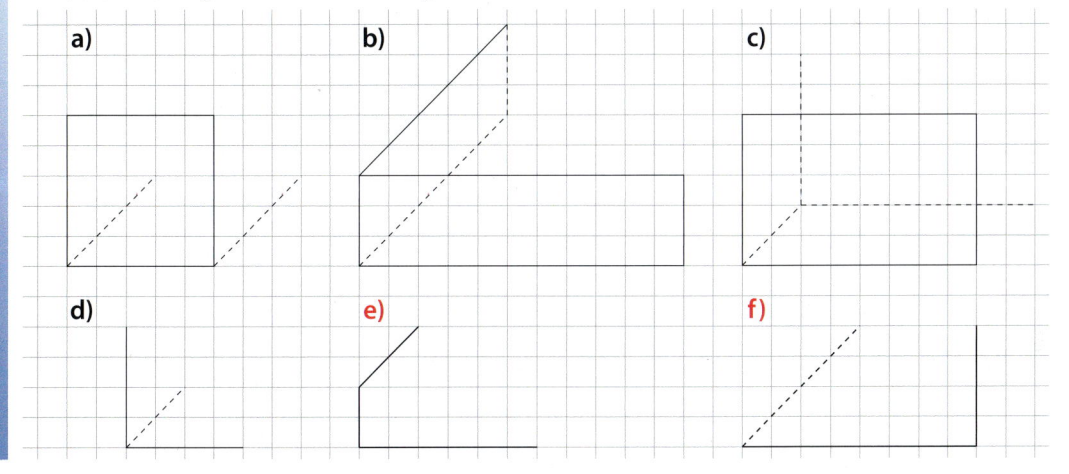

a) b) c)

d) e) f)

5 Ein Würfel mit der Kantenlänge 6 cm soll in kleinere Würfel zerlegt werden.
a) Skizziere ein Schrägbild des Würfels. Zeichne in deine Skizze ein, wie du schneiden kannst.
b) Wie viele kleinere Würfel erhältst du jeweils?
c) Präsentiere deine Ergebnisse vor der Klasse.

INFO
Häufig werden die Ecken eines Würfels oder Quaders mit A, B, C, D, E, F, G und H bezeichnet.

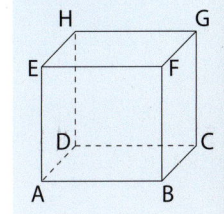

6 Stelle dir einen Käfer vor, der nur auf den Kanten eines Würfels entlangläuft.
a) Der Käfer startet bei A. Er krabbelt nach rechts. An der nächsten Ecke geht es nach oben und an der dann folgenden Ecke nach hinten. Bei welcher Ecke kommt er an?
b) Arbeitet zu zweit. Stellt euch gegenseitig ähnliche Aufgaben.

7 Im Koordinatensystem
a) Zeichne ein Koordinatensystem in dein Heft und markiere darin die Punkte:
   A(2|1); B(5|1); C(7|3); G(7|7).
b) Verbinde die Punkte A, B, C und G der Reihe nach.
c) Ergänze die Zeichnung zum Schrägbild eines Quaders. Erkläre, wie du vorgehst.
d) Gib die Koordinaten aller Ecken des Quaders im Schrägbild an.

PROJEKT

Wir bauen eine Burg

Komm, wir bauen eine Burg.

... eine aus gebastelten Körpern.

Gute Idee! Aber was brauchen wir dafür?

↻ 144-1

Was kommt zuerst?

Bringe in eine sinnfolge Reihenfolge:
- Fahnen basteln
- Material einkaufen oder mitbringen
- Skizze zeichnen
- Aussehen der Burg festlegen
- Materialliste erstellen
- Größe der Burg festlegen
- Projekt auswerten
- Ort und Zeit des Bauens festlegen
- Gruppen einteilen
- fertige Burg präsentieren
- Zeitplan erstellen
- Mauersteine auf die Körper malen
- Netze der Körper aufzeichnen

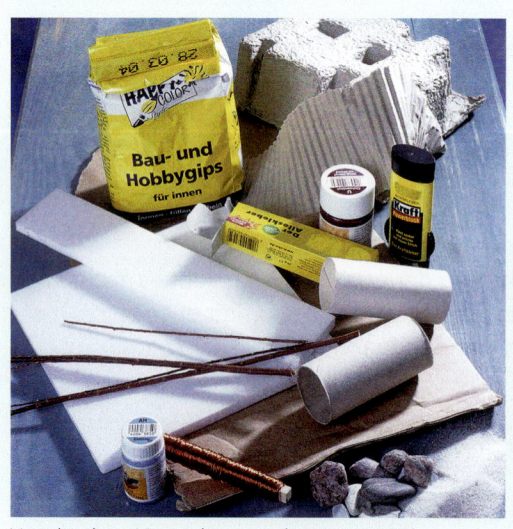

Verschiedene Materialien, aus denen man Teile für eine Burg bauen kann

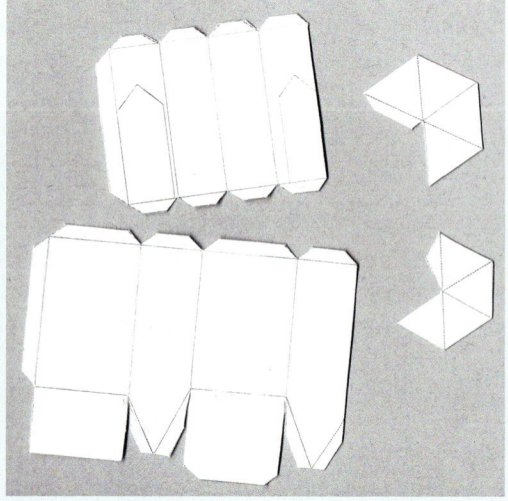

Figuren aus dünnem Karton, die zu Teilen einer Burg zusammengefaltet werden können

Körper und ihre Darstellung　　145

Zuerst schreiben wir eine Materialliste.

Wie soll die Burg denn aussehen?

Wir machen zuerst eine Skizze. Dann wissen wir, was wir brauchen.

1 Führt in Gruppen ein Projekt durch und baut dabei eine Burg.
HINWEIS Denkt an die drei Phasen eines Projektes:
1. Planung
2. Durchführung
3. Auswertung

2 Stellt eine kleine Ausstellung zusammen und vergleicht dabei eure Burgen. Vielleicht schenkt ihr eure Burgen einem Kindergarten?

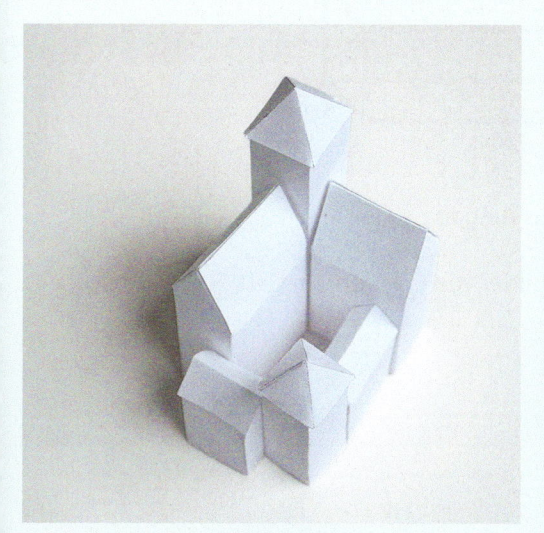

Wettbewerbe im Sandburgenbau werden an vielen Orten veranstaltet. Sand wird dafür mit Wasser vermischt, um ihn formbar zu machen. Mit Spachteln bearbeitet, entstehen daraus wunderschöne, aber leider vergängliche Kunstwerke.

Eine selbst gebastelte Burg aus dünnem Karton, noch ohne Farbgestaltung

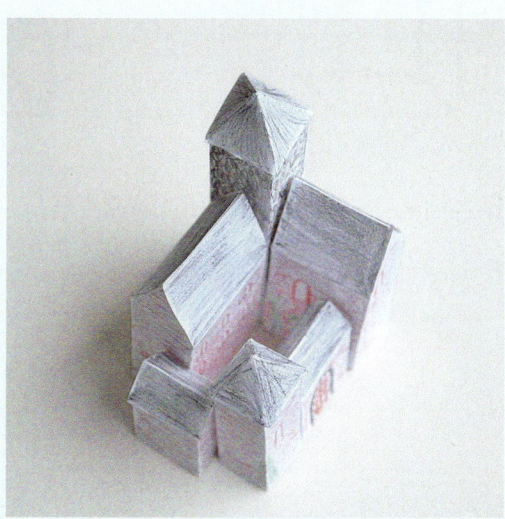

Farbig gestaltete Burg

VERMISCHTE ÜBUNGEN

ZEICHENVORLAGEN
für die Aufgaben
2, 6 und 7:
↻ 146-1

1 Körper erkennen

a) Welche Körperformen erkennst du im Bild? Beschreibe genau.
b) Welche der abgebildeten Körper haben nur gerade Kanten?

2 Übertrage die folgenden Netze in dein Heft. Färbe jeweils zwei Linien mit blau (mit grün, mit rot), die am fertigen Körper eine Kante bilden.

a)   b)   c)

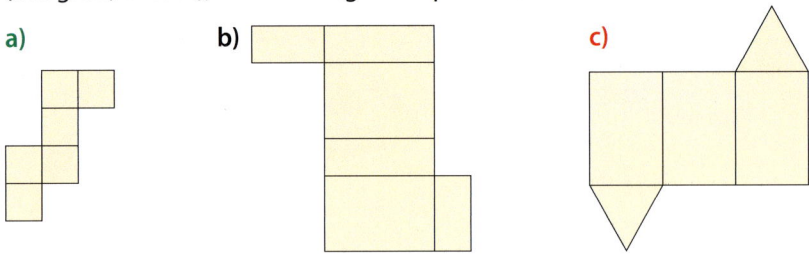

3 Zeichne ein Netz eines Quaders mit den folgenden Maßen:
Länge 3 cm; Breite 2 cm; Höhe 4 cm.

4 Karin möchte aus Holzstäben die folgenden Kantenmodelle herstellen.
Wie viel Zentimeter Holzstab benötigt sie jeweils?

a) 5 cm

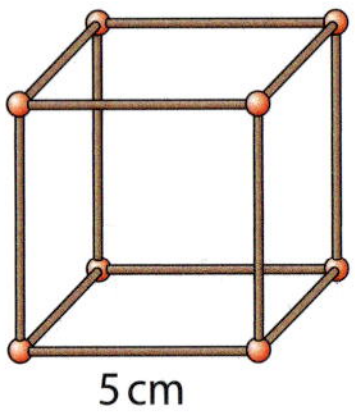

b) 10 cm, 5 cm, 3 cm

NACHGEDACHT
Karin verarbeitet für das Kantenmodell eines Würfels 120 cm Holzstab. Wie lang ist eine Kante des Würfels?

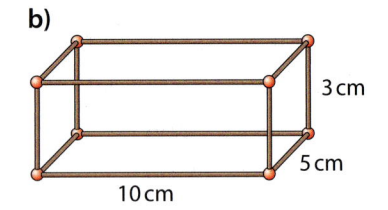

5 Zeichne jeweils ein Netz zu den Körpern aus Aufgabe 4.

6 Vervollständige die angefangenen Schrägbilder von Quadern im Heft.

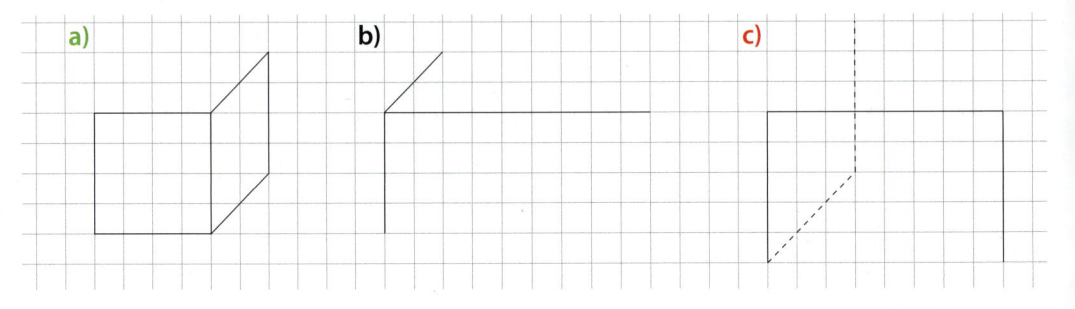

a)   b)   c)

Körper und ihre Darstellung

7
a) Aus welcher der drei folgenden Figuren lässt sich ein Quader falten? Begründe jeweils.

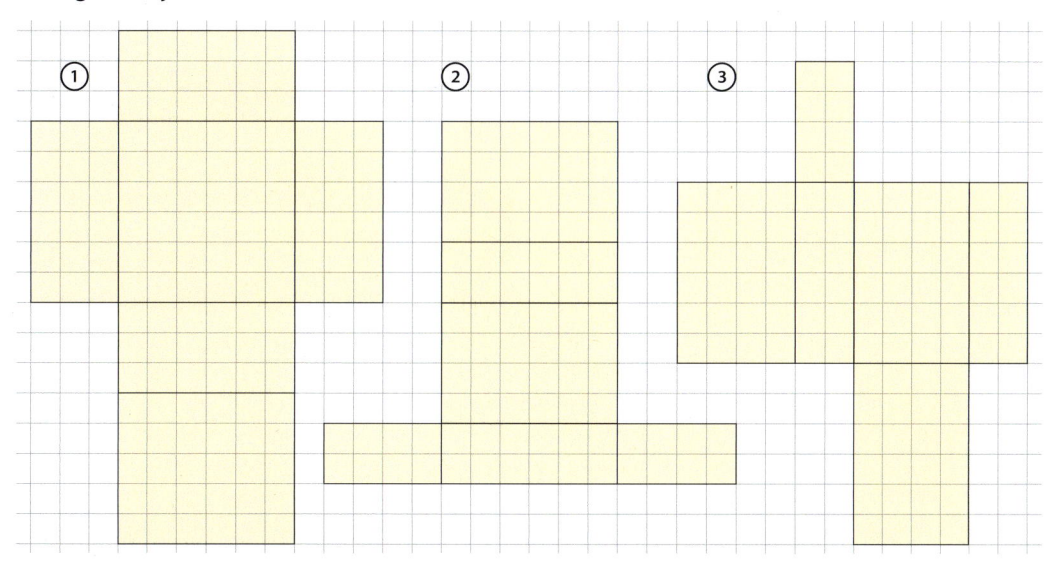

① ② ③

b) Wie müsstest du die anderen Figuren verändern, sodass du aus allen Figuren Quader falten kannst?
Fertige dazu Skizzen auf Karopapier an.

8
Nenne drei Körper aus dem Bild rechts, die Prismen sind. Gib jeweils an, wie viele Ecken, Kanten und Flächen diese Körper haben.

9
Eine Raupe bewegt sich nur auf den Kanten eines Würfels (siehe S. 143).
a) Sie möchte von Ecke E nach Ecke C. Die Raupe darf jede Ecke nur einmal passieren.
Welcher Weg ist der kürzeste?
b) Stellt euch gegenseitig ähnliche Aufgaben.

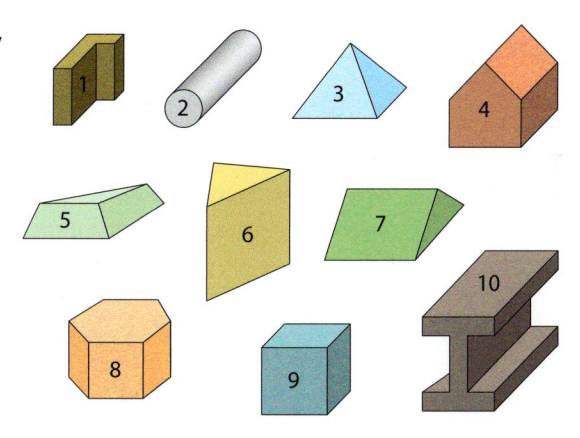

10
Zeichne Schrägbilder der Quader.

	a)	b)	c)	d)
Länge	4 cm	5 cm	5,7 cm	69 mm
Breite	3 cm	5 cm	3,7 cm	45 mm
Höhe	2 cm	5 cm	2,2 cm	48 mm

e) Welcher dieser Körper ist ein Würfel? Begründe.

11
In einem Quader ist die Strecke $\overline{AG}$ eine sogenannte Raumdiagonale.
a) Gib weitere Raumdiagonalen an.
b) Wie viele Raumdiagonalen findest du?
c) Zeichne alle Raumdiagonalen in ein Schrägbild eines Würfels ein.

TIPP
zu Aufgabe 11:
Beachte die Bezeichnungen auf Seite 143, Randspalte.

ANWENDEN & VERNETZEN

1 Zu den bekanntesten Bauwerken der Welt zählen die Pyramiden von Gizeh. Sie gehören zu den sieben Weltwundern der Antike. Und: Sie sind das einzige heute noch erhaltene Weltwunder der Antike.

Die Pyramiden von Gizeh stehen am westlichen Rand des Nildeltas in der Nähe der Stadt Gizeh. Dies ist etwa 15 Kilometer von der ägyptischen Hauptstadt Kairo entfernt. Die Pyramidengruppe besteht aus insgesamt sechs Pyramiden. Diese dienten als Grabstätten ägyptischer Königsfamilien.
Die drei großen Pyramiden werden als Königspyramiden bezeichnet, die drei kleinen Pyramiden als Königinnenpyramiden. Die größte Pyramide ist nach dem Pharao Cheops benannt. Heute hat diese Pyramide eine Höhe von rund 139 Metern. Ursprünglich hatte sie eine Höhe von rund 147 Metern. Die Grundfläche der Cheopspyramide ist ein Quadrat mit einer Seitenlänge von rund 230 Metern. Drei Millionen Steinblöcke wurden bewegt, um diese Pyramide zu bauen. Jeder Steinblock wog 2,5 Tonnen. Die Cheopspyramide ist rund 4700 Jahre alt.

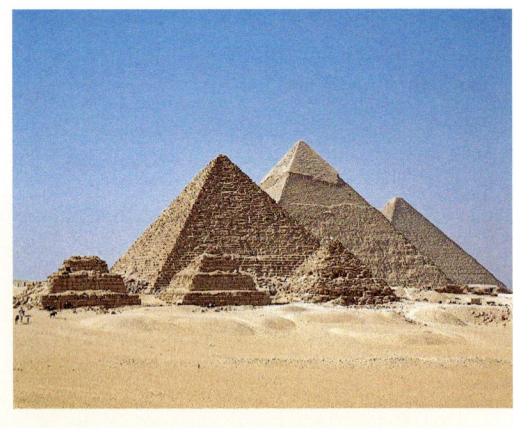

a) Welche Informationen kannst du dem Text und dem Bild entnehmen?
b) Erfinde zwei eigene Aufgaben zur Cheopspyramide. Arbeitet dann zu zweit. Tauscht eure Aufgaben untereinander aus und löst sie.
c) Gestalte ein Plakat mit weiteren Informationen über die Pyramiden von Gizeh.
d) Arbeitet in Gruppen. Versucht, ein Modell der Cheopspyramide zu bauen. Welche Angaben benötigt ihr dafür? Wie geht ihr vor?

Mathewettstreit in Dreieich

Ihr seid zu einem Mathewettstreit in die Schule Dreieich eingeladen worden. Der Mathewettstreit besteht aus zwei Runden.

2 Zuerst müsst ihr den Weg nach Dreieich finden. Zeichne dafür zur folgenden Beschreibung eine Karte. Trage die Schule Dreieich und die Backsteinvilla ein.

Liebe Teilnehmerinnen und Teilnehmer,
da der Wettstreit nicht an unserer Schule stattfinden wird, schicken wir euch diese Wegbeschreibung:
→ *Der Wettstreit findet in der alten Backsteinvilla an der Kreuzung Oberer Bergweg / Straße am Tannenberg statt. Diese Straßen verlaufen senkrecht zueinander.*
→ *Der Obere Bergweg verläuft ebenfalls senkrecht zur Eichenstraße, die parallel zur Straße am Tannenberg und westlich davon verläuft. Die Eichenstraße verläuft gleichzeitig senkrecht zum Mittleren Bergweg, der südlich vom Oberen Bergweg verläuft.*
→ *An der Kreuzung Eichenstraße / Mittlerer Bergweg heißt der weitere Straßenverlauf des Mittleren Bergwegs in westlicher Richtung Kiefernallee. Die Kiefernallee ist eine Parallelstraße des Buchenwegs. Der Buchenweg heißt östlich der Kreuzung mit der Eichenstraße Unterer Bergweg und verläuft südlich der Kiefernallee.*
An der Kreuzung Unterer Bergweg / Straße am Tannenberg ist übrigens unsere Schule.
Gute Anreise!

Körper und ihre Darstellung

3 Die erste Runde des Mathewettstreits
Der Würfelturm links ist jeweils nach dem Bauplan rechts davon entstanden.

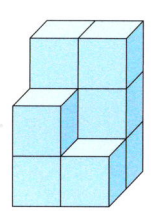

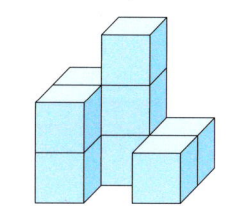

3	3
2	1

2	3	1
2	0	1

a) Skizziere auf Karopapier Würfeltürme, die zu den folgenden Bauplänen passen.

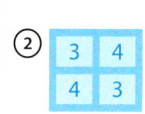

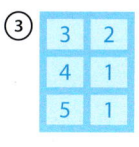

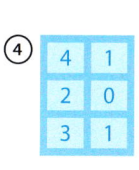

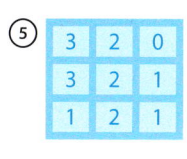

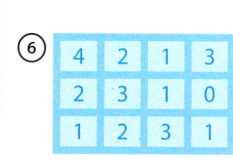

①
5	3
1	2

②
3	4
4	3

③
3	2
4	1
5	1

④
4	1
2	0
3	1

⑤
3	2	0
3	2	1
1	2	1

⑥
4	2	1	3
2	3	1	0
1	2	3	1

b) Sortiere die Würfeltürme aufsteigend nach der Anzahl der Würfel, aus denen sie bestehen.

c) Sortiere die Würfeltürme aufsteigend nach der Anzahl der Würfel, die mindestens noch fehlen, um den Würfelturm zu einem Quader zu ergänzen.

4 Die zweite Runde des Mathewettstreits

a) Ein blau lackierter Holzwürfel soll in 27 kleinere, aber gleich große Würfel zerlegt werden (siehe Bild rechts). Wie viele dieser kleinen Würfel haben keine (eine, zwei, drei) blaue Flächen?

b) Für einen Schulhof soll ein Klettergerüst wie im Bild gebaut werden, das nur aus den Würfelkanten (je 75 cm lang) besteht. Dazu müssen einzelne Stahlrohrstangen verschweißt werden.
- Wie viel Meter Stahlrohr werden benötigt?
- Welche Möglichkeiten kennst du, das Klettergerüst zu zeichnen?

c) Pentominos sind Figuren, die aus fünf aneinander gelegten, gleich großen Quadraten bestehen. Es gibt zwölf verschiedene Pentominos.
- Finde alle zwölf Pentominos und zeichne sie auf Karopapier. Benutze dafür Quadrate mit der Seitenlänge 1 cm.
  TIPP Achte darauf, dass du wirklich verschiedene Pentominos findest.

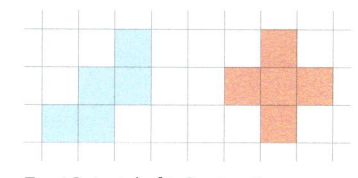

Zwei Beispiele für Pentominos

- Welche der Pentominos sind ein Netz einer oben offenen Schachtel?
- Schneide die zwölf Pentominos aus. Zeichne ein Rechteck mit den Seitenlängen 15 cm und 4 cm. Lege es mit den Pentominos komplett aus: Finde verschiedene Möglichkeiten dafür.
- Lege sie zu einem Ring aneinander, sodass ein möglichst großer Innenraum entsteht. (Die Pentominos müssen sich an mindestens einer Kante berühren.) Skizziere deine Figur auf Kästchenpapier.
- Ist mit jedem der Pentominos ein lückenloses Auslegen der Ebene möglich?

Teste dich!

▶ Basis

1 Ordne den Körpern die passenden Netze zu. Gib ihre Namen an.

a)   b)   c)

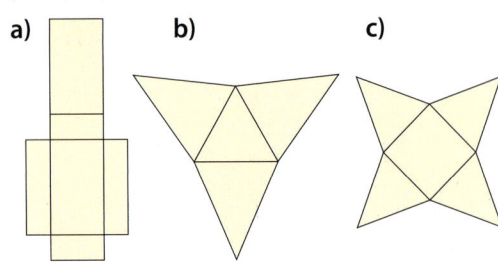

① 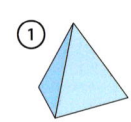 ② 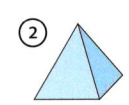 ③

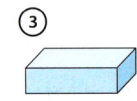

2 Vervollständige die folgende Tabelle.

Körper	Anzahl		
	Ecken	Kanten	Flächen
Würfel			
Quader			
Prisma (Grundfläche Dreieck)			

3 Eine Fläche der Netze ist rot. Welche Farbe hat die am Würfel gegenüberliegende Fläche?

a)   b)

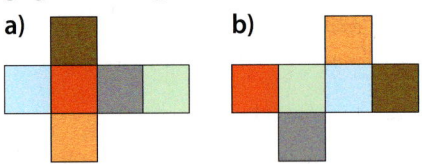

4 Übertrage das Netz eines Spielwürfels auf Karopapier. Trage dann die fehlenden Augenzahlen ein. Beachte den Hinweis in der Randspalte.

5 Prüfe die Aussage:
„Ein Quader und ein Würfel haben immer gleich viele Kanten."

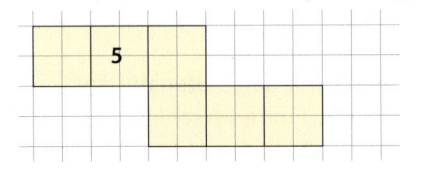

BEACHTE
Bei einem normalen Spielwürfel ist die Summe der Augenzahlen gegenüberliegender Flächen immer 7.

▶ Erweiterung

1 Zu welchen Körpern gehören diese Netze?

a)   b) 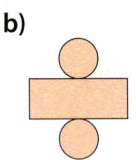   c)

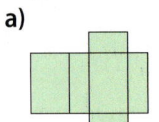

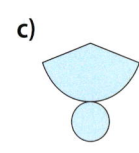

d) 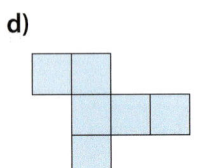   e)

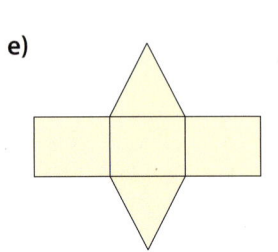

2 Gib die Anzahl der Ecken, der geraden Kanten, der gekrümmten Kanten und der Flächen der Körper aus Aufgabe 1 an. Erstelle dazu eine Tabelle.

3 Würfelnetz
a) Das Würfelnetz wird zu einem Würfel zusammengefaltet. Welche Farben liegen sich am Würfel gegenüber? 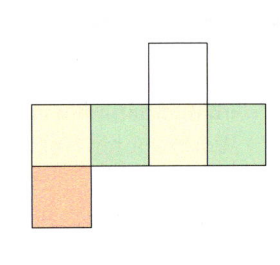
b) Welcher der drei Würfel ist durch Zusammenfalten aus dem Netz entstanden? Begründe.

① ② 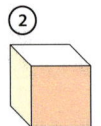 ③

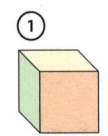

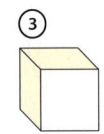

4 Zeichne drei verschiedene Würfelnetze in dein Heft. Beschrifte sie mit Augen wie bei einem Spielwürfel. Beachte den Hinweis in der Randspalte.

5 Prüfe die folgende Aussage:
„Eine Pyramide hat immer doppelt so viele Kanten wie ihre Grundfläche Ecken hat."

Körper und ihre Darstellung

▶ Basis

6 Zeichne ein Schrägbild eines Würfels mit der Kantenlänge 4 cm.

7 Aus wie vielen kleinen blauen Würfeln ist der abgebildete Würfel zusammengesetzt?

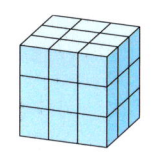

8 Das folgende Bild zeigt einen Würfel im Schrägbild.
a) Ermittle die Kantenlänge des Würfels.
b) Wie viel Millimeter Holzstab sind nötig, um ein Kantenmodell des Würfels herzustellen?

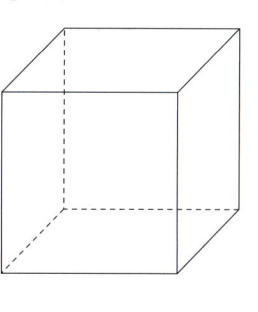

9 Im Koordinatensystem
a) Zeichne ein Koordinatensystem (1 Längeneinheit = 1 cm).
b) Trage folgende Punkte ein:
A (2|2); B (5|2); C (7|4); D (4|4); E (2|5); F (5|5).
c) Finde die Koordinaten der Punkte G und H, sodass die Punkte A bis H die Ecken eines Quaders im Schrägbild sind.

▶ Erweiterung

6 Zeichne ein Schrägbild eines Quaders mit den Maßen:
3 cm lang; 4 cm breit, 5 cm hoch.

7 Wie viele kleine blaue Würfel müssen hier mindestens ergänzt werden, damit ein Quader entsteht?

8 Ein quaderförmiges Holzstück (25 cm lang; 5 cm breit; 15 cm hoch) soll so zersägt werden, dass Würfel mit größtmöglichen Kantenlängen entstehen.
a) Welche Kantenlänge hat so ein Würfel?
b) Wie viele Würfel können so hergestellt werden?

9 Im Koordinatensystem
a) Zeichne ein Koordinatensystem (1 Längeneinheit = 1 cm).
b) Trage folgende Punkte ein:
A (1|1); B (9|1); C (12|3); E (1|3); G (12|5).
c) Finde die Koordinaten der Punkte D, F und H, sodass die Punkte A bis H die Ecken eines Quaders im Schrägbild sind.

↻ 151-1

Schätze deine Kenntnisse und Fähigkeiten ein. Ordne dazu deiner Lösung im Heft einen Smiley zu:
„Ich konnte die Aufgabe … ☺ richtig lösen. 😐 nicht vollständig lösen. ☹ nicht lösen."

Aufgabe	Ich kann …	Siehe Seite …
1	Körperformen erkennen und entsprechende Körpernetze zuordnen.	134, 138
2	die Anzahl der Ecken, Kanten und Flächen eines Körpers bestimmen.	134
3, 4	Würfelnetze vervollständigen und Eigenschaften von Würfelnetzen nutzen.	138
5	Aussagen zu Eigenschaften von Körpern prüfen und begründen.	134, 138
6	Schrägbilder zeichnen.	142
7, 8, 9	Eigenschaften von Würfeln und Quadern in Aufgaben zur Anwendung und Vernetzung nutzen.	134, 138, 142

ZUSAMMENFASSUNG

Körper und ihre Darstellung

Geometrische Körper
Seite 134

Geometrische Körper sind räumliche Objekte. Viele Gegenstände im Alltag haben eine Grundform wie die geometrischen Körper.

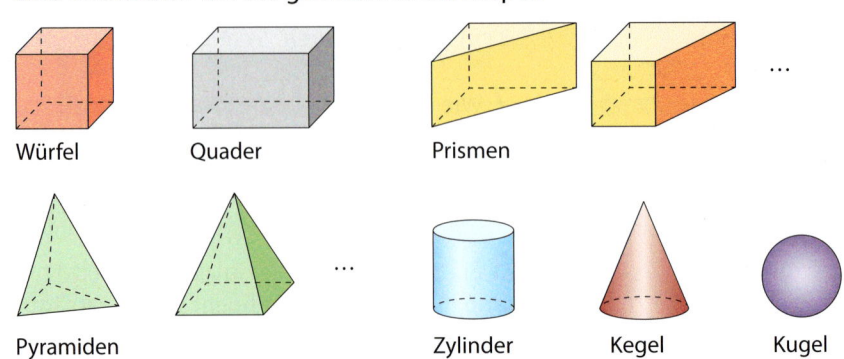

Würfel   Quader   Prismen   …

Pyramiden   …   Zylinder   Kegel   Kugel

Ecken, Kanten, Flächen
Seite 134

Körper mit **ebenen Flächen** sind: Quader, Würfel, Pyramide und Prisma.
Körper mit **gekrümmten Flächen** sind: Zylinder, Kegel und Kugel.

Würfel haben sechs gleich große Quadrate als Flächen.
Sie haben zwölf gleich lange Kanten und acht Ecken.

Quader haben sechs Flächen, zwölf Kanten und acht Ecken. Die Flächen sind Rechtecke. Die Flächen, die sich gegenüberliegen, sind gleich groß. Je vier Kanten eines Quaders sind parallel zueinander und gleich lang.

Körpernetze
Seite 138

Ein Netz eines Körpers entsteht, wenn man dessen Flächen als zusammenhängende Figur eben anordnet.

Quader:

Faltet man ein Netz passend zusammen, entsteht daraus der Körper.

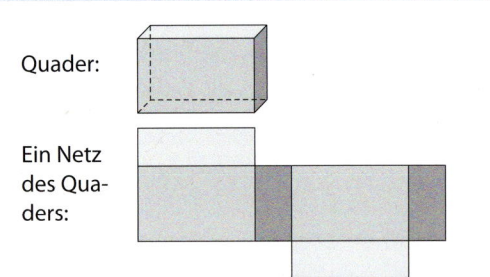

Ein Netz des Quaders:

Schrägbilder
Seite 142

Körper kann man im Schrägbild darstellen.

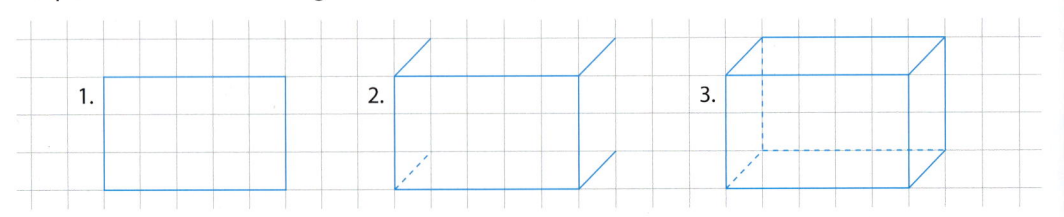

1.   2.   3.

Die vordere und die hintere Fläche werden mit den angegebenen Maßen gezeichnet. Die Kanten, die schräg nach hinten verlaufen, werden mit halber Länge gezeichnet (entlang der Kästchendiagonalen). Verdeckte Kanten werden gestrichelt gezeichnet.

Erinnere dich!

Rechnen mit Größen

1 Frau Müller erhält am Geldautomaten 200 €. Diese werden so ausgezahlt:

Wie können 200 € noch ausgezahlt werden?

2 Welche Geldbeträge sind gleich viel wert?
Ordne die Beträge der Größe nach.
Beginne mit dem kleinsten Betrag.

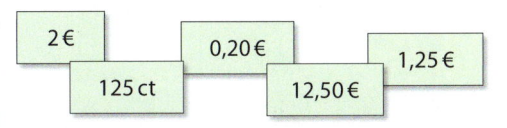

2 €   0,20 €   1,25 €
125 ct   12,50 €

3 Wie viel Uhr ist es? Was machst du zu diesen Zeiten?

a)    b) 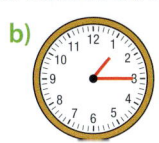   c)    d)

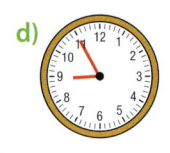

4 Ordne den Dingen auf den Bildern die passenden Größen zu.
a) 1,435 Meter   **b)** 20 Zentimeter   **c)** 99 Kilometer
d) 8 Kilometer   **e)** 5 Millimeter   **f)** 27,3 Meter

Länge des Steuerwagens eines Nahverkehrszuges

Länge der Bahnstrecke Stuttgart – Mannheim

Abstand der Schienen

Länge des Steuerchips aus einem Zug

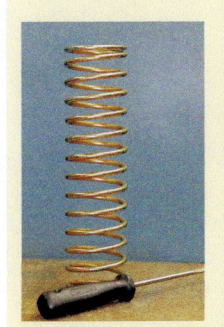

Länge der Feder aus einem Schalter eines Zuges

5 Immer zwei Strecken im Bild sind gleich lang.

6 Ordne der Größe nach.
a) 93 kg; 18 kg; 39 kg; 45 kg; 450 kg
b) 80 g; 800 g; 28 g; 280 g; 82 g

↻ 153-1

Olympische Spiele

Die Spiele entstanden in Olympia, einer Stadt im antiken Griechenland. Zunächst dauerten sie nur einen Tag. Die einzige Sportart war der Stadionlauf. Später kamen weitere Disziplinen dazu.

In der Neuzeit gibt es seit 1896 wieder Olympische Spiele. Sommer- und Winterspiele finden seit 1994 abwechselnd alle zwei Jahre statt.

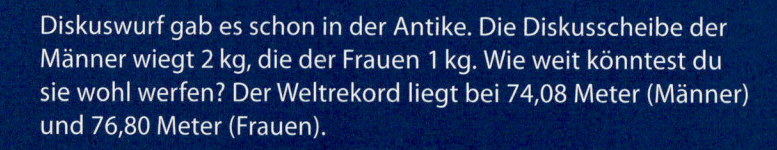

Diskuswurf gab es schon in der Antike. Die Diskusscheibe der Männer wiegt 2 kg, die der Frauen 1 kg. Wie weit könntest du sie wohl werfen? Der Weltrekord liegt bei 74,08 Meter (Männer) und 76,80 Meter (Frauen).

Größen messen 155

Das olympische Feuer brennt während der Spiele. Es wird in Olympia entzündet und mit Fackeln bis zum Austragungsort gebracht. Das geschieht in einem Staffellauf von Fackelträgern.

Im Sommer gibt es zum Beispiel Schwimmen, Rudern, Trampolinturnen, viele Laufsportarten und Ballspiele; im Winter gibt es neben vielen Skisportarten auch Eislaufen und Snowboardfahren.

Heute werden bei den Olympischen Spielen 388 Wettbewerbe in 63 Sportarten ausgetragen.

Bei den Olympischen Spielen geht es um die Ermittlung der Besten, Schnellsten und Stärksten. Dazu muss sehr genau gemessen werden. Oft werden neue Weltrekorde aufgestellt. Aber immer wieder gibt es Probleme damit, dass Sportler Medikamente einnehmen, die sie leistungsfähiger machen. Das nennt man Doping, und es ist verboten.

Olympiasiege im 800-m-Lauf der Männer		
1896	Athen	2:11,00 min
1900	Paris	2:01,20 min
1948	London	1:49,20 min
1968	Mexiko-Stadt	1:44,30 min
1996	Atlanta	1:42,58 min
2000	Sydney	1:45,08 min
2004	Athen	1:44,64 min
2008	Peking	1:44,65 min
2012	London	1:40,91 min

Olympiasiege im Weitsprung der Frauen		
1948	London	5,70 m
1952	Helsinki	6,24 m
1960	Rom	6,37 m
1964	Tokio	6,76 m
1980	Moskau	7,06 m
1988	Seoul	7,40 m
2000	Sydney	6,99 m
2004	Athen	7,07 m
2008	Peking	7,04 m
2012	London	7,12 m

ERFORSCHEN & EXPERIMENTIEREN

Geld und Zeit

1 Kleidung und Ausstattung

Das Olympiateam eines Landes wird für die Olympischen Spiele besonders eingekleidet. Alle Teilnehmerinnen und Teilnehmer erhalten unter anderem Kleidungsstücke, Sportsachen und Taschen.
Als das deutsche Team für die Olympischen Sommerspiele in London 2012 aufgestellt wird, besteht es aus etwa 390 Sportlerinnen und Sportlern sowie rund 280 Betreuerinnen und Betreuern. Die Ausstattung des Teams hat einen Wert von 2,5 Millionen Euro. Speziell für diese Wettkämpfe wurde auch ein neuer, besonders leichter Laufschuh entwickelt. Er wiegt nur 160 Gramm und soll für eine höhere Schnelligkeit und noch bessere Leistungen sorgen. Ein solcher Schuh kostet 209,95 €.

Diskuswerfer Robert Harting (2,01 m groß, 126 kg schwer) – einer der Medaillenanwärter des deutschen Teams für London 2012. Seine Bestleistung liegt bei 70,66 m.

- Welche Informationen stecken in diesem Bericht? Erzähle.
- Welche Kleidungsstücke und Sportgeräte gehören zur kompletten Ausrüstung eines Diskuswerfers (einer Basketballmannschaft)?
  Erkundige dich in einem Sportgeschäft oder im Internet nach aktuellen Preisen dieser Ausstattungsgegenstände.
- Treibst du Sport in deiner Freizeit? Welche Kleidungsstücke und welche Geräte benötigst du für diesen Sport? Präsentiere auf einem Plakat eine selbst zusammengestellte Ausstattung.
- Zu den Olympischen Spielen kannst du viele Fanartikel erwerben.
  Welche würdest du kaufen? Welche Kosten kämen auf dich zu?

2 Der Euro
Der Euro ist seit 2002 das offizielle Zahlungsmittel in vielen Ländern Europas.
- Welche Vorteile hat unsere Gemeinschaftswährung während einer Rundreise durch Frankreich, Belgien, die Niederlande und Deutschland?
  Begründet und präsentiert die Ergebnisse vor der Klasse.
- Wusstest du schon, dass man an der Rückseite einer Euromünze erkennen kann, aus welchem Land sie stammt? Welche Euromünzen findest du am besten?

Die Euroscheine sind in allen Ländern gleich.

Beispiele für 1-€-Münzen

EUROPAKARTE
↻ 156-1

- Informiere dich, in welchen Ländern der Euro Zahlungsmittel ist. Seit welchem Jahr kann man in diesen Ländern mit dem Euro bezahlen? Markiere diese Länder in einer Europakarte farbig und trage die Jahreszahlen ein.

Größen messen

3 Zeit erforschen

- *Zeiten schätzen:*
  Arbeitet zu zweit. Du läufst durch die Klasse. Wenn du glaubst, dass zehn Sekunden vorbei sind, setzt du dich wieder auf deinen Platz. Deine Partnerin oder dein Partner stoppt deine Zeit und schreibt sie auf.
  Wiederholt dies mehrfach. Wie groß sind die Abweichungen zwischen den gestoppten Zeiten und zehn Sekunden?
  Findet mögliche Gründe für die Abweichungen.
- *Schwere Dinge halten:*
  Wie lange kannst du etwas Schweres (zum Beispiel eine Hantel, eine Schultasche oder eine mit Sand gefüllte Spülmittelflasche) bei ausgestrecktem Arm in der Hand halten? Erstellt in eurer Klasse eine Liste mit den Zeiten.
- *Reaktionszeiten testen:*
  Arbeitet zu zweit. Du hältst dein Lineal am oberen Ende fest. Das untere Ende des Lineals hängt genau in der geöffneten Hand deiner Partnerin oder deines Partners zwischen Daumen und Handfläche.
  Du lässt das Lineal los. Deine Partnerin oder dein Partner muss das Lineal so schnell wie möglich greifen.
- Findet ihr weitere Möglichkeiten, die Reaktionszeit zu testen?

MATERIAL
Lineal, Stoppuhr

4 Zeitpunkt – Zeitspanne

Trage in eine Zeitleiste ein, wann du was im Laufe eines Tages machst. Wie lange dauert es jeweils? Markiere dies in der Zeitleiste. Präsentiere deine Ergebnisse.

5 Arbeitswege und Schulwege

Saras Eltern wohnen in Speyer und arbeiten in Neustadt. Im Internet haben sie sich eine Verbindung für den Arbeitsweg am Morgen herausgesucht.

1. Fahrt

07:10	ab Speyer, Bahnhof Gleis 2	RB 18958 RegionalBahn
07:20	an Schifferstadt, Bahnhof Gleis 1	BASF, Bahnhof Nord
	Fahrradmitnahme begrenzt möglich	

| 07:27 | ab Schifferstadt, Bahnhof | S-Bahn S1 |
| 07:43 | an Neustadt, Hbf | Kaiserslautern, Hbf |

- Wie lange sind Saras Eltern unterwegs?
- Saras Familie wohnt zwölf Minuten vom Bahnhof Speyer entfernt. Wann müssen die Eltern losgehen, um ihre S-Bahn zu schaffen?
- Schätze, wie viel Zeit Saras Eltern in der Woche (im Monat, im Jahr) insgesamt für ihren Arbeitsweg benötigen.
- Wie viel Zeit benötigst du für deinen Schulweg? Vergleicht eure Ergebnisse in der Klasse.

WISSEN & ÜBEN

Geld

Mit Geld wird gemessen, wie viel etwas wert ist.
Ein Preis gibt an, wie viel eine Ware kostet.

Geldbeträge können auf verschiedene Weise angegeben werden:

Geldbetrag in Kommaschreibweise	Geldbetrag in Euro und Cent		Geldbetrag ohne Komma
	Euro	Cent	
3,97 €	3	97	397 ct
141,08 €	141	08	14 108 ct
0,68 €	0	68	68 ct

Meistens verwendet man die Kommaschreibweise.

Der Wert des Geldes im Bild beträgt 7,32 €.

7,32 €

Zahlenwert Einheit

1 Euro (1 €) hat 100 Cent (100 ct).

1 € = 100 ct   0,10 € = 10 ct   0,01 € = 1 ct

1 Schreibe jeweils als Geldbetrag.
a)   b)
c)   d)
e)   f)
g)   h)

2 Ergänze im Heft.
a) ein 5-€-Schein = … 1-€-Münzen = …
b) vier 2-€-Münzen = … 1-€-Münzen = …

3 Den Betrag 1,24 € kann man einfach in Cent umwandeln.
Schreibe auf, wie das geht.

▶ Gib jeweils in Cent an.
a) 1 €   b) 16 €   c) 3,50 €   d) 2,79 €   e) 0,55 €
f) 6,89 €   g) 25,62 €   h) 0,05 €   i) 34,01 €   j) 625,49 €

KONTROLLZAHLEN
zu Aufgabe 3:
689; 5; 350; 279; 3401; 124; 100; 55; 1600; 2562; 62 549.

Größen messen

4 Florian hat einen Euro und vier Cent in der Tasche. Er behauptet, dass er 1,4 Euro hat. Was sagst du dazu?

▶ Schreibe die Geldbeträge jeweils mit Komma.
a) 9 € 12 ct
b) 200 € 75 ct
c) 60 € 60 ct
d) 0 € 78 ct
e) 23 € 8 ct
f) 10 € 1 ct
g) 20 ct
h) 4 ct

5 Schreibe zuerst in Euro und Cent und dann in Euro mit Komma.
a) 123 ct
b) 248 ct
c) 795 ct
d) 1360 ct
e) 4027 ct
f) 28 781 ct
g) 16 ct
h) 25 ct
i) 60 606 ct
j) 15 006 ct
k) 111 111 ct
l) 100 001 ct

BEISPIEL
zu Aufgabe 5:
482 ct
= 4 € 82 ct
= 4,82 €

6 Beschreibe, wie man verschiedene Geldbeträge miteinander vergleichen kann (zum Beispiel 4,50 €; 405 ct und 4 € 5 ct).

▶ Ordne die folgenden Geldbeträge jeweils der Größe nach. Beginne mit dem kleinsten Geldbetrag.
a) 2,57 €; 305 ct; 1 € 90 ct; 0,56 €
b) 15 € 16 ct; 1426 ct; 9,99 €; 10 Euro 5 Cent
c) 45 € 36 ct; 39,90 €; 8 €; 8203 Cent; 9,90 €
d) 222 ct; 453 €; 0,03 €; 0,25 €; 450 ct; 18,47 €; 1183 Cent
e) 6,98 €; 1,86 €; 9,99 Euro; 5,– €; 65 ct; 2,79 €; 199 Cent; 0,09 €; 0,65 €
f) 45,06 €; 2343 ct; 34,09 €; 50 Cent; 0,03 Euro; 70 Euro 99 Cent; 399 ct

7 Vergleiche die Geldbeträge. Verwende die Zeichen <, >, = .
a) 0,01 € und 10 ct
b) 13,02 € und 13,20 €
c) 0,50 € und 500 ct
d) 0,65 € und 653 ct
e) 2,69 € und 2,96 €
f) 19,99 € und 91,99 €

8 Übertrage die folgende Tabelle in dein Heft. Trage ein, mit welchen Münzen und Geldscheinen du die Geldbeträge auszahlen kannst. Verwende dabei möglichst wenige Münzen und Banknoten.

Betrag in €	Scheine							€-Münzen		ct-Münzen				
	500	200	100	50	20	10	5	2	1	50	20	10	5	2	1
48,35 €					2		1	1	1		1	1	1		
…															

a) 36 €
b) 42 €
c) 13,50 €
d) 0,99 €
e) 59 € 90 ct
f) 1299 €
g) 32,36 €
h) 195 € 90 ct
i) 199,99 €
j) 74,99 €
k) 119,80 €
l) 4589 ct

HINWEIS
zu Aufgabe 8:
Du kannst auch eine Kopiervorlage nutzen, siehe Mediencode
↻ 159-1.

9 Geldbeträge
a) Gib den Geldbetrag rechts in Kommaschreibweise an.
b) Arbeitet zu zweit. Bildet mit den Münzen fünf verschiedene Geldbeträge und schreibe sie auf. Tauscht die Geldbeträge aus und ordnet sie. Kontrolliert euch gegenseitig.
c) Nenne zehn Beispiele für Waren, die du mit den Münzen oben bezahlen kannst.
d) Frau Müller hat die Münzen oben als Rückgeld beim Einkaufen bekommen. Mit welchen Geldscheinen könnte sie bezahlt haben? Was könnte sie eingekauft haben? Beschreibe die Situation mit einer Zeichnung oder einem Text.

WISSEN & ÜBEN

Mit Geld rechnen

Neun Hefte kosten 5,67 €.
Wie viel kostet ein Heft?

5,67 € = 567 ct
567 ct : 9 = 63 ct
63 ct = 0,63 €
Ein Heft kostet 0,63 €.

Cola: 2,30 €, Currywurst: 1,50 €
Wie viel kostet es zusammen?

2,30 € + 1,50 €
= 2 € + 30 ct + 1 € + 50 ct
= 3 € + 80 ct = 3,80 €
Zusammen kostet es 3,80 €.

1. Beachte beim Rechnen mit Geld das Komma. Wenn du die Preise in Cent umrechnest, dann kannst du mit Geldbeträgen ohne Komma rechnen.
2. Sind alle Beträge in derselben Einheit gegeben? Wenn nicht, rechne um.
3. Kontrolliere deine Rechnungen, zum Beispiel durch Überschlagen.

FÖRDERN UND FORDERN
↻ 160-1

1 In einer Bäckerei siehst du das Angebot rechts. Arbeitet zu zweit. Erklärt euch gegenseitig, wie ihr herausfindet, was ein Brötchen kostet.

▶ Berechne jeweils den Einzelpreis.
a)   b)   c)

1,25 €
1,14 €
54,96 €
5,46 €

SELBSTKONTROLLE
Wenn du alle Ergebnisse (in Cent) aus Aufgabe 1 addierst, erhältst du:
541 Cent.

2 Franzi und ihr Vater erledigen den Wochenendeinkauf im Supermarkt.
Sie müssen an der Kasse 39,23 € bezahlen und geben einen 50-Euro-Schein.
Berechne das Wechselgeld. Erkläre, wie du zu deinem Ergebnis gekommen bist.

▶ Berechne jeweils das Wechselgeld.
a) zu zahlen: 37,50 €   gegeben: ein 50-Euro-Schein
b) zu zahlen: 49,99 €   gegeben: ein 100-Euro-Schein
c) zu zahlen: 29,02 €   gegeben: zwei 20-Euro-Scheine
d) zu zahlen: 17,02 €   gegeben: zwei 10-Euro-Scheine
e) zu zahlen: 156,33 €   gegeben: ein 100-Euro-Schein, zwei 50-Euro-Scheine

3 Welche Einheit ist hier sinnvoll: Euro oder Cent? Begründe.
a) Eine Briefmarke kostet 55 ●.
b) Ein Fahrrad kann man im Supermarkt für 198 ● kaufen.
c) Turnschuhe sind im Angebot schon für 14,99 ● zu haben.
d) Für fünf Brötchen bezahlt man 90 ●.
e) Ein Fahrschein für die S-Bahn kostet 1,70 ●.

Größen messen

4 Im Schreibwarenladen

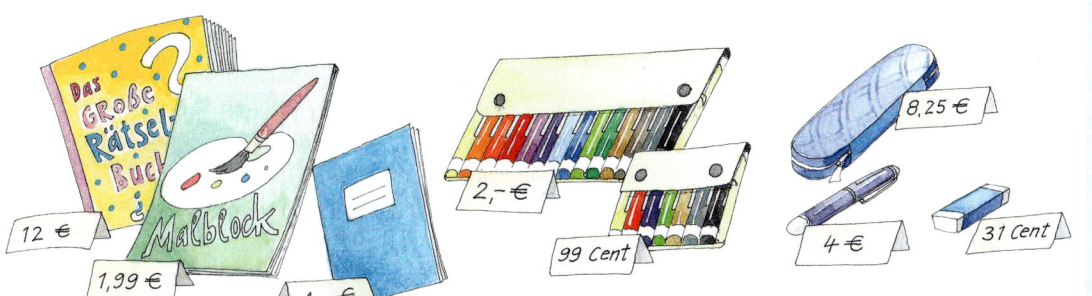

Preise: 12 €; 1,99 €; 1,- €; 2,- €; 99 Cent; 8,25 €; 4 €; 31 Cent

a) Wie viel kosten ein Rätselbuch und ein Radiergummi zusammen?
b) Reichen drei Euro für einen Malblock und eine Packung Buntstifte? Begründe.
c) Stelle einen Einkauf deiner Wahl zusammen. Du hast zehn Euro, kannst aber nur die Hälfte davon im Schreibwarenladen ausgeben.
d) Schätze, wie viel Geld du für Schulmaterial im Jahr ausgibst. Erstelle dazu eine Liste. Informiere dich über weitere Preise in einem Schreibwarenladen.

5 Du bist mit zwei Freunden im Eiscafé (siehe Karte rechts). Ihr habt zwölf Euro dabei. Was würdet ihr bestellen?

Café Eiszeit

Vanilleeis m. Himbeeren	2,90 €
Mango-Pfirsich-Eis	4,80 €
Schokobecher	3,90 €
Erdbeerbecher	4,50 €
Eisschokolade	2,60 €
Geeister Joghurt	3,20 €
Cappuccino	1,90 €
Heiße Schokolade	1,90 €
Mineralwasser	1,70 €
frischer Blechkuchen	2,20 €

6 Formuliere Aufgaben zu den folgenden Situationen und löse sie.
a) Marie hat 56,00 € gespart, ihr Bruder Carlos 7,38 € weniger.
b) Familie Glücklich hat im Lotto 6416 € gewonnen. Der Gewinn wird gleichmäßig auf die vier Familienmitglieder aufgeteilt.
c) Insgesamt verdienen Herr und Frau Dietrich monatlich 2453,78 €. Davon sind jeden Monat 613,24 € für Miete und 64,85 € für Strom zu bezahlen.

7 Sophie hat für ihr Taschengeld ein Heft mit Einnahmen und Ausgaben geführt.
a) Wie viel Geld hat Sophie insgesamt ausgegeben?
b) Was hat sie am 5.6. von ihrem Taschengeld noch übrig?

Datum	Einnahmen	Ausgaben
1.5.	12,00 €	
7.5.		3,24 €
14.5.		6,50 €
1.6.	12,00 €	
2.6.	5,00 €	
5.6.		8,79 €

8 Karten für ein Fußballspiel kaufen

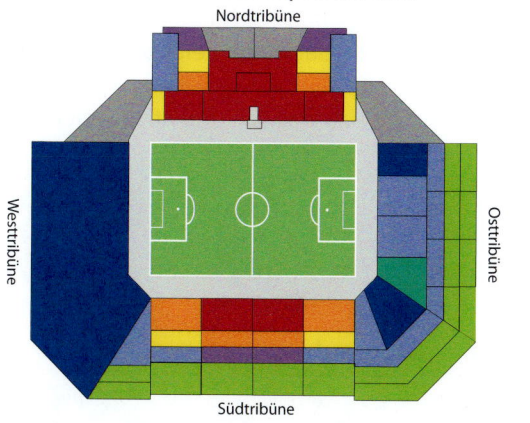

Kategorie		Tageskarte	ermäßigt
1	Sitzplatz	38,50 €	32,00 €
2	Sitzplatz	32,50 €	28,00 €
3	Sitzplatz	28,50 €	24,00 €
4	Sitzplatz	24,50 €	20,00 €
5	Sitzplatz	20,50 €	17,00 €
6	Sitzplatz	16,00 €	13,50 €
8	Stehplatz	11,00 €	10,00 €
9	Familienblock	Erwachsene: 15,50 € Kinder 7 bis 12 J.: 8,50 € Kinder bis 6 J.: 6,00 €	

a) Martin will für sich und drei Freunde ermäßigte Karten kaufen. Er hat 45 Euro dabei.
b) Martin hat sich erkundigt: Eine Dauerkarte für die gesamte Saison (17 Spiele) und die Pokalspiele hätte in der Kategorie Stehplatz für Schüler 164 € gekostet.

NACHGEDACHT

Wie viel Geld gibt ein Fußballfan im Laufe seines Lebens für Karten aus, wenn er (fast) alle Heimspiele seiner Lieblingsmannschaft besucht?

WISSEN & ÜBEN

Zeit messen

Mit Uhren messen wir die Zeit. Man unterscheidet dabei zwischen Zeitpunkt und Zeitspanne (Zeitdauer).

Einen Zeitpunkt geben wir oft durch eine Uhrzeit an, aber auch eine Jahresangabe, ein bestimmter Monat oder ein Datum können ein Zeitpunkt sein.
Zwischen zwei Zeitpunkten liegt eine Zeitspanne. Eine Zeitspanne kann zum Beispiel in Minuten oder Jahren angegeben werden.

Die Zeiteinheiten Jahr, Monat und Tag sind auf der Grundlage der Bewegung von Sonne, Mond und Erde entstanden: In einem Jahr dreht sich die Erde einmal um die Sonne. In einem Monat dreht sich der Mond etwa einmal um die Erde. An einem Tag dreht sich die Erde einmal um sich selbst.

HINWEIS
Mit „Wann?" oder „Um wie viel Uhr?" fragt man nach einem Zeitpunkt.
Mit „Wie lange?" fragt man nach einer Zeitspanne.

Zeiteinheiten und ihre Abkürzungen:

Sekunde (s)   Minute (min)   Stunde (h)   Jahr (a)
Tag (d)   Woche   Monat

BEISPIELE
a) Eine Unterrichtsstunde beginnt um 11.30 Uhr.
   Dies ist ein **Zeitpunkt**.
b) Eine Unterrichtsstunde dauert 45 Minuten.
   Dies ist eine **Zeitspanne**.

1 Zeit messen

a) Welche Arten von Uhren kennst du? Erkläre jeweils, wie du daran die Zeit ablesen kannst.
b) Beschreibe verschiedene Möglichkeiten, eine Zeitspanne zu messen und anzugeben.

2 Lies die Uhrzeiten ab. Wie gehst du vor?
Gibt es mehr als eine Lösung? Gibt es mehrere Sprechweisen, um diese Uhrzeiten anzugeben?
Erkläre jeweils.

▶ Lies die Uhrzeiten ab. Vergleicht eure Lösungen untereinander.

3
a) Schätze, wie lange die Tätigkeiten dauern.
b) Ordne die Zeitspannen richtig zu. Begründe deine Entscheidungen.

6 Wochen	ein Fußballspiel	1 s
5 min	5 km gehen	1 h
ein Flug um die Welt	90 min	Sommerferien
ein Ei kochen	einmal Niesen	40 Stunden

▶ In welcher Einheit würdest du die folgenden Zeitspannen angeben?
c) deine Fernsehzeit pro Wochentag
d) deine Schlafzeit pro Tag am Wochenende
e) die Zeit, die du am Tag für Mahlzeiten hast
f) die Dauer der Herbstferien
g) die Zeit, die du am Tag mit Sport verbringst
h) die Zeit, die du für zehn Kilometer Radfahren benötigst
i) die Dauer deines täglichen Schulwegs
j) das Alter deines Großvaters
k) die Zeit, die du täglich mit Zähne putzen verbringst
l) Arbeitet zu zweit. Stellt euch gegenseitig weitere Aufgaben.

4 Zeitpunkt oder Zeitspanne? Begründe deine Entscheidungen.
a) Der Schulbus fährt um 7.00 Uhr ab.
b) Eine Schulpause dauert 20 Minuten.
c) Sabrina benötigt 35 Minuten für ihren Schulweg.
d) Die Kinovorstellung beginnt um 20.15 Uhr.
e) Seit drei Minuten läuft die Nachspielzeit.
f) Der Marathonlauf beginnt um 9.17 Uhr. Einer der Läufer erreicht nach 2 h 23 min 15 s das Ziel.
g) Ein Fußballspiel dauert zweimal 45 Minuten. Dazwischen ist eine Viertelstunde Halbzeitpause.

5 Die Rekorde sind durcheinander geraten! Ordne die Weltrekorde (Frauen; Stand 2012) den gelaufenen Strecken zu.
SELBSTKONTROLLE Hast du richtig geordnet, ergibt sich ein Lösungswort.

100 m	3:50,46 min (Z)
200 m	14:11,15 min (E)
400 m	21,34 s (A)
800 m	10,49 s (L)
1500 m	47,60 s (U)
5000 m	2:15,25 h (T)
10 000 m	29:31,78 min (I)
Marathon	1:53,28 min (F)

Bist du fit?

1. Rechne im Kopf.
a) 4 · 6
   6 · 4
   60 · 4
   40 · 60
b) 3 · 9
   6 · 9
   60 · 9
   100 · 9
c) 10 · 10
   30 · 30
   70 · 70
   90 · 90
d) 3 · 1000
   3 · 200
   3 · 1200
   3 · 1400
e) 5 · 7
   20 · 7
   500 · 7
   7 · 800

2. Wie viel fehlt bis 10 000? Rechne im Kopf.
a) 8400
b) 5200
c) 100
d) 250
e) 5999
f) 7499
g) 6538
h) 2761
i) 2002
j) 4004

WISSEN & ÜBEN

Mit Zeiten rechnen

Die Einheiten der Zeit sind nicht nach dem Zehnersystem aufgebaut.

BEACHTE
Weitere Umrechnungen:
1 Jahr = 12 Monate
1 Woche = 7 Tage

Zeiten umrechnen
1 a = 365 d
1 d = 24 h
1 h = 60 min
1 min = 60 s

BEISPIELE

a) 2 h = 2 · 60 min
   = 120 min

b) 1 h = 1 · 60 min
   60 min = 60 · 60 s
   = 3600 s

c) $3\frac{1}{2}$ min = 3 · 60 s + 30 s
   = 180 s + 30 s
   = 210 s

BEACHTE Beim Umrechnen in eine kleinere Einheit werden die Zahlenwerte größer, beim Umrechnen in eine größere Einheit werden die Zahlenwerte kleiner.

Beim **Ermitteln von Zeitspannen** wird berechnet, wie viel Zeit zwischen zwei Zeitpunkten vergeht.

BEISPIEL Wie viel Zeit vergeht von 8.40 Uhr bis 12.14 Uhr?
Lösung: Von 8.40 Uhr bis 9.00 Uhr vergehen 20 min.
Von 9.00 Uhr bis 12.00 Uhr vergehen 3 h.
Von 12.00 Uhr bis 12.14 Uhr vergehen 14 min.
Insgesamt beträgt die Zeitspanne 3 h 34 min oder 214 min.

FÖRDERN UND FORDERN
↻ 164-1

1 Ein Marathon-Lauf dauert ungefähr drei Stunden.
a) Wie viele Minuten sind das?
b) Beschreibe deinen Rechenweg.

▶ Rechne in Minuten um.
c) 1 h   d) 4 h   e) 5 h   f) 24 h   g) 12 h   h) 8 h
i) eine halbe Stunde   j) eine Dreiviertelstunde

2 Tom rechnet 120 Sekunden in Minuten um.
a) Erkläre, wie Tom vorgegangen ist.
b) Findest du noch eine andere Möglichkeit? Erkläre sie deiner Nachbarin oder deinem Nachbarn.

> 60 Sekunden sind 1 Minute. Dann sind 120 Sekunden das Doppelte von 60 Sekunden, also 2 Minuten.

▶ Rechne in Minuten um.
c) 60 s   d) 240 s   e) 180 s   f) 600 s   g) 2400 s
h) 1200 s   i) 90 s   j) 150 s   k) 2100 s   l) 270 s

3 Rechne jeweils in die nächstkleinere Zeiteinheit um.
a) 2 h   b) 4 min   c) 30 h   d) 2 Tage   e) 1200 min   f) 56 Tage
g) 8 Wochen   h) drei Stunden und eine Viertelstunde   i) eine halbe Minute

Größen messen

4 Wie viele Sekunden bzw. wie viele Minuten hat eine Stunde (ein Tag, eine Woche, ein Jahr)?

5 Wandle jeweils wie im Beispiel in die angegebenen Zeiteinheiten um.
BEISPIEL Umrechnen von 3 d 5 h in h
3 d 5 h = 3 · 24 h + 5 h = 72 h + 5 h = 77 h
a) 2 d 7 h (in h) b) 3 h 15 min (in min) c) 1 min 35 s (in s)
d) 72 h (in d) e) 1080 s (in min) f) 115 s (in min und s)

6 Ordne die Zeitangaben. Beginne mit der längsten Dauer. Hast du richtig geordnet, ergibt sich ein Lösungswort.

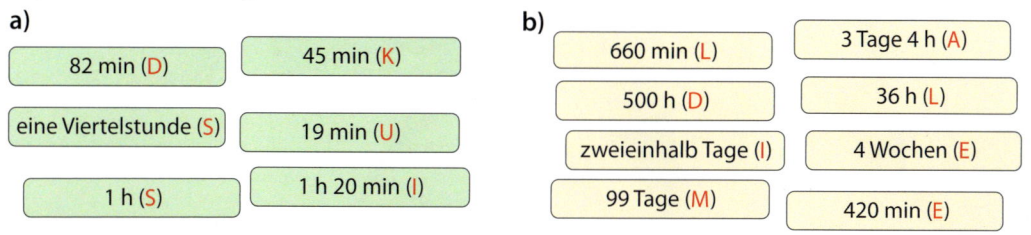

a)
- 82 min (D)
- 45 min (K)
- eine Viertelstunde (S)
- 19 min (U)
- 1 h (S)
- 1 h 20 min (I)

b)
- 660 min (L)
- 3 Tage 4 h (A)
- 500 h (D)
- 36 h (L)
- zweieinhalb Tage (I)
- 4 Wochen (E)
- 99 Tage (M)
- 420 min (E)

7 Bei Olympischen Spielen begann ein Radrennen um 9.15 Uhr. Ein Fahrer überquerte nach rund 28 Minuten die Ziellinie. Um wie viel Uhr war das? Präsentiere deinen Lösungsweg.

▶ Angenommen, es ist jetzt 8.05 Uhr. Wie spät ist es …
a) in 30 Minuten, b) in einer Viertelstunde, c) in 55 Minuten,
d) in 1 h 35 min, e) in 3 h 52 min, f) in drei Viertelstunden,
g) in 324 min, h) in dreieinhalb Stunden?

8 Berechne jeweils die Zeitspanne zwischen den Zeitpunkten.
a) 20.15 Uhr und 22.30 Uhr b) 7.35 Uhr und 9.25 Uhr
c) 11.22 Uhr und 12.23 Uhr d) 18.57 Uhr und 19.05 Uhr
e) 21.30 Uhr und 7.00 Uhr f) 6.38 Uhr und 24.00 Uhr

9 Ein Eishockeyspiel ist in drei Spielzeiten unterteilt. Diese heißen Drittel. Die reine Spielzeit eines Drittels beim Eishockey beträgt 20 Minuten. Die Pausen dauern jeweils 10 Minuten. Bei einer Spielunterbrechung wird die Uhr angehalten.
a) Ein Spiel beginnt um 17.30 Uhr. Insgesamt gibt es 37 Minuten Spielunterbrechung. Um wie viel Uhr endete das Spiel?
b) Um 22.09 Uhr wird ein Eishockeyspiel mit insgesamt 47 Minuten Spielunterbrechung abgepfiffen. Wann war Spielbeginn?

10 Rechts siehst du einen Ausschnitt aus einem Fahrplan der Bahn.
a) Berechne die Fahrtzeit zwischen Mainz und Frankfurt.
b) Wie viel Zeit bleibt in Frankfurt zum Umsteigen?
c) Wie lange dauert die Fahrt insgesamt?
d) Wie hängen die Ergebnisse der Teilaufgaben a), b) und c) zusammen?

Bahnhof/Haltestelle	Zeit	Gleis	Produkte
Mainz Hbf	ab 09:02	4a	S 8
Frankfurt Hbf (tief)	an 09:43	102	
Fußweg 10 Min.			
Frankfurt(Main)Hbf	ab 09:58	8	ICE 78
Hannover Hbf	an 12:17	8	
Umsteigezeit 14 Min.			
Hannover Hbf	ab 12:31	9	ICE 847
Berlin Hbf	an 14:12	11	ICE 857

AUFGABE
Erstelle eine Liste mit den wichtigsten „Zeit-Brüchen":
eine Viertelstunde = 15 min
eine halbe Stunde = … min
…

ERFORSCHEN & EXPERIMENTIEREN

Länge und Masse

1 Längen vergleichen
- Ob Dinge im Vergleich zueinander länger, kürzer oder gleich lang sind, kann häufig durch Nebeneinanderlegen ermittelt werden. Vergleiche die Länge aller deiner Stifte auf diese Weise. Ordne deine Stifte der Länge nach.
- Kennst du andere Möglichkeiten, Längen zu vergleichen? Erzähle.

2 Messen mit Körpermaßen
Die alten Ägypter nutzten für das Messen von Längen Körpermaße, zum Beispiel Fuß, Handbreit, Spanne und Elle.

Fuß 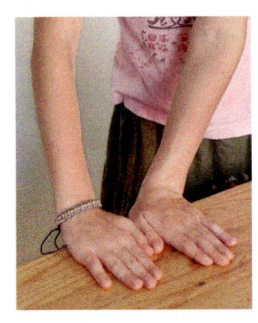   Handbreit    Spanne    Elle

- Wähle Gegenstände aus und vergleiche sie mit der Länge deines Fußes.
- Arbeitet in Gruppen: Messt mit euren Körpermaßen einen Tisch, die Tafel und andere Gegenstände in eurem Klassensaal.
- Wie lang (in Zentimetern) sind Fuß, Handbreit, Spanne und Elle bei dir? Vergleiche mit den Maßen deiner Mitschülerinnen und Mitschüler.
- Kaiser Karl der Große lebte um das Jahr 800. Er führte in seinem Reich als einheitliches Maß die Länge seines Fußes ein, den Karlsfuß (32,5 cm).
  Unbekannte Längen wurden mit dem Karlsfuß verglichen.
  Bestimmt die Länge eures Klassensaales nach dem Karlsfuß.
- Diskutiert in Gruppen darüber, wie sinnvoll es ist, für Längenangaben Körpermaße zu verwenden. Stellt eure Ergebnisse der Klasse vor.

INFO
Der Marathonlauf erhielt seinen Namen durch eine Legende. Informationen darüber kannst du im Internet recherchieren.

3 Marathonlauf – eine olympische Disziplin
Der Marathonlauf ist ein Laufwettbewerb in der Leichtathletik, bei dem 42 Kilometer und 195 Meter zurückgelegt werden müssen. Das letzte Stück wird häufig als eine Runde in einem Sportstadion gelaufen. Der Sieger bzw. die Siegerin wird mit großem Jubel empfangen. 
- Wie lang ist die Laufstrecke, die beim Einlauf ins Stadion bereits zurückgelegt wurde?
- Wie lang ist die Strecke, die bei einem Halbmarathon zurückgelegt wird?
- Vergleiche den Marathonlauf mit den Laufstrecken in eurem Sportunterricht.
- Vergleiche die Länge des Marathonlaufs mit der Länge eines Doppellaufs bei den Olympischen Spielen der Antike. Recherchiere zunächst, über welche Strecke ein Doppellauf damals führte.

Größen messen 167

4 Weitsprung
Eine weitere olympische Disziplin mit einer langen Geschichte ist der Weitsprung. Neben dem Anlauf, dem Absprung und der Flugphase ist die Landung entscheidend.
- Beschreibe genau, wie man die Sprungweite misst.
- In welchen weiteren Sportarten werden Längen gemessen?
Erstelle eine Liste.

5 Schätzt jeweils, wie viel die abgebildeten Bälle wiegen. Messt dann nach und vergleicht. Bezieht auch weitere Gegenstände aus dem Sport mit ein (Tischtennisschläger, Turnschuh …). Wer wird Klassenmeister im Schätzen?

Fußball, Tischtennisball   Handbälle (Männer, Frauen)   Tennisbälle

6 Schultaschen und Mäppchen
- Arbeitet in Gruppen. Schätzt zuerst: Wer aus der Gruppe hat die schwerste Schultasche? Wessen Mäppchen ist am schwersten?
Überprüft eure Ergebnisse jeweils mithilfe einer Waage.
- Ordnet die Schultaschen in eurer Gruppe nach ihrer Masse.
- Deine Schultasche sollte nicht mehr als ein Zehntel deiner Körpermasse wiegen. Trifft dies zu?

7 Gewichtheben – eine olympische Disziplin

Goldmedaillen-Gewinner 2012 in London				
Athlet	Land	Gesamt	Reißen	Stoßen
Männer bis 77 kg				
Lu Xiaojun	China	379 kg	175 kg	204 kg
Männer bis 94 kg				
Ilja Ilin	Kasachstan	418 kg	185 kg	224 kg
Frauen bis 75 kg				
S. Podobedowa	Kasachstan	291 kg	131 kg	161 kg

Das Gewichtheben wird in verschiedenen Gewichtsklassen ausgetragen. Es ist ein Zweikampf in der Reihenfolge „Reißen" und „Stoßen". Die Massen werden addiert.
- Vergleiche die Ergebnisse bei den Frauen und den Männern. Begründe, warum die Ergebnisse so unterschiedlich sein können.
- Um wie viel Kilogramm unterscheiden sich die Endergebnisse bei den Männern?
- Vergleiche das Ergebnis von Cao Lei im Reißen mit deiner Körpermasse.

HINWEIS
Umgangssprachlich wird für die Masse häufig das Wort Gewicht benutzt. Aber im Gegensatz zur Masse hängt das Gewicht vom Ort ab. Im Weltall ist die Masse so wie auf der Erde, aber das Gewicht ändert sich, je nachdem, in welchem Anziehungsbereich man sich befindet. In der Wissenschaft wird sorgfältig zwischen beiden unterschieden.

WISSEN & ÜBEN

Längen

Mit Längen bezeichnet man **im Alltag** die Ausdehnung von Gegenständen (zum Beispiel einer Durchfahrt unter einer Brücke) oder deren Abstand voneinander. Von Längen spricht man im Alltag aber oft auch bei Weglängen. Sie geben zum Beispiel die Länge einer Straße zwischen zwei Orten an.

Als Streckenlänge bezeichnet man **in der Mathematik** den Abstand zwischen den beiden Endpunkten einer Strecke. Streckenlängen können mit einem Lineal gemessen werden. Das bedeutet, es wird ausgezählt, wie viele aneinander liegende kleine Strecken, die zum Beispiel je ein Millimeter lang sind, in die gesamte Strecke passen.

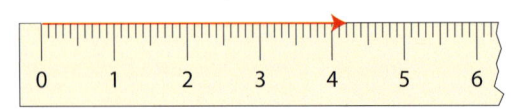

Die Länge des roten Pfeils beträgt 42 mm = 4,2 cm.

Einheiten der Länge

Millimeter	1 mm
Zentimeter	1 cm = 10 mm
Dezimeter	1 dm = 10 cm 1 dm = 100 mm
Meter	1 m = 10 dm 1 m = 100 cm 1 m = 1000 mm
Kilometer	1 km = 1000 m

Längeneinheiten umrechnen

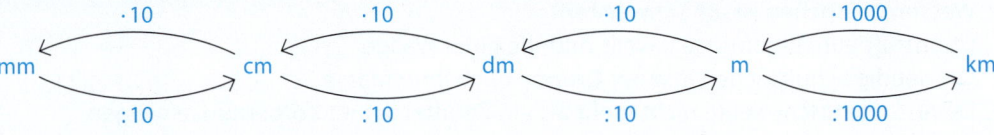

mm $\xrightarrow{\cdot 10}$ cm $\xrightarrow{\cdot 10}$ dm $\xrightarrow{\cdot 10}$ m $\xrightarrow{\cdot 1000}$ km

(:10 rückwärts jeweils, :1000 bei km→m)

TIPP
Eine Tabelle (siehe Mediencode ⟲ 168-1) kann dir beim Umrechnen helfen.

dm	cm	mm
3	0	8

3,08 dm
= 30,8 cm
= 308 mm

BEISPIELE für Umrechnungen

a)   50 mm
= (50 : 10) cm
= 5 cm

b)   37 dm
= (37 · 10) cm
= 370 cm

c)   42 mm
= 40 mm + 2 mm
= 4 cm + 2 mm
= 4,2 cm

Mit Längen kann man rechnen. Achte beim Addieren und Subtrahieren darauf, stellengerecht untereinander zu schreiben. Wandle, wenn nötig, in dieselbe Einheit um. Wenn du in kleinere Einheiten umwandelst, erhältst du Zahlenwerte ohne Komma.

BEISPIELE

d)
		3	2	5	m
+		2	9	7	8	m
		1	1	1	
		3	3	0	3	m

e) 2,08 m − 6,2 dm = ?
Zuerst umrechnen:
2,08 m = 208 cm
6,2 dm = 62 cm

	2	0	8	cm
−		6	2	cm
	1			
	1	4	6	cm

Größen messen   169

1 Ordne den Gegenständen die Einheiten zu, mit denen man sie sinnvoll messen kann.

Tafellineal · Heftseite · Kilometer · Dezimeter · Radrennen · Zentimeter · Meter · Streichholz · Millimeter · Münze

▶ Welche Einheiten sind zum Messen der Gegenstände sinnvoll?
a) Dicke eines Buches
b) Breite der Tafel
c) Entfernung Schule – Zuhause
d) Länge des Schulhofs
e) Größen deiner Klassenkameraden
f) Größe eines Marienkäfers

FÖRDERN UND FORDERN
↻ 169-1

Marienkäfer

2 Finde je zwei Gegenstände in deiner Umwelt mit der angegebenen Länge.
a) 50 cm b) 87 km c) 80 cm d) 0,6 m e) 500 m f) 23 mm g) 15 cm

3 Welche der Angaben könnte richtig sein? Begründe.

Die Länge unseres Autos beträgt 3 m.
Unser Auto ist 16 m lang.
... unseres ist 500 cm lang.

▶ Welche Angaben könnten stimmen?
a) Eine CD hat einen Durchmesser von   2 cm;   32 cm;   12 cm.
b) Eine Zimmertür hat eine Höhe von   2 m;   1,2 m;   5 m.
c) Die Länge eines Gartenschlauches ist 30 m;   400 m;   2000 cm.

4
a) Ordne die Längen passend zu.

4810 m (A) · 180 km (A) · 42 195 m (R) · 22,1 cm (O) · 2,70 m (H) · 65 mm (N) · 3476 km (M) · 4,5 m (T)

- Marathonstrecke
- Länge eines Zahnstochers
- Länge eines Speers
- Radfahrstrecke beim Ironman
- Durchmesser des Mondes
- Durchmesser eines Diskus
- Höhe des Mont Blanc
- Länge eines Autos

b) Ordne nun die Längen. Beginne mit der größten Länge. Hast du richtig geordnet, erhältst du ein Lösungswort.

5 Wie rechnest du 7 cm in Millimeter um? Beschreibe, wie du vorgehst.

▶ Rechne in Millimeter um.
a) 4 cm b) 6 cm c) 60 cm d) 1 cm 5 mm e) 7,2 cm
f) 15,4 cm g) 6,9 cm h) 0,5 cm i) 0,8 cm j) 348 cm
k) Kannst du Strecken mit diesen Längen auf ein Blatt Papier zeichnen? Begründe.

6 Wandle 72 mm in Zentimeter um. Erkläre deiner Nachbarin oder deinem Nachbarn, wie du vorgehst.

▶ Rechne in Zentimeter um.
a) 90 mm b) 110 mm c) 150 mm d) 65 mm e) 84 mm
f) 11 mm g) 295 mm h) 197 mm i) 8 mm j) 2485 mm
k) Ordne die Angaben der Größe nach.

WISSEN & ÜBEN

7 Wandle um.
a) 200 cm (in mm; dm; m)   b) 500 cm (in mm; dm; m)   c) 120 mm (in cm; dm; m)
d) 1200 m (in km; dm; cm)   e) 2,3 m (in dm; cm; mm)   f) $\frac{1}{2}$ m (in dm; cm; mm)

8 Wandle jeweils in möglichst viele andere Längeneinheiten um.
a) 13 m; 43 m; 100 m   b) 60 dm; 240 dm; 1000 dm   c) 400 cm; 3333 cm; 10 000 cm

9 Vergleiche 25 dm mit 2500 mm. Was fällt dir auf? Erkläre.

▶ Welche Angaben sind gleich?
a) 4,7 dm   b) 4,7 cm   c) 47 mm   d) 47 cm   e) 470 mm   f) 0,47 m
g) 2,6 cm   h) 2 cm 6 mm   i) 2 dm 6 mm   j) 206 mm   k) 2,6 dm   l) 2006 m

10 Welche Längen passen zusammen?

7,3 m   2750 m   730 cm   27 500 dm   420 cm
0,45 m   450 mm   42 dm   7300 mm   4,5 dm
2 km 750 m   4 dm 5 cm   2 750 000 mm   7 m 3 dm   4200 mm
                                                        4 m 20 cm

11 Bei den Bundesjugendspielen hat Daniel die Ergebnisse vom Weitsprung seltsam notiert. Bringe die Ergebnisse in die richtige Reihenfolge.
Julia: 2610 mm   Christian: 0,003 km   Tim: 28 dm 7 cm
Lea: 256 cm   Elisa: 2,63 m   Jonas: 2 m 14 dm 3 cm

12 Ordne der Größe nach. Beginne jeweils mit der größten Angabe.
a) 19 cm; 36 mm; 650 mm; 36 cm   b) 14,5 cm; 24 mm; 430 mm; 4,3 cm
c) 2020 cm; 2200 cm; 2360 m; 435 dm   d) 4700 m; 4,07 km; 0,5 dm; 25 cm
e) 12,5 cm; 0,05 m; 10,2 m; 17,2 dm; 0,05 dm; 0,55 m; 1,05 m; 12,7 m; 2,56 m

13 Miss die Längen der folgenden Strecken und ordne sie der Größe nach.

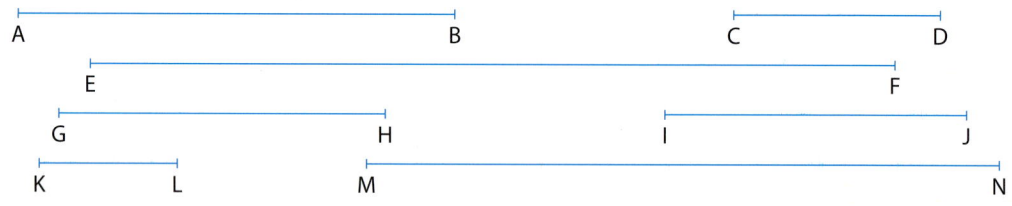

A ———————————————— B   C ——————— D
    E ———————————————— F
G ——————— H   I ——————————— J
K — L   M ———————————————————— N

14 Bei der Tour de France 2012 gab es einen Prolog (Auftaktrennen) und 20 Etappen:

Prolog	6 km								
1.	198 km	2.	207 km	3.	197 km	4.	214 km	5.	197 km
6.	210 km	7.	199 km	8.	154 km	9.	38 km	10.	194 km
11.	140 km	12.	220 km	13.	215 km	14.	192 km	15.	160 km
16.	197 km	17.	144 km	18.	215 km	19.	52 km	20.	130 km

a) Wie viele Etappen waren kürzer (länger) als 200 Kilometer?
b) Beim Zeitfahren sind die Strecken deutlich kürzer als bei normalen Etappen. Welche Etappen könnten Zeitfahren gewesen sein?
c) Wie lang war die gesamte Tour?

Größen messen

15 Frau Berg hat an zwei Tagen ihren Kilometerstand aufgeschrieben.
Wie viel Kilometer ist sie jeweils mit ihrem Auto gefahren? Erkläre deine Rechenwege.
Tag 1: Tachostand alt: 7030 km; Tachostand neu: 7145 km
Tag 2: Tachostand alt: 8123 km; Tachostand neu: 8567 km

▶ Sven macht mit einem Freund eine Radtour. Zu Beginn steht auf dem Kilometerzähler: 1283,5 km. Er notiert weiter:

| 1. Tag: 1302 km | 2. Tag: 1317 km | 3. Tag: 1356 km | 4. Tag: 1399 km |
| 5. Tag: 1421 km | 6. Tag: 1448 km | 7. Tag: 1455 km | |

Wie viel Kilometer sind Sven und sein Freund an den Tagen jeweils gefahren?

16 Die Karte rechts hat den Maßstab 1 : 200 000.
Gib die Entfernungen in Wirklichkeit an (Luftlinie):
a) von der Ruine Hahnenkamp bis zur Diepoldsburg,
b) von Hepsisau bis Torfgrube,
c) von der Ruine Wielandstein bis zur Ruine Sperberseck,
d) von Randeck bis Ochsenwang,
e) von Schopfloch bis Krebsstein.

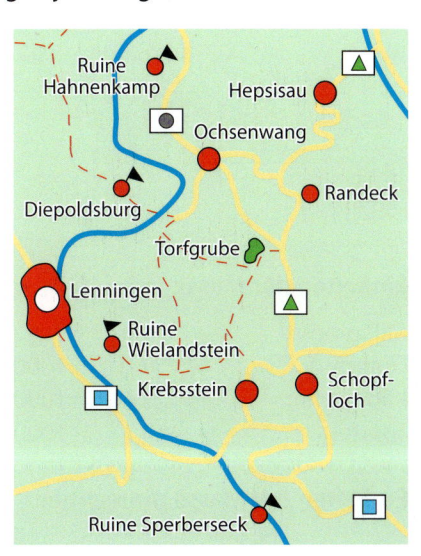

HINWEIS
zu Aufgabe 16:
Der Maßstab
1 : 200 000
bedeutet:
1 cm auf der Karte
sind 200 000 cm
in Wirklichkeit.
Das sind 2000 m.

17 Franziska hat zu Hause das Wohnzimmer ausgemessen. Es ist 5,80 m lang und 4,30 m breit. Die Tür ist 1,15 m breit, das Fenster ist 2,20 m breit. Julia will nun eine Zeichnung des Wohnzimmers im Maßstab 1 : 100 anfertigen.

METHODE Maßstab

Der Maßstab einer Karte gibt an, wievielmal kleiner Längen auf der Karte gegenüber der Wirklichkeit sind.

Diese Landkarte hat den Maßstab 1 : 1 500 000 (sprich: 1 zu 1 500 000).

1 cm auf der Karte entspricht 1 500 000 cm (= 15 km) in der Wirklichkeit. 4 cm auf der Karte entsprechen 4 · 15 km = 60 km in der Wirklichkeit.

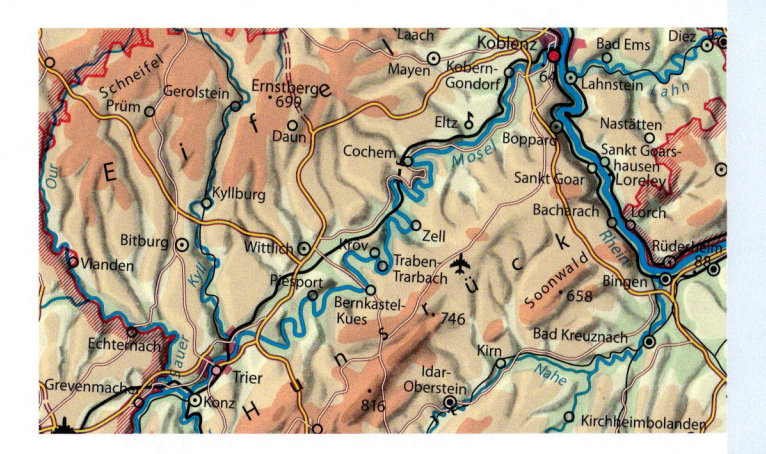

So zeichnest du ein maßstäbliches Bild eures Klassenzimmers:
1. Eine Strecke im Klassenzimmer im Original messen.
2. Festlegen, wie lang diese Strecke auf der Zeichnung sein soll.
3. Maßstab ausrechnen (gemessene Länge : gezeichnete Länge).
4. Weitere Strecken messen und im Bild im gleichen Maßstab zeichnen.

BEISPIEL
z. B. Wand 14 m (= 1400 cm)
z. B. 7 cm
1400 cm : 7 cm = 200
Maßstab 1 : 200

WISSEN & ÜBEN

Massen

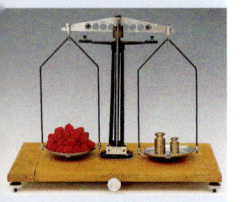

Die Masse eines Gegenstands gibt an, wie träge und schwer der Gegenstand ist.
Zum Messen der Masse benutzt man eine Waage.
Stellt man auf die eine Waagschale einer Balkenwaage ein Massestück von einem Kilogramm (1 kg), so kann man auf die andere Waagschale 1000 Massestückchen von je einem Gramm (1000 g) legen, und die Balkenwaage befindet sich wieder im Gleichgewicht.
Legt man ein Gramm (1 g) auf die Waagschale, so kann man mit 1000 Milligrammstückchen (1000 mg) das Gleichgewicht wiederherstellen.

Balkenwaage

Wägesatz

BEISPIEL

500 g

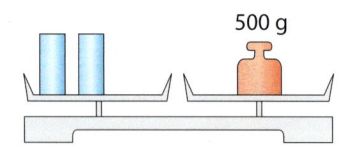

Die Masse der beiden blauen Gegenstände beträgt zusammen 500 g.

500 g
Zahlenwert   Einheit

Einheiten der Masse

Milligramm	1 mg	
Gramm	1 g = 1000 mg	
Kilogramm	1 kg = 1000 g	1 kg = 1 Mio. mg
Tonne	1 t = 1000 kg	1 t = 1 Mio. g 1 t = 1 Mrd. mg

Einheiten der Masse umrechnen

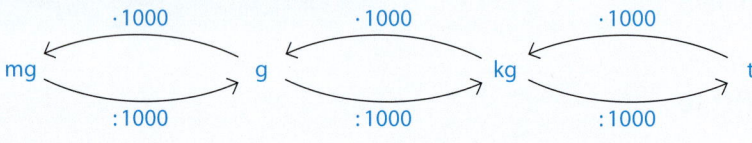

mg ⇄ g ⇄ kg ⇄ t (·1000 / :1000)

TIPP
Eine Tabelle (siehe Mediencode ↻ 172-1) kann dir beim Umrechnen helfen.

t	kg		
	H	Z	E
2	4	5	0

2,45 t = 2450 kg

BEISPIELE für Umrechnungen

a) 8 kg
= (8 · 1000) g
= 8000 g

b) 4150 g
= 4000 g + 150 g
= (4000 : 1000) kg + 150 g
= 4 kg + 150 g
= 4,150 kg = 4,15 kg

c) 4,8 t
= 4 t + 800 kg
= (4 · 1000) kg + 800 kg
= 4000 kg + 800 kg
= 4800 kg

Mit Massen kann man rechnen. Wandle, wenn nötig, in dieselbe Einheit um.
Achte beim Addieren und Subtrahieren darauf, stellengerecht untereinander zu schreiben.
Kontrolliere jeweils, zum Beispiel durch Überschlagen.

BEISPIEL

Vier Volleybälle wiegen 1080 g. Wie viel wiegt ein Volleyball?
Überschlag: 1000 g : 4 = 250 g
Rechnung: 1080 g : 4 = 270 g
Ergebnis: Ein Volleyball wiegt 270 g.

Größen messen

1 Welche Gegenstände wird man mit welcher Einheit messen? Nenne jeweils ein passendes Beispiel. Erkläre deiner Nachbarin oder deinem Nachbarn, wie du zu deinem Ergebnis gekommen bist. Tauscht nun.

Auto · Bleistift · Flugzeug · Fußball · Saftpackung · Apfel · Sandkorn · ein Haar · Blatt Papier · Schiff

Tonne · Milligramm · Gramm · Kilogramm

FÖRDERN UND FORDERN
↻ 173-1

▶ Schätze wie schwer die folgenden Tiere sind.
a) eine Katze   b) ein Huhn   c) ein Goldhamster
d) ein Goldfisch   e) ein Pferd   f) ein Elefant

2 Waagen

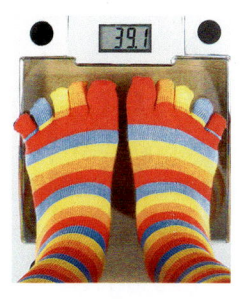

a) Beschreibe, was man alles mit den abgebildeten Waagen wiegen kann. Kennst du Namen für diese Waagen?
b) Mit welcher der Waagen würdest die folgenden Dinge wiegen?
 • Schulranzen   • Lieferwagen   • Füller   • Fußball   • dich selbst
 • Schulheft   • 1 Teelöffel Salz   • Pausenbrot   • Waschmaschine
c) Die Waage links zeigt „39,1" an. Wozu braucht man das Komma? Erkläre.

3 Wie viel wiegt ein blauer Gegenstand jeweils? Erkläre deine Vorgehensweise.

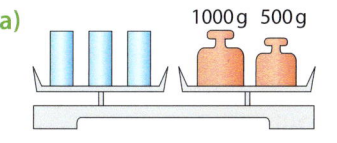

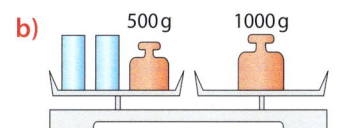

a) 1000 g 500 g
b) 500 g 1000 g

↻ 173-2

▶ Welche Werte wurden hier gemessen?
c) 250 g 250 g
d) 200 g 1000 g
e) 200 g 200 g 500 g
f) 100 g 200 g 500 g
g) 200 g 50 g 100 g 500 g
h) 50 g 100 g 200 g

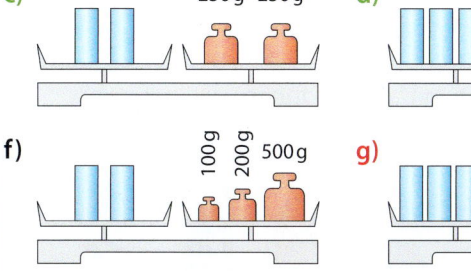

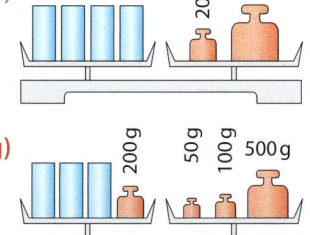

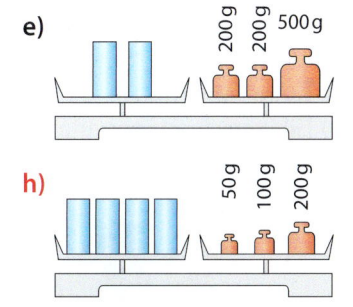

4 Rechne 60 000 g in die nächstgrößere Einheit um. Worauf musst du achten? Erkläre.

▶ Wandle jeweils in die nächstgrößere Einheit um.
a) 5000 g   b) 3000 kg   c) 7000 mg   d) 35 000 g   e) 48 000 kg
f) 520 000 g   g) 5 360 000 kg   h) 1700 g   i) 2851 kg   j) 650 g

WISSEN & ÜBEN

5 Wandle in die nächstkleinere Einheit um.
a) 14 kg   b) 55 kg   c) 605 g   d) 3 t   e) 1,500 kg
f) 2,500 kg   g) 5,500 g   h) 7,500 t   i) 3,250 kg   j) 2,843 t
k) 0,45 kg   l) 0,05 g   m) 7,003 kg

6 Vergleiche die Massen 15 kg; 105 kg; 0,15 kg; 15,0 kg; 150 kg und 1500 kg.
Was haben diese Werte gemeinsam? Worin unterscheiden sie sich?
Könnte man die Nullen auch weglassen? Begründe jeweils.

7 Rechne in die angegebenen Einheiten um.
a) 2 kg 500 g (in g)   b) 2 kg 50 g (in g)   c) 700 g (in kg)   d) 32 kg 600 g (in kg)
e) 2 kg 5 g (in g)   f) 6,1 t (in kg)   g) 202 g (in kg)   h) 0,025 kg (in mg)
i) 0,01 kg (in mg)   j) 6500 mg (in kg)   k) 2,06 t (in g)   l) 2 g (in t)

8 Tina und Jan spielen Domino. Wie muss die Reihe am Ende des Spiels aussehen?

| Start | 2 g 700 mg | 2,7 g | 10 kg 60 g | 10 060 g | 6 t 33 kg |

20 700 kg | 0,057 g | 6,033 t | 20,7 t | 1 g 5 mg | Ende
57 mg | 2 t 3 kg | 3040 g | 1,005 g | 54,090 kg | 3 kg 40 g
2003 kg | 5,07 kg | 5 kg 70 g | 54 kg 90 g

VORLAGE
Domino:
↻ 174-1

SELBSTKONTROLLE
zu Aufgabe 9 a):
Hast du richtig geordnet, erhältst du ein Lösungswort.

9
a) Ordne die Massen 1,3 kg (E); 2,3 kg (I); 2,03 kg (E); 1450 g (G); 0,720 kg (N); 2950 g (W) der Größe nach. Beginne mit der größten Masse.
b) Beschreibe deine Vorgehensweise.

▶ Ordne die Massen nach ihrer Größe.
c) 275 kg; 14 g; 1200 g; 500 kg; 2 g; 400 g; 2 kg
d) 8500 g; 5,6 kg; 700 g; 0,05 t; 9 kg; 0,6 t; 240 kg
e) 500 kg; 0,490 t; 1,21 g; 3,7 kg; 1200 mg; 0,4 t; 3,07 kg

10 Runde 95 780 g auf volle Kilogramm. Beschreibe deine Überlegungen.

▶ Runde die folgenden Massen auf volle Kilogramm.
a) 6,7 kg   b) 900 g   c) 2150 g   d) 4,3 kg
e) 2465 g   f) 9910 g   g) 7,07 kg   h) 780 g
i) 56 490 g   j) 34 550 g   k) 89 630 g   l) 72 928 g

11 Am Fahrstuhl
a) Gib verschiedene Varianten an, wie die Personen mitfahren können.
b) Wie oft muss der Fahrstuhl im günstigsten Fall fahren?

Höchstlast: 600 kg

175 kg   109 kg   76 kg   85 kg   190 kg   245 kg   62 kg   180 kg   45 kg

Größen messen

12 Zerlege die Masse jeweils in zwei, drei bzw. vier gleich schwere Teile.
a) 240 g   b) 9000 g   c) 18 kg   d) 9,6 t   e) 2,6 g   f) 7,2 t

13 Steven war in den Sommerferien an der Ostsee angeln. Stolz zeigt er zu Hause seinen Fang: einen Aal mit 265 Gramm, einen Hornhecht mit 1,460 Kilogramm und einen Dorsch mit 1836 Gramm. Wie viel Kilogramm Fisch hatte er im Netz?

14 Wie viel wiegen die Kinder jeweils?

a) Wenn Sandra ihre Masse verdreifacht und zehn Kilogramm dazurechnet, ergibt das 100 Kilogramm.
b) Carolins große Schwester Kathleen wiegt doppelt so viel wie sie. Stellen sich beide zusammen auf die Waage, so fehlen nur noch vier Kilogramm bis 100 Kilogramm.
c) Robert wiegt zehn Kilogramm mehr als sein Freund Sebastian. Zusammen wiegen beide 80 Kilogramm.
d) Lukas kleiner Bruder Andre wiegt 8 Kilogramm weniger als er, sein großer Bruder Martin wiegt 8 Kilogramm mehr als er. Martin ist doppelt so schwer wie Andre.
e) Wie schwer sind alle Kinder zusammen?

15 Stelle Fragen und beantworte diese.
a) Ein 4,5 Tonnen schwerer Lkw transportiert mehrere Kisten, die jeweils 130 Kilogramm wiegen. Er muss über eine Brücke fahren, an der das Hinweisschild rechts angebracht ist.
b) Die Allgemeine Zeitung wiegt etwa 140 Gramm. Sie erscheint an 300 Tagen im Jahr.
c) Für deine Klasse steht für eine Fahrt zu einem Sportwettkampf ein Kleinbus zur Verfügung, der für 900 Kilogramm Nutzlast zugelassen ist.

NACHGEDACHT
Wie schwer ist ein Kasten Limonade, wenn der Kasten selbst ein Kilogramm wiegt?

Maximal 5,5 Tonnen

175-1

Bist du fit?

1. Ordne der Größe nach.
a) 15 € 17 ct; 918 ct; 90 ct; 3,19 €; 12 €; 1,45 €; 0,99 ct
b) 120 ct; 9 € 50 ct; 112,56 €; 60 ct; 9,50 €; 0,47 ct; 12 ct

2. Toni hat 3,50 € dabei. Kann er davon drei Kugeln Eis zu je 60 ct und eine Zeitschrift für 2 € kaufen?

3. Du weißt, dass vor dem Einkauf in einem Lebensmittelgeschäft 12,50 € in Tonis Geldbeutel waren, nach dem Einkauf waren es nur noch 3,25 €.
Was könnte Toni gekauft haben?

PROJEKT

Joule und Kalorie
Nahrung liefert Energie, die der Körper zum Beispiel in Bewegung umwandeln kann. Die Energie wird in Kilojoule (kJ) gemessen. Früher war dafür die Einheit Kilokalorien (kcal) üblich. 1 Kilokalorie sind ungefähr 4,2 Kilojoule.

Gesunde Ernährung

Für eine gesunde Ernährung ist es wichtig, dass man alle lebensnotwendigen Nährstoffe zu sich nimmt.

Dabei sollte man auf folgende Punkte achten:
- sparsamer Umgang mit Fett und Zucker (jeweils nicht mehr als 60 Gramm pro Tag)
- 5 Portionen Obst und Gemüse am Tag essen
- ausreichend trinken

So errechnet man den Energiebedarf pro Tag:
Grundwert errechnen:
Körpergröße in cm minus 100.
Zeiten ermitteln, die man pro Tag sitzt, schläft und sich bewegt, und die errechneten Werte addieren.
- Für die Zeit, die man schläft:
  Anzahl der Stunden mal Grundwert mal 84 kJ.
- Für die Zeit, in der man sitzt:
  Anzahl der Stunden mal Grundwert mal 134 kJ.
- Für die Zeit, in der man Sport treibt oder sich bewegt:
  Anzahl der Stunden mal Grundwert mal 155 kJ.

BEISPIEL Tim ist 145 cm groß. Er schläft 10 Stunden am Tag. 9 Stunden am Tag verbringt er sitzend. 5 Stunden bewegt er sich. Sein Energiebedarf liegt am Tag bei rund 127 000 Kilojoule.

Wann trinkt man ausreichend?
Der Flüssigkeitsbedarf wird nach dem Körpergewicht ermittelt. Kinder von 8 bis 12 Jahren sollten am Tag pro kg Körpergewicht 50 ml trinken.

Übergewicht
Etwa die Hälfte aller Erwachsenen und jedes vierte Kind sind zu schwer. Ob ein Gewicht normal ist, kann man mit dem Bodymassindex (BMI) prüfen.

BMI = Körpergewicht (in kg) geteilt durch das Ergebnis von Körperlänge (in m) mal Körperlänge (in m)

Liegt das Ergebnis bei Kindern von 10 bis 12 Jahren zwischen 15 und 22, ist alles in Ordnung.
Bei Erwachsenen sollte der BMI zwischen 19 und 25 liegen.

Projektvorschläge:
- Organisiert ein Klassenfrühstück mit gesundem Essen. Worauf müsst ihr achten? Welche Mengen braucht ihr, wenn ihr das Frühstück gemeinsam zubereiten wollt?
- Wie funktionieren eigentlich Diäten? Präsentiert eure Ergebnisse in einer Ausstellung.
- Wie viel kostet eigentlich euer Essen am Tag? Und wie viel kostet die Nahrung eines Elefanten oder einer Gazelle im Zoo?
- Macht eine Umfrage zum Thema „Gesunde Ernährung" an eurer Schule. Ihr könntet zum Beispiel nach Frühstücksgewohnheiten, Essensgewohnheiten und -dauer oder Süßigkeitenkonsum fragen.
- Entwickelt ein Quiz mit Fragen zu Ernährung und Sport, vielleicht für das nächste Schulfest.

Lebensmittel	Energiegehalt pro 100 g bzw. 100 ml	Fett pro 100 g bzw. 100 ml
Vollmilch	290 kJ	3,5 g
Buttermilch	175 kJ	1 g
Goudakäse	1500 kJ	27 g
Fleischwurst	1355 kJ	30 g
Apfel	205 kJ	< 1 g
Banane	293 kJ	< 1 g
Hamburger	1130 kJ	13 g
Pommes Frites	1460 kJ	14 g
Vollmilchschokolade	2380 kJ	33 g
Mineralwasser	0 kJ	0 g
Cola	188 kJ	0 g

Wie viel Schokolade müsstest du essen, um deinen Energiebedarf zu decken? Denke dir weitere Fragen aus.

Buttermilchflip
Zutaten für 1 Person

75 ml Buttermilch, 50 ml Gemüsesaft, 100 ml Orangensaft,

Ein Glas enthält etwa 460 kJ und 2 g Fett.

Quarkbrötchen
Rezept für 10 Brötchen

250 g Quark, 250 g Weizenvollkornmehl, 1 Ei, 1 Päckchen Backpulver, 1 Teelöffel Salz

Quark und Ei verrühren, Mehl und Backpulver dazu geben, salzen, 10 Brötchen formen und auf ein Backblech legen. Bei 200°C etwa 20 Minuten backen.

Obstsalat
für 2 Personen

2 Äpfel, 1 Birne, 1 Banane, je nach Saison eine Handvoll Erdbeeren, Weintrauben, Pflaumen, Kiwi oder Orangen

Das Obst klein schneiden und vermischen. Schmeckt auch gut mit Joghurt und ein paar Müsliflocken.

Kirschquarkspeise
4 Portionen

200 g Quark, 175 g Vollkornbrot, 125 ml Milch, 100 g Schokostreusel, 300 g Sauerkirschen

Quark mit Milch verrühren, Vollkornbrot zerbröckeln und mit Schokostreuseln vermischen. In eine Glasschüssel abwechselnd Quark, Kirschen und Brot schichten, mit Quark abschließen und mit Kirschen garnieren.

VERMISCHTE ÜBUNGEN

1 Rechne jeweils in die nächstkleinere Einheit um.
a) 24 m; 12 cm; 9 km; 24,5 t
b) 3 h; 13 Monate; 8 d; 3,5 Jahre
c) 18 kg; 2,8 g; 0,4 t; 5 kg
d) 45 dm; 4,8 m; 34,5 km; 6,4 h; 2,5 d
e) 8,3 t; 13,5 h; 0,89 km
f) 21,43 €; 0,079 kg; 4,05 cm; 3,06 t; 1,3 d

2 Rechne jeweils in die nächstgrößere Einheit um.
a) 300 cm; 80 mm; 56 000 m
b) 320 ct; 98 ct; 48 h; 360 min; 4000 g
c) 25 600 mg; 9200 g; 48 kg; 18 Monate
d) 240 s; 84 h; 60 d; 144 Monate; 45 h
e) 1890 m; 33 ct; 380 mg; 460 kg; 780 dm; 72 s; 45 d

3 Berechne und gib das Ergebnis in einer sinnvollen Einheit an.
a) 3,40 m + 45 cm + 0,78 m − 35 cm
b) 25 000 ct + 500 ct − 3,60 €
c) 0,500 t + 2 t + 450 kg − 12 kg
d) 23 000 mg + 0,7 kg + 0,4 t
e) 2,5 h + 300 s − 65 min
f) 72 min + 1200 s + 0,5 d − 2 h

VORLAGE
Memory:
↻ 178-1

4 Lisa hat ein Memoryspiel gebastelt und will überprüfen, ob für eine Längenangabe immer zwei Kärtchen existieren.

25 cm   30 dm 4 cm   30,4 dm   2,5 dm   25 mm
1850 m   5300 m   185 000 cm
18 500 dm   0,25 dm   5,6 dm   24 cm   560 mm   0,67 km
240 mm   56 cm   1,85 km   0,56 m   6700 dm   5 km 300 m

5 Wähle für folgende Massenangaben eine zweckmäßigere Einheit. Begründe jeweils.
a) Masse eines Sackes Zement 0,050 t
b) Masse eines Brotes 500 000 mg
c) Masse eines Schülers 40 000 g
d) Masse eines Lkw 9000 kg
e) Masse einer Kekspackung 0,000 125 t

6 Auf der Kirmes

Riesenrad
1 Fahrt 3 €
4 Fahrten 10 €

Geisterbahn
2,50 €

Imbiss „Am Rad"
1 Bratwurst 2,20 €
1 Cola 1,00 €
1 Kugel Eis 0,90 €
Magenbrot
100 g 1,50 €
Mandeln
100 g 2,50 €

Autoskooter
1 Fahrt 2,00 €
4 Fahrten 7,00 €

Berg- und Talbahn
1 Fahrt 2,50 €
4 Fahrten 9,00 €

Zuckerwatte
groß 2 €
klein 1 €

Losbude
1 Los 0,50 €
3 Lose 1,20 €
10 Lose 4,00 €

7 Eine Runde im Stadion ist 400 Meter lang.
a) Wie viel Kilometer hat man zurückgelegt nach 4 Runden (nach 5 Runden; 9 Runden)?
b) Wie viele Runden hat ein Lauf über 2400 m (10 000 m; 5000 m; 42 km)?
c) Beschreibe, wie Start- und Ziellinie bei einem 1500-m-Lauf liegen müssen.

Größen messen

8 Am 31. März 2007 um 22:17 Uhr boxte Henry Maske zum letzten Mal. Dieser Kampf gegen Virgil Hill ging über zwölf Runden. Eine Runde dauert drei Minuten. Nach jeder Runde gab es eine Pause von einer Minute.

9 John, Anne und Ronja gehen in die 5. Klasse. Hier findest du ihren Stundenplan:

Montag	Dienstag	Mittwoch	Donnerstag	Freitag
Mathe	Musik	–	Mathe	Geschichte
Mathe	Erdkunde	Deutsch	Mathe	Mathe
Deutsch	Mathe	Deutsch	Deutsch	Physik
Religion	Englisch	Biologie	Geschichte	Englisch
Biologie	Englisch	Erdkunde	Sport	Englisch
Physik	–	Englisch	Sport	–

Federtasche 450 g
Hausaufgabenheft 60 g
Heft 45 g

Schulbuch 520 g
Atlas 0,86 kg
Sportbeutel 1,2 kg

Für das Packen der Schultasche wissen sie: Wir brauchen Bücher und Hefte für jedes Fach (außer für Sport) und den Atlas für Erdkunde.
Johns Tasche wiegt leer 1,4 Kilogramm. Annes Rucksack wiegt leer 0,9 Kilogramm. Ronjas Ranzen wiegt leer 1,25 Kilogramm.

a) Welches Fach haben die Kinder am häufigsten? Wie viele Minuten haben sie pro Woche in diesem Fach Unterricht?
b) Haben die drei mehr oder weniger Stunden Matheunterricht als deine Klasse?
c) Wie viel wiegen die Schultaschen von John, Anne und Ronja am Mittwoch?
d) An welchem Tag werden die Schultaschen am leichtesten sein? Begründe.
   Gibt es verschiedene Wege, diese Frage zu beantworten? Vergleiche sie.

10 Zeichne Strecken mit einer Länge von 3 cm (6 cm; 8 cm; 1 dm; 12 cm) nach Augenmaß in dein Heft. Überprüfe dann ihre Längen durch Messen.

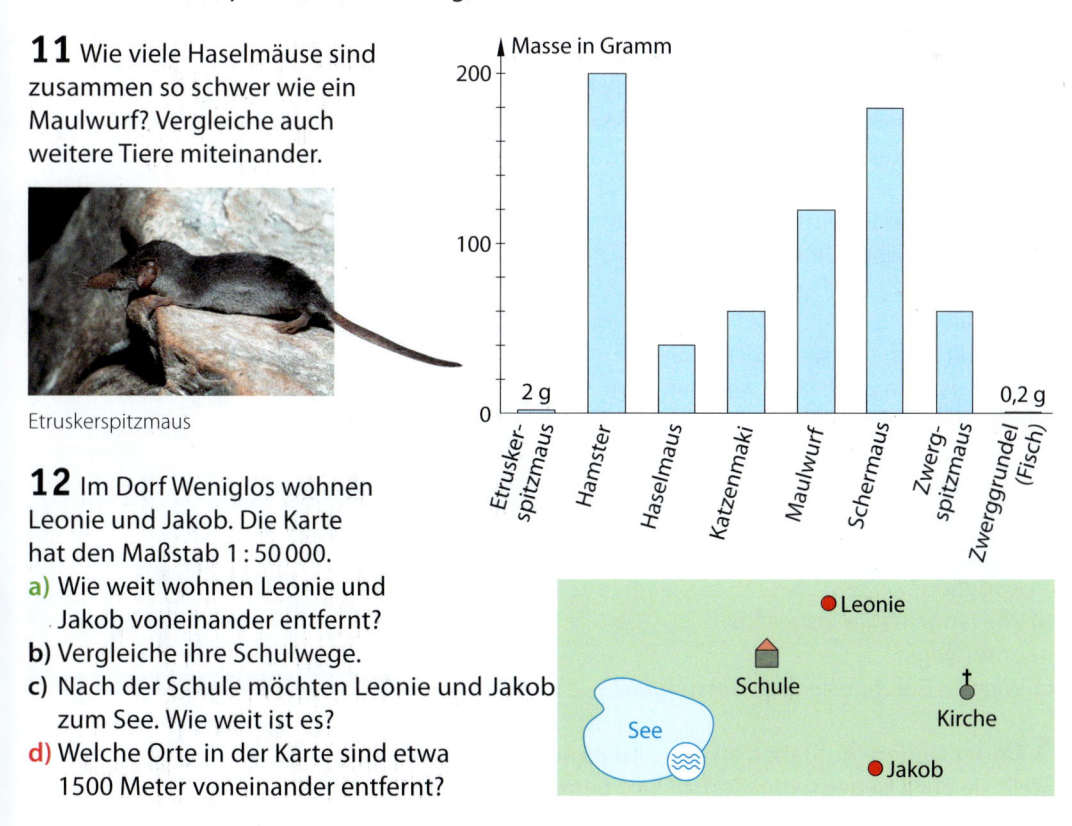

11 Wie viele Haselmäuse sind zusammen so schwer wie ein Maulwurf? Vergleiche auch weitere Tiere miteinander.

Etruskerspitzmaus

12 Im Dorf Weniglos wohnen Leonie und Jakob. Die Karte hat den Maßstab 1 : 50 000.
a) Wie weit wohnen Leonie und Jakob voneinander entfernt?
b) Vergleiche ihre Schulwege.
c) Nach der Schule möchten Leonie und Jakob zum See. Wie weit ist es?
d) Welche Orte in der Karte sind etwa 1500 Meter voneinander entfernt?

ANWENDEN & VERNETZEN

1 Campingurlaub
Christians Familie möchte mit dem Auto und einem Wohnwagen einen Sommerurlaub auf dem Campingplatz in Emden an der Nordsee machen. Sie buchen einen Komfort-Stellplatz mit Stromanschluss vom 5. bis zum 19. Juli für zwei Erwachsene und zwei Kinder (11 und 15 Jahre). Welche Campinggebühren müssen sie bezahlen?

2 Flut und Ebbe
Im Hafen entdeckt Christian an der Kaimauer eine Eisenleiter, die bis zum Wasser hinabreicht. Sie hat elf Sprossen, jeweils im Abstand von 30 Zentimetern. Die erste Sprosse von unten berührt die Wasseroberfläche. Als die Flut beginnt, steigt das Wasser pro Stunde um 15 Zentimeter.
Wie viel Zeit vergeht, bis das Wasser die dritte Sprosse von unten erreicht hat?

Campinggebühren pro Tag

	Hauptsaison (Juli/August) und Pfingsten	Vor- und Nebensaison
Komfort-Stellplatz	8,00 €	7,00 €
Standplatz für Hauszelt	9,50 €	6,50 €
Wohnwagen	8,50 €	7,50 €
Krad	1,50 €	1,50 €
Pkw	2,50 €	2,50 €
Zelt	4,50 €	4,00 €
Erwachsene	4,50 €	4,00 €
Kinder (5–14 Jahre)	2,50 €	2,00 €
Stromanschluss (pauschal)	2,00 €	2,00 €

Alle Preise enthalten die Mehrwertsteuer und gelten für eine Übernachtung.

3 Gewitter
An der See herrscht raues Wetter. An einem Abend gewittert es und Christian fragt sich, wie weit das Gewitter entfernt ist.
Will man die Entfernung eines Gewitters bestimmen, so muss man nur die Sekunden zwischen Blitz und Donner zählen. Der Schall des Donners bewegt sich vom eigentlichen Ort des Gewitters bis zu unserem Ohr mit einer Geschwindigkeit von 333 Metern pro Sekunde.
Wie weit ist ein Gewitter entfernt, wenn zwischen Blitz und Donner 4 Sekunden (7 Sekunden) gezählt wurden?

4 Zugfahrt
Sarah will ihren Cousin Christian in den Ferien besuchen. Sie fährt mit dem Zug von Köln nach Emden. Von Zuhause bis zum Bahnhof braucht sie 25 Minuten. Sie will zehn Minuten vor Abfahrt des Zuges am Bahnhof eintreffen.
a) Wann muss sie von zu Hause losgehen?
b) Wie lange ist sie insgesamt unterwegs?
c) Wie viel Zeit hat sie zum Umsteigen?

Bahnhof/Haltestelle	Zeit	Produkte
Köln Hbf	ab 11:11	IC 23 06
Münster Hbf	an 12:53	
Münster Hbf	ab 13:04	RE 14 120
Emden Hbf	an 15:20	

5 Findet weitere Aufgaben zu den Situationen in den Aufgaben 1 bis 4. Stellt sie euch gegenseitig. Kontrolliert gemeinsam eure Lösungen.

Größen messen

Familie Fink ist in ihr neues Haus gezogen. Nachdem der Bau abgeschlossen ist, kümmert sich die Familie jetzt um die Inneneinrichtung und den Garten.

6 Gartenweg
a) Familie Fink möchte im Bauhandel Gehwegsteine für ihren 12 Meter langen Gartenweg kaufen. Sie brauchen jeweils vier Steine für einen Meter Weg. Jeder Stein kostet 3,45 €. Wie teuer wird der Weg?
b) Zum Transport der Steine hat Familie Fink ihren Autoanhänger mitgebracht, der mit maximal 0,5 Tonnen beladen werden darf. Überprüfe, ob alle Steine auf einmal transportiert werden können, wenn ein Stein 6,3 Kilogramm wiegt.

7 Eine schöne Fensterbank
Im Blumenfachhandel werden vier verschieden große Übertöpfe angeboten.
Der kleinste Topf wiegt 280 Gramm, jeder nächstgrößere Topf ist 140 Gramm schwerer.
Die Töpfe kosten 2,95 Euro; 3,75 Euro; 5,60 Euro und 7,25 Euro.

a) Familie Fink braucht eigentlich nur je einen der drei größeren Töpfe. Sollten sie lieber die Töpfe einzeln kaufen oder ein Set mit allen vier Töpfen für 17 €? Begründe.
b) Wie schwer ist das Set mit vier Töpfen?

8 Herr Fink arbeitet als Metzger. Er stellt Wiener Würstchen zu 80 Gramm her.
a) Für das Einweihungsfest stellt er aus sechs Kilogramm Wurstmasse Würstchen her.
b) Für ein Schulfest werden 450 Würstchen bestellt. Kannst du diese allein tragen?
c) Die 450 Würstchen werden beim Schulfest für 80 Cent pro Stück verkauft. Berechne den Gewinn, wenn beim Metzger je Wurst 50 Cent bezahlt wurden.

9 Kniffliges Rätsel

1. Links stehen eine Flasche und ein Glas, rechts steht ein Krug. Die Waage ist im Gleichgewicht.
2. Links steht die Flasche, rechts ein Teller und das Glas. Die Waage ist wieder im Gleichgewicht.
3. Die Flasche wird weggenommen und durch zwei gleiche Krüge ersetzt. Rechts stehen drei gleiche Teller statt des Glases. Die Waage ist im Gleichgewicht.

a) Um wie viel ist die Flasche schwerer als das Glas? Begründe.
b) Links stehen drei Krüge. Was muss rechts stehen, damit die Waage im Gleichgewicht ist?

Teste dich!

▶ Basis

1 Wandle in die angegebenen Einheiten um.
a) 14 € (in ct)
b) 12 min (in s)
c) 5 kg (in g)
d) 230 cm (in dm)
e) 7 cm (in mm)
f) 289 ct (in €)
g) 5 min 30 s (in s)
h) 7 m 5 dm (in m)
i) 3 kg 400 g (in g)
j) 0,25 m (in cm)
k) 31,6 t (in kg)

2 Schreibe jeweils in der kleineren Einheit.
a) 13 cm 8 mm; 5 € 25 ct
b) 2 kg 450 g; 5 h 45 min
c) 7 min 3 s; 5 km 250 m

3 Was wird womit gemessen? Ordne passend zu.

Zeit für 400-m-Lauf	Küchenwaage
Brot	Personenwaage
Mensch	Armbanduhr
Länge eines Schranks	Stoppuhr
Breite eines Zimmers	Maßband
Dauer eines Films	Zollstock
Streckenlänge im Heft	Lineal

4 Melanie geht morgens um 7.40 Uhr zur Schule. Sie kommt um 13.35 Uhr nach Hause.
a) Wie viele Stunden und Minuten war sie unterwegs?
b) Gib diese Zeit in Minuten an.

5 Wie viel Zeit ist jeweils vergangen?
a)
b)

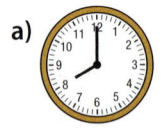

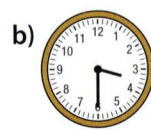

6 Wandle passend um und berechne dann.
a) 2 kg 500 g + 9 kg + 475 g
b) 13,25 € + 7,50 € − 2,75 €
c) 5 h 45 min + 1 h
d) 2,50 m + 7 m + 30 cm

▶ Erweiterung

1 Wandle in die angegebenen Einheiten um.
a) 77,50 € (in ct)
b) 5,7 kg (in g)
c) 23 dm (in mm)
d) 3 h 9 s (in s)
e) 7,7 m (in dm)
f) 2 kg 7 g (in g)
g) 4,5 h (in min)
h) 7,05 t (in kg)
i) 2,86 kg (in g)
j) 9,3 dm (in m)
k) 0,07 km (in m)

2 Schreibe jeweils in der kleineren Einheit.
a) 8 kg 350 g; 20 min 24 s
b) 14 h 12 min; 10 kg 10 g
c) 2 d 6 h; 12 m 7 cm

3 Welche Einheiten sind jeweils sinnvoll? Begründe.
a) Entfernung Hamburg – Istanbul
b) Länge und Breite eines Buchumschlags
c) Entfernung Erde – Mond
d) Masse deines Schulbuchs
e) Zeitdauer für einen 60-Meter-Lauf
f) Längenangaben in einer Bauanleitung für Modelleisenbahnen

4 Melanie fährt heute ausnahmsweise mit dem Zug zur Schule. Der Zug fährt um 8.03 Uhr los.
Für den Weg zum Bahnhof braucht Melanie 15 Minuten. Zum Waschen und Frühstücken braucht sie 30 Minuten. Sie will fünf Minuten, bevor der Zug abfährt, am Bahnhof sein.

5 Ermittle die fehlenden Angaben.

Beginn	a)	7:56 Uhr	b)	14:33 Uhr
Ende		8:35 Uhr		
Dauer				17 min
Beginn	c)	12:47 Uhr	d)	
Ende				9:33 Uhr
Dauer		39 min		2 h 19 min

6 Wandle passend um und berechne.
a) 2 kg 55 g + 9 kg 75 g + 990 g
b) 31,22 € + 0,55 € − 75 ct − 3,09 €
c) 5 h 41 min + 11 h − 39 min
d) 2,7 m + 17 m 5 dm + 33 cm

Größen messen

▶ Basis

7 In zwei Geschäften wird das gleiche Hundefutter angeboten.
Für welches Angebot würdest du dich entscheiden?
• 3 Dosen zu je 500 g für 2,94 €.
• 6 Dosen zu je 500 g für 5,34 €.

8 Im Laden ist folgende Preisliste für Süßigkeiten ausgehängt:

Sorte	Preis 100 g
Schokolinsen	1,50 €
Kaugummi	0,80 €
Kokoskekse	1,30 €
Fruchtriegel	2,00 €

a) Ordne die Süßigkeiten nach ihrem Preis.
b) Wie viel kosten 150 g Schokolinsen, 50 g Kaugummi und 300 g Kokoskekse insgesamt?

9 Wofür würdest du einen 75-€-Gutschein im Sportladen verwenden?

▶ Erweiterung

7
a) Welche Informationen erhältst du aus der Preisliste rechts?
b) Welches Angebot würdest du wählen? Begründe.

8 Ines und Rosa kaufen ein.

Sorte	Preis 100 g	Einkäufe von Ines	Einkäufe von Rosa
Gummibären	1,30 €	200 g	300 g
Lakritz	1,40 €	50 g	150 g
Karamell	2,00 €	150 g	–
Nüsse	2,00 €	100 g	50 g

a) Wie viel wiegen die Süßigkeiten von Ines, wie viel die von Rosa?
b) Wie viel muss Ines bezahlen, wie viel Rosa?

9 David und Rezan wollen eine Packung Tischtennisbälle und je einen Tischtennisschläger kaufen. Wie viel muss jeder bezahlen?

Preisliste für Wandfarbe

Packung	Preis
5 kg	10 €
12 kg	21,60 €
20 kg	38 €

Aktuelle Angebote

49,90 €
14,90 €
1,49 €
22,90 €
9,90 €
17,90 €
54,90 €

Schätze deine Kenntnisse und Fähigkeiten ein. Ordne dazu deiner Lösung im Heft einen Smiley zu:
„Ich konnte die Aufgabe … ☺ richtig lösen. ☺ nicht vollständig lösen. ☹ nicht lösen."

Aufgabe	Ich kann …	Siehe Seite …
1, 2	Größen umrechnen.	158, 164, 168, 172
3	für Situationen passende Messgeräte und Einheiten angeben.	162, 168, 172
4, 5	Zeitpunkte und Zeitspannen berechnen.	162, 164
6	Größen addieren und subtrahieren.	160, 164, 168, 172
7, 8, 9	mit Größen in Sachsituationen rechnen.	160, 164, 168, 172

↻ 183-1

ZUSAMMENFASSUNG

Größen messen

Geld
Seiten 158, 160

Die Einheiten unseres Geldes sind der Euro (€) und der Cent (ct).
1 € = 100 ct   7,52 € = 7 € 52 ct = 752 ct

Zeit
Seiten 162, 164

Die Grundeinheit der Zeit ist die Sekunde (s).
Zeiten werden zum Beispiel mit Uhren gemessen.

Tag	d	1 d = 24 h	1 Jahr = 12 Monate
Stunde	h	1 h = 60 min	1 Monat = 28, 29, 30 oder 31 Tage
Minute	min	1 min = 60 s	1 Woche = 7 Tage
Sekunde	s	1 s	

Länge
Seite 168

Die Grundeinheit der Länge ist der Meter (m).
Längen werden zum Beispiel mit Linealen oder Bandmaßen gemessen.

Millimeter	mm			
Zentimeter	cm	1 cm = 10 mm		
Dezimeter	dm	1 dm = 10 cm	1 dm = 100 mm	
Meter	m	1 m = 10 dm	1 m = 100 cm	1 m = 1000 mm
Kilometer	km	1 km = 1000 m		

BEISPIEL für eine Umrechnung: 7,050 km = 7 km 50 m = 7000 m + 50 m = 7050 m.

Masse (umgangssprachlich: Gewicht)
Seite 172

Die Grundeinheit der Masse ist das Gramm (g).
Massen werden mit Waagen gemessen.

Milligramm	mg		
Gramm	g	1 g = 1000 mg	
Kilogramm	kg	1 kg = 1000 g	1 kg = 1 000 000 mg
Tonne	t	1 t = 1000 kg	1 t = 1 000 000 g

BEISPIEL für eine Umrechnung: 3750 g = 3000 g + 750 g = 3 kg 750 g = 3,750 kg.

Rechnen mit Größen
Seiten 160, 164, 168, 172

Willst du Größen addieren, subtrahieren oder dividieren,
wandle zuvor in dieselbe Maßeinheit um.

BEISPIELE

Aufgabe	Umrechnen	Berechnen
a) 3200 cm : 8 m	3200 cm = 32 m *oder* 8 m = 800 cm	32 m : 8 m = 4 *oder* 3200 cm : 800 cm = 4
b) 5 kg + 45 g	5 kg = 5000 g	5000 g + 45 g = 5045 g
c) 7 € − 72 ct	7 € = 700 ct	700 ct − 72 ct = 628 ct = 6 € 28 ct = 6,28 €

Erinnere dich!

Aufteilen

1 Welche Aussage passt zu welchem Bild?
Das Glas ist …
a) halb voll,
b) viertel voll,
c) drei viertel voll.

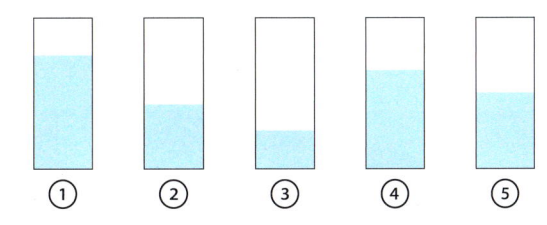

2 Ist das Glas im Bild rechts (Randspalte) schon halb voll? Begründe.

3 Zeichne Bilder wie bei Aufgabe 1 ins Heft. Das Glas soll sein …
a) halb voll,   b) voll,   c) ein viertel voll,   d) fast halb voll,   e) gut halb voll.

4 Wie voll sind die Gläser ② und ④ in Aufgabe 1 etwa? Begründe deine Schätzung.

5 Wie viel Uhr ist es? Gib verschiedene Möglichkeiten an.
a)   b)   c)   d)   e)

6 Die folgenden Schokoladentafeln bestehen aus unterschiedlich vielen Stückchen. Lassen sich alle Tafeln gerecht auf 2 Schüler (3, 4, 5 Schüler) verteilen? Wie viele Stückchen erhält dann jeder?

TIPP Zeichne eine Tabelle ins Heft.

Schüler	Stückchen Schokolade bei Tafel …			
	①	②	③	④
2				
3				
4				
5				

Tafel ①   Tafel ②   Tafel ③   Tafel ④

7 Lena und Gül wollen sich eine Tüte Bonbons gerecht teilen.
a) *Lena* sagt: „Ich nehme alle gelben, grünen und blauen Bonbons." Was wird Gül dazu sagen?
b) *Lenas Schwester* kommt dazu: „Ich hätte gerne die blauen, die lilafarbenen und die braunen."

8 Schneide aus Karopapier einen Papierstreifen (10 cm × 1 cm) aus. Falte den Streifen zweimal genau in der Mitte. Falte ihn dann wieder auseinander.
a) Wie viele Felder sind entstanden?
b) Miss alle Felder genau nach. Wie lang sind sie?

Gerecht geteilt?

Brüche

Brüche

1 Kuchen und Torten teilen
- Die acht Mädchen der Hip-Hop-AG möchten nach ihrem Auftritt einen Apfelkuchen teilen. Wie können sie das machen?
  TIPP Zeichne einen Kreis für den Kuchen. Markiere die Schnittlinien.
- Jan möchte eine Torte in zwölf Stücke teilen. Mona meint dazu: „Man kann die Torte halbieren, dann die beiden halben Stücke wieder halbieren und so weiter."
Entstehen so zwölf Stücke? Ist es möglich, die Torte nach Jans Wunsch zu verteilen?

2 Die Klasse aufteilen

Beim Tischtennisturnier werden Vierergruppen eingeteilt …

- Manchmal ist es notwendig, eine Klasse aufzuteilen. Zähle einige dieser Anlässe auf.
- Wie groß sind die Gruppen, die in eurer Klasse gebildet werden können?
  Es soll niemand übrig bleiben. Alle Gruppen sollen gleich groß sein.
- Probiert aus: Ist es möglich, eure Klasse wie folgt aufzuteilen?
  – Ein Viertel der Kinder stellt sich vor der Tafel auf.
  – Ein Achtel der Klasse geht zur Tür.
  – Aus allen anderen Schülerinnen und Schülern werden drei gleich große Gruppen gebildet. Es soll niemand übrig bleiben.
- Wie viele Kinder können in einer Klasse sein, in der diese Aufteilung genau aufgeht?

3 Stifte wegnehmen

Vor dem Wegnehmen: *Nach dem Wegnehmen:*

- Wie viele Stifte wurden hier weggenommen? Welcher Anteil von allen Stiften war es:
  die Hälfte, ein Viertel, drei Viertel oder ein Drittel?
- Welcher Anteil der Stifte blieb dabei übrig?
- Arbeitet zu zweit mit Stiften.
  – Nehmt von 20 Stiften jeden zweiten Stift weg. Wie viele Stifte sind das? Welchen Anteil aller Stifte habt ihr weggenommen?
  – Nehmt von 20 Stiften nacheinander immer drei Stifte weg, solange es geht. Dies gelingt nicht, ohne einen Rest zu haben. Warum ist das so? Wie viele Stifte müssten es sein, damit kein Rest bleibt?

Hinweis
Statt Stiften könnt ihr auch Streichhölzer, Spielsteine o. ä. verwenden.

4 Papierstreifen falten
Falte je einen 12 cm langen und 2 cm breiten Papierstreifen so, dass zwei (drei, vier, fünf) gleich große Teile entstehen. Miss jeweils, wie lang die gleich großen Teile sind.
Klebe sie in dein Heft und beschrifte sie: Halbe, Drittel …

↻ 188-1

Brüche

5 Papier falten

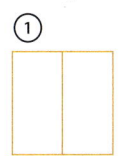

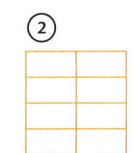

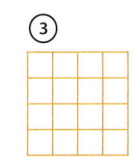

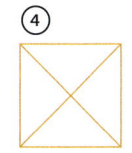

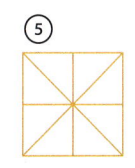

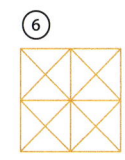

① ② ③ ④ ⑤ ⑥

- Falte quadratische Blätter Papier so, dass du die Unterteilungen oben erhältst.
  Wie oft musst du das Blatt für jede Unterteilung mindestens falten?
- Im folgenden Bild sind jeweils Anteile eines quadratischen Blatts Papier farbig markiert.
  Welche Anteile sind das? Wie kannst du sie beschreiben?

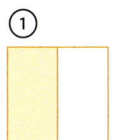

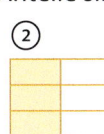

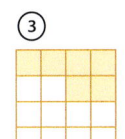

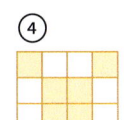

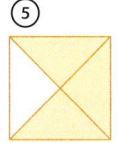

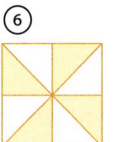

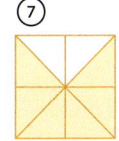

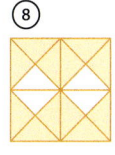

① ② ③ ④ ⑤ ⑥ ⑦ ⑧

- Erzeuge die gleichen Anteile wie oben durch Falten und Färben eines DIN-A4-Blattes.

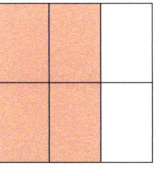

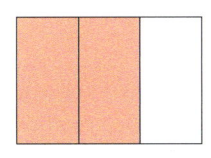

6 Anteile darstellen
- In den beiden rechts abgebildeten Figuren ist der gleiche Anteil rot gefärbt. Finde weitere Beispiele für Figuren, in denen dieser Anteil gefärbt ist.
- Wähle einen anderen Anteil aus (zum Beispiel „drei Viertel"). Färbe diesen Anteil in mindestens vier verschiedenen Figuren.

7 Der Tagesablauf von Gözde und von Laurin

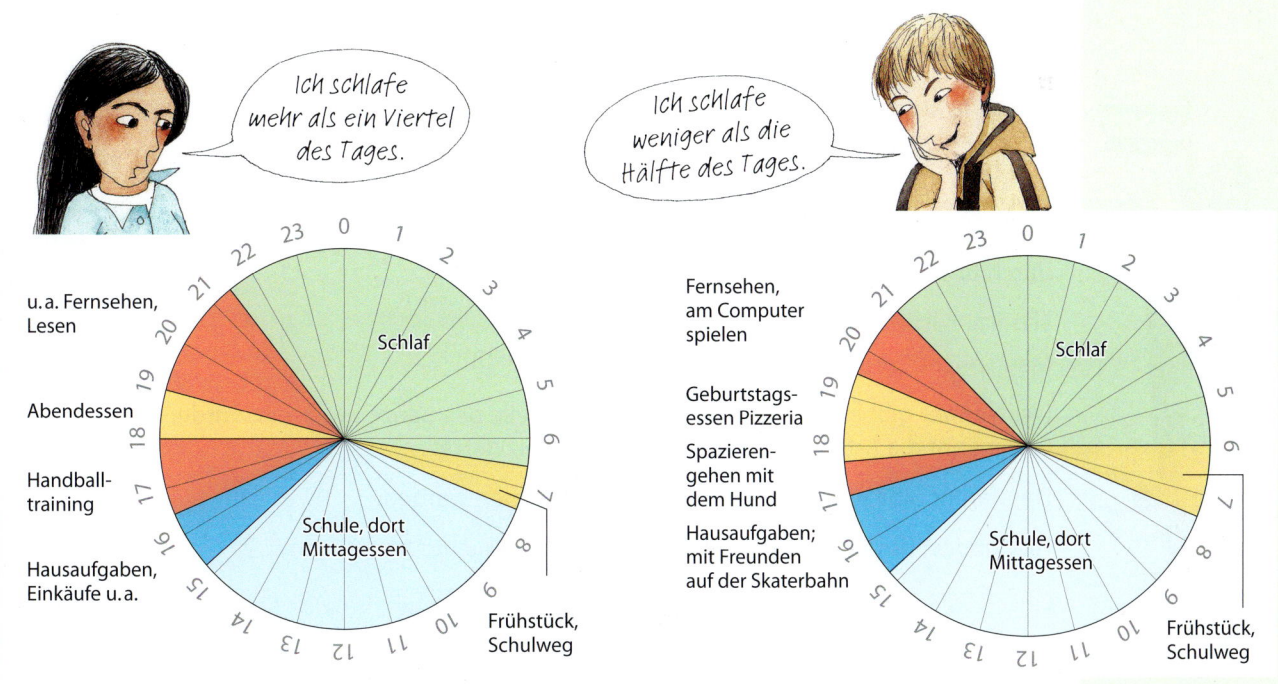

Ich schlafe mehr als ein Viertel des Tages.

Ich schlafe weniger als die Hälfte des Tages.

Gözde (links):
- u.a. Fernsehen, Lesen
- Abendessen
- Handballtraining
- Hausaufgaben, Einkäufe u.a.
- Schlaf
- Schule, dort Mittagessen
- Frühstück, Schulweg

Laurin (rechts):
- Fernsehen, am Computer spielen
- Geburtstagsessen Pizzeria
- Spazierengehen mit dem Hund
- Hausaufgaben; mit Freunden auf der Skaterbahn
- Schlaf
- Schule, dort Mittagessen
- Frühstück, Schulweg

- Stimmen die Aussagen von Gözde (links) und Laurin (rechts)?
- Wie sieht dein Tagesablauf aus? Zeichne ein Bild wie Gözde und Laurin.
  Eine Zeichenvorlage findest du unter dem Mediencode 189-1.

↻ 189-1

WISSEN & ÜBEN

Brüche

Wird ein Ganzes in gleich große Teile zerlegt, erhält man Bruchteile.
Alle diese Bruchteile zusammen ergeben wieder ein Ganzes.

Die 24 Schüler der Klasse 5 b sitzen in Reihen. Jeder vierte Schüler steht auf. Dann stehen 6 Schüler. Das ist ein Viertel der Klasse.	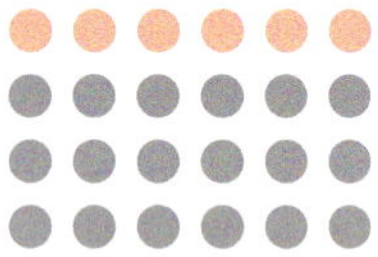	ein Viertel $\frac{1}{4}$
60 Minuten sind eine ganze Stunde. 15 Minuten sind eine Viertelstunde. Der große Zeiger legt in dieser Zeit eine Viertelumdrehung zurück.	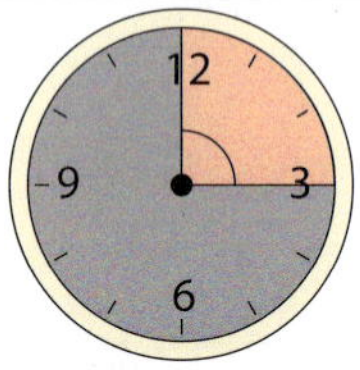	
Julia färbt 2 von 8 Feldern. Ein Viertel der Felder ist rot.	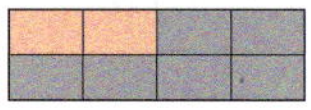	
Die 24 Schüler der Klasse 5 b sitzen in Reihen. Jeder vierte Schüler steht auf. Dann sitzen noch 18 Schüler. Das sind drei Viertel der Klasse.		drei Viertel $\frac{3}{4}$
60 Minuten sind eine ganze Stunde. 45 Minuten sind dreimal so viel wie eine Viertelstunde, also drei Viertelstunden. Der große Zeiger legt in dieser Zeit drei Viertelumdrehungen zurück.		
Laurin färbt 6 von 8 Feldern rot. Das sind drei Viertel der Felder		

FÖRDERN UND FORDERN
↻ 190-1

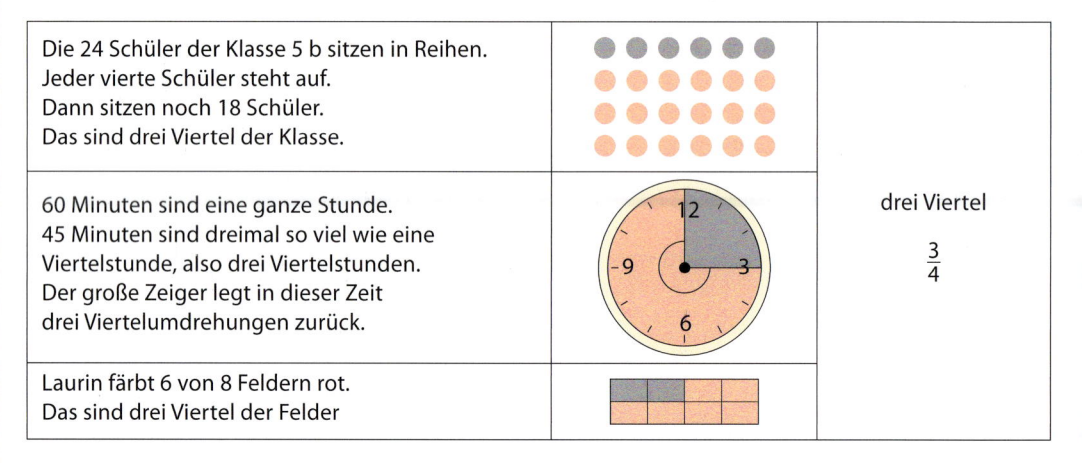

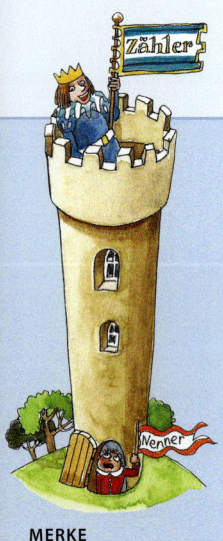

Teile von Ganzen (Anteile) kann man durch **Brüche** angeben.

BEISPIEL $\frac{3}{4}$ ist ein Bruch.
Man spricht: „drei Viertel".

Zähler ⟶ $\frac{3}{4}$
Bruchstrich ⟶
Nenner ⟶

Der **Nenner** gibt an, in wie viele gleich große Teile das Ganze unterteilt wurde.
Er benennt die Art der Bruchteile: Halbe, Drittel, Viertel …

Der **Zähler** gibt an, wie viele von ihnen genommen werden.

Hier findest du verschiedene Darstellungen des Bruches $\frac{2}{5}$:

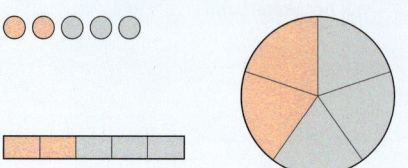

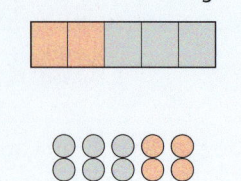

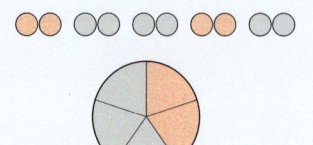

MERKE
Der Zähler, der darf oben thronen, der Nenner muss im Keller wohnen.

Brüche   191

1 Wo in deinem Alltag kommen Brüche vor? Finde mindestens fünf Beispiele.

2 Beschreibe jeweils genau, was du auf den Bildern siehst. Verwende Bruchteile.

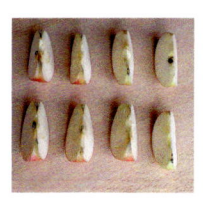

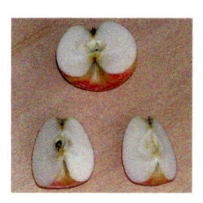

3
a) In wie viele gleich große Teile wurde die Figur jeweils unterteilt?
Wie viele dieser Teile sind gelb (sind weiß)?
b) Welcher Anteil der Figur ist gelb gefärbt? Welcher Anteil ist weiß?
Schreibe diese Anteile jeweils als Bruch.

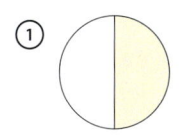

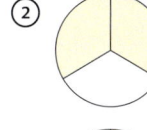

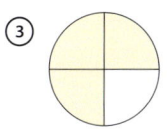

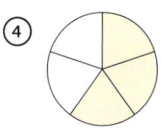

BEISPIEL
zu Aufgabe 3 b, Figur ②:
Zwei von drei gleichen Teilen sind gelb gefärbt. Bruch: $\frac{2}{3}$.
Einer von drei gleichen Teilen ist weiß. Bruch: $\frac{1}{3}$.

▶ Schreibe jeweils den gelb gefärbten Anteil der Figur als Bruch.

c) d) e) f) g) h) i)

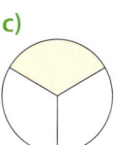

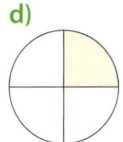

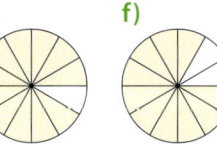

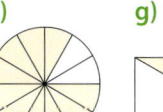

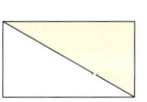

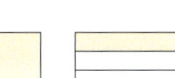

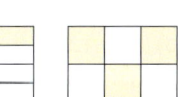

j) k) l) m) n) o)

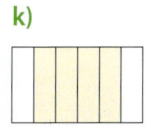

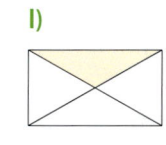

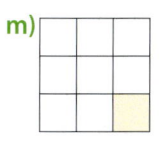

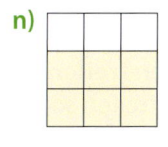

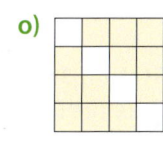

p) Schreibe auch die weißen Anteile der Figuren als Brüche.

4 Welcher Bruch aus der Randspalte gehört zu welchem Bild?

a) b) c) d) e)

f) g) h) i) j)

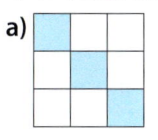

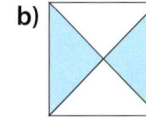

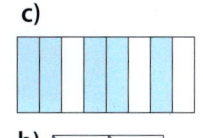

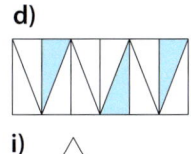

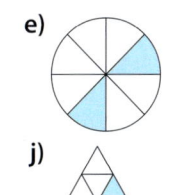

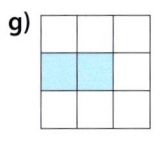

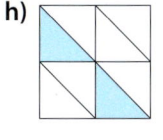

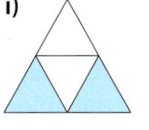

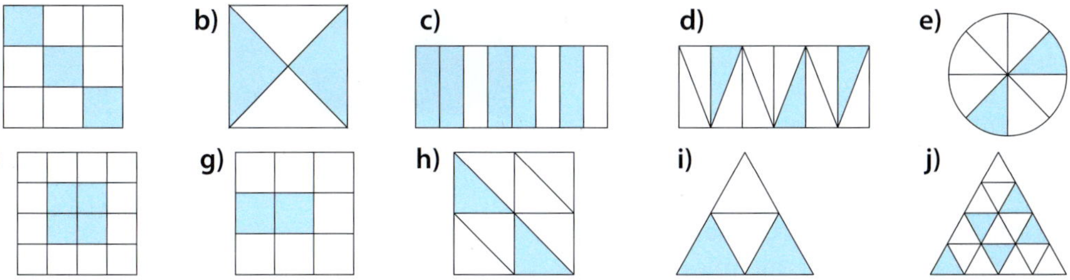

HINWEIS
Brüche zu Aufgabe 4:
$\frac{2}{4}$; $\frac{2}{8}$; $\frac{5}{8}$; $\frac{2}{9}$; $\frac{3}{9}$; $\frac{3}{12}$; $\frac{4}{16}$; $\frac{5}{16}$.

5 Was ist hier das Ganze? Beschreibe die folgende Situationen mit Brüchen.
a) 8 von 24 Schülerinnen und Schülern der Klasse 5 b müssen noch die Hausaufgabe verbessern.
b) Gözde verbringt fünf Stunden pro Tag in der Schule.
c) Jonas hat drei von acht Pizzastücken gegessen.
d) Rene hat beim Handball im Siebenmeterwerfen bei zehn Würfen neunmal getroffen.
e) Stefanie hat sieben Mal gewürfelt und dabei vier Sechsen geworfen.
f) Beschreibe je zwei passende Situationen zu den Brüchen $\frac{3}{4}$; $\frac{5}{20}$ und $\frac{14}{30}$.

STATIONENLERNEN

Bruchteile herstellen

MATERIAL
Spielsteine

Station 1 Anteile mit Steinen legen
a) Nimm dir eine bestimmte Anzahl Spielsteine.
Bilde durch Legen
- zwei gleiche Teile,
- drei gleiche Teile,
- vier gleiche Teile,
- fünf gleiche Teile

usw.

HINWEIS Du merkst vielleicht, dass dies nicht mit jeder Anzahl gelingt. Probiere dann eine andere aus.

b) Übertrage die Tabelle in dein Heft und fülle sie aus.

Anzahl der Steine	Aufteilung in				
	2 gleiche Teile	3 gleiche Teile	4 gleiche Teile	5 gleiche Teile	usw.
20	10	–	5	4	

MATERIAL
Schere, Schnur

Station 2 Eine Schnur zerschneiden
Nimm jeweils einen Faden und zerschneide ihn …
a) in zwei genau gleich lange Teile („Halbe"),
b) in vier genau gleich lange Teile („Viertel"),
c) in acht genau gleich lange Teile („Achtel").
d) Klebe die Halben nebeneinander auf ein Blatt Papier. Klebe darunter nebeneinander die Viertel und wiederum darunter nebeneinander die Achtel.

MATERIAL
mehrere gleich lange Streifen aus farbigem Papier, Klebestift

Station 3 Papierstreifen falten
Falte die Papierstreifen so, dass …
a) zwei gleich große Teile entstehen („Halbe"),
b) drei gleich große Teile entstehen („Drittel"),
c) vier gleich große Teile entstehen („Viertel"),
d) fünf gleich große Teile entstehen („Fünftel").
e) Beschrifte die Anteile auf den Streifen. Klebe sie untereinander auf ein Blatt.

MATERIAL
Lineal

Station 4 Aufteilen durch Messen
a) Zeichne eine Strecke und miss ihre Länge.
b) Teile deine Strecke mithilfe des Lineals in gleich große Teile.
c) Färbe einen Bruchteil ein. Schreibe an den gefärbten Teil, der wievielte Teil der ganzen Strecke er ist.

BEISPIELE   Streckenlänge: 36 mm   Streckenlänge: 48 mm

ein Drittel der gesamten Strecke   ein Drittel der gesamten Strecke

d) Zeichne weitere Strecken und verfahre ebenso.

Brüche

Station 5 Papier falten

a) Falte jeweils ein rundes, quadratisches und rechteckiges Blatt Papier so, dass es in 2 (in 3; in 4 …) gleich große Bruchteile zerlegt wird.
b) Färbe auf deinen gefalteten Blättern jeweils einen der gleich großen Bruchteile.
c) Schreibe in deine gefärbten Bruchteile, welcher Teil des Ganzen sie sind.

BEISPIELE

Wenn du dein Blatt in 2 Teile zerlegt hast, ist ein gefärbter Teil eine Hälfte oder der 2. Teil des Ganzen (kurz: $\frac{1}{2}$). 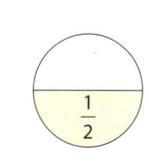	Wenn du dein Blatt in 3 Teile zerlegt hast, ist ein gefärbter Teil ein Drittel oder der 3. Teil des Ganzen (kurz: $\frac{1}{3}$). 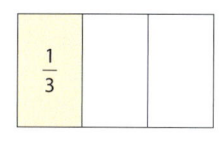	Wenn du dein Blatt in 4 Teile zerlegt hast, ist ein gefärbter Teil ein Viertel oder der 4. Teil des Ganzen (kurz: $\frac{1}{4}$). 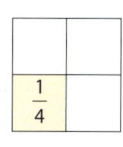

MATERIAL
verschiedene Sorten Papier (kreisförmig, quadratisch, rechteckig), Farbstifte

Station 6 Teilflächen farbig markieren

a) Nimm ein Blatt Karopapier und umrahme eine selbst gewählte Fläche. Sie ist jeweils das Ganze.
   Teile dann deine Fläche …
   • in zwei gleich große Teile,   • in Drittel,
   • in Viertel,   • in Fünftel usw.
b) Male nun jeweils eine Teilfläche an und beschrifte sie mit „die Hälfte",
   „ein Drittel, „ein Viertel, „ein Fünftel" usw.
c) Finde jeweils weitere Möglichkeiten der Einteilung zu den Darstellungen aus Teilaufgabe b).

BEISPIEL

die Hälfte des Rechtecks

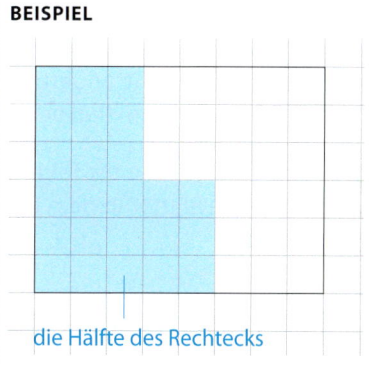

HINWEISE
• Die Kästchen helfen dir bei der Einteilung.
• Nicht jede Anzahl von Kästchen lässt sich auf einfache Weise passend unterteilen. Dies merkst du während des Arbeitens.

MATERIAL
Karopapier, Farbstifte

METHODE Stationenlernen

Ihr möchtet experimentieren, um mathematische Fragen beantworten?
Beim Stationenlernen ist dies möglich. Und so funktioniert es:

1. Es gibt verschiedenen Stationen. Eine Station ist zum Beispiel ein Tisch.
2. An den Stationen findest du jeweils eine Aufgabenkarte und alle Materialien, die du für die Aufgabe benötigst.
3. Wähle eine Station aus und arbeite an der dort bereitliegenden Aufgabe.
4. Wenn du damit fertig bist, kannst du dir eine neue Station wählen.
5. Ihr könnt auch zu zweit oder in einer Gruppe zusammenarbeiten.
6. Schreibe deine Ergebnisse auf, zum Beispiel in einem Lerntagebuch.

WISSEN & ÜBEN

Brüche darstellen

Brüche können mit verschiedenen Hilfsmitteln dargestellt werden, zum Beispiel mithilfe von Papierstreifen, durch Falten von Papierblättern oder auf einem Geobrett. Du kannst auch einfache Figuren ins Heft zeichnen und Anteile dieser Figuren färben.

Gehe so vor, um Bruchteile darzustellen:
1. Überlege dir, was ein Ganzes ist (zum Beispiel ein Blatt Papier, ein Rechteck, das ganze Geobrett).
2. Der Nenner des Bruches sagt dir, in wie viele gleich große Teile das Ganze unterteilt werden muss. Bestimme, wie groß ein Teil ist.
3. Markiere so viele gleiche Teile, wie der Zähler zeigt.

1 Brüche falten
Benutze für diese Aufgabe Blätter der Größe DIN A6.
a) Falte damit die folgenden Muster und klebe sie in dein Heft.

b) Schreibe unter die Faltmuster passende Bruchteile (Halbe, Drittel …).
c) Gibt es jeweils eine andere Möglichkeit, solche Bruchteile zu falten? Weise es nach, zum Beispiel durch Falten.

▶ Stelle durch Falten die folgenden Brüche dar. Färbe jeweils die Anteile richtig ein und klebe die Blätter in dein Heft. Schreibe jeweils den Bruch dazu.
d) $\frac{3}{4}$ e) $\frac{4}{16}$ f) $\frac{2}{3}$ g) $\frac{5}{32}$

2 Brüche auf dem Bruchstreifen
a) Du benötigst vier Sorten farbiges Papier (rot, gelb, grün, blau). Schneide daraus je einen Streifen (16 cm lang, 2 cm breit) aus.
b) Stelle durch Falten Halbe, Drittel, Viertel und Achtel her. Ziehe die Faltlinien mit einem Bleistift nach und beschrifte die Streifen wie im Bild rechts.
c) Schneide aus etwas festerem grauen Papier noch einen großen Streifen (28 cm × 10 cm) aus. Schneide in diesen Streifen quer einen Schlitz ein. Du kannst nun die Papierstreifen wie im Bild ineinander stecken, um Brüche darzustellen.
d) Stelle mit deinen Bruchstreifen die Brüche $\frac{1}{4}, \frac{2}{3}, \frac{3}{8}$ und $\frac{7}{8}$ dar.

BEISPIEL $\frac{3}{4}$, dargestellt mit Bruchstreifen

e) Lucia sagt: „Wenn ich fünf Sechstel darstellen will, dann nutze ich einen Trick. Dafür benötige ich den Bruchstreifen mit den Dritteln."
Toni sagt: „Für Fünftel musst du aber einen weiteren Streifen basteln."
Was meinst du dazu? Wie könnte das Gespräch weitergehen?

3 Auf dem Bild rechts siehst du eine verkleinerte Zeichenvorlage für Bruchstreifen. Du findest sie unter dem Mediencode rechts.

ZEICHENVORLAGE
↻ 195-1

a) Welcher Streifen passt zu welchem Nenner? Beschrifte mit „Ganzes", „Halbe", „Drittel" …

b) Färbe die Brüche in den passenden Streifen blau:
$\frac{1}{2}, \frac{3}{4}, \frac{4}{5}, \frac{4}{7}, \frac{3}{8}, \frac{1}{10}, \frac{2}{3}, \frac{5}{6}, \frac{2}{9}$.

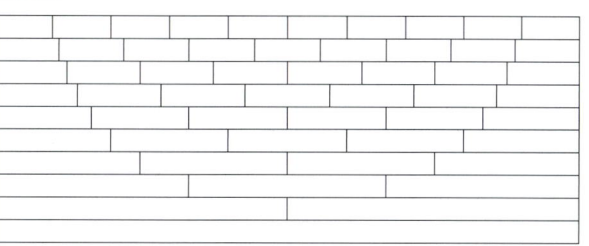

4 Brüche zeichnerisch darstellen
Zeichne die Rechtecke auf Karopapier. Färbe dann jeweils den angegebenen Anteil des Rechtecks blau. Erkläre, wie du es gemacht hast.

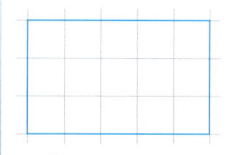

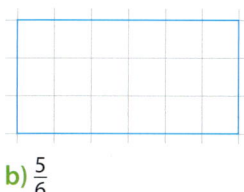

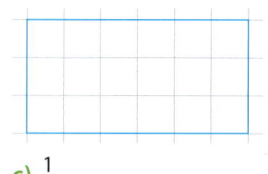

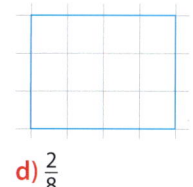

a) $\frac{2}{5}$ b) $\frac{5}{6}$ c) $\frac{1}{3}$ d) $\frac{2}{8}$

▶ Zeichne passende Rechtecke auf Karopapier. Färbe darin die angegebenen Anteile blau.

e) $\frac{2}{3}$ f) $\frac{5}{8}$ g) $\frac{4}{9}$ h) $\frac{6}{12}$

i) Wie musst du die Rechtecke zeichnen, damit die Lösung der Aufgabe besonders leicht wird? Erläutere es an Beispielen.

Brüche am Geobrett darstellen

5 Spanne auf einem Geobrett auf möglichst verschiedene Weise …
a) ein Halbes,   b) ein Viertel,   c) ein Achtel,   d) ein Sechzehntel
des ganzen Geobretts.

6 Welche Teile vom Ganzen sind auf diesen Geobrettern dargestellt? Begründe jeweils.

a) 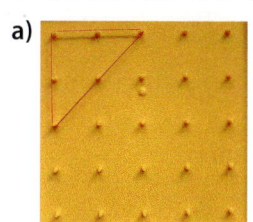   b) 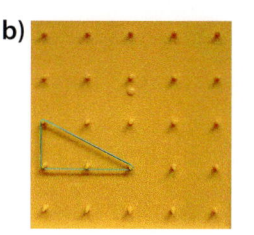   c)

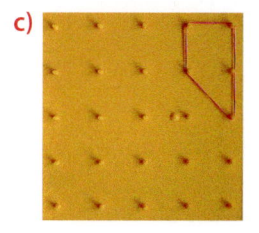

HINWEISE
zum Arbeiten am Geobrett:
1. Trage deine Ergebnisse immer ins Heft ein. Ein Feld des Geobrettes entspricht dabei einem Karo im Heft.
2. Spanne mit verschieden langen Gummis, darunter auch sehr kurzen.
3. Statt am Geobrett kannst du auch mit Kopiervorlagen (Mediencode ↻ 195-2) und Farbstiften arbeiten.

7 Die folgenden Bruchteile am Geobrett darzustellen ist schwerer. Gehe deshalb in mehreren Schritten vor.
a) ein halbes Viertel   b) ein Viertel von der Hälfte
c) ein halbes Sechzehntel   d) drei Zweiunddreißigstel
e) die Hälfte von einem Achtel   f) drei Viertel von einem Viertel

8 Versuche nun, die folgenden Anteile darzustellen. Was stellst du fest?
a) ein Drittel   b) ein Fünftel   c) ein Zehntel
d) Wie müsste ein Geobrett aussehen, damit du diese Anteile einfach darstellen kannst?

WISSEN & ÜBEN

Anteile von Größen

Die Klasse 5 b verkauft während des Schulfestes Gebäck. Sie hat beschlossen, $\frac{2}{3}$ der Einnahmen für die Partnerschule in Südamerika zu spenden.
Georg überlegt: „Wir haben beim Gebäckverkauf 18 € eingenommen. Ich teile das Geld nun erst einmal in drei gleich große Teile auf."

Georg sagt: „Zwei von diesen drei Teilen bekommt die Partnerschule, also 12 €."

Von Größen (Geldbeträgen, Längen, Massen …) kann man Bruchteile bestimmen. Dazu teilt man zuerst die Gesamtgröße durch den Nenner des Bruches. Anschließend multipliziert man das Ergebnis mit dem Zähler.

BEISPIELE

a) $\frac{3}{4}$ m bedeutet: Teile 1 m in 4 gleiche Teile und nimm 3 davon.

Rechnung: 1 m = 100 cm
100 cm : 4 = 25 cm
3 · 25 cm = 75 cm

Ergebnis: $\frac{3}{4}$ m = 75 cm

b) Wie viel sind $\frac{4}{5}$ von 25 m?
Teile 25 m in 5 gleich große Teile und nimm 4 davon.

Rechnung: 25 m : 5 = 5 m
4 · 5 m = 20 m

Ergebnis: $\frac{4}{5}$ von 25 m sind 20 m.

HINWEIS
zu Aufgabe 1:
1 km = 1000 m
1 cm = 10 mm
1 kg = 1000 g
1 h = 60 min

1 Wie viel Meter sind $\frac{1}{8}$ km? Beachte Beispiel a). Erkläre deine Vorgehensweise.

▶ Vervollständige im Heft.
a) $\frac{1}{2}$ cm = ● mm
b) $\frac{2}{5}$ kg = ● g
c) $\frac{11}{30}$ h = ● min

2 Vervollständige im Heft.
a) $\frac{1}{4}$ kg = ● g
b) $\frac{1}{3}$ h = ● min
c) $\frac{2}{3}$ h = ● min
d) $\frac{1}{5}$ km = ● m
e) $\frac{7}{8}$ kg = ● g
f) $\frac{4}{25}$ m = ● cm
g) $\frac{5}{6}$ min = ● s
h) $\frac{1}{1000}$ m = ● mm

FÖRDERN UND FORDERN
↻ 196-1

3 Gib als Bruch an, wie viel 250 Gramm von 1 kg sind. Erkläre deine Lösung.

▶ Gib jeweils als Bruch an.
a) 125 g von 1 kg
b) 20 min von 1 h
c) 375 kg von 1 t

4 Gib die Größen mit einem Bruch und in einer größeren Einheit an.
a) 250 g
b) 50 cm
c) 15 min
d) 200 g
e) 750 m
f) 24 min
g) 3 h
h) 80 min

5 Anteile in deiner Klasse: Wie viele Schülerinnen oder Schüler sind…
a) ein Drittel aller Kinder,
b) die Hälfte der Jungen,
c) ein Viertel der Mädchen,
d) zwei Fünftel aller Kinder?
e) Kannst du das Ergebnis genau angeben oder musst du runden? Erkläre, woran das liegt.

6 Neun gleiche Teile
a) Zeichne eine 18 cm lange Strecke in dein Heft. Teile sie dann in neun gleich lange Teile. Wie lang ist ein Teil?
b) Zeichne eine beliebig lange Strecke in dein Heft. Teile sie dann in neun gleich lange Teile. Wie lang ist ein Teil?
c) Zeichne Strecken, die $\frac{3}{9}$ ($\frac{5}{9}$, $\frac{7}{9}$) so lang sind wie deine Ausgangsstrecke aus b). Wie lang sind diese Strecken?
d) Bei welchen Streckenlängen fällt die Lösung der Aufgaben b) und c) besonders leicht? Nenne Beispiele und begründe.
e) Wie verändert sich einer der neun gleich langen Teile, wenn bei a) die Länge der Ausgangsstrecke verdoppelt (halbiert) wird? Erläutere.

7 Berechne anhand der Bilder rechts und in der Randspalte.
a) Das Eichhörnchen frisst ein Fünftel seines Haselnussvorrats.
b) Die Ratte nascht ein Viertel der Käsewürfel.
c) Der Schimpanse frisst zwei Drittel der Bananen.
d) Der Elefant frisst fünf Sechstel der Heuballen.

8 Berechne. Beachte das Beispiel b) auf Seite 196.
a) $\frac{3}{4}$ von 10 000 m
b) $\frac{3}{4}$ von 500 m
c) $\frac{2}{9}$ von 900 kg
d) $\frac{6}{10}$ von 300 km
e) $\frac{1}{3}$ von 60 €
f) $\frac{2}{3}$ von 120 €
g) $\frac{1}{10}$ von 680 m
h) $\frac{4}{6}$ von 240 m

9 Denke rückwärts:
a) Wie lang ist die ganze Schnur, wenn ein Drittel davon vier Zentimeter lang ist? Erkläre mithilfe einer Zeichnung, wie du vorgehst.
b) Zwei Fünftel des Sandes aus einem Sandsack werden gewogen. Die Waage zeigt 20 kg. Berechne, wie viel Sand der Sandsack fasst. Beschreibe deinen Lösungsweg.

▶ Ergänze im Heft die fehlende Größe.
c) $\frac{1}{2}$ von ● sind 10 m.
d) $\frac{1}{2}$ von ● sind 44 cm.
e) $\frac{1}{3}$ von ● sind 20 s.
f) $\frac{3}{5}$ von ● sind 6 kg.
g) $\frac{2}{7}$ von ● sind 20 kg.
h) $\frac{3}{8}$ von ● sind 60 g.
i) $\frac{3}{8}$ von ● sind 36 t.
j) $\frac{5}{24}$ von ● sind 8 h.
k) $\frac{5}{9}$ von ● sind 7 cm.

10 Im Stadion
a) Wie lang ist ein Fünftel der 400 Meter langen Laufbahn?
b) Wie lange dauert $\frac{1}{3}$ von einem Fußballspiel (einer Halbzeit)?
c) Zeige im Bild …
  • die Hälfte des Fußballfeldes,
  • die Hälfte der Laufbahn,
  • die Hälfte der Fläche innerhalb der Laufbahn.
  Gibt es jeweils mehrere Möglichkeiten, diese Hälfte zu zeigen?

11 Wer hat den größten Fisch gefangen?

Davids Forelle:
$\frac{3}{8}$ m lang, $\frac{3}{5}$ kg schwer

Jans Zander:
$\frac{4}{10}$ m lang, 600 g schwer

Julias Hecht:
76 cm lang, 5-mal so schwer wie Jans Zander

Brüche größer als 1

Für eine Klassenparty wurden 20 Pizzen gebacken. Nach dem Essen blieben aber noch viele einzelne Stücke übrig. Frau Böhle bittet Gözde und Laurin, die Reste zusammenzulegen.

1. Es sind 9 Viertelstücke übrig.

Gözde legt acht Viertelstücke zu 2 ganzen Pizzen zusammen. 1 Viertelstück bleibt dabei übrig.

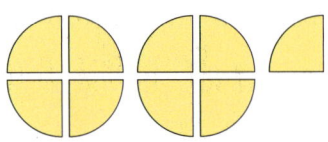

Dafür schreibt man kurz den Bruch $\frac{9}{4}$.

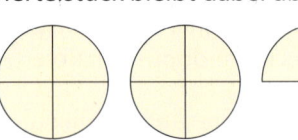

Dafür schreibt Gözde kurz $2\frac{1}{4}$.

2. Es sind 12 Achtelstücke übrig.

Laurin legt acht Achtelstücke zu 1 ganzen Pizza zusammen. 4 Achtelstücke bleiben dabei übrig.

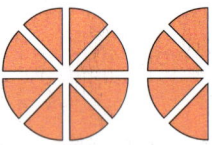

Dafür schreibt man kurz den Bruch $\frac{12}{8}$.

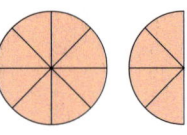

Dafür schreibt Laurin kurz $1\frac{4}{8}$.

Bei Brüchen wie $\frac{9}{4}$ oder $\frac{12}{8}$ ist der Zähler größer als der Nenner. Sie sind größer als 1. Solche Brüche kann man auch als **gemischte Zahlen** schreiben:

$\frac{9}{4} = 2\frac{1}{4}$ $\frac{12}{8} = 1\frac{4}{8}$

Eine gemischte Zahl besteht aus einer natürlichen Zahl und einem Bruch.

Brüche, bei denen der Zähler größer ist als der Nenner, heißen **„unechte Brüche"**.

HINWEIS
Vorbereitung für die Aufgaben 1 und 2:
Zeichne sechs gleich große Kreise auf Karton.
Schneide die Kreise aus und teile sie in Viertel.
Du kannst auch eine Vorlage nutzen:
↻ 198-1.

1 Bereite die Kreisteile vor (siehe Hinweis in der Randspalte). Lege sie zu folgenden Brüchen zusammen und schreibe die Brüche als gemischte Zahlen. Erkläre jeweils, wie du die natürliche Zahl und den Bruch ermittelst.

a) $\frac{5}{4}$ b) $\frac{10}{4}$ c) $\frac{8}{4}$

▶ Schreibe jeweils als gemischte Zahl.

d) $\frac{13}{4}$ e) $\frac{15}{4}$ f) $\frac{16}{4}$ g) $\frac{18}{4}$ h) $\frac{20}{4}$ i) $\frac{24}{4}$ j) $\frac{9}{2}$

2 Teile die Kreisstücke aus Aufgabe 1 so, dass Achtel entstehen. Lege die Kreisteile dann zu folgenden Brüchen zusammen. Schreibe diese Brüche auch als gemischte Zahlen.

a) $\frac{11}{8}$ b) $\frac{24}{8}$ c) $\frac{31}{8}$ d) $\frac{45}{8}$ e) $\frac{16}{8}$ f) $\frac{28}{8}$

Brüche

3 Schreibe jeweils als Bruch und als gemischte Zahl.
a) b)
c) d)

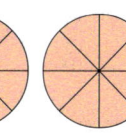

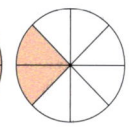

4 Erkläre jeweils mithilfe einer Zeichnung, warum …
a) $\frac{3}{2} = 1\frac{1}{2}$ ist. b) $\frac{5}{2} = 2\frac{1}{2}$ ist. c) $\frac{8}{2} = 4$ ist.

▶ Zeichne zu den folgenden Brüchen jeweils ein Bild. Schreibe sie als gemischte Zahlen.
d) $\frac{9}{2}$ e) $\frac{5}{4}$ f) $\frac{6}{4}$ g) $\frac{8}{6}$ h) $\frac{12}{10}$ i) $\frac{9}{5}$ j) $\frac{15}{9}$

5 Schreibe die gemischten Zahlen jeweils als Bruch.
a) $3\frac{1}{2}$ b) $2\frac{1}{4}$ c) $4\frac{1}{8}$ d) $4\frac{3}{8}$ e) $2\frac{1}{10}$
f) $3\frac{1}{4}$ g) $4\frac{7}{10}$ h) $2\frac{2}{5}$ i) $3\frac{4}{25}$ j) $2\frac{3}{100}$

6 Welche Brüche ergeben genau 3?
a) $\frac{12}{3}$ b) $\frac{155}{50}$ c) $\frac{26}{5}$ d) $\frac{45}{15}$ e) $\frac{54}{20}$ f) $\frac{84}{28}$ g) $\frac{14}{5}$ h) $\frac{153}{51}$

7 Schreibe die Zahlen 2 (4; 6; 8) jeweils auf drei verschiedene Arten als unechten Bruch.

8 Rechne um. Schreibe jeweils als Bruch und mit einer gemischten Zahl.
a) 90 min = ● h b) 125 cm = ● m c) 9 Tage = ● Wochen

9 Arbeitet zu zweit, zu dritt oder zu viert. Fertigt ein Schwarzer-Peter-Spiel aus 21 gleich großen Spielkarten an. Je zwei Spielkarten zeigen Figuren, mit denen der gleiche Bruch dargestellt ist. Eine Spielkarte hat keine Entsprechung. Sie ist der „Schwarze Peter".
Spielt gemeinsam. Verteilt dafür die Karten gleichmäßig. Wer zwei Karten besitzt, die zueinander passen, darf sie als Pärchen ablegen.
Zieht nun reihum jeweils eine Karte vom nächsten Spieler links. Wer mit der gezogenen Karte ein Pärchen bilden kann, darf es ablegen und noch einmal ziehen. Ansonsten ist der nächste Spieler dran. Wer zuletzt den Schwarzen Peter hat, verliert.

TIPP
zu Aufgabe 4:
Überlege vorher, ob du lieber Kreise oder lieber Rechtecke zeichnen möchtest, um die Brüche darzustellen.

HINWEIS
Unter dem Mediencode
↻ 199-1
findet ihr ein Schwarzer-Peter-Spiel zum Ausdrucken.

Bist du fit?

1. Nimm fünf kleine Gegenstände und miss ihre Längen.

2. Wie viele Quadrate siehst du im Bild rechts?
Wie lang sind die Seiten dieser Quadrate?

3. Schreibe zehn Artikel auf, die im Supermarkt weniger als 1 € kosten. Notiere auch die Preise. Ordne dann die Artikel nach ihrem Preis.

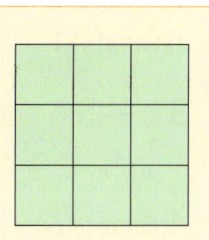

WISSEN & ÜBEN

Brüche vergleichen

Welcher Bruch ist größer:
$\frac{3}{8}$ oder $\frac{5}{8}$?

Um zu vergleichen, stellt Gözde die Brüche mit Rechtecken dar.

Sie erkennt: $\frac{3}{8} < \frac{5}{8}$.

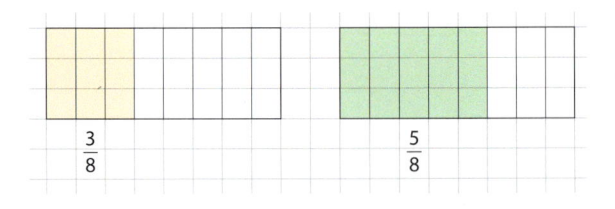

Bei **Brüchen mit gleichen Nennern** entscheidet der Zähler, welcher Bruch größer ist.
Der Bruch mit dem größeren Zähler ist größer: $\frac{3}{8} < \frac{5}{8}$.

Welcher Bruch ist größer:
$\frac{3}{4}$ oder $\frac{3}{12}$?

Um zu vergleichen, stellt Gözde die Brüche wieder mit Rechtecken dar.

Sie erkennt: $\frac{3}{4} > \frac{3}{12}$.

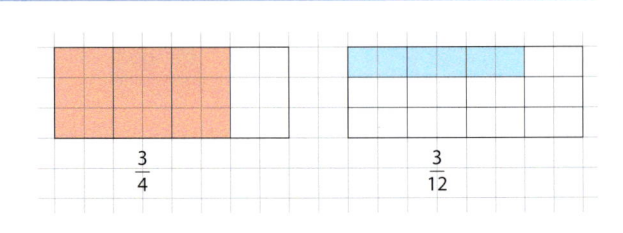

Bei **Brüchen mit gleichen Zählern** entscheidet der Nenner, welcher Bruch größer ist.
Der Bruch mit dem kleineren Nenner ist größer: $\frac{3}{4} > \frac{3}{12}$.

FÖRDERN UND FORDERN
↻ 200-1

1 Ergänze im Heft das passende Zeichen (<, >, =). Begründe jeweils.

a) $\frac{7}{6}$ ■ $\frac{5}{6}$
b) $\frac{9}{8}$ ■ $\frac{11}{8}$
c) $\frac{4}{17}$ ■ $\frac{4}{17}$
d) $4\frac{2}{5}$ ■ $\frac{21}{5}$
e) $5\frac{2}{4}$ ■ $\frac{24}{4}$

f) $4\frac{3}{7}$ ■ $4\frac{4}{7}$
g) $\frac{15}{12}$ ■ $1\frac{4}{12}$
h) $\frac{12}{8}$ ■ $1\frac{6}{8}$
i) $11\frac{7}{9}$ ■ $\frac{105}{9}$
j) $\frac{90}{60}$ ■ $1\frac{30}{60}$

2 Eva will erklären, warum $\frac{2}{3}$ größer als $\frac{2}{4}$ ist.
Ihre Sätze sind leider durcheinander geraten.
Bringe die Sätze in die richtige Reihenfolge.

Ich habe das blaue Rechteck in Viertel geteilt.

Ein grünes Teil ist größer als ein blaues Teil.

Ich habe das grüne Rechteck in Drittel geteilt.

Zwei grüne Teile zusammen sind größer als zwei blaue Teile zusammen.

▶ Vergleiche die Brüche.

a) $\frac{3}{8}$ und $\frac{3}{10}$
b) $\frac{3}{4}$ und $\frac{3}{2}$
c) $\frac{4}{10}$ und $\frac{4}{16}$
d) $\frac{5}{10}$ und $\frac{5}{20}$

3 Ordne der Größe nach.

a) $\frac{7}{8}$; $3\frac{1}{8}$; $\frac{4}{8}$; $\frac{24}{8}$; $1\frac{1}{8}$
b) $\frac{3}{4}$; $\frac{10}{4}$; $\frac{1}{4}$; $2\frac{3}{4}$; $1\frac{1}{4}$
c) $\frac{1}{7}$; $\frac{4}{3}$; $\frac{3}{5}$; $\frac{3}{7}$; $\frac{4}{7}$

4 Finde je zwei Brüche, die zwischen den angegebenen Brüchen liegen.

a) $\frac{1}{4}$; $\frac{5}{4}$
b) $\frac{2}{6}$; $\frac{5}{6}$
c) $\frac{1}{4}$; $\frac{1}{7}$
d) $\frac{1}{5}$; $\frac{1}{2}$
e) $\frac{1}{2}$; $\frac{3}{2}$
f) $\frac{5}{6}$; 1

5 Finde jeweils eine Zahl, die du für ▲ einsetzen kannst, sodass der Vergleich stimmt.

a) $\frac{▲}{4} < \frac{17}{4}$ b) $\frac{▲}{7} > \frac{5}{7}$ c) $\frac{16}{▲} < \frac{16}{3}$ d) $1\frac{3}{4} < 1\frac{▲}{4}$ e) $1\frac{▲}{4} < 2$ f) $\frac{7}{▲} < 2$

g) Finde je zwei weitere passende Zahlen.

6 Siebenmeterwerfen im Handball: Gözde hat bei 7 von 10 Würfen getroffen, Julia bei 7 von 8 Würfen. Wer war besser? Begründe.

7 Gib die am Geobrett dargestellten Brüche an. Ordne sie dann der Größe nach.

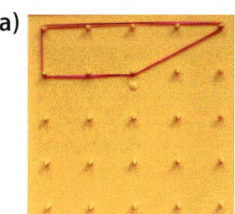

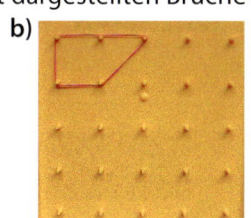

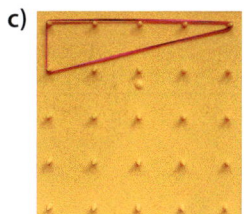

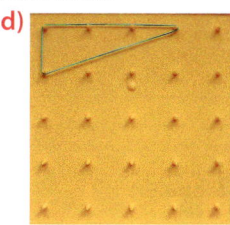

a)   b)   c)   d)

8 Sind die folgenden Behauptungen wahr oder falsch?
Wie lautet das Lösungswort?

	Behauptung	wahr	falsch
a)	Zwischen $\frac{1}{8}$ und $\frac{5}{8}$ gibt es mehr als eine weitere Bruchzahl.	T	M
b)	$\frac{6}{6}$ ist größer als $\frac{3}{3}$.	A	E
c)	Zwischen zwei verschiedenen Bruchzahlen gibt es immer genau eine weitere Bruchzahl.	U	I
d)	$\frac{3}{14}$ ist kleiner als $\frac{3}{7}$.	L	E
e)	Wenn man gemischte Zahlen in unechte Brüche umwandelt, ist der Nenner größer als der Zähler.	R	E
f)	Gemischte Zahlen sind immer größer als Brüche.	M	N

9 Wie lautet der kleinste Bruch, den du kennst?

Bist du fit?

1. Mit dem Geodreieck zeichnen
a) Zeichne fünf zueinander parallele Geraden.
b) Zeichne zwei Geraden, die senkrecht aufeinander stehen.
c) Zeichne eine Strecke, die 40 mm (2 cm; 5,7 cm; 12 cm) lang ist.
d) Zeichne ein Quadrat mit der Seitenlänge 64 mm.
e) Zeichne ein Rechteck, das 45 mm lang und 3 cm breit ist.

2. Nimm vier Hölzer weg. Dann hast du nur noch vier Quadrate.

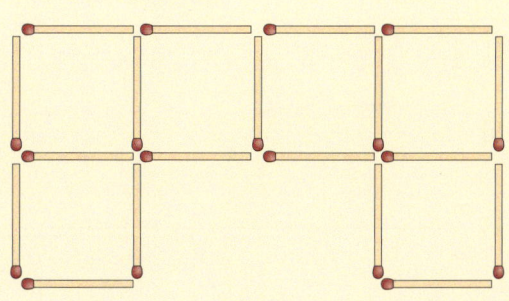

Brüche am Zahlenstrahl

HINWEIS
Der Nenner gibt an, in wie viele gleich große Teilstrecken die Strecke zwischen 0 und 1 eingeteilt wird.
Der Zähler gibt den Teilstrich an, der markiert wird.

Am Zahlenstrahl können natürliche Zahlen und auch Brüche dargestellt werden.

BEISPIEL
Wenn man zwei Fünftel an einem Zahlenstrahl darstellen möchte, teilt man die Strecke zwischen 0 und 1 in fünf gleich große Teilstrecken.
Jede Teilstrecke entspricht einem Fünftel der Strecke von 0 bis 1.

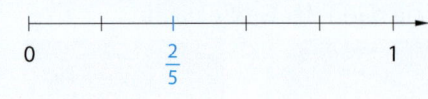

0     $\frac{2}{5}$ 1

FÖRDERN UND FORDERN
↻ 202-1

1 Skalen

a) Welche Informationen kannst du an den Skalen ablesen?
b) Wie könnte man die nicht beschrifteten Skalenstriche beschriften?

▶ Welche Brüche sind durch die Buchstaben markiert?

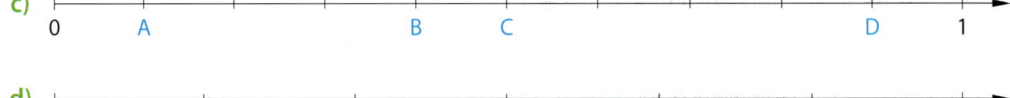

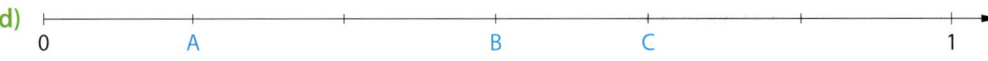

c) 0   A   B   C   D   1

d) 0   A   B   C   1

2 Welche Brüche sind markiert?

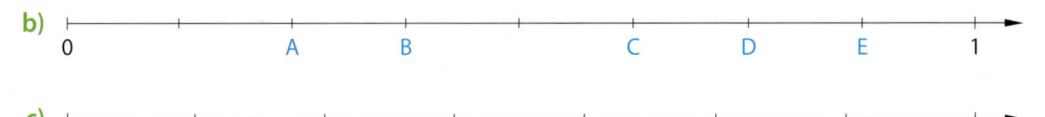

a) 0   A   B   C   D   E   F   1

b) 0   A   B   C   D   E   1

c) 0   A   B   C   D   E   F   1

3 Ordne den folgenden Bildern die Brüche $\frac{1}{2}$; $\frac{1}{3}$; $\frac{1}{4}$; $\frac{1}{6}$ und $\frac{1}{8}$ zu.

a) b) c) d) e)

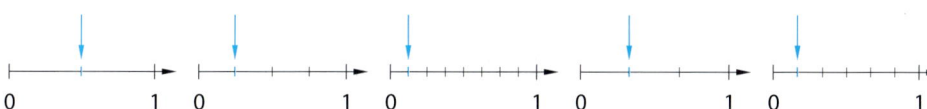

4
a) Zeichne den folgenden Zahlenstrahl in dein Heft.

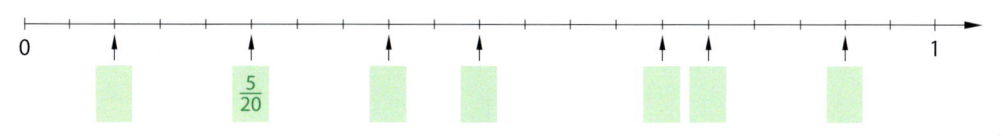

  $\frac{5}{20}$

b) Trage passende Brüche in die freien Felder ein.
c) Erkläre, wie du die Brüche gefunden hast.

5 Am Zahlenstrahl eintragen
Probiere aus: Wie lang muss eine Einheit auf einem 10 cm langen Zahlenstrahl sein, damit du die Brüche $\frac{1}{5}$; $\frac{8}{10}$; $\frac{3}{5}$; $\frac{7}{10}$; $\frac{1}{2}$; $\frac{4}{5}$ leicht markieren kannst?

▸ Zeichne einen Zahlenstrahl von 0 bis 2 und markiere folgende Zahlen.

a) $\frac{2}{5}$; $\frac{7}{10}$; $\frac{3}{5}$; $\frac{1}{2}$; $1\frac{2}{5}$; $1\frac{9}{10}$; $\frac{10}{5}$

b) $\frac{1}{4}$; $\frac{3}{10}$; $\frac{4}{5}$; $\frac{2}{3}$; $1\frac{1}{4}$; $1\frac{3}{4}$; $\frac{9}{5}$

TIPP
zu Aufgabe 5:
Zeichne auf Karopapier. Dann findest du leichter passende Unterteilungen als auf unliniertem Papier.

6 Findest du weitere Einträge für einen solchen „Bruchwecker"? Zeichne im Heft. Markiere die Einträge nach Augenmaß.

7 Finde jeweils die Zahl, die in der Mitte zwischen den beiden Zahlen liegt. Wie gehst du dabei vor?

a) 1 und 2
b) $\frac{1}{4}$ und $\frac{1}{2}$
c) $\frac{1}{6}$ und $\frac{1}{5}$
d) $\frac{1}{8}$ und $\frac{1}{9}$

8 Auf dem Schulhof
a) Arbeitet in Gruppen. Zeichnet mit Kreide auf dem Schulhof einen Zahlenstrahl, der ungefähr 12 Meter lang ist, und unterteilt ihn gleichmäßig von 0 bis 3.
b) Markiert ein Fünftel und geht in Fünftel-Schritten von 0 bis 3.
c) Geht auch in Zehntel-Schritten.
d) Denkt euch Aufgaben aus, zum Beispiel „Stelle dich auf $2\frac{3}{4}$." oder „Gehe in Viertelschritten von 1 bis 3."
Alle sind nacheinander an der Reihe, eine Aufgabe auszuführen und die nächste Aufgabe zu stellen.

9 Welche Brüche und gemischten Zahlen sind durch die Buchstaben markiert?

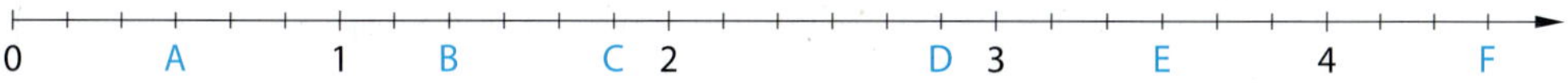

0 A 1 B C 2 D 3 E 4 F

ERFORSCHEN & EXPERIMENTIEREN

Brüche addieren

1 Du kannst einen ganzen Apfel …

- in zwei etwa gleiche Stücke teilen.
- in vier etwa gleiche Stücke teilen.
- in acht etwa gleiche Stücke teilen.

Was siehst du auf den folgenden Bildern? Beschreibe.

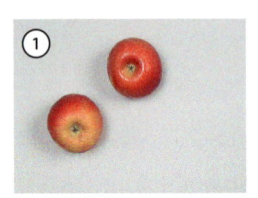

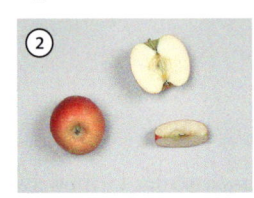

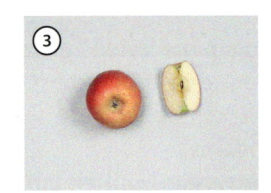

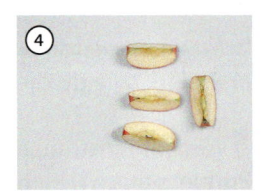

2 Hier wurde jeweils eine bestimmte Anzahl Äpfel zerteilt. Wie viele Äpfel waren es wohl? Sind alle Apfelstücke, die dabei entstanden sind, im Bild sichtbar?

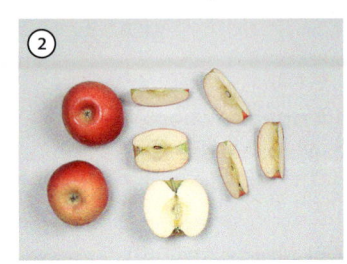

Genauer als mit Apfelstücken kannst du mit **Bruchstreifen** arbeiten (siehe Seite 194, Aufgabe 2).

HINWEIS
zu Aufgabe 3:
Du kannst hier deine Bruchstreifen von Seite 194 nutzen.

VORLAGE
↻ 204-1

3 Bruchstreifen vorbereiten
- Stelle Bruchstreifen her. Schneide diesmal die Teilstücke auseinander. Lasse aber einen Streifen ganz.
- Zeichne im Heft die Streifen verkleinert untereinander und beschrifte die Bilder.

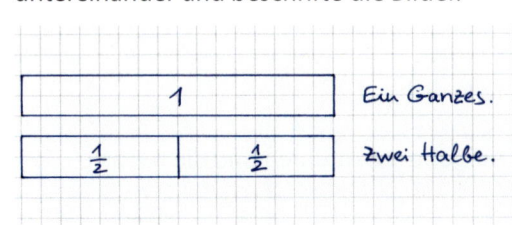

| 1 | | Ein Ganzes. |
| $\frac{1}{2}$ | $\frac{1}{2}$ | Zwei Halbe. |

- Samira findet mit ihren Bruchstreifen Aussagen wie „Zwei Viertelstreifen sind so groß wie ein halber Streifen." Hat Samira recht? Finde selbst solche Aussagen.

Brüche

4 Arbeitet in Dreiergruppen.
Arbeitsaufträge für die Gruppe:
a) Legt mit den einzelnen Teilen eurer Bruchstreifen Bilder zu den folgenden Aufgaben.
b) Zeichnet Bilder zu den Aufgaben in eure Hefte und beschriftet die Bilder.

- $\frac{1}{2} + \frac{1}{2}$
- $\frac{1}{4} + \frac{1}{4}$
- $\frac{1}{4} + \frac{1}{4} + \frac{1}{4}$
- $\frac{1}{8} + \frac{1}{8} + \frac{1}{8} + \frac{1}{8} + \frac{1}{8}$
- $\frac{1}{4} + \frac{3}{4}$
- $\frac{3}{8} + \frac{4}{8}$
- $\frac{3}{4} + \frac{2}{4}$
- $\frac{6}{8} + \frac{5}{8}$

BEISPIEL
Aufgabe: $\frac{1}{8} + \frac{1}{8} + \frac{1}{8}$

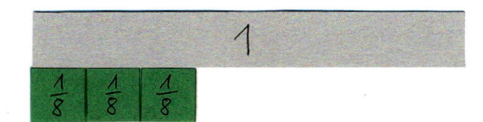

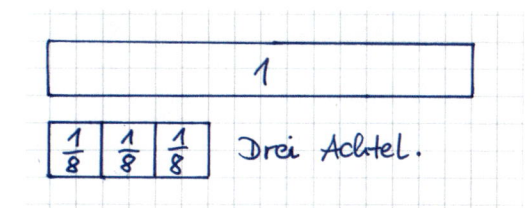

Ergebnis: $\frac{1}{8} + \frac{1}{8} + \frac{1}{8} = \frac{3}{8}$

5 Marcel hat Aufgaben mit Bruchstreifen gelegt.
- Arbeitet in Dreiergruppen. Zeichnet Marcels Beispiele jeweils ins Heft. Schreibt dazu passende Gleichungen auf.

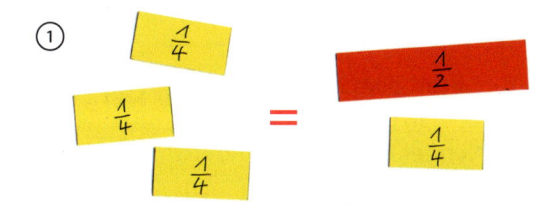

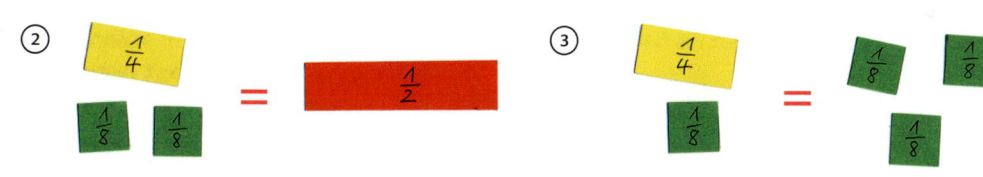

- Legt eigene Gleichungen mit Bruchstreifen. Zeichnet dazu passende Bilder in eure Hefte.

6 Apfelgleichungen

- Was sagen dir diese Bilder? Schreibe deine Antwort in Worten oder mit Zahlen auf.
- Rechts vom Gleichheitszeichen fehlen noch die Rechenzeichen zwischen den Teilen. Welches Rechenzeichen (+, −, ·, :) passt hier?
- Findet weitere „Apfelgleichungen".

WISSEN & ÜBEN

Brüche addieren und subtrahieren

Nach einem Picknick sind einige Apfelstücke übrig geblieben.

Es sind zwei Achtelstücke übrig.

Gözde setzt die zwei Achtelstücke zusammen.

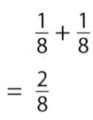

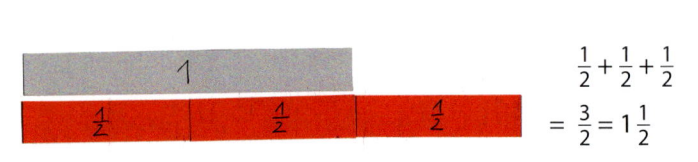

$$\frac{1}{8} + \frac{1}{8} = \frac{2}{8}$$

Es sind drei halbe Bruchstreifen vorhanden.

Laurin legt die drei halben Bruchstreifen zusammen. Dabei ergibt sich ein ganzer und ein halber Bruchstreifen.

$$\frac{1}{2} + \frac{1}{2} + \frac{1}{2} = \frac{3}{2} = 1\frac{1}{2}$$

Brüche mit dem gleiche Nenner werden addiert (subtrahiert), indem man die Zähler addiert (subtrahiert).
Der Nenner bleibt unverändert.

BEISPIELE   a) $\frac{1}{2} + \frac{1}{2} + \frac{1}{2} = \frac{3}{2} = 1\frac{1}{2}$ b) $\frac{3}{4} - \frac{1}{4} = \frac{2}{4}$

FÖRDERN UND FORDERN
↻ 206-1

1 Welchen Anteil vom Ganzen ergeben die gefärbten Teile zusammen?
Gib erst die Anteile an. Schreibe dann die Additionsaufgaben und das Ergebnis auf.

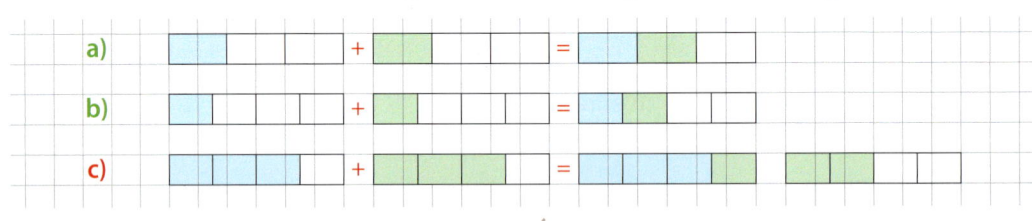

a)
b)
c)

▶ Schreibe jeweils Additionsaufgaben auf, die zu den Bildern passen. Löse sie.

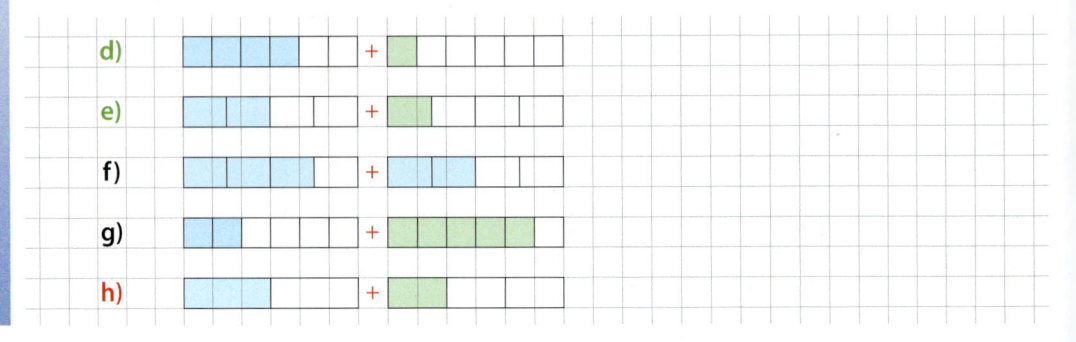

d)
e)
f)
g)
h)

Brüche

2 Erkläre die Rechnung $\frac{7}{4} = \frac{4}{4} + \frac{3}{4} = 1\frac{3}{4}$.
Fertige dazu eine Zeichnung an (mit Rechtecken oder mit Kreisen).

▶ Schreibe die unechten Brüche als gemischte Zahlen. Gib eine passende Rechnung wie oben an.

a) $\frac{5}{4}$ b) $\frac{8}{4}$ c) $\frac{10}{4}$ d) $\frac{12}{4}$ e) $\frac{13}{4}$ f) $\frac{15}{4}$

3 Berechne. Schreibe jeweils das Ergebnis als gemischte Zahl, wenn möglich.

a) $\frac{3}{9} + \frac{5}{9}$ b) $\frac{7}{10} + \frac{2}{10}$ c) $\frac{3}{6} + \frac{2}{6}$ d) $\frac{3}{5} + \frac{2}{5}$ e) $\frac{3}{8} + \frac{12}{8}$
f) $\frac{3}{2} + \frac{5}{2} + \frac{1}{2}$ g) $\frac{4}{3} + \frac{7}{3} + \frac{1}{3}$ h) $\frac{5}{6} - \frac{3}{6}$ i) $\frac{5}{3} - \frac{1}{3}$ j) $\frac{6}{7} - \frac{5}{7}$

TIPP
zu Aufgabe 3:
Du kannst Zeichnungen auf Karopapier anfertigen.

4 Stelle die Aufgabe $\frac{1}{4} + \frac{6}{4} = \frac{7}{4}$ am Zahlenstrahl dar.

5 Vervollständige die Additionsmauern in deinem Heft.

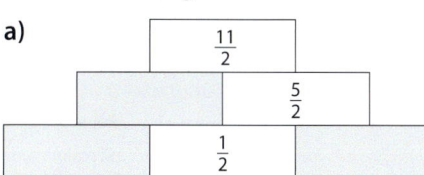

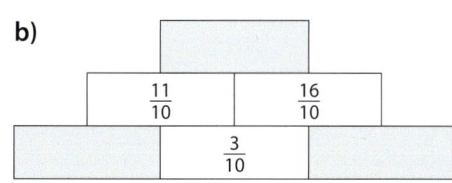

a) Reihe oben: $\frac{11}{2}$; Mitte: _, $\frac{5}{2}$; unten: _, $\frac{1}{2}$, _

b) Mitte: $\frac{11}{10}$, $\frac{16}{10}$; unten: _, $\frac{3}{10}$, _

c) Entwerft zu zweit eigene Additionsmauern mit Brüchen.

6 Fülle die Tabelle im Heft aus.

+	$\frac{1}{9}$	$\frac{3}{9}$	$\frac{5}{9}$	
$\frac{2}{9}$				
$\frac{4}{9}$				
$\frac{6}{9}$				
$\frac{8}{9}$				$\frac{15}{9} = 1\frac{6}{9}$

7 Für eine Party wurden zehn Pizzen geliefert: drei Pizzen Margherita, drei mit Salami, drei Pizzen Hawaii und eine vegetarische Pizza. Alle Pizzen waren in jeweils acht gleich große Stücke geschnitten.
a) Es sind fünf Stücke mit Salami, zwei Stücke von der Pizza Hawaii und zwei Stücke Pizza Margherita übrig geblieben. Wie viele „ganze Pizzen" ergeben diese Reste zusammen?
b) Wie viele ganze Pizzen sind gegessen worden?

Bist du fit?

1. Multipliziere im Kopf.
a) 5 · 8 b) 5 · 10 c) 50 · 8 d) 6 · 7 e) 6 · 70 f) 60 · 7
g) 12 · 10 h) 15 · 10 i) 15 · 100 j) 4 · 200 k) 3 · 500 l) 800 · 3

2. Dividiere im Kopf.
a) 36 : 9 b) 36 : 4 c) 360 : 9 d) 63 : 9 e) 63 : 7 f) 6300 : 9

3. Bleibt bei der Division durch 5 ein Rest?
a) 525; 1025; 217; 618; 910; 911 b) 740; 10 005; 10 006; 618; 6180
c) 845; 8450; 10 000; 10 845

VERMISCHTE ÜBUNGEN

1 Schreibe die gefärbten Anteile als Brüche.

a)

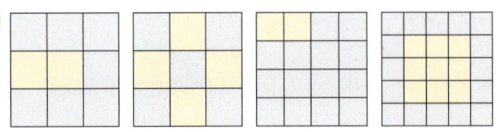

b)

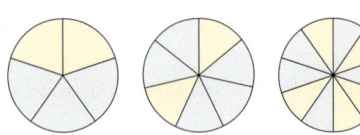

c)

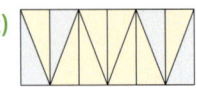

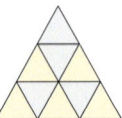

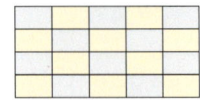

d)

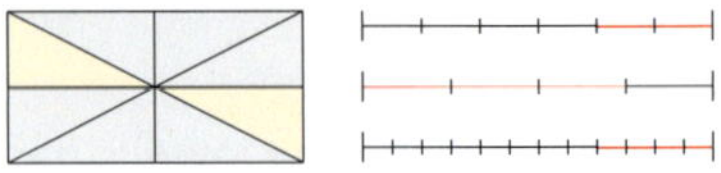

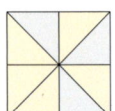

e)

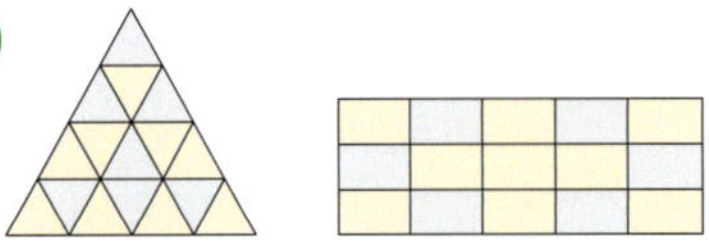

f)

2 Diese Figuren bestehen nur aus gelben und blauen Feldern. Welcher Anteil ist jeweils gelb, welcher blau gefärbt?

a)

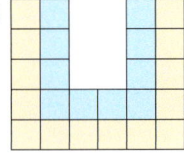

b)

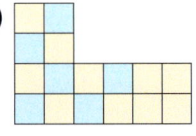

c)

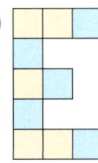

d)

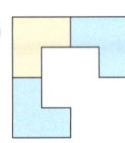

e)

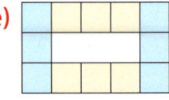

f)

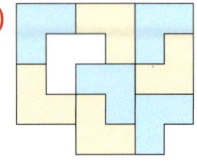

3 Schreibe jeweils als gemischte Zahl.

a) $\frac{12}{5}$; $\frac{29}{3}$; $\frac{8}{3}$; $\frac{7}{4}$; $\frac{18}{4}$; $\frac{25}{6}$

b) $\frac{21}{2}$; $\frac{9}{2}$; $\frac{33}{5}$; $\frac{39}{4}$; $\frac{17}{9}$; $\frac{33}{8}$

c) $\frac{100}{8}$; $\frac{70}{60}$; $\frac{60}{7}$; $\frac{19}{3}$; $\frac{35}{15}$

d) $\frac{28}{3}$; $\frac{45}{6}$; $\frac{55}{4}$; $\frac{14}{1}$; $\frac{48}{7}$; $\frac{59}{2}$

4 Schreibe die gemischten Zahlen als unechte Brüche.

a) $1\frac{1}{4}$ b) $2\frac{1}{3}$ c) $3\frac{2}{12}$ d) $5\frac{5}{15}$

e) $3\frac{10}{15}$ f) $3\frac{4}{20}$ g) $3\frac{10}{70}$ h) $4\frac{5}{80}$

5 Lies die markierten Brüche am Zahlenstrahl ab.

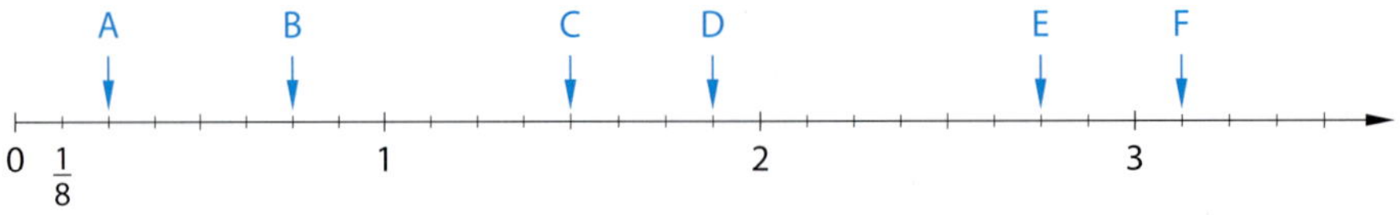

6 Zeichne ins Heft ab. Beschrifte jeden Teilstrich mit einem passenden Bruch.

a)

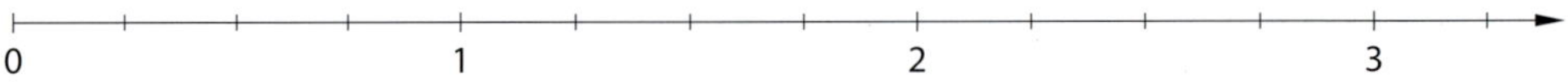

b)

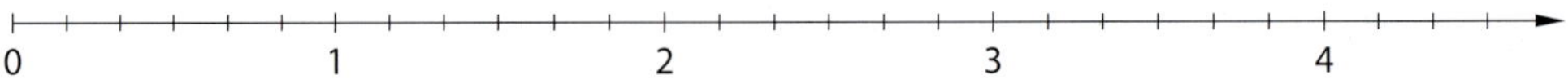

NACHGEDACHT
Findest du auf den Zahlenstrahlen in Aufgabe 6 Skalenstriche, zu denen mehrere Brüche passen? Erkläre.

Brüche

7 In jeder Zeile stehen verschiedene Werte für die gleiche Größe. Aber eine Angabe passt jeweils nicht dazu. Zusammen ergeben diese Angaben ein Lösungswort.

$\frac{3}{4}$ kg	$\frac{15}{20}$ kg	750 g	$\frac{10}{12}$ kg	$\frac{6}{8}$ kg
N	P	S	H	M
$\frac{4}{8}$ h	30 min	$\frac{3}{4}$ h	$\frac{1}{2}$ h	$\frac{2}{4}$ h
R	U	A	I	E
25 ct	$\frac{1}{3}$ €	$\frac{1}{4}$ €	$\frac{25}{100}$ €	$\frac{2}{8}$ €
J	S	U	P	T
$\frac{7}{10}$ m	$\frac{14}{20}$ m	75 cm	$\frac{35}{50}$ m	700 mm
S	L	E	R	O

8 Ordne die Brüche der Größe nach. Beginne mit dem kleinsten Bruch. Die Zahlen ergeben in der richtigen Reihenfolge den Namen einer Mathematikerin.

$\frac{3}{40}$	$\frac{3}{60}$	1	$\frac{3}{20}$	$\frac{3}{14}$	$\frac{6}{14}$	$\frac{4}{14}$
O	N	R	E	T	E	H

9 Fülle die Additionsmauer im Heft aus.

10 Schreibe Additionsaufgaben mit den Brüchen $\frac{1}{9}$; $\frac{2}{9}$; $\frac{1}{5}$ und $\frac{4}{5}$.
Du kannst sie mehrmals als Summanden verwenden.
Die Aufgaben sollen folgende Ergebnisse haben:
a) $\frac{7}{9}$ b) $\frac{3}{5}$ c) 1   d) $1\frac{3}{9}$ e) $\frac{12}{5}$ f) $\frac{10}{9}$ g) $1\frac{2}{9}$

Additionsmauer: oberste Stufe leer; darunter leer und leer; darunter leer, 1, leer; darunter leer, $\frac{4}{8}$, leer, $\frac{3}{8}$; unterste Stufe: $\frac{1}{8}$, $\frac{1}{8}$, leer, leer, $\frac{1}{8}$.

11 Ergänze die fehlenden Angaben.
a) $\frac{1}{2}$ von ● sind 88 cm.
b) $\frac{1}{3}$ von ● sind 7 Tage.
c) $\frac{1}{8}$ von 320 g sind ●.
d) $\frac{3}{10}$ von 63 m sind ●.
e) 12 h sind ● von 72 h.
f) 8 t sind ● von 56 t.

12 Sabrina möchte sich ein Fahrrad für 360 € kaufen. Ein Viertel hat sie bereits angespart. Ihre Großeltern schenken ihr zum Geburtstag die Hälfte des benötigten Geldes. Den Rest schenken ihr die Eltern. Wie viel Euro erhält Sabrina von ihren Großeltern (von ihren Eltern)?

13 Die Peter-Jordan-Schule hat 560 Schülerinnen und Schüler. Drei Siebtel der Schülerinnen und Schüler sind auf die Waldgrundschule gegangen, vier Siebtel auf die Rheingrundschule. Elf Zwanzigstel aller Schülerinnen und Schüler sind Mädchen. Ein Siebtel macht in diesem Schuljahr den Abschluss.
a) Schreibe auf, welche Angaben gegeben sind.
b) Arbeitet zu zweit. Stellt euch gegenseitig Fragen, die mit den Angaben aus dem Text beantwortet werden können.

SCHON GEWUSST?

Die Mathematikerin Emmy … lebte von 1882 bis 1935 und war Professorin an der Universität Göttingen.

ANWENDEN & VERNETZEN

1 Würfelbauten

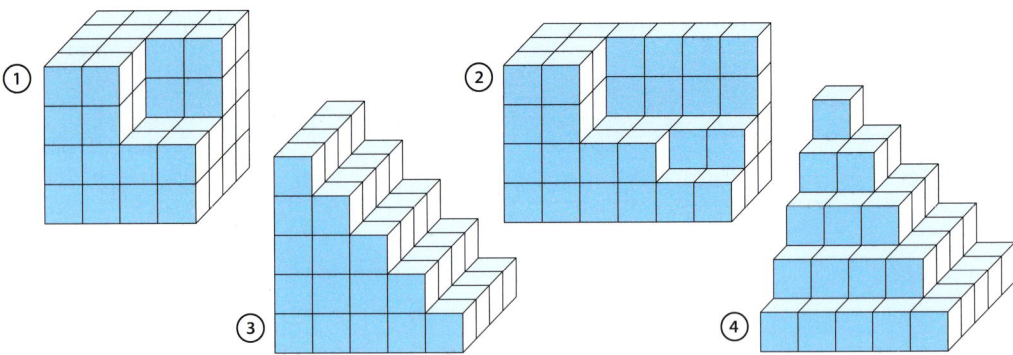

① ② ③ ④

NACHGEDACHT
Es gibt unendlich viele Möglichkeiten, den Würfelbau ① zu einem Quader zu ergänzen. Stimmt das?

a) Aus wie vielen Würfeln bestehen die Würfelbauten jeweils?
b) Wie viele Würfel fehlen mindestens zu einem vollständigen Quader?
c) Welcher Bruchteil an Würfeln ist bei b) jeweils bereits vorhanden, welcher Bruchteil fehlt?

2 An der Goethe-Schule
576 Schülerinnen und Schüler besuchen die Goethe-Schule in Rockenstadt.
a) Die Anzahl der Lehrerinnen und Lehrer beträgt ein Sechzehntel von der Anzahl der Schülerinnen und Schüler.
b) Sieben Zwölftel der Schülerinnen und Schüler fahren mit dem Bus zur Schule. Ein Drittel von ihnen fährt länger als eine halbe Stunde.
c) Samir und Karolina aus der 5a spielen ein Würfelspiel. Beide müssen jeweils eine Zahl zwischen 2 und 12 nennen. Dann würfeln sie mit zwei Würfeln. Es gewinnt, wessen Augensumme zuerst gewürfelt wurde. Fällt bei fünf Würfen keine der genannten Augensummen, dann beginnt eine neue Runde.
  • Spielt das Spiel zu zweit.
  • Welche Augensummen nennst du am häufigsten? Erkläre deine Gründe.
d) In der Klasse 5a sind 27 Schülerinnen und Schüler. Ein Drittel davon sind Jungen. In der 5b sind 28 Schülerinnen und Schüler, von denen drei Viertel Jungen sind. Welchen Jungenanteil hat eine Versammlung beider Klassen?
e) In der 5c und 5d sind zusammen 45 Schülerinnen und Schüler, darunter sechs Neuntel Jungen. Welchen Jungenanteil hat eine Versammlung aller fünften Klassen? Beachte auch die Angaben in d).
f) Die Schülersprecher werden gewählt. Nur fünf Achtel der Schülerinnen und Schüler haben ihre Stimme abgegeben. Sina erhält 95 Stimmen, auf Berit entfallen elf Vierzigstel der Stimmen, Max bekommt ein Fünftel der Stimmen und Lars den Rest. Wer wird Schülersprecher?
g) Im Schularchiv hat Sina ein Mathematikbuch aus dem 19. Jahrhundert entdeckt. Eine Aufgabe daraus lautet:

> Ein Schullehrer fragte den anderen, wie viele Kinder er in seiner Schule hätte. Er antwortete: „Ein Sechstel meiner Kinder liegt an den Masern krank, 11 raufen Flachs, 7 sind auf die Kirmes gegangen, und von den jetzt Gegenwärtigen schreiben 20 und 17 rechnen."
> Jener erwiderte hierauf: „Sie haben auch eine starke Schule; aber ich habe doch noch vier Kinder mehr." Wie viele hat ein jeder?

3 Bronze ist eine Mischung aus Metallen. Sie besteht zu neun Zehnteln aus Kupfer und zu einem Zehntel aus Zinn. Das Bild rechts zeigt die Bernwardstür im Hildesheimer Dom. Sie ist aus Bronze und wurde 1015 geschaffen. Die Tür besteht aus zwei je vier Tonnen schweren Türflügeln (je 4,72 m hoch und 1,20 m breit).
Wie viel Kilogramm Kupfer (Zinn) waren etwa nötig, um die Bronze für diese Tür herzustellen?

4 Im Mittelalter mussten die Händler Zoll an den Stadttoren zahlen, damit sie ihre Waren auf dem Markt verkaufen konnten. Aus dieser Zeit stammt folgende Aufgabe:

> Ein Bauer möchte seine Birnen verkaufen. Auf dem Weg zum Markt kommt er durch drei Tore. Am ersten Tor muss er ein Viertel abgeben und eine Birne mehr. Am zweiten Tor muss er ein Siebtel abgeben und schließlich am dritten Tor ein Drittel seiner Birnen. Als er am Markt ankommt, hat er noch 20 Birnen. Wie viele Birnen hatte er zu Beginn?

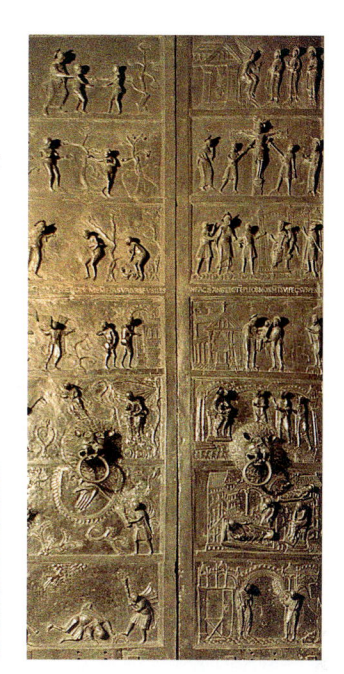

TIPP Beginne deine Lösung mit dem letzten Tor.

5 Aus der Tierwelt
a) Der Afrikanische Elefant ist das größte an Land lebende Säugetier der Erde. Er wird bis zu 4 Meter hoch und kann eine Masse bis zu 7500 Kilogramm erreichen. Elefanten ernähren sich nur von Pflanzen, dabei vor allem von Gras, aber auch von Zweigen, Blättern und Früchten. Sie nehmen etwa ein Fünfundzwanzigstel ihres Körpergewichtes täglich als Nahrung zu sich und trinken etwa 80 Liter Wasser pro Tag.
  • Wie viel Kilogramm Pflanzen frisst ein Elefant täglich?
  • In den Rüssel passen drei Vierzigstel der Wassermenge, die ein Elefant am Tag trinkt. Wie viel Liter Wasser passen in den Rüssel?

b) In abgelegenen Bergwäldern in China leben Pandabären. Sie werden etwa 1,80 Meter groß. Jeder Pandabär frisst mehr als 35 Kilogramm Blätter und Zweige pro Tag.
  • Ausgewachsene Pandabären fressen täglich etwa ein Viertel ihrer Körpermasse. Wie schwer sind sie?
  • Wie viel Kilogramm Nahrung müsstest du täglich zu dir nehmen, wenn du wie ein Panda essen würdest?

c) Das Rote Riesenkänguru gehört zu den größten auf der Welt lebenden Arten der Kängurufamilie. Die Länge des Männchens beträgt etwa 260 Zentimeter. Es wiegt zwischen 24 und 69 Kilogramm. Das Weibchen ist durchschnittlich um ein Drittel kleiner und leichter als das Männchen.
Berechne, wie lang ein Weibchen ist, und wie viel es wiegt.

d) Hast du ein Lieblingstier?
Sammle Daten zu dieser Tierart und stelle dazu Aufgaben zusammen.
Präsentiere dein Lieblingstier in der Klasse.

Teste dich!

▶ Basis

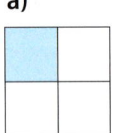

1 Welcher Anteil der Figuren ist farbig markiert? Gib als Bruch an.

a) b) 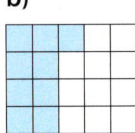 c)

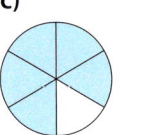

d) 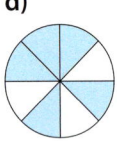 e) 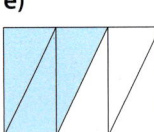 f)

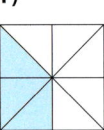

2 Zeichne jeweils ein Rechteck (Maße: 10 cm lang, 6 cm breit).
a) Färbe $\frac{1}{4}$ rot und $\frac{1}{6}$ blau.
b) Färbe $\frac{2}{5}$ rot und $\frac{3}{10}$ blau.

3 Ordne der Größe nach.
a) $\frac{2}{8}$; $\frac{5}{8}$; $\frac{7}{8}$; $\frac{4}{8}$; 2
b) $\frac{1}{3}$; $\frac{1}{2}$; 1; $\frac{1}{10}$; $\frac{1}{5}$; 0

4 Am Zahlenstrahl

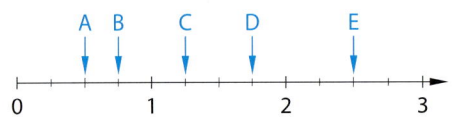

a) Lies die dargestellten Brüche am Zahlenstrahl oben ab.
b) Zeichne den folgenden Zahlenstrahl auf Karopapier. Markiere darauf $\frac{3}{8}$; $\frac{3}{4}$ und $\frac{12}{8}$.

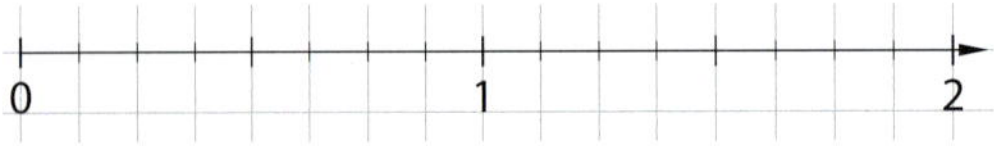

5 Schreibe als gemischte Zahlen.
a)

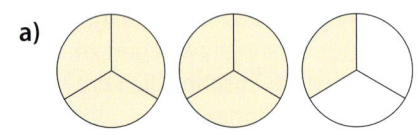

b) $\frac{9}{2}$ c) $\frac{9}{4}$ d) $\frac{10}{3}$

6 Schreibe als unechte Brüche.
a) $1\frac{1}{6}$ b) $1\frac{2}{3}$ c) $2\frac{4}{5}$

▶ Erweiterung

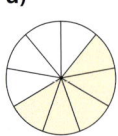

1 Welcher Anteil der Figuren ist farbig markiert? Gib als Bruch an.

a) b) 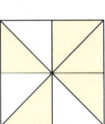 c)

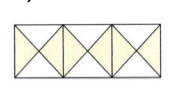

d) 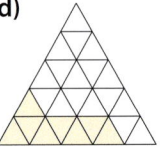 e)  f)

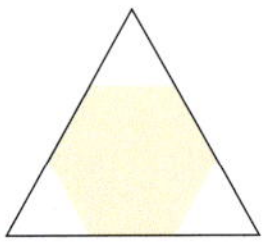

2 Zeichne jeweils ein passendes Rechteck. Färbe darin die Anteile.
a) $\frac{1}{8}$ rot und $\frac{3}{4}$ blau
b) $\frac{3}{10}$ rot und $\frac{1}{20}$ blau
c) Entscheide bei a) und b) jeweils, welcher der beiden Brüche größer ist. Begründe schriftlich.

3 Ordne der Größe nach.
a) $\frac{2}{8}$; $\frac{5}{8}$; $\frac{3}{8}$; $\frac{7}{8}$; $\frac{4}{8}$; $\frac{1}{8}$; $\frac{8}{8}$; $\frac{9}{8}$; $\frac{6}{8}$; 1
b) $\frac{1}{3}$; $\frac{1}{2}$; $\frac{1}{4}$; $\frac{1}{8}$; 0; $\frac{1}{5}$; $\frac{1}{9}$; $\frac{1}{7}$; $\frac{1}{10}$; $\frac{1}{1}$; $\frac{1}{6}$; 1
c) $\frac{5}{4}$; $\frac{3}{8}$; $\frac{5}{2}$; $\frac{7}{4}$; $\frac{11}{4}$

4 Markiere die Brüche jeweils auf einem passend unterteilten Zahlenstrahl.
a) $\frac{3}{4}$; $\frac{2}{4}$; $\frac{7}{8}$; $\frac{5}{8}$; $\frac{1}{2}$
b) $\frac{1}{5}$; $\frac{3}{10}$; $\frac{2}{5}$; $\frac{7}{10}$; $\frac{5}{5}$
c) $\frac{5}{4}$; $\frac{3}{8}$; $\frac{5}{2}$; $\frac{7}{4}$; $\frac{11}{4}$

5 Schreibe jeweils als gemischte Zahl.
$\frac{19}{8}$; $\frac{36}{5}$; $\frac{27}{8}$; $\frac{34}{9}$; $\frac{42}{10}$; $\frac{44}{15}$

6 Schreibe jeweils als unechten Bruch.
$1\frac{5}{6}$; $1\frac{3}{7}$; $1\frac{2}{9}$; $1\frac{9}{11}$; $2\frac{4}{7}$; $6\frac{5}{8}$

Basis

7
a) Wie viele Tiere sind $\frac{2}{3}$ von 21 Tieren?
b) Wie viele Spieler sind $\frac{3}{4}$ von 16 Spielern?
c) Wie lang sind $\frac{2}{6}$ von 120 cm Faden?

8 Vervollständige die Additionsmauer in deinem Heft.

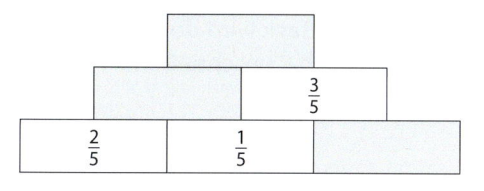

```
            ┌─────┐
            │ 3/5 │
      ┌─────┼─────┤
      │ 2/5 │ 1/5 │
      └─────┴─────┘
```

9 Wie viele Stunden sind es in einer Woche?
a) Tanja sieht jeden Tag eine $\frac{3}{4}$ h fern.
b) Elena geht jeden Tag $\frac{1}{2}$ h spazieren.
c) Thomas liest jeden Tag $\frac{1}{4}$ h.

10 In der Klasse 5c fehlen wegen Krankheit drei Achtel der 32 Schülerinnen und Schüler.
Wie viele Kinder nehmen am Unterricht teil?

Erweiterung

7 Berechne.
a) $\frac{1}{2}$ von 24; $\frac{1}{3}$ von 24; $\frac{1}{4}$ von 24
b) $\frac{4}{7}$ von 14; $\frac{5}{9}$ von 18; $\frac{6}{7}$ von 21

8 Vervollständige die Additionsmauer in deinem Heft.

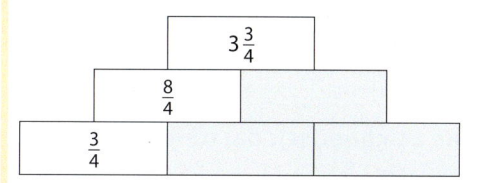

```
            ┌─────┐
            │3 3/4│
      ┌─────┼─────┤
      │ 8/4 │     │
┌─────┼─────┴─────┤
│ 3/4 │           │
└─────┴───────────┘
```

9 In Waldstadt findet ein Marathonlauf statt. Der schnellste Läufer schafft die Strecke in zwei Stunden und drei Viertelstunden. Der langsamste Läufer kommt sieben Viertelstunden später ins Ziel. Berechne die Laufzeiten der Sportler. Gib die Ergebnisse auch in Minuten an.

10 Lukas und Irina sind auf dem Jahrmarkt. Lukas hat von seinen 14 Euro schon 8 Euro ausgegeben, Irina hat von ihren gesparten 21 Euro 9 Euro ausgegeben. Wer von beiden hat den größeren Anteil der Ersparnisse ausgegeben?

Schätze deine Kenntnisse und Fähigkeiten ein. Ordne dazu deiner Lösung im Heft einen Smiley zu:
„Ich konnte die Aufgabe … ☺ richtig lösen. ☺ nicht vollständig lösen. ☹ nicht lösen."

↻ 213-1

Aufgabe	Ich kann …	Siehe Seite …
1	passende Brüche zu grafischen Darstellungen angeben.	190, 194
2	Brüche zeichnerisch darstellen (mit Rechtecken).	194
3	Brüche mit gleichem Zähler (Brüche mit gleichem Nenner) ordnen.	200
4	Brüche von einem Zahlenstrahl ablesen und Brüche auf einem Zahlenstrahl eintragen.	202
5	unechte Brüche in gemischte Zahlen umwandeln.	198
6	gemischte Zahlen in unechte Brüche umwandeln.	198
7	Anteile ermitteln.	196
8	Brüche mit gleichen Nennern addieren und subtrahieren.	206
9	mit Anteilen von Größen rechnen.	196
10	Textaufgaben mit Brüchen lösen.	196

ZUSAMMENFASSUNG

Brüche

Brüche
Seite 190

Zähler → $\frac{3}{4}$
Bruchstrich →
Nenner →

Ein Stück einer Torte, die in zwölf gleich große Stücke geschnitten wurde, wird durch den Bruch $\frac{1}{12}$ beschrieben.

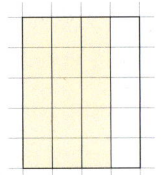

Das Rechteck wurde in vier gleich große Streifen geteilt. Der gelb gefärbte Anteil am Rechteck wird durch den Bruch $\frac{3}{4}$ beschrieben.

Brüche zeichnerisch darstellen
Seiten 190, 194, 198

Der Bruch $\frac{15}{20}$ lässt sich auf verschiedene Arten zeichnerisch darstellen. Es gibt viele Möglichkeiten. Beispiele siehst du rechts.

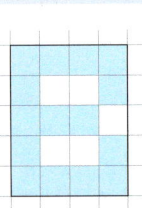

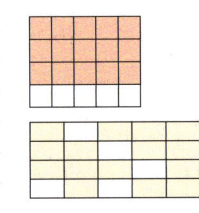

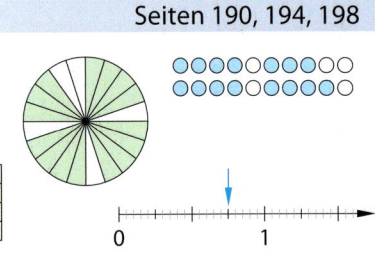

Anteile von Größen berechnen
Seite 196

Der Nenner gibt an, in wie viele gleiche Teile geteilt wird.
Der Zähler gibt an, wie viele von diesen Teilen genommen werden.

BEISPIELE

a) Eine $\frac{3}{4}$ Pizza:
Teile eine Pizza in 4 gleiche Stücke und nimm 3 davon.

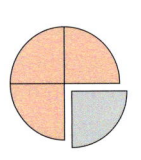

b) $\frac{3}{4}$ von 500 Gramm Mehl:
Teile 500 Gramm in 4 gleich große Teile und nimm 3 davon.
Rechnung: 500 g : 4 = 125 g
$\qquad$ 3 · 125 g = 375 g

Gemischte Zahlen und unechte Brüche
Seite 198

Brüche, bei denen der Zähler größer ist als der Nenner, werden als „unechte Brüche" bezeichnet.
Solche Brüche kann man auch als gemischte Zahlen schreiben.

$\frac{9}{4} = 2\frac{1}{4}$

$1\frac{4}{8} = \frac{12}{8}$

Brüche vergleichen
Seite 200

1. Brüche mit dem *gleichen Nenner:*
Der Bruch mit dem größeren Zähler
ist größer: $\frac{3}{5} < \frac{4}{5}$.

2. Brüche mit dem *gleichen Zähler:*
Der Bruch mit dem kleineren Nenner
ist größer: $\frac{6}{8} > \frac{6}{9}$.

Brüche addieren und subtrahieren
Seite 206

Brüche mit dem gleichen Nenner werden addiert (subtrahiert), indem man die Zähler addiert (subtrahiert).
Der Nenner bleibt unverändert.

$\frac{2}{6} + \frac{3}{6} = \frac{5}{6}$

$\frac{5}{8} - \frac{4}{8} = \frac{1}{8}$

Erinnere dich!

Messen und rechnen

1 Multipliziere und setze jeweils die Reihe mit drei weiteren Aufgaben fort.
Trage die Ergebnisse in eine Stellenwerttafel ein.

a) 3 · 4
3 · 40
3 · 400

b) 12 · 3
12 · 30
12 · 300

c) 6 · 8
6 · 80
60 · 80

d) 11 · 14
110 · 14
110 · 140

HINWEIS
Informationen zu Stellenwerttafeln kannst du auf Seite 20 nachlesen.

2 Hier gibt es jeweils mehrere Lösungen.
a) Finde Multiplikationsaufgaben mit dem Ergebnis 32 (12; 56; 18).
b) Finde Divisionsaufgaben mit dem Ergebnis 6 (9; 12; 21).

3 Miss die Längen der Strecken.

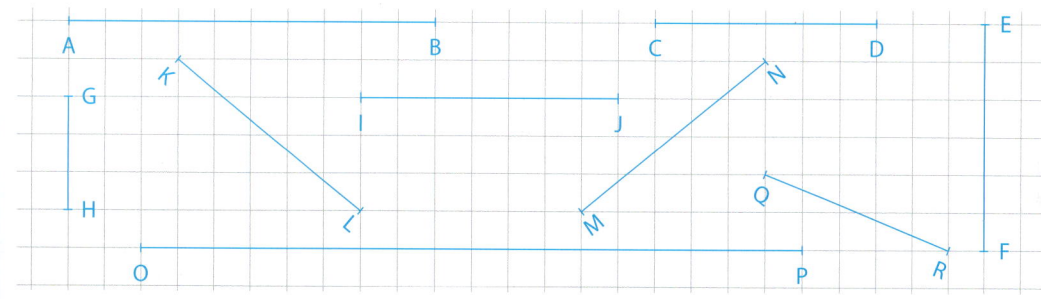

4 Welche Viereckarten erkennst du auf den Bildern rechts? Miss ihre Seitenlängen.

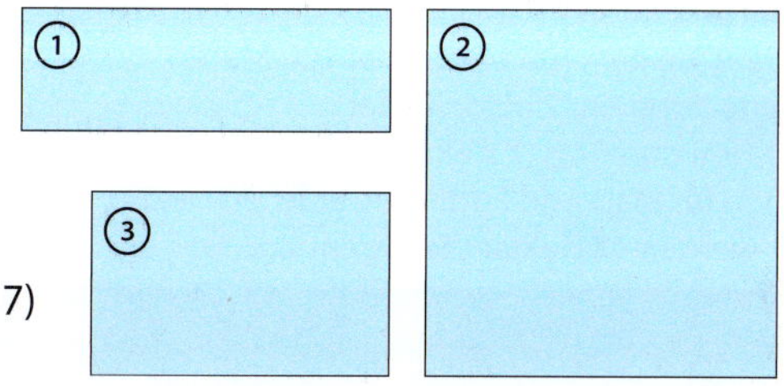

5 Zeichne jeweils die Punkte in ein Koordinatensystem und ergänze sie zu einem Quadrat.
a) A (1|1); B (5|1); C (5|5)
b) E (1|6); F (2|6); G (2|7)
c) J (7|4); K (7|7); L (4|7)
d) N (5|3); M (7|1)

6 Wie weit ist es von A nach B entlang der blauen Linie (wie lang auf direktem Weg)?

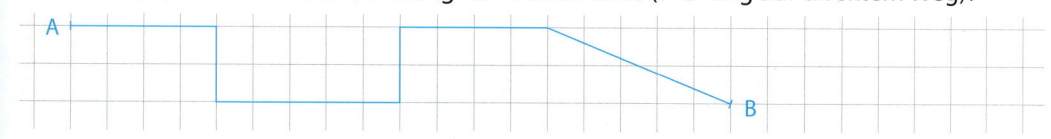

7 Wandertag: Die Klasse 5a fährt nach Mannheim und möchte vom Willy-Brandt-Platz (A) zum Luisenpark (B) laufen. Die 5b läuft in Speyer von der Schule (A) nach Dudenhofen zum Abenteuerspielplatz (B). Welche Klasse läuft weiter?

↻ 215-1

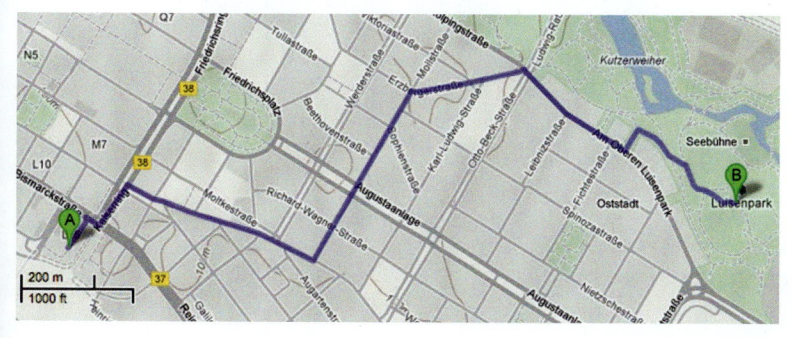

Auf dem Pferdehof

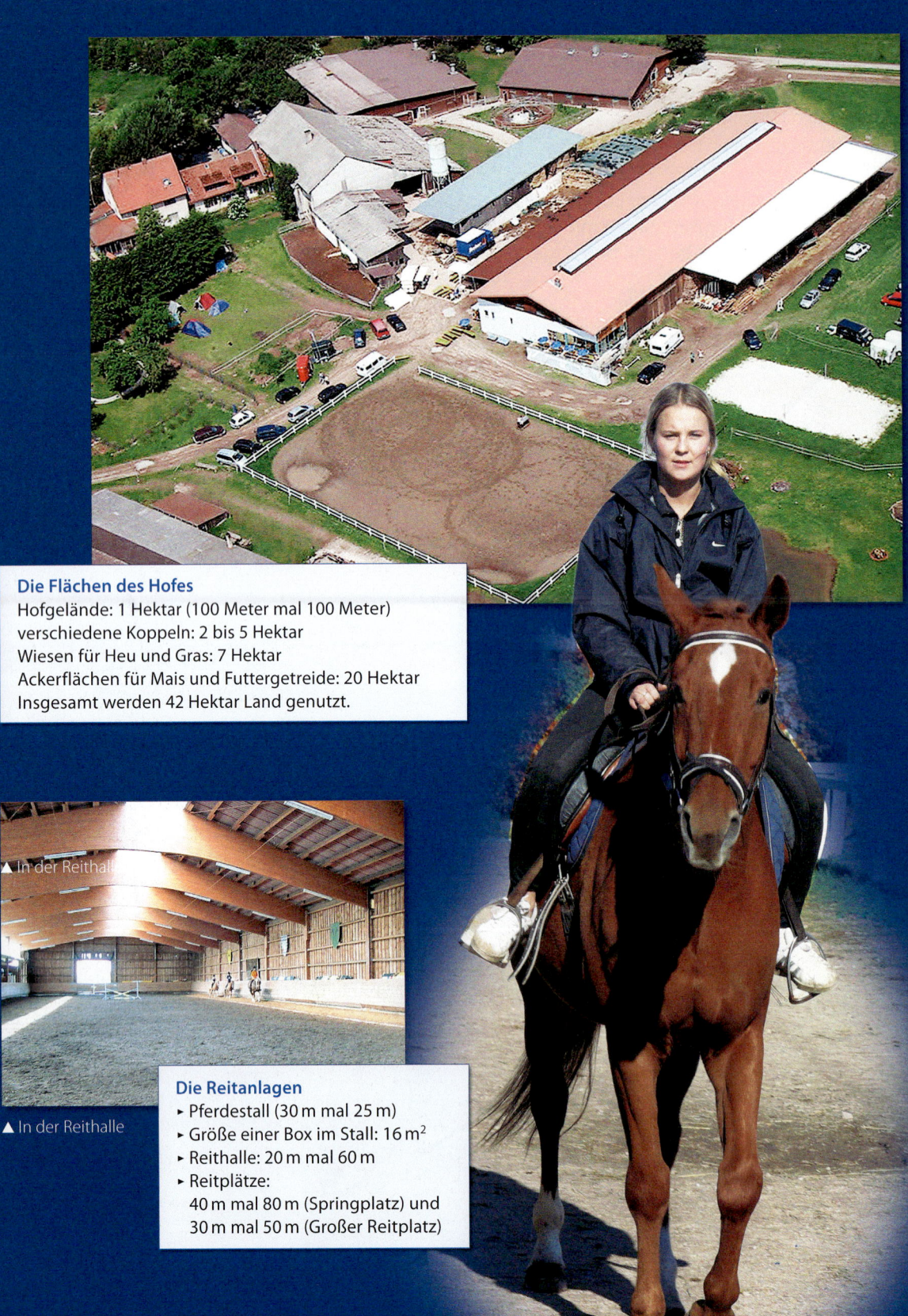

Die Flächen des Hofes
Hofgelände: 1 Hektar (100 Meter mal 100 Meter)
verschiedene Koppeln: 2 bis 5 Hektar
Wiesen für Heu und Gras: 7 Hektar
Ackerflächen für Mais und Futtergetreide: 20 Hektar
Insgesamt werden 42 Hektar Land genutzt.

▲ In der Reithalle

▲ In der Reithalle

Die Reitanlagen
- Pferdestall (30 m mal 25 m)
- Größe einer Box im Stall: 16 m²
- Reithalle: 20 m mal 60 m
- Reitplätze:
  40 m mal 80 m (Springplatz) und
  30 m mal 50 m (Großer Reitplatz)

Umfang und Flächeninhalt

Pferdehaltung:
Die Pferde sind tagsüber gemeinsam auf der Koppel, meist in einer Herde von 30 bis 45 Tieren. Abends und über Nacht stehen sie in ihren Boxen im Stall. Für die Größe der Boxen gibt es Richtlinien.

	Widerristhöhe	Länge der Box	Breite der Box	Fläche der Box
Ponys	1,45 m	3,0 m	2,8 m	8,40 m^2
Durchschnittlich große Pferde	1,67 m	3,6 m	3,1 m	11,16 m^2
Sehr große Pferde	1,80 m	3,6 m	3,6 m	12,96 m^2

Die Widerristhöhe
Der Widerrist ist der Übergang vom Hals zum Rücken. Mit der Widerristhöhe wird die Größe eines Pferdes angegeben. Zum Messen wird dabei ein Stockmaß verwendet.

Was bei einer Reitbeteiligung zu beachten ist:
- Du musst sehr gut reiten können.
- Du solltest Autorität ausstrahlen, da das Pferd ein Leittier braucht. Sonst macht es, was es will.
- Der Umgang mit Pferden kann gefährlich sein. Kleine Pferde sind nicht immer „lieb und brav".
- Ein Pferd kostet viel Geld, u. a.: Unterstellgebühr (etwa 315 € pro Monat), Tierarzt (ca. 50 € pro Monat), Hufschmied (alle 8 Wochen etwa 60 €).
- Du benötigst eine Ausrüstung …
- Du solltest finanzielle Rücklagen für größere Operationen u. ä. haben.

▲ Ein Pony
◀ Beim Hufschmied

ERFORSCHEN & EXPERIMENTIEREN

Umfänge

1 Den Klassenraum abschätzen
- Schätzt: Wie breit und wie lang ist euer Klassenraum?
- Gehe eine Runde im Klassenraum, immer möglichst nahe an der Wand entlang. Wie viele Schritte benötigst du dafür?
- Miss, wie lang deine Schritte sind. Berechne damit Länge, Breite und Umfang des Klassenraums in Metern.
- Wie gut habt ihr geschätzt?

AUSPROBIERT
Schneide von einem Wollfaden drei verschieden lange Stücke ab. Lege damit drei Figuren. Deine Nachbarin oder Nachbar soll schätzen, welche Figur aus dem längsten Faden gelegt ist.

2 Figuren legen und vergleichen
Hier siehst du zwei Rechtecke aus je 16 Hölzern. Es gibt noch ein weiteres Rechteck, das du ebenfalls aus 16 Hölzern legen kannst.

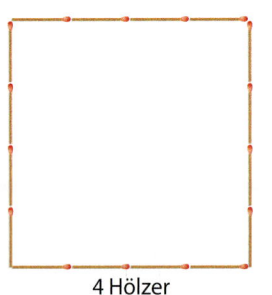

4 Hölzer

6 Hölzer

2 Hölzer

3 Der große Reitplatz
Svenja reitet auf Chajka den großen Reitplatz des Pferdehofs (30 Meter mal 50 Meter) ringsherum.
Sie fragt:
„Wie lang ist eine Runde etwa?"

4 Auf dem Pferdehof soll noch ein kleiner Reitplatz gebaut werden. Svenja und Tobias sprechen mit Herrn Fraunholz vom Pferdehof.
Svenja: „Jetzt bauen wir endlich einen extra Reitplatz für die Ponys."
Herr Fraunholz: „Wir haben etwa 20 Meter mal 40 Meter dafür. Der Platz muss noch eingezäunt werden, so wie der große Reitplatz."
Tobias: „Ich grabe jeden Tag ein Loch für einen Zaunpfosten."
Herr Fraunholz: „Ich würde die Pfosten wie beim großen Reitplatz setzen, alle 2,50 Meter einen."
Svenja: „Das dauert mir alles viel zu lange …"

Umfang und Flächeninhalt

5 Rechtecke und Quadrate legen
- Lege Rechtecke aus 12 gleich langen Hölzern (aus 18 Hölzern; aus 24 Hölzern). Du kannst zum Beispiel Streichhölzer oder Zahnstocher verwenden. Wie viele Möglichkeiten findest du? Skizziere sie auf Karopapier.
- Lege verschiedene Quadrate aus gleich langen Hölzern. Findest du einen Zusammenhang zwischen der Zahl der Hölzer pro Seite und der Zahl der Hölzer insgesamt? Erkläre.

6 Figuren spannen und zeichnen
- Spanne auf einem Geobrett verschiedene Figuren, die aus 12 „kurzen Strecken" bestehen (siehe INFO). Skizziere deine Figuren auf Karopapier und vergleiche sie. Was haben sie gemeinsam? Was ist unterschiedlich?
- Wie lang muss ein Bindfaden sein, damit du die folgenden Figuren legen kannst? 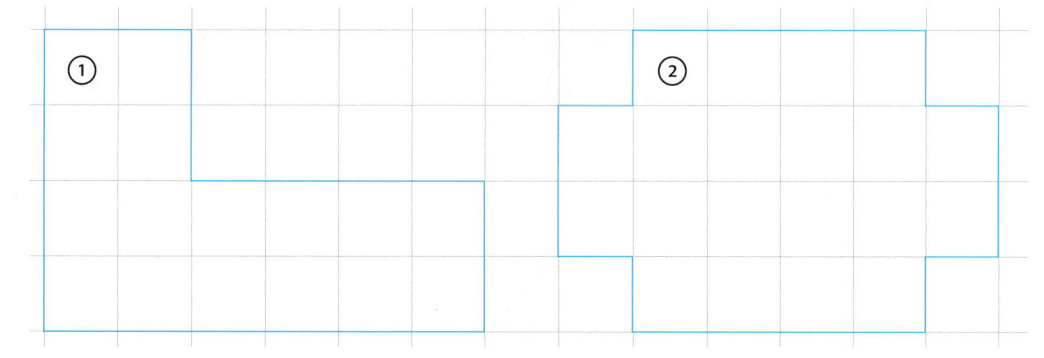
- Zeichne ein Rechteck, dessen Rand insgesamt zehn Zentimeter lang ist. Beschreibe, wie du vorgehst. Prüft eure Rechtecke gegenseitig.

INFO

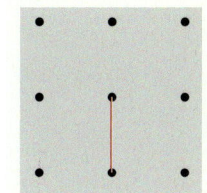

Eine kurze Strecke zwischen benachbarten Punkten am Geobrett.

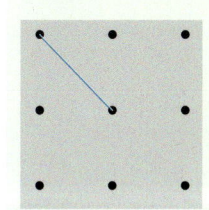

Eine lange Strecke zwischen benachbarten Punkten am Geobrett.

7 Wie lang ist der Rand des 6. (des 9., des 10.) Quadrats dieser Folge? Begründe jeweils.

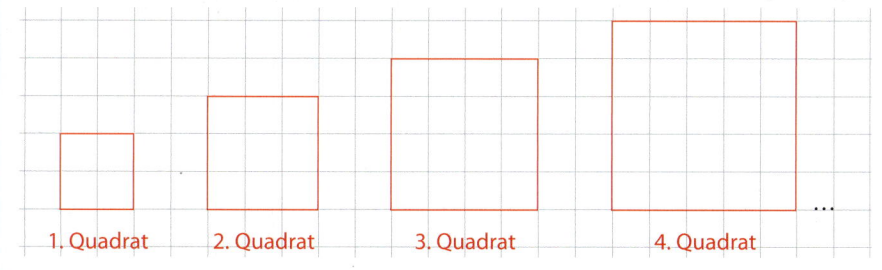

1. Quadrat   2. Quadrat   3. Quadrat   4. Quadrat

8 Arbeitet zu zweit: Bildet mit euren Armen verschiedene Figuren.

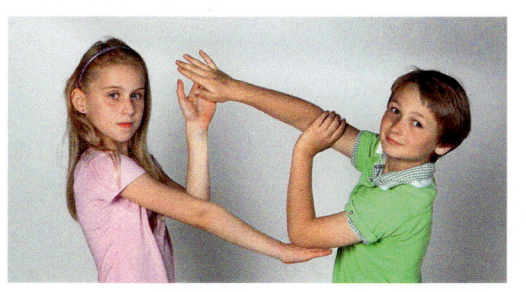

- Zeichnet die Figuren dann maßstabsgerecht in eure Hefte.
  TIPP für einen Maßstab: Zehn Zentimeter in der Wirklichkeit entsprechen einem Zentimeter im Heft.
- Findet Namen für eure gezeichneten Figuren. Schreibt die Namen ins Heft.

WISSEN & ÜBEN

Umfänge

Eine Wiese wird als Koppel eingezäunt.

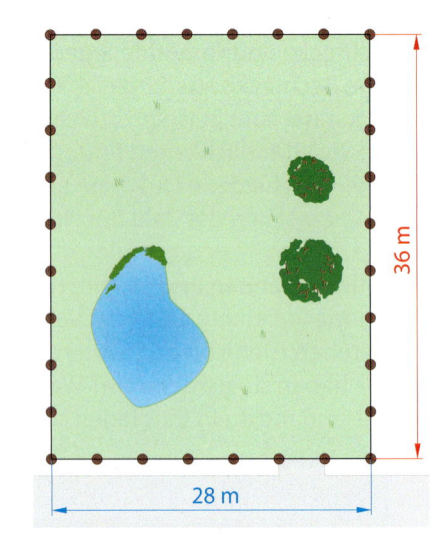

Svenja berechnet die Länge des Zauns so:

  Länge des Zauns
= 28 m + 36 m + 28 m + 36 m
= 64 m + 64 m
= 128 m

René rechnet so:

  Länge des Zauns
= 2 · 28 m + 2 · 36 m
= 56 m + 72 m
= 128 m

INFO
Für den Umfang eines Rechtecks gilt die Formel
$u = 2 \cdot a + 2 \cdot b$.

Die Summe der Seitenlängen einer Figur heißt **Umfang** dieser Figur. Der Umfang wird oft kurz mit „**u**" bezeichnet.

Achte darauf, dass die Seitenlängen in der gleichen Einheit angegeben sind, anderenfalls rechne zuerst um.

BEISPIEL
Für das Dreieck rechts gilt:
$u = 4\,cm + 5\,cm + 6\,cm$
$ = 15\,cm$

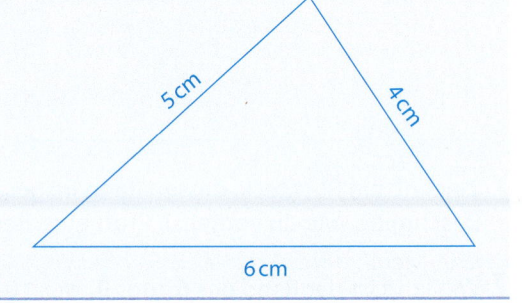

FÖRDERN UND FORDERN
↻ 220-1

1 Ermittle den Umfang des Pfeils. Miss erforderliche Maße im Bild. Erkläre deine Lösung.

▶ Ermittle die Umfänge der folgenden Figuren.

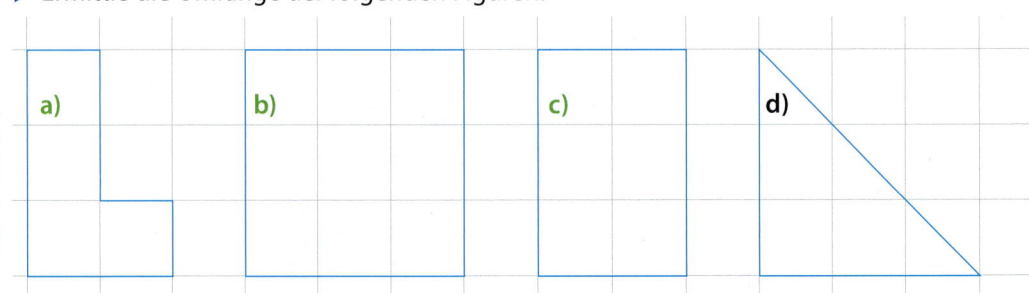

a) b) c) d)

2 Zeichne die folgenden Rechtecke und berechne ihre Umfänge.
a) Länge 5 cm; Breite 2 cm
b) Länge 37 mm; Breite 46 mm
c) Länge 5,3 cm; Breite 3,9 cm
d) Länge 1,3 dm; Breite 0,8 dm

Umfang und Flächeninhalt

3 Zeichne die folgenden Quadrate und berechne ihre Umfänge.
a) Seitenlänge a = 3 cm
b) Seitenlänge a = 49 mm
c) Seitenlänge a = 5,5 cm
d) Seitenlänge a = 11 cm

4 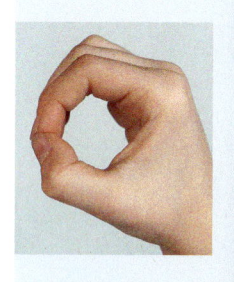
a) Miss nach: Wie lang sind deine Finger?
b) Wie groß sind die Umfänge der Figuren, die du mit deinen Fingern bilden kannst?
c) Kannst du dein Mäppchen mit den Händen umfassen? Schätze, wie groß sein Umfang ist. Kontrolliere deine Schätzung durch Messen.

▶ Schätze jeweils den Umfang des Gegenstandes. Kontrolliere durch Messen.
d) Heft   e) Schülertisch   f) Tafel   g) Fensterrahmen im Klassenraum

5 Welche Umfänge passen zu welchen Gegenständen bzw. Lebewesen? Begründe.

84 cm; 13 m; 320 m; 64 m; 91 cm; 160 m; 6 cm; 14 m

a) Fußballfeld
b) Stamm einer Eiche (Rekord)
c) Reitplatz
d) Pferdebox
e) Bratpfanne
f) Tennisfeld (Außenlinie)
g) eine Seite dieses Buches
h) 2-ct-Münze

6 Zeichne die Rechtecke. Welche der folgenden Rechtecke haben gleiche Umfänge?
a) a = 2,5 cm; b = 6 cm
b) a = 1,2 cm; b = 7,3 cm
c) a = 3,9 cm; b = 4,6 cm
d) a = 5 cm; b = 35 mm

7 Zeichne verschiedene Rechtecke mit dem Umfang 25 cm.
Erkläre dein Vorgehen und präsentiere deine Ergebnisse in einer Gruppe.

8 Welche der beiden Figuren rechts hat den größeren Umfang?

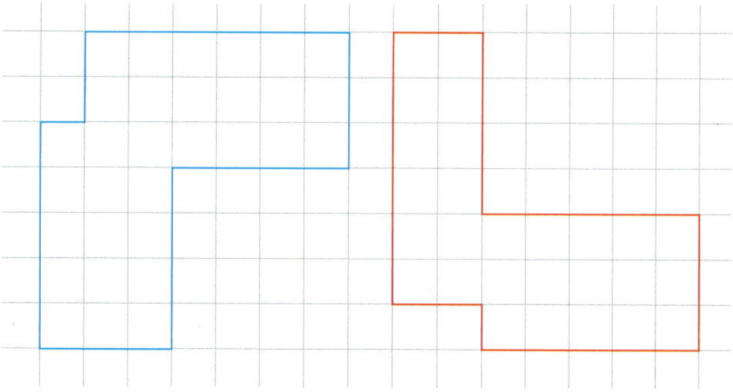

9 Finde die gesuchten Größen.
a) Länge 6 cm; Breite 3 cm; gesucht: Umfang des Rechtecks
b) Umfang 20 cm; Länge 8 cm; gesucht: Breite des Rechtecks
c) Umfang 30 cm; Breite 4 cm; gesucht: Länge des Rechtecks

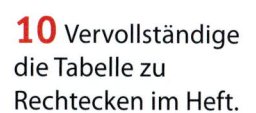

10 Vervollständige die Tabelle zu Rechtecken im Heft.

Länge	40 mm	10 dm	7 cm	
Breite	3 cm		80 mm	4,5 cm
Umfang		50 cm		128 mm

11 Jan zeichnet ein Rechteck mit den Seitenlängen 3 cm und 7 cm.
Hanna möchte ein Rechteck mit dem doppelten Umfang zeichnen. Wie lang sollte Hanna die Seiten ihres Rechtecks wählen? Hat sie mehrere Möglichkeiten? Begründe.

12 Der Stamm dieses sagenumwobenen Baumriesen hat einen Umfang von 16 Metern. Der Baum steht in Neuseeland und trägt den Namen „Te Matua Ngahere". Dies bedeutet „Vater des Waldes". Könnten alle Schülerinnen und Schüler deiner Klasse zusammen diesen Baumriesen umfassen?

ERFORSCHEN & EXPERIMENTIEREN

Flächeninhalte messen und berechnen

1 Flächen auslegen
- Wie viele Ansichtskarten (DIN A6) benötigst du, um ein Blatt Papier (DIN A4) vollständig auszulegen?
- Wie viele Ansichtskarten benötigst du für ein Blatt DIN A3?
- Wie viele DIN-A4-Blätter benötigst du, um einen Schultisch vollständig auszulegen?
- Wie viele Notizzettel (10 cm × 10 cm) benötigst du, um ein Quadrat mit der Seitenlänge von einem Meter vollständig auszulegen?

2 Buchgrößen vergleichen
- Vergleiche die Größen deiner Schulbücher, indem du sie übereinander legst.
- Bei welchem Schulbuch ist die Vorderseite am größten? Lege es nach unten. Lege das Schulbuch mit der kleinsten Vorderseite nach oben.
- Wähle zwei Schulbücher aus, bei denen nicht sofort sichtbar ist, welches davon die größere Vorderseite hat. Miss jeweils ihre Länge und ihre Breite und zeichne dazu passende Rechtecke auf Karopapier. Versuche dann, eines der Rechtecke so zu zerschneiden, dass du mit den Teilen das andere Rechteck auslegen kannst.

3 Ordne die Figuren im Bild rechts der Größe nach. Beschreibe dein Vorgehen.

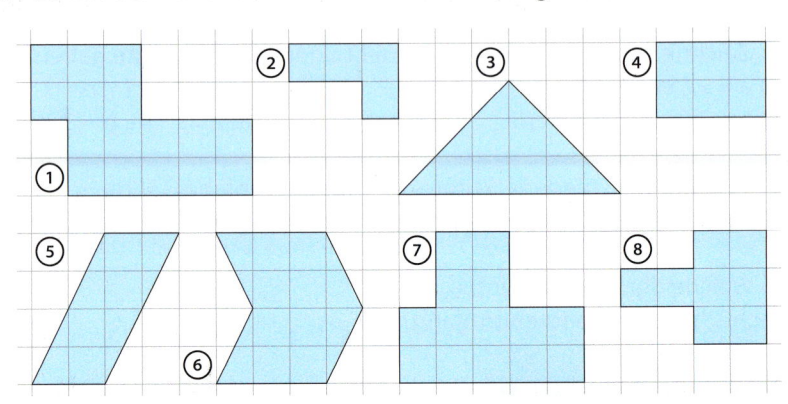

4 Viele Künstler arbeiten gerne mit klaren, einfachen Figuren und Mustern.
- Das Bild rechts stammt von Kirsten Weiss. Wie hat sie das Bild aufgeteilt?
- Entwirf selbst solche Muster.

„Gelb im Quadrat"
von Kirsten Weiss

5 Die Teichkoppel und die Waldkoppel des Pferdehofs werden als Weiden genutzt.
Die *Teichkoppel* ist 80 Meter lang und 50 Meter breit.
Die *Kiefernkoppel* ist 100 Meter lang und 30 Meter breit.
- Zeichne die beiden Koppeln maßstäblich auf Karopapier (zehn Meter im Original sollen einem Zentimeter im Bild entsprechen).
- Welche Koppel ist größer? Begründe, zum Beispiel mithilfe deiner Zeichnungen.
- Pro Pony wird eine Weidefläche von mindestens 10 Meter mal 20 Meter benötigt. Auf dem Pferdehof gibt es insgesamt 25 Ponys.

Umfang und Flächeninhalt   223

6 Auf einer rechteckigen Grünfläche von 180 Metern Länge und 100 Metern Breite soll ein neuer Sportplatz gebaut werden.
- Zeichne die rechteckige Grünfläche und die beiden unten beschriebenen Grundstücke auf Karopapier. Zeichne für zehn Meter im Original jeweils einen Zentimeter im Bild.

18 m × 26 m

21 m × 24 m

… und unseres 30-mal.

Unser Grundstück passt 38-mal auf den Sportplatz.

- Versuche, mithilfe der Karos die Flächeninhalte der Grünfläche und der beiden Grundstücke zu vergleichen.
- Welches der Kinder hat recht? Begründe deine Entscheidung im Heft.

7 Flächen auf einem Geobrett spannen
Hier wird ein Geobrett mit 25 „Nägeln" verwendet.
Es besteht aus 16 kleinen Quadraten, die alle gleich groß sind. Wir nennen diese Quadrate Einheitsquadrate.

↻ 223-1

- Auf dem Geobrett rechts wurde eine Figur gespannt. Sie umschließt genau acht Einheitsquadrate. Spanne noch andere Figuren, deren Flächen so groß wie acht Einheitsquadrate sind. Skizziere sie in dein Heft oder auf Punktpapier.
- Spanne verschiedene Figuren, die eine Fläche von sechs Einheitsquadraten haben. Skizziere deine Figuren.
- Spanne eine Figur, die so groß wie drei ganze und ein halbes Einheitsquadrat ist. Skizziere deine Figur.
- Welche der beiden folgenden Figuren nimmt die größere Fläche ein? Erkläre, wie du es herausgefunden hast.

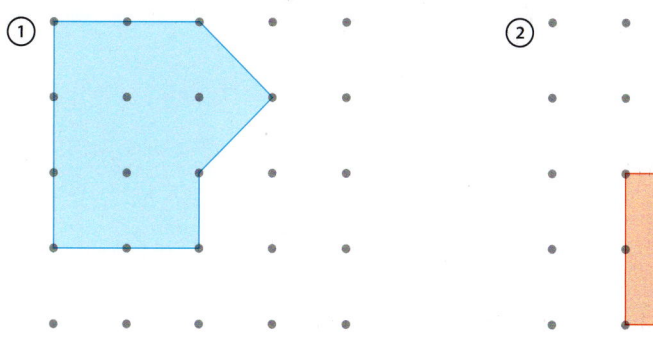

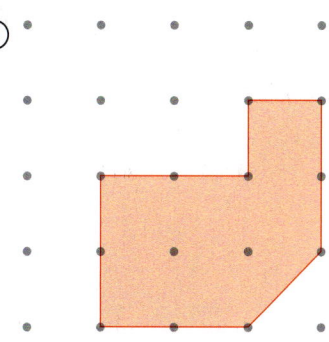

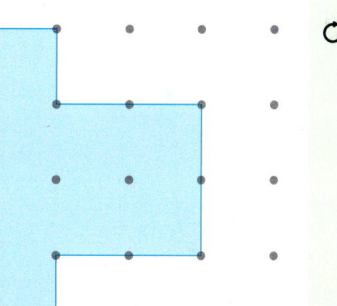

① ②

WISSEN & ÜBEN

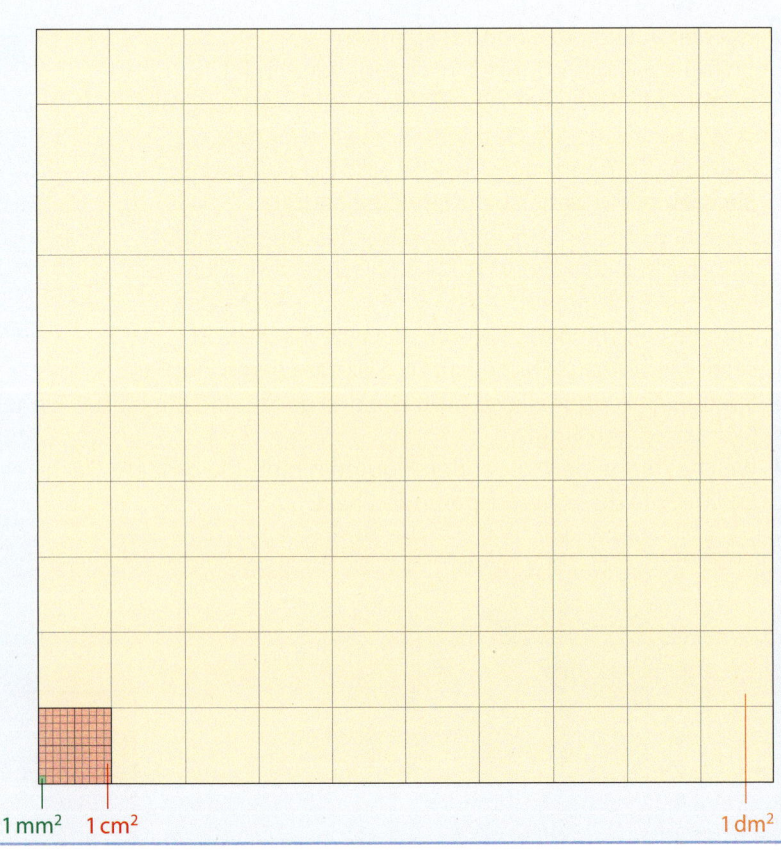

Kleine Flächeninhalte

Der Flächeninhalt einer Figur gibt an, wie groß die eingeschlossene Fläche dieser Figur ist. Flächeninhalte werden mit Einheitsquadraten gemessen.

Einheitsquadrate sind zum Beispiel Millimeterquadrate, Karokästchen oder Zentimeterquadrate. Um eine Fläche zu messen, stellst du fest, wie oft ein Einheitsquadrat in eine Fläche hineinpasst.

Millimeterquadrat	Zentimeterquadrat	Dezimeterquadrat
Quadrat mit der Seitenlänge 1 mm	Quadrat mit der Seitenlänge 1 cm	Quadrat mit der Seitenlänge 1 dm
Einheit Quadratmillimeter (mm^2)	Einheit Quadratzentimeter (cm^2)	Einheit Quadratdezimeter (dm^2)
Der Kopf eines Streichholzes bedeckt etwa 15 mm^2.	Diese Briefmarke bedeckt etwa 9 cm^2.	• Die Frontfläche einer CD-Hülle misst etwas weniger als 2 dm^2. • Ein Blatt Papier DIN A4 misst etwa 6 dm^2.

In einen Quadratdezimeter passen 100 Quadratzentimeter (1 dm^2 = 100 cm^2).

In einen Quadratzentimeter passen 100 Quadratmillimeter (1 cm^2 = 100 mm^2).

Umrechnungszahlen:

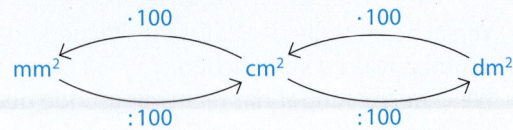

$$mm^2 \underset{:100}{\overset{\cdot 100}{\rightleftarrows}} cm^2 \underset{:100}{\overset{\cdot 100}{\rightleftarrows}} dm^2$$

MERKE
Für den Flächeninhalt einer Figur schreibt man oft kurz „**A**".

ERINNERE DICH
Einheit
A = 1 cm^2
   Zahlenwert

BEISPIELE

700 mm^2
= (700 : 100) cm^2
= 7 cm^2

8 cm^2
= (8 · 100) mm^2
= 800 mm^2

1,5 cm^2
= 1 cm^2 50 mm^2
= 1 cm^2 + 50 mm^2
= 100 mm^2 + 50 mm^2
= 150 mm^2

250 cm^2
= 200 cm^2 + 50 cm^2
= 2 dm^2 + 50 cm^2
= 2,5 dm^2

0,1 dm^2
= 10 cm^2

1 mm^2 1 cm^2 1 dm^2

Umfang und Flächeninhalt

1 Wie groß ist etwa der Flächeninhalt?
a) von deinem Daumennagel
b) von deinem Fingernagel am kleinen Finger
c) von der Innenseite deiner Hand
d) von deinem Fußabdruck

FÖRDERN UND FORDERN
↻ 225-1

TIPP
zu Aufgabe 2: Beachte die Beispiele auf Seite 224.

2 Rechne um. Schreibe deinen Lösungsweg ausführlich auf.
a) 4 cm² in mm²
b) 300 mm² in cm²
c) 2,5 dm² in cm²

▶ Rechne um.
d) 15 cm² in mm²
e) 5000 mm² in cm²
f) 3,5 dm² in cm²
g) 450 cm² in dm²

3 Rechne in die angegebenen Einheiten um.
a) in mm²: 3 cm²; 25 cm²; 4 dm²; 75 dm²
b) in cm²: 100 mm²; 2500 mm² ; 4 dm² ; 40 dm²
c) in dm²: 600 cm² ; 4200 cm² ; 30 000 mm² ; 380 000 mm²

4 Fülle die Tabelle im Heft aus.

mm²	40 000 mm²			
cm²	400 cm²		50 cm²	
dm²		15 dm²		43,5 dm²

5 Rechne erst in dieselbe Einheit um und vergleiche dann.
a) 1 cm² ■ 1000 mm²
b) 1 dm² ■ 100 cm²
c) 2 cm² ■ 5000 mm²
d) 700 cm² ■ 700 mm²
e) 0,1 dm² ■ 1000 mm²
f) 8 cm² ■ 0,8 dm²

6 Karopapier wie im Mathematikheft ist in Kästchen aufgeteilt.
a) Finde heraus, wie viele Millimeterquadrate in ein solches Kästchen passen. Beschreibe dein Vorgehen.
b) Wie viele Karokästchen sind so groß wie ein Einheitsquadrat von 1 cm²?
c) Zeichne erst, bevor du die Fragen beantwortest:
  • Wie viele Zentimeterquadrate passen in ein Quadrat mit der Seitenlänge 2 cm?
  • Wie viele Zentimeterquadrate passen in ein Rechteck mit der Länge 3 cm und der Breite 2 cm?
d) Wie viele Zentimeterquadrate (Millimeterquadrate) enthalten diese Figuren? Hast du eine gute Zählstrategie? Beschreibe sie.

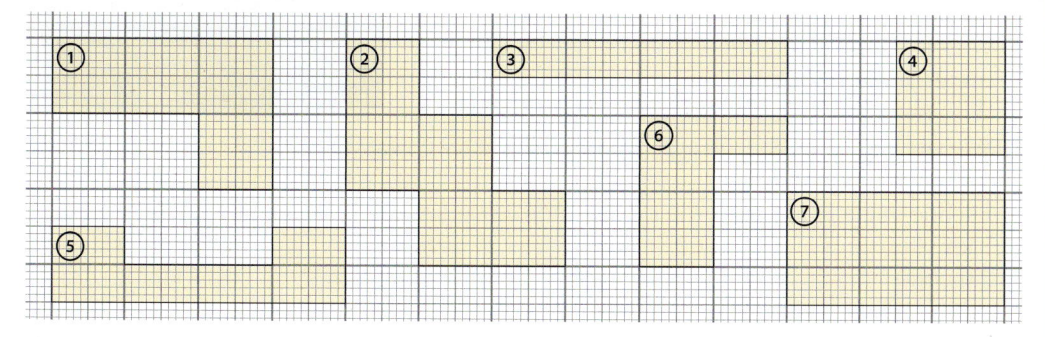

7 Lege verschiedene Gegenstände auf ein kariertes Blatt Papier und ermittle, wie viel Quadratzentimeter Papier sie bedecken.

8 Zeichne die Rechtecke und unterteile sie in Zentimeterquadrate.
Wie viele Zentimeterquadrate entstehen dabei jeweils? Erkläre deine Lösungen.
a) Länge 4 cm; Breite 3 cm
b) Länge 5 cm; Breite 6 cm
c) Länge 2 cm; Breite 15 cm
d) Länge 3,5 cm; Breite 4 cm

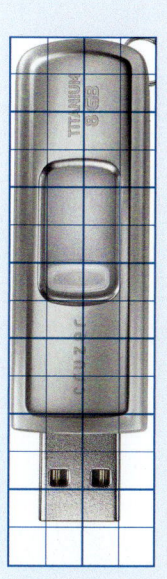

WISSEN & ÜBEN

Große Flächeninhalte

Meterquadrat			Kilometerquadrat
Quadrat mit der Seitenlänge 1 m	Quadrat mit der Seitenlänge 10 m	Quadrat mit der Seitenlänge 100 m	Quadrat mit der Seitenlänge 1 km
Einheit Quadratmeter (m²)	Einheit Ar (a)	Einheit Hektar (ha)	Einheit Quadratkilometer (km²)
Box im Pferdestall: Grundfläche 16 m²	Großer Reitplatz auf dem Reiterhof: 15 a	Gelände des Pferdehofes: 1 ha	Stadt Dinkelsbühl: 75 km²

Große Flächeninhalte umrechnen

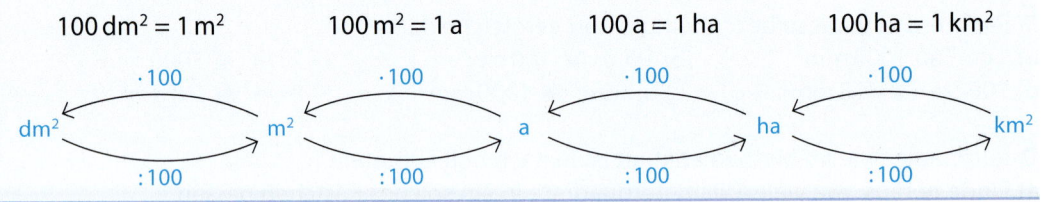

100 dm² = 1 m²   100 m² = 1 a   100 a = 1 ha   100 ha = 1 km²

dm² ⇄ m² ⇄ a ⇄ ha ⇄ km²   (·100 / :100)

BEISPIELE zum Umrechnen: siehe Methode, Seite 227 unten.

FÖRDERN UND FORDERN
↻ 226-1

1 Erkläre, wie man es herausfindet.
a) Wie viel Quadratmeter misst eine Tischplatte mit 200 Quadratdezimetern?
b) Wie viel Quadratmeter hat eine fünf Ar große Wiese?
c) Wann muss man beim Umrechnen von Flächeninhalten mit 100 multiplizieren oder durch 100 dividieren? Formuliere Regeln.

▶ Rechne um.
d) Wie viel Quadratzentimeter misst eine vier Quadratmeter große Wandtafel?
e) Wie viel Hektar misst ein Weizenfeld von 400 Ar?
f) Wie viel Hektar misst eine acht Quadratkilometer große Gemeinde?

2 Rechne in die Einheit um, die in Klammern angegeben ist. Notiere den Rechenweg.
a) 3 km² (ha)
b) 1200 ha (km²)
c) 50 000 a (ha)
d) 23 ha (a)
e) 2 ha (m²)
f) 15 000 m² (ha)
g) 50 000 a (km²)
h) 8 km² (a)

3 Rechne in die Einheit um, die in Klammern angegeben ist.
a) 2 km² (ha)
b) 5000 m² (a)
c) 700 ha (km²)
d) 75 km² (ha)
e) 9 m² (dm²)
f) 2,8 km² (ha)
g) 1,5 m² (dm²)
h) 60 ha (a)
i) 350 dm² (m²)
j) 9000 a (ha)
k) 2 km² (m²)
l) 60 ha (km²)

4 Ordne der Größe nach.
a) 1 km²; 1000 ha; 1000 a; 0,1 km²
b) 220 000 m²; 2 m²; 22 dm²; 2 ha
c) 700 m²; 15 a; 1 ha; 270 a; 99 000 m²
d) 3 km²; 3000 ha; 3300 a; 330 000 m²

Umfang und Flächeninhalt   227

5 Fülle die Tabelle im Heft aus.

m²				12 Mio. m²
a			500 000 a	
ha		250 ha		
km²	4 km²			

6 Schätze, wie groß ein Fußballfeld ist: 2 ha; 150 a; 1 ha; 80 a oder 5 a? Begründe.

▶ Welche Einheit ist sinnvoll, wenn die Größe der Fläche angegeben werden soll?
a) Schulhof   b) Reithalle   c) Bodensee   d) Berlin

7 Wie lang sind die Seiten eines Quadrats mit der folgenden Fläche?
a) 1 km²   b) 1 ha   c) 100 m²   d) 25 km²   e) 9 ha

8 Zeichne maßstabsgerecht, und zwar für zehn Meter in der Wirklichkeit einen Zentimeter im Heft.
a) Zeichne ein Quadrat mit dem Flächeninhalt ein Ar.
b) Zeichne den kleinen und den großen Reitplatz vom Pferdehof (siehe Seite 216).
c) Wie groß sind die Flächeninhalte der Reitplätze?

9 Die Bundesländer

Baden-Württemberg	35 752 km²
Bayern	70 551 km²
Berlin	891 km²
Brandenburg	29 476 km²
Bremen	404 km²
Hamburg	755 km²
Hessen	21 114 km²
Mecklenburg-Vorpommern	23 170 km²

Niedersachsen	47 612 km²
Nordrhein-Westfalen	34 078 km²
Rheinland-Pfalz	19 847 km²
Saarland	2 570 km²
Sachsen	18 413 km²
Sachsen-Anhalt	20 447 km²
Schleswig-Holstein	15 770 km²
Thüringen	16 171 km²

a) Welche Bundesländer sind größer (kleiner) als Rheinland-Pfalz? Nenne sie.
b) Welche zwei Bundesländer sind zusammen so groß wie Rheinland-Pfalz?
c) Welche drei Bundesländer sind zusammen kleiner als das Saarland?
d) Ordne die deutschen Bundesländer nach der Größe.
e) Arbeitet zu zweit. Stellt euch gegenseitig weitere Aufgaben zu den Daten.

METHODE Umrechnungstabelle   ↻ 227-1

Flächeninhalte können mithilfe einer Tabelle leicht umgerechnet werden.
- Zeichne eine Stellenwerttabelle wie unten (oder nutze eine Kopiervorlage, siehe Mediencode).
- Trage den Flächeninhalt in die richtige Spalte ein (zum Beispiel 5 m² in die Spalte für m²).
- Fülle, wenn nötig, die Zellen nach rechts mit Nullen auf.
- Lies die Lösung ab.

km²		ha		a		m²		dm²	Beispiele
							5	0 0	5 m² = 500 dm²
						7	5	0	750 dm² = 7,50 m²
				5	0	0	0		5000 m² = 50 a
	4		5	0					4,5 km² = 450 ha
			5	0	0	0	0		5 ha = 50 000 m²

WISSEN & ÜBEN

Flächeninhalte von Rechtecken

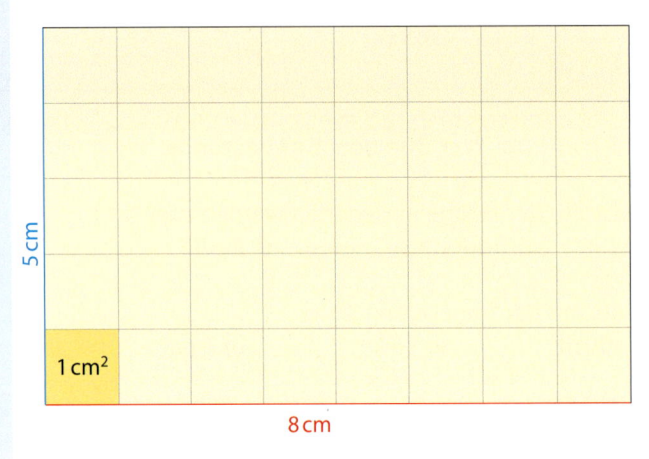

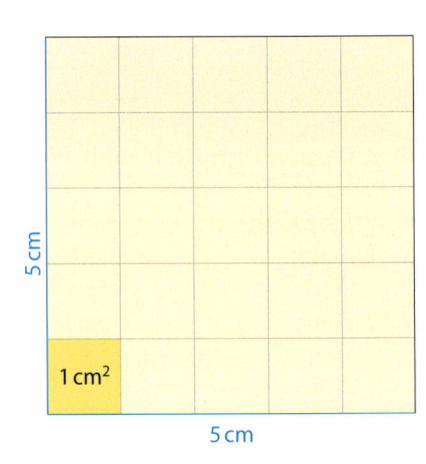

[5 cm × 8 cm Rechteck mit 1 cm² markiert] [5 cm × 5 cm Quadrat mit 1 cm² markiert]

In dieses Rechteck passen
5 · 8 = 40 Zentimeterquadrate.
Flächeninhalt = 5 · 8 cm²
$\quad\quad\quad\quad\quad$ = 40 cm²

In dieses Quadrat passen
5 · 5 = 25 Zentimeterquadrate.
Flächeninhalt = 5 · 5 cm²
$\quad\quad\quad\quad\quad$ = 25 cm²

Weil es zweckmäßig ist, wird vereinbart: 1 cm · 1 cm = 1 cm². Entsprechend ist:
Flächeninhalt = 5 cm · 8 cm $\quad\quad\quad\quad\quad\quad\quad\quad$ Flächeninhalt = 5 cm · 5 cm
$\quad\quad\quad\quad\quad$ = 40 cm² $\quad\quad\quad\quad\quad\quad\quad\quad\quad\quad\quad\quad\quad\quad$ = 25 cm²

INFO
Wenn nötig, müssen Länge und Breite des Rechtecks zum Rechnen in die gleiche Maßeinheit gebracht werden.

Flächeninhalt eines Rechtecks = Länge · Breite

Den Flächeninhalt nennt man kurz „A", die Seitenlängen im Rechteck „a" und „b".

Formel: **A = a · b**

1 Ermittle den Flächeninhalt eines 4 cm langen und 3 cm breiten Rechtecks.
Schreibe deine Lösung ausführlich auf (mit Zeichnung wie im Beispiel oben links).

FÖRDERN UND FORDERN
↻ 228-1

▶ Berechne die Flächeninhalte der Rechtecke.
a) Länge 8 cm; Breite 3 cm $\quad$ b) Länge 8 m; Breite 10 m $\quad$ c) Länge 20 mm; Breite 12 mm
d) Länge 3 km; Breite 5 km $\quad$ e) a = 24 m; b = 15 m $\quad\quad\quad$ f) a = 18 cm; b = 44 cm

2
a) Welchen Flächeninhalt hat die Briefmarke rechts?
b) Wie viel Quadratmeter nimmt die Reithalle auf dem Pferdehof (siehe Seite 216) ein?

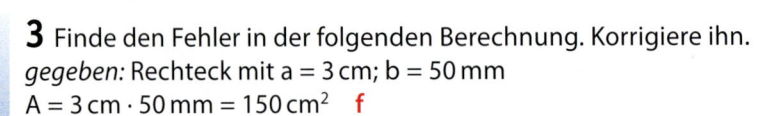

3 Finde den Fehler in der folgenden Berechnung. Korrigiere ihn.
gegeben: Rechteck mit a = 3 cm; b = 50 mm
A = 3 cm · 50 mm = 150 cm² $\quad$ f

[Briefmarke: 46 mm × 28 mm]

▶ Wandle die Größen der Rechtecke passend um. Berechne dann deren Flächeninhalte.
a) 6 cm lang; 60 mm breit $\quad\quad\quad\quad\quad\quad$ b) 17 cm lang; 90 mm breit
c) 4,4 cm lang; 30 mm breit $\quad\quad\quad\quad\quad$ d) 4,5 m lang; 32 dm breit

4 Berechne die Flächeninhalte der Rechtecke mit den angegebenen Seiten.
a) a = 3 cm; b = 3,8 cm
b) a = 2,9 cm; b = 8 mm
c) a = 2,300 km; b = 2900 m
d) a = 50 cm; b = 3,8 m

TIPP
zu Aufgabe 4:
Schreibe zuerst die Längenangaben ohne Komma.

5 Zeichne die Figuren und bestimme ihre Flächeninhalte.
a) Rechteck; 8,3 cm lang und 18 mm breit
b) Quadrat; Seitenlänge 3,6 cm

6 Ordne die Quadrate mit den angegebenen Seitenlängen nach ihrem Flächeninhalt.
a) a = 9 cm
b) a = 1,15 dm
c) a = 0,8 dm
d) a = 7,2 cm
e) a = 2,8 m
f) a = 1,75 m

7 Ermittelt in Partnerarbeit die Grundfläche …
a) eines Blattes Papier vom Format DIN A4,
b) einer CD-Hülle,
c) eures Klassenraumes,
d) der Tischplatte eines Schultisches,
e) des Volleyballfeldes in der Turnhalle.

8 Schätze und berechne:
a) Wie viel Quadratmeter Papier wurde in eurer Schule für den letzten Elternbrief verbraucht?
b) Wie viel Quadratmeter Papier werden für ein Mathematikheft verbraucht?
c) Wie viel Quadratmeter Papier werden für eine Zeitung verbraucht?

9 Passt ein Quadrat mit einem Flächeninhalt von 400 cm² auf ein Blatt Papier DIN A4? Begründe.

10 Spielfelder
a) Das Fußballfeld vom VfL Aufstieg 04 ist 100 Meter lang und 65 Meter breit. Gib den Flächeninhalt in Quadratmetern, Ar und Hektar an.
b) Ein Volleyballspielfeld ist 18 Meter lang und 9 Meter breit. Das Spielfeld soll mit einem Kunststoffboden ausgelegt werden. Wie viel Quadratmeter Kunststoffboden werden benötigt?

11 In einem Freibad ist das Schwimmerbecken 25 Meter lang und 11 Meter breit. Das Nichtschwimmerbecken hat eine Länge von 8 Metern und eine Breite von 6 Metern.
a) Wie groß ist die Wasserfläche jedes Beckens?
b) Wie groß ist die gesamte Wasserfläche?

Bist du fit?

1. Rechne im Kopf.
a) 250 + 420
b) 1000 − 280
c) 2000 + 400
d) 300 · 20
e) 1000 − 970
f) 2000 − 970
g) 300 : 5
h) 600 : 5
i) 900 : 30
j) 800 : 20
k) (10 − 5) · 17
l) 8 · (17 − 9)

2. Multipliziere schriftlich. Kontrolliere durch Überschlagen.
a) 650 · 28
b) 36 · 972
c) 331 · 95
d) 20 202 · 99
e) 12 333 · 11
f) 399 · 401
g) 2001 · 1999
h) 340 · 340
i) 93 · 930
j) 278 · 54

WEITERDENKEN

Flächeninhalte mit Geometriesoftware ermitteln

↻ 230-1

Die Grundlagen des Programmes GeoGebra hast du schon im Kapitel Linien und Vierecke kennengelernt (siehe Seiten 86 und 87). Hier erfährst du nun, wie dieses Programm Messungen ausführt. Die Tabelle führt dich Schritt für Schritt weiter.

	Was?	Wo?	Wie?	
1.	Öffne GeoGebra.			
2.	Stelle die Perspektive „Elementare Geometrie" ein.	Menüleiste **Perspektiven**	**Elementare Geometrie** auswählen.	
3.	Blende das Koordinatengitter ein.	Menüleiste **Ansicht**	**Koordinatengitter** aktivieren.	
4.	Zeichne ein Rechteck.	Werkzeugleiste **Vieleck**	Klicke auf das Symbol und setze danach vier Punkte auf das Zeichenblatt. Am Ende musst du noch einmal auf den ersten Punkt klicken.	
5.	Die Eigenschaften des Rechtecks verändern. a) Flächeninhalt anzeigen b) Seitenlängen anzeigen	**Rechtsklick** auf das Innere des Rechtecks bei a) und auf die Seiten bei b), **Eigenschaften** auswählen	Erst Rechteck (bzw. Strecken) anklicken. Dann jeweils unter Eigenschaften Beschriftung anzeigen: **Name & Wert** auswählen.	
6.	Rechteck verändern	Werkzeugleiste/ Zeichenblatt	Klicke auf ⇖. Jetzt kannst du die Ecken und Seiten des Rechtecks mit der Maus anfassen und verschieben.	

1 Zeichne am Computer ein Rechteck wie in der Anleitung oben (Schritte 1. bis 5.).
a) Bewege die Eckpunkte so, dass ein Rechteck mit dem Flächeninhalt 8 Kästchen (10; 12; …; 20 Kästchen) entsteht.
b) Wie viele Rechtecke sind jeweils möglich, wenn als Seitenlängen nur natürliche Zahlen erlaubt sind? Probiere es aus und schreibe alle Möglichkeiten auf.
Präsentiere deine Lösungen in einer Gruppe.

2
a) Zeichne am Computer ein Rechteck. Bewege die Ecken so, dass ein Parallelogramm mit dem gleichen Flächeninhalt entsteht.
b) Zeichne am Computer ein Rechteck, ein Parallelogramm und ein rechtwinkliges Dreieck mit dem gleichen Flächeninhalt.

3 Zeichne am Computer ein Parallelogramm mit dem Flächeninhalt 12 Kästchen. Zeichne weitere vier unterschiedliche Parallelogramme mit dem gleichen Flächeninhalt.

THEMA
Umfang und Flächeninhalt

Leben in Städten

Im Jahr 1975 lebten weltweit noch mehr Menschen auf dem Land als in Städten.

Aber immer mehr Menschen ziehen in die großen Städte. Tokio, Mexiko-Stadt, New York, Kairo und São Paulo zählen heute zu den größten Städten der Welt.

Stadt	Fläche	Einwohnerzahl
Tokio (Japan)	622 km^2	9 Mio.
Seoul (Südkorea)	605 km^2	11 Mio.
Mexiko-Stadt (Mexiko)	1600 km^2	9 Mio.
New York (USA)	780 km^2	8 Mio.
Mumbai (Indien)	440 km^2	13 Mio.
São Paulo (Brasilien)	1500 km^2	20 Mio.
Manila (Phillippinen)	39 km^2	1,7 Mio.
Jakarta (Indonesien)	660 km^2	9 Mio.
Delhi (Indien)	500 km^2	11 Mio.
Kairo (Ägypten)	210 km^2	8 Mio.

INFO
Zum Vergleich: Berlin hat eine Fläche von 900 km^2 und 3,5 Millionen Einwohner. Unsere Landeshauptstadt Mainz hat eine Fläche von 98 km^2 und 200 000 Einwohner.

Im Jahr 2040 werden voraussichtlich zwei von drei Menschen in Städten leben. Die hohe Bevölkerungszahl führt zu neuen Aufgaben:
- Wohnungen und Straßen müssen gebaut werden.
- Die Versorgung mit Trinkwasser muss gesichert werden.
- Auch die Menge der Schadstoffe in der Luft nimmt besorgniserregend zu. Sie muss reduziert werden.

In Delhi (Indien)

1 Bevölkerungsdichte
a) In welchen Ländern liegen die Städte aus der Tabelle oben? Schreibe sie auf. Verwende einen Atlas.
b) Berechne, wie viele Menschen in den Städten (siehe Tabelle oben) auf einem Quadratkilometer wohnen. Diese Zahl wird Bevölkerungsdichte genannt.
c) Berechne die Bevölkerungsdichte von Berlin und von Mainz.
d) Wie groß ist die Bevölkerungsdichte deines Heimatortes?

2 Häuser mit begrünten Dächern können das Stadtklima verbessern. Sie wirken wie eine Klimaanlage: Die Temperatur im Gebäude wird im Sommer gesenkt. Im Winter schützt die Pflanzendecke das Gebäude vor Kälte.

Maßstab des Luftbilds 1 : 11 000

a) Wie viel Quadratmeter begrüntes Dach könnten bei dem Gebäude entstehen, das im Luftbild rot markiert wurde? Beachte den Maßstab.
b) Vergleiche die Dachfläche mit der Fläche eines Fußballplatzes.

VERMISCHTE ÜBUNGEN

1 Welche Einheit ist jeweils für die Angabe des Flächeninhalts zweckmäßig?
Fläche einer Heftseite; Fußboden des Klassenzimmers; Fläche eines Fußballfeldes;
Fläche eines Bundeslandes; Fläche einer Briefmarke

2 Die Länder Europas haben sehr unterschiedliche Größen.
a) Ordne den angegebenen Ländern die richtigen Größen zu. Benutze dafür auch einen Atlas.
b) Erkundige dich über weitere Länder und ihre Flächen. Ordne sie nach ihrer Größe.

Dänemark		547 000 km²
Deutschland		357 000 km²
Frankreich	?	301 000 km²
Italien	↔	84 000 km²
Monaco		43 000 km²
Österreich		20 000 km²
Slowenien		2 km²

3 Rechne in die nächstgrößere Einheit um.
a) 11 400 dm²   b) 500 cm²   c) 1250 mm²
d) 9400 m²   e) 21 500 a   f) 150 ha

4 Finde jeweils die Fehler in den Berechnungen. Beschreibe und korrigiere sie im Heft.

a) gegeben: Rechteck,
$a = 16\,cm, b = 3\,cm$
$A = 16\,cm + 16\,cm + 3\,cm + 3\,cm$
$\quad = 38\,cm$ ✗

b) gegeben: Rechteck,
$a = 16\,cm, b = 3\,cm$
$A = 16\,cm \cdot 3\,cm$
$\quad = 46\,cm^2$ ✗

c) gegeben: Rechteck,
$a = 16\,dm, b = 20\,cm$
$u = 12\,dm + 12\,dm + 20\,cm + 20\,cm$
$\quad = 64\,cm$ ✗

d) gegeben: Rechteck,
$a = 20\,m, b = 350\,m$
$A = 20\,m \cdot 350\,m$
$\quad = 7\,a$ ✗

TIPP zu Aufgabe 5: Zeichne die Vierecke in dein Heft.

5 Berechne die Flächeninhalte und Umfänge der Rechtecke.
a) Länge 24 mm, Breite 35 mm   b) Länge 56 mm, Breite 105 mm
c) Länge 48 mm, Breite 3 cm   d) Länge 25 cm, Breite 6 dm

6 Berechne die Flächeninhalte und Umfänge der Quadrate mit der Seitenlänge a.
a) $a = 31\,cm$ b) $a = 190\,m$ c) $a = 58\,m$ d) $a = 0{,}5\,dm$
e) Welche der Quadrate würden in dein Heft passen?

7 Fülle die Tabelle im Heft aus.

Länge	3 dm	16 mm	12 m	
Breite	26 cm	1,8 cm		65 dm
Flächeninhalt			96 m²	31,2 m²

8 Zeichne auf Karopapier drei verschiedene Rechtecke.
Jedes Rechteck soll so groß sein wie 15 Zentimeterquadrate.

9 Zeichne in dein Heft jeweils mehrere unterschiedliche Rechtecke mit dem angegebenen Flächeninhalt. Miss jeweils die Umfänge der Rechtecke und vergleiche.
Sammle deine Ergebnisse jeweils in einer Tabelle.

BEISPIEL Tabelle zu a)

Seite a	1 cm	2 cm
Seite b	16 cm	
Umfang	34 cm	

a) 16 cm²   b) 24 cm²   c) 1500 mm²   d) 0,002 m²

Umfang und Flächeninhalt

10 Zerschneide zwei gleich große Quadrate jeweils entlang einer Diagonalen in Dreiecke (wie im Bild). Mit den vier so entstandenen Dreiecken kannst du verschiedene Figuren legen.
Skizziere drei solche Figuren in deinem Heft.
Schreibe deren Flächeninhalte und Umfänge dazu.

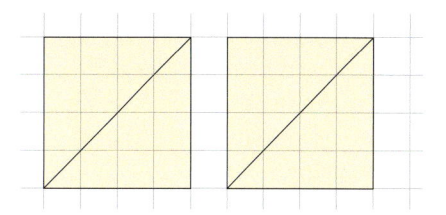

11 Welches Angebot ist günstiger? Begründe deine Entscheidung.

Wohnung in der City zu vermieten
3 Zi. + K, D, Bad,
insgesamt 84 m²,
Miete 738 €

Wohnung in grüner Lage zu vermieten
2 Kinderzimmer 14 m² bzw. 16 m²;
Schlafzimmer 13 m²; Wohnzimmer 29 m²;
Küche 12 m²; Flur 7 m²; Bad 7 m²;
Miete 8,30 € pro m²

12
a) Schneide aus einem Rechteck zwei Quadrate mit möglichst großer Gesamtfläche.
   Beschreibe, wie du vorgegangen bist.
   HINWEIS Die Quadrate können unterschiedlich groß sein.
b) Aus einem Blatt Papier DIN A4 sollen vier gleich große Quadrate so ausgeschnitten werden, dass ihre Gesamtfläche möglichst groß ist.
   Ermittle die Seitenlänge eines solchen Quadrats.

13 Welche Flächeninhalte hütet ein Torwart jeweils?

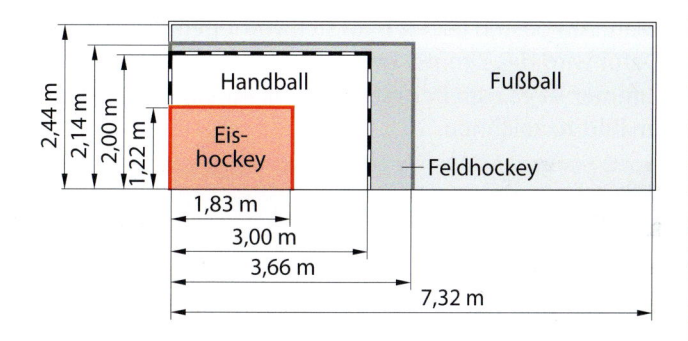

14 Umfänge

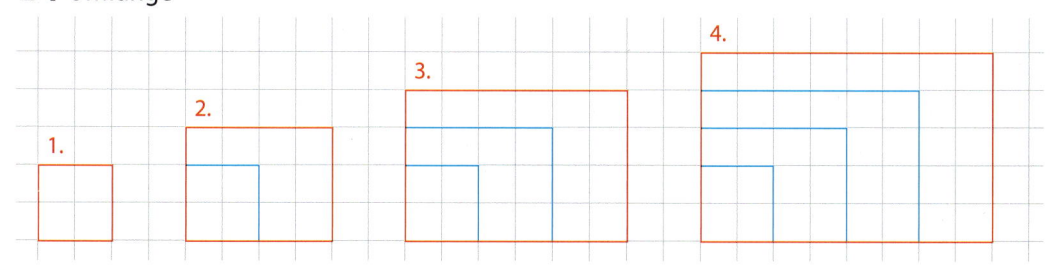

a) Gib die Umfänge des 1. bis 4. Rechtecks der Folge im Bild an.
b) Kann die Bildfolge ein Rechteck mit dem Umfang 11 cm enthalten? Begründe.
c) Welchen Umfang hat das 6. (das 9., das 10.) Rechteck der Folge im Bild oben?
   Findest du eine Regelmäßigkeit? Erkläre sie.
d) Untersuche auch, wie sich die Flächeninhalte verändern. Erläutere deine Ergebnisse.
e) Gibt es eine Folge von Rechtecken, bei der sich mit jedem Schritt der Umfang um sieben Kästchenbreiten vergrößert? Begründe.

ANWENDEN & VERNETZEN

1 Die Wohnung von Familie Schubert ist im Bild rechts dargestellt.
Ein Zentimeter in der Zeichnung entspricht genau einem Meter in der Wirklichkeit.
a) Miss die Längen und Breiten der einzelnen Räume im Bild.
   Schreibe sie in eine Tabelle.
b) Ermittle nun die wirklichen Längen und Breiten der Räume.
   Notiere sie.
c) Berechne die Wohnflächen der einzelnen Räume.
d) Wie viel Quadratmeter misst die gesamte Wohnung?
e) Wie hoch ist die monatliche Miete der Wohnung, wenn pro Quadratmeter neun Euro bezahlt werden müssen?

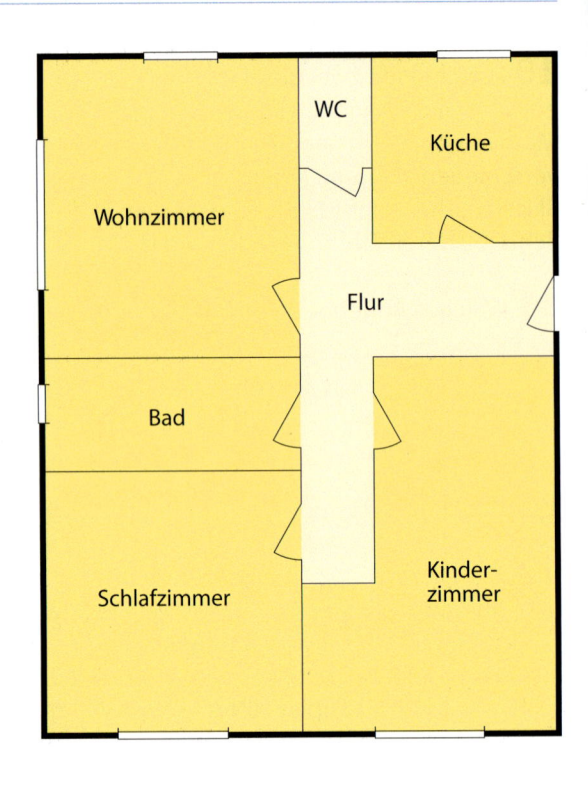

Beim Renovieren

Ein Zimmer soll renoviert und neu eingerichtet werden. Es ist 5 Meter lang und 4 Meter breit. Am besten fertigt man sich vorher eine Zeichnung an, einen sogenannten Grundriss. Dafür wird das Zimmer genau ausgemessen. Dann wird ein Maßstab festgelegt. Für das Zimmer ist es zum Beispiel sinnvoll, für einen Meter im Original genau einen Zentimeter im Bild zu zeichnen.

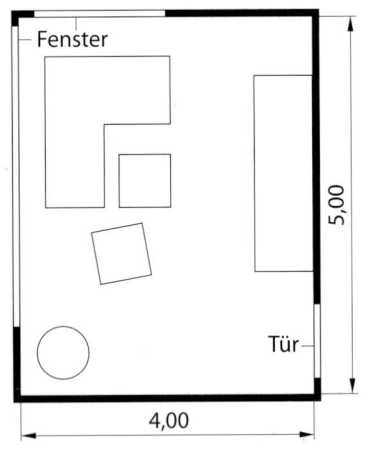

2 Fußboden
a) Der Fußboden des Zimmers soll einen neuen Teppichbelag erhalten. Ein Quadratmeter Teppichbelag kostet zehn Euro. Berechne die Kosten für den Teppichbelag.
b) Es werden am Fußboden auch rundum Fußleisten angebracht, außer an der Tür.
   Die Tür ist 85 Zentimeter breit. Ein Meter Fußleiste kostet 1,95 Euro.
   Wie viel Geld muss für die Fußleisten ausgegeben werden?

3 Schätze mithilfe der Bilder die Fensterflächen im Zimmer.

Umfang und Flächeninhalt

4 Tapete
Um zu berechnen, wie viel Tapete benötigt wird, kannst du schrittweise vorgehen.
a) Berechne erst den Umfang des Zimmers.
   Eine Rolle Tapete ist 50 Zentimeter breit. Wie viele Bahnen werden benötigt?
b) Das Zimmer ist 2,50 Meter hoch. Wie viel Meter Tapetenbahn werden insgesamt benötigt?
   HINWEIS Fenster und Türen werden dabei wie Wände berücksichtigt.
   Die Tapete, die deshalb übrig bleibt, wird als Reserve benötigt.
c) Eine Rolle Tapete ist zehn Meter lang und kostet 8,79 Euro. Wie viele dieser Rollen werden benötigt? Wie viel Euro müssen für die Tapete ausgegeben werden?
d) Eine Packung Tapetenkleber kostet 4,69 Euro und reicht für 50 m² Tapete. Berechne die zu beklebende Wandfläche. Wie viele Packungen Kleber werden gebraucht? Beachte, dass die Fenster und die Tür zusammen eine Fläche von rund 15 m² haben.

5 Wandfarbe
Die Zimmerdecke wird einmal gestrichen. Die tapezierten Wände werden jeweils zweimal gestrichen. Die Tür und die Fenster haben zusammen eine Fläche von rund 15 m².
a) Für wie viel Quadratmeter muss Farbe gekauft werden?
b) Im Baumarkt gibt es eine große Auswahl an Farben. Welches Angebot ist am geeignetsten?

Angebot Wandfarbe – superdeckend!

15-ℓ-Eimer für 75–90 m²   26,30 €
10-ℓ-Eimer für 50–60 m²   19,55 €
5-ℓ-Eimer für 25–30 m²   11,75 €
2,5-ℓ-Eimer für 12–15 m²   7,20 €

6 Stelle einen Kostenvoranschlag für die Renovierung zusammen.

	Kostenvoranschlag				
		Länge	Fläche	Stck./Pck.	Einzelpreis	Preis
1) Boden	Teppichboden					
	Fußleisten					
2) Tapete	Umfang des Zimmers					
	Anzahl der Bahnen					
	Gesamtlänge der Tapete					
	Anzahl der Rollen					
	Tapetenkleister					
3) Farbe	Decke					
	Wände					
	Gesamtfläche					
	Gesamtkosten					

Teste dich!

▶ Basis

1 Schreibe in m².
a) 2100 dm²
b) 1600 a
c) 180 000 cm²
d) 7 km²

2 Welcher Flächeninhalt ist jeweils größer? Setze im Heft <, > oder = ein.
a) 4 cm² ▢ 40 mm²
b) 4000 m² ▢ 50 a

3 Welche der Flächen aus Aufgabe 2 würden jeweils auf eine Seite deines Mathematikheftes passen? Begründe.

4 Welche Einheiten sind sinnvoll, um die folgenden Größen anzugeben?
a) der Bodenbelag in deinem Zimmer
b) der Umfang einer Briefmarke
c) die Rasenfläche eines Fußballstadions

5 Ermittle jeweils den Umfang und den Flächeninhalt der Figuren. Entnimm nötige Maße dem Bild.

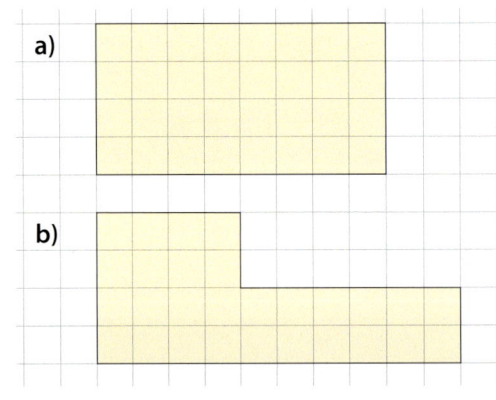

a)

b)

6 Zeichne je ein Rechteck …
a) mit $A = 32\,cm^2$,
b) mit $u = 20\,cm$.

7 Berechne den Umfang und den Flächeninhalt der Rechtecke.
a) 6 cm lang; 8 cm breit
b) $a = 45\,mm$; $b = 6\,cm$

▶ Erweiterung

1 Schreibe in a.
a) 200 m²   b) 230 000 ha
c) 3,5 km²   d) 240 m²

2 Nenne jeweils zwei Flächeninhalte, die zwischen den angegebenen Flächeninhalten liegen.
a) zwischen 6 cm² und 64 mm²
b) zwischen 300 m² und 4 a

3 Welche der vier Flächen aus Aufgabe 2 würden jeweils auf eine Seite deines Mathematikheftes passen? Begründe.

4 Nenne je drei Situationen, in denen Flächeninhalte sinnvoll …
a) in cm²,   b) in m²,   c) in km²
angegeben werden können.

5 Ermittle jeweils den Umfang und den Flächeninhalt der Figuren.

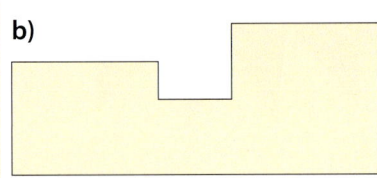

a)

b)

6 Zeichne jeweils ein Rechteck und ein Quadrat …
a) mit $A = 36\,cm^2$,
b) mit $u = 24\,cm$.

7 Vervollständige die Tabelle zu Rechtecken in deinem Heft.

Länge	Breite	Umfang	Flächeninhalt
4 cm	85 mm		
12 cm		30 cm	
	6 m		48 m²

▶ Basis

8 Toni und sein Vater wollen am Wochenende eine Rasenfläche im Garten anlegen.

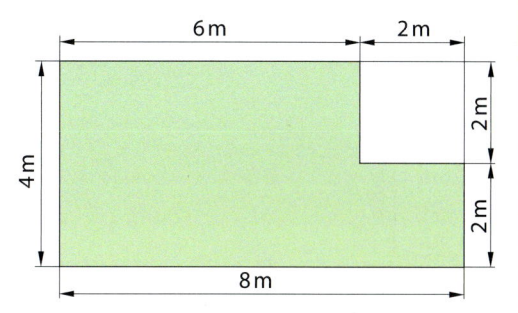

a) Wie viel Meter misst der Umfang der künftigen Rasenfläche?
b) Die Randsteine für die Rasenfläche sind 50 cm lang. Wie viele Randsteine werden gebraucht?
c) Wie viel wird Toni mit Rasenmähen verdienen, wenn er je Quadratmeter zehn Cent bekommt?

9 Berechne näherungsweise die Größe der Insel Ibiza in km^2.

▶ Erweiterung

8 Das Grundstück von Familie Maier wurde vermessen.

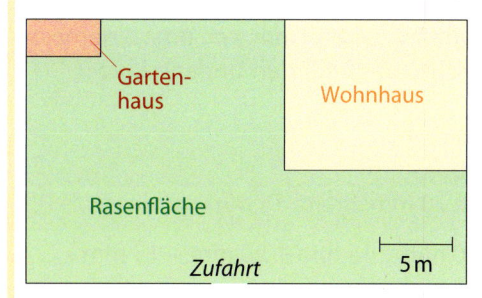

a) Wie groß sind Länge und Breite des Grundstücks (der Gebäude) in Wirklichkeit?
b) Wie groß ist die Rasenfläche (im Bild grün)?
c) Wie viel verdient Toni mit Rasenmähen, wenn er je Quadratmeter 0,15 € bekommt?

9 Berechne näherungsweise die Größe der Insel Menorca.

↻ 237-1

Schätze deine Kenntnisse und Fähigkeiten ein. Ordne dazu deiner Lösung im Heft einen Smiley zu:
„Ich konnte die Aufgabe …   ☺ richtig lösen.   😐 nicht vollständig lösen.   ☹ nicht lösen."

Aufgabe	Ich kann …	Siehe Seite …
1	Flächeninhalte in verschiedene Einheiten umrechnen.	224, 226, 227
2	Flächeninhalte ordnen.	224, 226
3, 4	Flächeninhalte und Umfänge schätzen.	220, 224, 226
5, 7	Umfänge und Flächeninhalte von Rechtecken und zusammengesetzten Figuren ermitteln.	220, 228
6	Rechtecke mit vorgegebenem Umfang oder Flächeninhalt zeichnen.	220, 228
8	Sachaufgaben zum Umfang und Flächeninhalt lösen, dabei Informationen und Maße aus Zeichnungen und Skizzen entnehmen (auch mit Maßstabsangaben).	220, 228
9	Flächeninhalte näherungsweise ermitteln, dabei Informationen und Maße aus Zeichnungen und Skizzen entnehmen (auch mit Maßstabsangaben).	220, 228

ZUSAMMENFASSUNG

Umfang und Flächeninhalt

Umfang Seite 220

Der Umfang ist die **Summe der Seitenlängen einer Figur**.
Achte darauf, dass die Seitenlängen in der gleichen Einheit angegeben sind, anderenfalls rechne um.
Der Umfang wird in mm, cm, dm … gemessen.
Man schreibt oft für den Umfang kurz **u**.

BEISPIEL 1
gegeben:
Länge 20 mm; Breite 15 mm

u = 20 mm + 15 mm + 20 mm + 15 mm
 = 70 mm = 7 cm

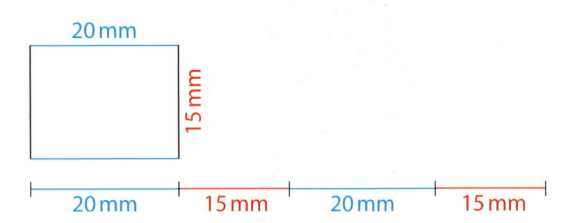

BEISPIEL 2
gegeben:
Maße siehe Bild rechts

Umfang
= 4 cm + 5 · 1 cm + 4 cm + 3 cm
= 16 cm

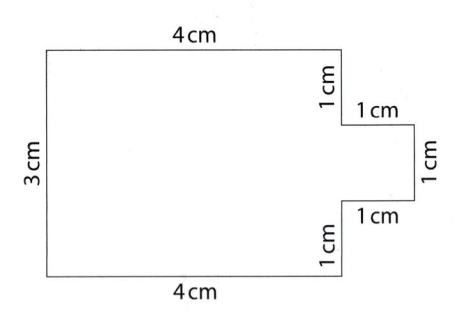

Flächeninhalte messen Seiten 224, 226

Der Flächeninhalt einer Figur kann durch Auslegen mit Einheitsquadraten und Auszählen ermittelt werden. Man schreibt oft für den Flächeninhalt kurz **A**.
Der Flächeninhalt ist ein Maß dafür, wie groß die Fläche im Inneren einer ebenen Figur ist. Die Grundeinheit des Flächeninhaltes ist ein Quadratmeter (1 m^2).

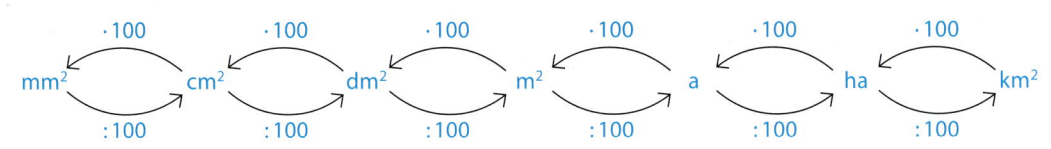

$mm^2 \; \overset{\cdot 100}{\underset{:100}{\rightleftarrows}} \; cm^2 \; \overset{\cdot 100}{\underset{:100}{\rightleftarrows}} \; dm^2 \; \overset{\cdot 100}{\underset{:100}{\rightleftarrows}} \; m^2 \; \overset{\cdot 100}{\underset{:100}{\rightleftarrows}} \; a \; \overset{\cdot 100}{\underset{:100}{\rightleftarrows}} \; ha \; \overset{\cdot 100}{\underset{:100}{\rightleftarrows}} \; km^2$

Flächeninhalte von Rechtecken berechnen Seite 228

Für die Berechnung des Flächeninhaltes eines Rechtecks gilt:
Flächeninhalt = Länge · Breite
A = a · b
In dieser Formel stehen a und b für die Seitenlängen des Rechtecks.
Sie müssen die gleiche Einheit haben. Sonst muss man umrechnen.

BEISPIEL 3
gegeben:
Länge 4 cm; Breite 2 cm

A = a · b
A = 4 cm · 2 cm
A = 8 cm^2

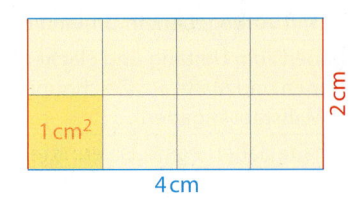

Glossar

Natürliche Zahlen

Es gibt unendlich viele natürliche Zahlen. Die Menge der natürlichen Zahlen wird mit $\mathbb{N}$ bezeichnet. Man schreibt kurz: $\mathbb{N}$ = {0; 1; 2; 3; 4; 5 …}.

Jede natürliche Zahl (außer 0) hat einen Vorgänger.
Jede natürliche Zahl hat einen Nachfolger.

Unser *Zehnersystem* ist ein Stellenwertsystem. Darin werden die Zahlen mit Ziffern geschrieben. Der Wert einer Ziffer hängt davon ab, an welcher Stelle der Zahl sie steht.

Große Zahlen

1 Million (1 Mio.) = 1 000 000
Statt 1000 Millionen sagt man: 1 Milliarde.

1 Milliarde (1 Mrd.) = 1 000 000 000
Statt 1000 Milliarden sagt man: 1 Billion.

1 Billion (1 Bio.) = 1 000 000 000 000

Natürliche Zahlen kann man in einer Stellenwerttafel übersichtlich darstellen:

Billionen			Milliarden			Millionen			Tausender					
H	Z	E	H	Z	E	H	Z	E	H	Z	E	H	Z	E
								8	2	7	0	9	1
							3	6	9	2	0	0	0	0

H steht für Hunderter.
Z steht für Zehner.
E steht für Einer.

Zahlen darstellen und vergleichen

Am Zahlenstrahl lässt sich die Ordnung der natürlichen Zahlen darstellen.

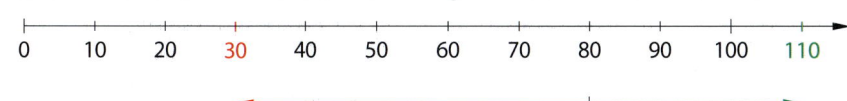

0   10   20   30   40   50   60   70   80   90   100   110

30 ist *kleiner als* 80 und liegt auf dem Zahlenstrahl links von 80. Kurz: 30 < 80.

110 ist *größer als* 80 und liegt auf dem Zahlenstrahl rechts von 80. Kurz: 110 > 80.

Runden

Das Zeichen ≈ bedeutet: „ist etwa so viel wie" oder auch „ist ungefähr so viel wie".

Beim Runden betrachtet man die Ziffer unmittelbar rechts von der Rundungsstelle.
- Ist es eine 0, 1, 2, 3 oder 4, dann wird abgerundet.
  Die Ziffer an der Rundungsstelle bleibt unverändert.
- Ist es eine 5, 6, 7, 8 oder 9, dann wird aufgerundet.
  Der Stellenwert an der Rundungsstelle erhöht sich um 1.

Alle Ziffern rechts von der Rundungsstelle werden 0.

ANHANG

HINWEIS
Außer mit dem Überschlag kannst du Rechnungen zum Beispiel mithilfe von Umkehraufgaben kontrollieren.

Überschlagen

Im Alltag reicht es oft aus, Ergebnisse zu überschlagen.
Das Überschlagen dient außerdem der Kontrolle von Rechnungen.

Beachte beim Überschlagen:
1. Überschlage immer so, dass du leicht und sicher rechnen kannst.
2. Rechne beim Überschlagen mit Zahlen, die nahe an den Zahlen in der Aufgabe liegen.
3. Beim Überschlagen kann von den mathematischen Rundungsregeln abgewichen werden.
   So wird beim Multiplizieren oft ausgleichend gerundet:
   Ein Faktor wird aufgerundet, der andere Faktor wird abgerundet.

Addieren

Fachbegriffe: Summand plus Summand gleich Summe

Bei der *schriftlichen Addition* werden die Zahlen stellengerecht untereinander geschrieben. Es wird von rechts nach links gerechnet, der Übertrag wird jeweils in der nächsten Spalte notiert (Beispiel: siehe Seite 48).

Subtrahieren

Fachbegriffe: Minuend minus Subtrahend gleich Differenz

Beim *schriftlichen Subtrahieren* werden die Zahlen stellengerecht untereinander geschrieben. Es wird von rechts nach links gerechnet, der Übertrag wird jeweils in der nächsten Spalte notiert (Beispiele: siehe Seiten 52 und 54).

Multiplizieren

Fachbegriffe: Faktor mal Faktor gleich Produkt

Beim *schriftlichen Multiplizieren* wird der erste Faktor mit jeder Stelle des zweiten Faktors multipliziert. Der Übertrag wird bei der nächsten Stelle addiert. Teilprodukte werden stellengerecht untereinander geschrieben und addiert (Beispiel: siehe Seite 104).

Wird eine Zahl mit sich selbst multipliziert, kann man das Produkt als *Potenz* schreiben, zum Beispiel: $3 \cdot 3 \cdot 3 \cdot 3 = 3^4$.

Dividieren

Fachbegriffe: Dividend durch Divisor gleich Quotient

Beim *schriftlichen Dividieren* werden (links beginnend) von den einzelnen Stellen des Dividenden Vielfache des Divisors abgezogen (Beispiele: siehe Seiten 108 und 110).

BEACHTE
Addition und Subtraktion nennt man „**Strichrechnungen**".
Multiplikation und Division nennt man „**Punktrechnungen**".

Vorrangregeln

1. Teilaufgaben *in Klammern* haben beim Rechnen „Vorrang".
2. Bei Aufgaben mit Punkt- und Strichrechnungen, aber ohne Klammern, gilt:
   Punktrechnung geht vor Strichrechnung.

Rechengesetze

Vertauschungsgesetz (Kommutativgesetz):
Für alle natürlichen Zahlen a und b gilt:
$$a + b = b + a$$
$$a \cdot b = b \cdot a$$

Verbindungsgesetz (Assoziativgesetz):
Für alle natürlichen Zahlen a, b und c gilt:
$$(a + b) + c = a + (b + c)$$
$$(a \cdot b) \cdot c = a \cdot (b \cdot c)$$

Verteilungsgesetz (Distributivgesetz):
Für alle natürlichen Zahlen a, b und c gilt:
$$a \cdot (b + c) = a \cdot b + a \cdot c$$

Terme und Gleichungen

Zahlen und Variablen sind Terme. Werden sie mit Rechenzeichen und Klammern sinnvoll verknüpft, so entstehen ebenfalls *Terme* (Rechenausdrücke).

Werden zwei Terme durch ein Gleichheitszeichen verbunden, so entsteht eine *Gleichung*. Eine Gleichung mit Variablen lösen, heißt passende Zahlen finden, bei deren Einsetzen für die Variablen beide Terme dem Wert nach gleich sind. Solche *Lösungen von Gleichungen* erhält man zum Beispiel mithilfe von Umkehraufgaben.

Brüche

Teile von Ganzen (Anteile) kann man durch Brüche angeben.

Brüche bestehen aus Zähler, Bruchstrich, Nenner.
Der *Nenner* eines Bruches gibt an, in wie viele gleich große Teile das Ganze unterteilt wurde. Er benennt die Art der Bruchteile: Halbe, Drittel, Viertel, …
Der *Zähler* gibt an, wie viele Teile von ihnen genommen werden.

Brüche, bei denen der Zähler größer ist als der Nenner, werden auch *unechte Brüche* genannt. Sie sind größer als 1. Solche Brüche kann man auch als gemischte Zahlen schreiben. Eine *gemischte Zahl* besteht aus einer natürlichen Zahl und einem Bruch.

Bei Brüchen mit gleichen Nennern ist der Bruch mit dem größeren Zähler größer.
Bei Brüchen mit gleichen Zählern ist der Bruch mit dem kleineren Nenner größer.

Brüche mit gleichen Nennern nennt man *gleichnamig*. Sie werden addiert (subtrahiert), indem man die Zähler addiert (subtrahiert).

Einheiten des Geldes

1 Euro = 100 Cent   1 € = 100 ct

Einheiten der Zeit

1 Woche = 7 Tage (d)
    1 Tag = 24 Stunden (h)
        1 Stunde = 60 Minuten (min)
            1 Minute = 60 Sekunden (s)

ANHANG

Einheiten der Länge

1 m = 10 dm
 1 dm = 10 cm
  1 cm = 10 mm

1 km = 1000 m

Einheiten der Masse

1 t = 1000 kg
 1 kg = 1000 g
  1 g = 1000 mg

Einheiten des Flächeninhalts

1 km² = 100 ha (Hektar)
 1 ha = 100 a (Ar)
  1 a = 100 m²

1 m² = 100 dm²
 1 dm² = 100 cm²
  1 cm² = 100 mm²

Flächeninhalt und Umfang

Der *Flächeninhalt* einer Figur kann durch Auslegen und Auszählen mit Einheitsquadraten ermittelt werden.
Der *Umfang* einer Figur ist die Summe der Längen aller Begrenzungslinien dieser Figur.
Für Rechtecke und Quadrate gilt:

Rechteck

Umfang = Summe aller Seitenlängen
Umfang = 2 · Länge + 2 · Breite
 u = 2 · a + 2 · b

Flächeninhalt = Länge · Breite
 A = a · b

Quadrat

Umfang = Summe aller Seitenlängen
Umfang = 4 · Seitenlänge
 u = 4 · a

Flächeninhalt = Länge · Länge
 A = a · a

Beachte: Wenn Länge und Breite nicht in derselben Einheit gegeben sind,
so rechne zuerst um.

Strecke, Strahl, Gerade

- Eine gerade Linie ohne Anfangs- oder Endpunkt nennt man *Gerade*.
- Eine gerade Linie, die einen Anfangspunkt hat, aber keinen Endpunkt, nennt man *Strahl*. Statt Strahl sagt man auch Halbgerade.
- Eine Strecke ist eine gerade Linie, die von zwei Punkten begrenzt wird.
  Eine Strecke ist der kürzeste Weg zwischen diesen zwei Punkten.

Lagebeziehungen:
Bei *parallelen Geraden* sind alle Punkte der einen Geraden von der anderen gleich weit entfernt. Sie schneiden sich nicht. Parallele Strecken (Strahlen) liegen auf parallelen Geraden.
Senkrecht zueinander sind Geraden (Strecken, Strahlen), die am Schnittpunkt rechte Winkel bilden.

Der *Abstand* zwischen einem Punkt und einer Geraden (zwischen zwei zueinander parallelen Geraden) wird entlang einer senkrechten Linie zur Geraden gemessen.

Vierecke

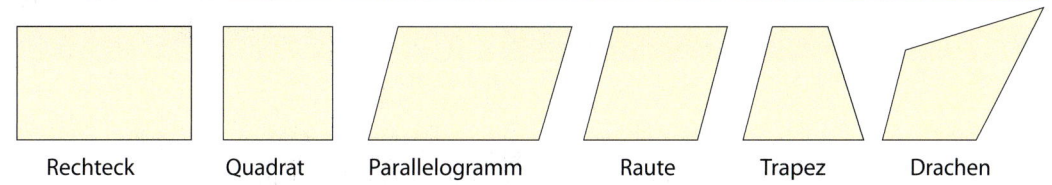

| Rechteck | Quadrat | Parallelogramm | Raute | Trapez | Drachen |

Körper

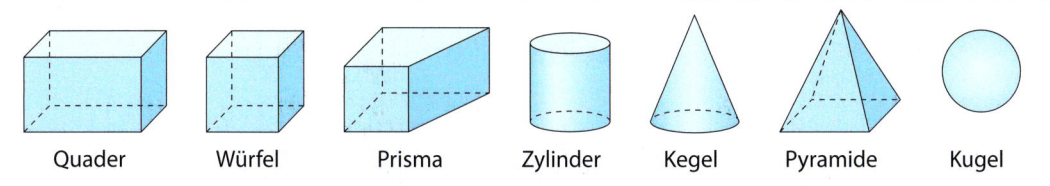

| Quader | Würfel | Prisma | Zylinder | Kegel | Pyramide | Kugel |

Körper darstellen

Ein *Netz eines Körpers* entsteht, wenn man seine Flächen als zusammenhängende Figur eben anordnet. Es gibt für einen Körper immer mehrere Möglichkeiten, ein Netz zu zeichnen. Faltet man ein Netz passend zusammen, entsteht daraus der Körper.
Würfel und Quader lassen sich durch *Schrägbilder* gut räumlich darstellen.
Ein Beispiel findest du auf Seite 142.

Daten sammeln und auswerten

Daten werden in zwei Schritten gesammelt und ausgewertet:

1. Daten erheben und festhalten
   - einen Fragebogen ausfüllen lassen oder eine Umfrage durchführen oder Beobachten, Abzählen und Notieren (in einer Strichliste)

2. Daten auswerten
   - zu den Merkmalen jeweils die Häufigkeiten ermitteln
   - eine Tabelle mit den Häufigkeiten erstellen
   - Ergebnisse notieren

Diagramme

Diagramme dienen der übersichtlichen Darstellung von Daten.
Zwei häufig benutzte Diagrammformen sind:

Säulendiagramm

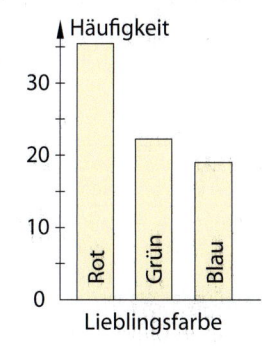

Balkendiagramm

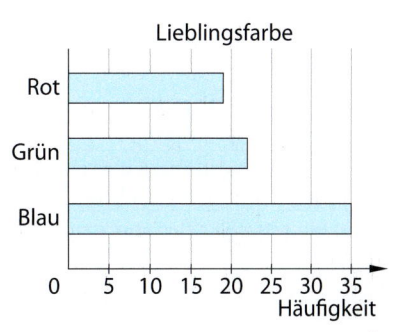

ANHANG

Ausgewählte Lösungen zu den Teste-dich-Seiten

Seiten	Aufgabe	Basis	Erweiterung
38, 39	1	a) 4; 11; 19; 137; 2412 b) 19; 36; 48; 372; 382; 394	a) 444; 4472; 4523; 44 283; 44 832 b) 2138; 2182; 2222; 2283; 2373; 2482
	2	a) 5445 > 4554 b) 101 101 < 10 138 110	a) 545 445 > 454 554 b) 101 101 < 1 010 101
	3	a) von links: 20 000; 30 000; 40 000 b) von links: 300 000; 500 000; 700 000	a: 8 Millionen; b: 26 Millionen; c: 39 Millionen; d: 53 Millionen
	5	a) 7 000 600 b) 5 013 015 c) 99 900	a) 5 000 013 015 b) 77 000 070 c) 84 400 084 501
	6	Berlin: ≈ 3 461 000 Einwohner Hamburg: ≈ 1 786 000 Einwohner Düsseldorf: ≈ 589 000 Einwohner	Beispiel: Runden auf Zehntausender. Essen: ≈ 570 000 Einwohner Kiel: ≈ 240 000 Einwohner Ulm: ≈ 120 000 Einwohner Kassel: ≈ 200 000 Einwohner Erfurt: ≈ 200 000 Einwohner Bonn: ≈ 320 000 Einwohner

	7	a) Am Samstag ist der Hamster die meisten Runden gelaufen.
		b) In dieser Woche ist der Hamster 65 Runden gelaufen.
		c) Zeichnerische Lösung.
			a) fehlende Häufigkeiten:
			   Hund: 17; Meerschwein 14;
			   Hamster: 68 – 17 – 16 – 14 – 8 = 13
			b) Zeichnerische Lösung mit Säulen- oder Balkendiagramm.

	8	a) Nürnberg hat rund 505 000 Einwohner, Bochum rund 380 000. b) Bielefeld, Bonn und Mannheim haben rund 300 000 Einwohner. c) Nein, doppelt so viele Einwohner wie Mannheim wären etwas mehr als 600 000 Einwohner. Es sind aber nur rund 500 000 Einwohner.	a) Frau Flitz ist mit Flughansa am schnellsten (etwa 8 Stunden). b) Luftsprung ist mit 1200 € am teuersten, Blitzflug ist mit etwa 1075 € am billigsten. c) Individuelle Lösung in Abhängigkeit von Terminen, Reisebudget und gewünschter Bequemlichkeit (Flugdauer).
	9	Vordergrund: 2 Reihen, je 11 Soldaten; Hintergrund: 2 Reihen, je 14 Soldaten. Insgesamt: rund 50 Soldaten.	Individuelle Lösung. Die Zahl der Schülerinnen und Schüler an der Schule kann erfragt oder geschätzt werden. Für die mitkommenden Eltern und Geschwister ist eine plausible Annahme zu treffen.

Seiten	Aufgabe	Basis	Erweiterung
64, 65	1	a) 78; 970; 202 b) 40; 75; 750	a) 1004; 1121; 1270 b) 98; 1913; 900
	2	a) 23 b) 1 c) 88	a) 640 b) 485 c) 640
	3	a) z. B. 1000 + 2300 = 3300 b) z. B. 6050 – 4950 = 1100	a) z. B. 125 000 – 15 000 = 110 000 b) z. B. 99 000 + 700 = 99 700
	4	a) 99 b) 99 c) 111	a) 181 b) 296 c) 569

	5	a) Ja; Summe jeweils 18.
		b) Nein; diagonale Summen weichen ab.
			a) von links oben nach rechts unten:
			   33; 5; 21; 17; 15; 31; 29
			b) von links oben nach rechts unten:
			   27; 18; 72; 81; 54; 108; 135

	6	a) 1111 b) 13 333 c) 5120 d) 13 301 e) 184 f) 5698 g) 1090 h) 2932	a) 14 373 b) 292 029 c) 123 456 d) 113 830 e) 3145 f) 4083 g) 4999 h) 51 446
	7	a) 28 659 b) 73 912	a) 74 959 b) 2 000 000
	8	a) 465 b) 599 c) 170 d) 400	a) 200 b) 347 c) 59 d) 415
	9	a) Das Gerät kostet nach der Preissenkung 365 Euro. b) Der Preis wurde um 65 Euro gesenkt.	Die Eltern müssen für die Reise von Lena und Gustav insgesamt 675,50 Euro bezahlen.
	10	a) Fährt Herr Elitz eine Rundtour (zum Beispiel von Koblenz über Trier nach Koblenz), ist er 547 Kilometer gefahren. b) Die Strecke Kaiserslautern – Koblenz – Remagen (221 km) ist deutlich kürzer.	Individuelle Lösung. Die Einkäufe sind von Gerichten abhängig, die angeboten werden sollen (z. B. Salat aus Gurken, Tomaten und Kopfsalat). Die benötigten Mengen müssen geschätzt werden.

Ausgewählte Lösungen zu den Teste-dich-Seiten

Seiten	Aufgabe	Basis	Erweiterung
92, 93	1	Geraden sind g und h; Strecken sind $\overline{AB}$ und $\overline{CD}$; Strahlen sind e und f.	Eine Gerade ist h; Strahlen sind e und c; Strecken sind $\overline{AD}$, $\overline{AB}$, $\overline{AG}$, $\overline{EF}$, $\overline{EG}$, $\overline{EH}$, $\overline{BC}$, $\overline{BD}$, $\overline{BF}$, $\overline{BG}$, $\overline{DG}$, $\overline{FG}$, $\overline{FH}$, $\overline{FC}$, $\overline{GH}$. Der Punkt H teilt die Gerade h in zwei Strahlen.
	3	b ∥ c; e ∥ f; d ⊥ a	a ∥ b; e ∥ d; f ∥ k; c ∥ i; e ⊥ h; d ⊥ e; f ⊥ g; g ⊥ k
	4	Zeichnerische Lösung,	Quadrat oder Rechteck
	5	A(1|3); B(4|3); C(3|2); D(2|4); E(7|2); F(9|3)	A(40|20); B(10|10); C(25|25); D(20|15); E(55|20); F(35|5)
	6	Zeichnerische Lösung.	drei Möglichkeiten: (2|8); (8|0); (0|0)
	8	①: Parallelogramm; ②: Rechteck; ③: Raute; ④: Drachen; ⑤: Trapez; ⑥: Quadrat	Anzahl der Symmetrieachsen: Quadrat: 4; Rechteck: 2; Trapez nur im Sonderfall (gleichschenklig); Parallelogramm: keine; Drachen: 1; Raute: 2
	9	Zeichnerische Lösung.	d) Bei b) gibt es mehr als eine Lösung.
	10	Ja, denn eine Raute hat zwei Paare gleich langer benachbarter Seiten.	a) Raute b) Quadrat c) Rechteck d) Raute

Seiten	Aufgabe	Basis	Erweiterung
126, 127	1	a) 36 b) 6 c) 66 d) 5 e) 560 f) 270 g) 40 h) 360 i) 4000	a) 630 b) 80 c) 60 d) 30 e) 550 f) 40 g) 40 h) 3600 i) 13 000
	2	a) 216 b) 1256 c) 7656 d) 21 744 e) 28 f) 314 g) 26 h) 1668 + 10 : 15	a) 3186 b) 74,61 € c) 23 394 d) 81 € e) 206 + 2 : 4 f) 902 g) 402 + 6 : 12 h) 964
	3	a) z. B. 54 = 6 · 9 = 3 · 18 = 2 · 27 = 54 · 1 b) z. B. 120 = 2 · 60 = 40 · 3 = 12 · 10 c) z. B. 96 = 2 · 48 = 12 · 8 = 4 · 24 d) z. B. 72 = 6 · 12 = 3 · 24 = 18 · 4	Weitere Produkte durch Faktortausch. a) 7 · 8; 4 · 14; 2 · 28; 1 · 56 b) 10 · 11; 5 · 22; 2 · 55; 1 · 110 c) 32 · 3; 16 · 6; 12 · 8; 24 · 4; 48 · 2; 96 · 1 d) 13 · 12; 26 · 6; 39 · 4; 52 · 3; 78 · 2; 156 · 1
	4	z. B. 45 : 5 = 9; 30 : 10 = 3; 27 : 9 = 3; 93 : 31 = 3; 48 : 12 = 4; 66 : 6 = 11	a) 21 b) 41 c) 624
	5	in 4 min: 2580 Umdrehungen; in 8 min: 5160 Umdrehungen; in 20 min: 12 900 Umdrehungen	Eine Viertelstunde sind 15 Minuten. In dieser Zeit macht das Rad 9675 Umdrehungen (< 10 000).
	6	a) Der Zug fährt rund 240 Kilometer. b) Der Zug brauchte etwa 27 Minuten.	a) Der Zug fährt rund 162 Kilometer. b) Er braucht mindestens eine Stunde 15 Minuten.
	7	a) 800 b) 1900 c) 300 d) 870 e) 549	a) 759 b) 3600 c) 48 000 d) 12 000 e) 1019
	8	a) 150 b) 28 c) 44 d) 36	a) 3 b) 9900 c) 4; 3 < 4 < 9900
	9	a) x = 56 b) x = 16 c) x = 24 d) x = 15 e) x = 6 f) x = 5	a) x = 5 b) z = 12 c) x = 4 d) a = 3 e) b = 2 f) x = 8 g) y = 8
	10	Der Ausflug wäre möglich, da die Kosten mit 360 € kleiner sind als 432 €.	Es sind 2915 Euro zu verteilen. Jeder erhält 416,42 €. Es bleiben 6 Cent übrig.
	11	100 · 10 + 8 − 1 = 1007	1; 3; 5; … (Folge der ungeraden Zahlen)

Seiten	Aufgabe	Basis	Erweiterung
150, 151	1	zu a) Quader, ③; zu b) Pyramide, ①; zu c) Pyramide, ②	a) Quader; b) Zylinder; c) Kegel; d) Würfel; e) Prisma (Grundfläche Dreieck)
	2	Würfel: 8 Ecken, 12 Kanten, 6 Flächen Quader: 8 Ecken, 12 Kanten, 6 Flächen Prisma (Grundfläche Dreieck): 6 Ecken, 9 Kanten, 5 Flächen	zu a) 8, 12, 0, 6 zu b) 0, 0, 2, 3 zu c) 0, 0, 1, 2 zu d) 8, 12, 0, 6 zu e) 6, 9, 0, 5
	3	a) grün b) blau	a) grün – grün; gelb – gelb; rot – weiß b) Körper ①
	5	Diese Aussage ist richtig.	Diese Aussage ist richtig.
	7	Er besteht aus 27 kleinen Würfeln.	Es sind zehn kleine Würfel zu ergänzen.
	8	a) Kantenlänge 24 mm b) 288 mm	a) 5 cm b) 15 Würfel
	9	c) G(7|7) und H(4|7)	c) D(3|3), F(9|3), H(3|5)

ANHANG

Seiten	Aufgabe	Basis	Erweiterung
182, 183	1	a) 1400 ct b) 720 s c) 5000 g d) 23 dm e) 70 mm f) 2,89 € g) 330 s h) 7,5 m i) 3400 g j) 25 cm k) 31 600 kg	a) 7750 ct b) 5700 g c) 2300 mm d) 10 809 s e) 77 dm f) 2007 g g) 270 min h) 7050 kg i) 2860 g j) 0,93 m k) 70 m
	2	a) 138 mm; 525 ct b) 2450 g; 345 min c) 423 s; 5250 m	a) 8350 g; 1224 s b) 852 min; 10 010 g c) 30 h; 1207 cm
	3	Lauf – Stoppuhr; Brot – Küchenwaage; Mensch – Personenwaage; Länge Schrank – Zollstock/Maßband; Breite Zimmer – Zollstock/Maßband; Film – Armbanduhr; Streckenlänge: Lineal	a) Kilometer b) Zentimeter, Millimeter c) Kilometer d) Gramm, Kilogramm e) Sekunden f) Millimeter
	4	a) 5 h 55 min b) 355 min	Melanie muss um 7.13 Uhr aufstehen.
	5	a) 8.00 Uhr bis 13.45 Uhr: 5 h 45 min b) 15.30 Uhr bis 17.15 Uhr: 1 h 45 min	a) 39 min Dauer b) Ende 14.50 Uhr c) Ende 13.26 Uhr d) Beginn 7.14 Uhr
	6	a) 11 975 g oder 11,975 kg b) 1800 ct = 18 € c) 6 h 45 min oder 405 min d) z. B. 9,80 m oder 980 cm	a) 12 120 g oder 12,12 kg b) 27,93 € oder 2793 ct c) 16 h 2 min oder 962 min d) 20,53 m oder 205,3 dm oder 2053 cm
	7	Der Preis bei „6 Dosen zu je 500 g für 5,34 €." ist günstiger (je Dose 0,89 €).	b) Packungen zu 12 kg sind preislich am günstigsten (1,80 € pro kg).
	8	a) Kaugummi, Kokoskekse, Schokolinsen, Fruchtriegel b) Gesamtpreis: 6,55 €	a) Ines: 500 g; Rosa: 500 g b) Ines: 8,30 €; Rosa: 7,00 €
	9	Individuelle Lösung.	Schläger und Bälle kosten zusammen 16,39 €.

Seiten	Aufgabe	Basis	Erweiterung
212, 213	1	a) $\frac{1}{4}$ b) $\frac{9}{20}$ c) $\frac{5}{6}$ d) $\frac{5}{8}$ e) $\frac{3}{6}$ f) $\frac{3}{8}$	a) $\frac{5}{9}$ b) $\frac{5}{8}$ c) $\frac{6}{12}$ d) $\frac{8}{25}$ e) $\frac{11}{25}$ f) $\frac{6}{9}$
	3	a) $\frac{2}{8} < \frac{4}{8} < \frac{5}{8} < \frac{7}{8} < 2$ b) $0 < \frac{1}{10} < \frac{1}{5} < \frac{1}{3} < \frac{1}{2} < 1$	a) $\frac{1}{8} < \frac{2}{8} < \frac{3}{8} < \frac{4}{8} < \frac{5}{8} < \frac{6}{8} < \frac{7}{8} < \frac{8}{8} = 1 < \frac{9}{8}$ b) $0 < \frac{1}{10} < \frac{1}{9} < \frac{1}{8} < \frac{1}{7} < \frac{1}{6} < \frac{1}{5} < \frac{1}{4} < \frac{1}{3} < \frac{1}{2} < \frac{1}{1} = 1$
	4	a) $A = \frac{2}{4} = \frac{1}{2}$; $B = \frac{3}{4}$; $C = \frac{5}{4}$; $D = \frac{7}{4}$; $E = \frac{10}{4} = 2\frac{2}{4} = 2\frac{1}{2}$	Zeichnerische Lösung.
	5	a) $2\frac{1}{3}$ b) $4\frac{1}{2}$ c) $2\frac{1}{4}$ d) $3\frac{1}{3}$	$2\frac{3}{8}$; $7\frac{1}{5}$; $3\frac{3}{8}$; $3\frac{7}{9}$; $4\frac{2}{10}$; $2\frac{14}{15}$
	6	a) $\frac{7}{6}$ b) $\frac{5}{3}$ c) $\frac{14}{5}$	$\frac{11}{6}$, $\frac{10}{7}$, $\frac{11}{9}$, $\frac{20}{11}$, $\frac{18}{7}$, $\frac{53}{8}$
	7	a) 14 Tiere b) 12 Spieler c) 40 cm	a) 12; 8; 6 b) 8; 10; 18
	8	obere Zeile: $\frac{6}{5}$; mittlere Zeile: $\frac{3}{5}$; untere Zeile: $\frac{2}{5}$	mittlere Zeile: $\frac{7}{4}$; untere Zeile von links: $\frac{5}{4}$ und $\frac{2}{4}$
	9	a) $\frac{21}{4}$ h = $5\frac{1}{4}$ h b) $\frac{7}{2}$ h = $3\frac{1}{2}$ h c) $\frac{7}{4}$ h = $1\frac{3}{4}$ h	schnellster Läufer: $2\frac{3}{4}$ h = 165 min langsamster Läufer: $4\frac{2}{4}$ h = 270 min
	10	20 Kinder nehmen am Unterricht teil.	Lukas gab den größeren Anteil aus (Lukas mehr, Irina weniger als die Hälfte des jeweiligen Taschengeldes.)

Seiten	Aufgabe	Basis	Erweiterung
236, 237	1	a) 21 m² b) 160 000 m² c) 18 m² d) 7 000 000 m²	a) 2 a b) 23 000 000 a c) 35 000 a d) 2,4 a
	2	a) 4 cm² > 40 mm² b) 4000 m² < 50 a	a) 61 mm², 62 mm², 63 mm² b) z. B. 301 m², 320 m², 380 m², 399 m²
	3	40 mm² < 400 mm² = 4 cm² < 62 370 mm² (DIN A4)	64 mm² < 6 cm² = 600 mm² < 62 370 mm² (DIN A4)
	4	a) m² b) cm, mm c) m², a, ha	Individuelle Lösungen.
	5	a) u = 12 cm; A = 8 cm² b) u = 14 cm; A = 7 cm²	a) u = 168 mm; A = 1184 mm² b) u = 150 mm; A = 800 mm²
	7	a) u = 28 cm; A = 48 cm² b) u = 210 mm; A = 2700 mm² = 27 cm²	Von links, 1. Zeile: 250 mm, 3400 mm²; 2. Zeile: 3 cm; 36 cm²; 3. Zeile: 8 m; 28 m
	8	a) Der Umfang misst 24 m. b) Es werden 48 Steine gebraucht. c) Es werden 2,80 € sein.	a) Grundstück 30 m × 17,5 m; Wohnhaus 10 m × 12,5 m; Gartenhaus 5 m × 2,5 m b) Die Rasenfläche misst 387,5 m². c) Es werden rund 58 € sein.
	9	Die Insel ist rund 570 km² groß.	Die Insel ist rund 700 km² groß.

Register

Abakus 45
Abrunden 28, 40
Abstand 74, 76, 94, 168
Achsensymmetrie 80
Addieren 46, 66, 206
    –, schriftlich 48, 66
    –, überschlagen 51, 66
    –, von Brüchen 206
Anteile 190, 196
Anzahl 10
Ar 226, 238
Assoziativgesetz 116, 128
Aufrunden 28, 40

Balkendiagramm 12, 14, 40
Billiarden 20
Billionen 20
Bruch 190, 194, 196, 198, 200, 202, 206, 214

Cent 158

Daten 10, 11, 12, 40
Dezimalsystem 20
Dezimeter 168, 184
Diagonale 81, 84
Diagramme 12, 13, 14, 15, 40
Differenz 46, 66
Distributivgesetz 116, 128
Dividend 102, 128
Dividieren 102, 128
    –, schriftlich 108, 110, 128
Divisor 102, 128
Drachenviereck 84, 94

Ecke 134, 152
Einer 5, 20
Einheitsquadrat 224
Euro 158

Faktor 100, 128
Fläche an einem Körper 134, 152
Flächeninhalt 224, 226, 230, 238
    –, eines Rechtecks 228

Gekrümmte Linie 72
Geld 158, 184
    –, mit Geld rechnen 160
gemischte Zahl 198, 214

Geodreieck 76, 81
Geometriesoftware 86, 230
Gerade 72, 74, 76, 94
gerade Linie 72
Gewicht s. Masse
Gleichung 118, 128
Gramm 172, 184
größer als 17, 18, 40

Halbgerade s. Strahl
Häufigkeit 10, 12
Hektar 226, 238
Hunderter 5, 20

Jahr 162, 164, 184

Kante 134, 152
Kegel 134, 152
Kilogramm 172, 184
Kilometer 168, 184
Klammern 114, 128
kleiner als 17, 18, 40
Kommutativgesetz 116, 128
Koordinatensystem 67, 83, 94
Körper 129, 134, 152
Kugel 134, 152

Länge 168, 184
Lösung einer Gleichung 118, 128

Malnehmen s. Multiplizieren
Masse 172, 184
Maßstab 171
Meter 168, 184
Milliarden 20
Milligramm 172, 184
Millimeter 168, 184
Millionen 20
Minuend 46, 66
minus s. Subtrahieren
Minute 162, 164, 184
Multiplizieren 100, 128
    –, schriftlich 104, 128

Nachfolger 18, 40
Natürliche Zahlen 18, 40
Nenner 190, 196, 200, 206, 214
Netz 138, 152

ANHANG

Parallel zueinander 74, 76, 94
Parallelogramm 82, 94
Piktogramm 15
Platzhalter 118
plus s. Addieren
Potenz 101
Prisma 134, 136, 152
Probe s. a. Umkehraufgabe
 –, bei Gleichungen 118
Produkt 100, 128
Punktrechnung 114, 128
Pyramide 134, 136, 152

Quader 134, 152
 –, Schrägbild 142
Quadrat 80, 94
Quadratdezimeter 224, 238
Quadratkilometer 226, 238
Quadratmeter 226, 238
Quadratmillimeter 224, 238
Quadratzentimeter 224, 238
Quotient 102, 128

Rastermethode 26
Raute 82, 94
Rechenausdruck 118
Rechengesetze 46, 116, 128
Rechteck 80, 94
 –, Flächeninhalt 228
rechter Winkel 74, 80, 94
Rhombus s. Raute
römische Zahlen 22
Runden 28, 40
Rundungsstelle 28, 40

Sachaufgaben 61
Säulendiagramm 12, 13, 40
Schätzen 26
Schrägbild 142, 152
schriftlich rechnen 48, 52, 54, 104, 108, 110
Sekunde 162, 164, 184
senkrecht zueinander 74, 76, 94
Spitze 134
Stellenwertsystem 20
Stellenwerttafel 5, 20, 40
Strahl 72, 94
Strecke 72, 94
Strichliste 8, 10
Strichrechnung 114, 128
Stunde 162, 164, 184

Subtrahend 46, 66
Subtrahieren 46, 66
 –, schriftlich 52, 54, 66
 –, überschlagen 51, 66
 –, von Brüchen 206
 –, Umfang 220
Summand 46, 66
Summe 46, 66
Symmetrie 80, 82, 84

Tag 162, 164, 184
Teilen s. Dividieren
Term 118, 128
Tonne 172, 184
Trapez 84, 94

Überschlagen
 –, beim Addieren und Subtrahieren 48, 51, 52, 54, 66
 –, beim Multiplizieren und Dividieren 105
Umfang 220, 238
Umkehraufgabe 46, 66, 102, 118, 128
unechter Bruch 198, 214

Variable 118
Verbindungsgesetz 116, 128
Vergleichen 17, 18, 40, 200
Vertauschungsgesetz 46, 116, 128
Verteilungsgesetz 116, 128
Vierecke 80, 82, 84, 94
Vorgänger 18, 40
Vorrangregeln 114, 128

Woche 162, 184
Würfel 134, 152
 –, Schrägbild 142
x-Achse 12, 40, 67, 94
y-Achse 12, 40, 67, 94

Zahl 5, 20
Zahlenstrahl 18, 40, 202
Zähler 190, 196, 200, 206, 214
Zehner 5, 20
Zeit 162, 164, 184
Zeitpunkt 162
Zeitspanne 162, 164
Zentimeter 168, 184
Ziffer 5
Zylinder 134, 152

Bildquellen

Titel: Peter Hartmann, Potsdam ◆ 006/1: Ingram Publishing (UK), Master Series Sport ◆ 007/1 (Japan): Fotolia/iroha ◆ 007/2 (Australien): CORBIS ◆ 008/1 (1. Reihe links): Ingram Publishing (UK), Master Series Sport ◆ 008/2: Fotolia/lunamarina ◆ 008/3: Ingram Publishing (UK), Master Series Sport ◆ 008/4: Mauritius Bildagentur ◆ 008/5: Fotolia/lofik ◆ 008/6 (2. Reihe links): Fotolia/Blend Images ◆ 008/7: Fotolia/Andrey Kiselev ◆ 008/8: Fotolia/J. M. ◆ 008/9: Fotolia/anandkrish16 ◆ 008/10: Fotolia/iroha ◆ 008/11 (3. Reihe links): CORBIS ◆ 008/12: Fotolia/iceteaimages ◆ 008/13: Fotolia/Ilike ◆ 008/14: Fotolia/Claudia Paulussen ◆ 008/15: Fotolia/Andrey Kiselev ◆ 014/1: dpa ◆ 016/1 (Einstein): ullstein bild, Berlin ◆ 016/2: Cornelsen Verlagsarchiv ◆ 016/3 (Galilei): akg-images, Berlin ◆ 017/1 (oben links): Fotolia/Monkey Business ◆ 017/2: Fotolia/Jerome Daucette ◆ 017/3: images.de/ERNOULT ◆ 017/4: Visum/Panos Pictures ◆ 017/5: Fotolia/iMAGINE ◆ 017/6 (Kakteen): Fotolia/desertsolitair ◆ 017/7 (Großstadt): Fotolia/city-colors.com ◆ 017/8 (Große Mauer): Wildlife (Hamburg)/P. Oxford ◆ 021/1: Bildart Volker Döring (Hohen Neuendorf) ◆ 021/2: Siemens AG (Erlangen) ◆ 021/3: Wosczyna, Mathias (Rheinbreitbach) ◆ 022/1: Pohl, Henrik (Berlin) ◆ 023/1 (Inschrift): König, Klaus (Berlin) ◆ 023/2 (Giebel): Berten, Christoph (Berlin) ◆ 023/3 (Uhr): Cornelsen Verlagsarchiv ◆ 023/4 (Briefmarke): Cornelsen Verlagsarchiv ◆ 023/5 (Stadion): picture alliance/dpa-Report/Empics TonyMarshall ◆ 024/2: NASA/JPL/Gov./Press Image ◆ 025/1 (Sonnenblumen): Your Photo Today/Superbild/Sayama ◆ 025/2 (Vögel): Bildagentur Huber/Berger, Garmisch-Patenkirchen ◆ 025/3 (Bienen): www.blickwinkel.de/A. Hartl ◆ 025/4 (Schirme): Bildagentur-online ◆ 026/1 : Bildart Volker Döring (Hohen Neuendorf) ◆ 027/1 (Gummibären): Felsch, Matthias (Berlin) ◆ 027/2 (Pflaster): Bildart Volker Döring (Hohen Neuendorf) ◆ 027/3 (Reißzwecken): Bildart Volker Döring (Hohen Neuendorf) ◆ 027/4 (Pinguine): Picture Press/Manfred Thonig ◆ 027/5 (Linsen): Felsch, Matthias (Berlin) ◆ 030/1 : Bildart Volker Döring (Hohen Neuendorf) ◆ 030/2: Fotolia/Stefan Urmersbach ◆ 031/1 (Münzen): Cornelsen Verlagsarchiv ◆ 032/1 (Tropfen): Fotolia/fotofuerst ◆ 032/2 (Sonnenblumen): Superbild/Sayama ◆ 032/3 (Handvoll): Bildart Volker Döring (Hohen Neuendorf) ◆ 033/1: Max-Planck-Institut für Radioastronomie (Bonn) ◆ 035/1–2: Stockfood, München ◆ 036/1: T. Feltes ◆ 037/1: Fotolia/Regine Schöttl ◆ 037/2: REUTERS/Kamal Kishore ◆ 039/1: Corbis/Jeremy Horner ◆ 045/1: Keystone/Di Agentur ◆ 048/1: Bildart Volker Döring (Hohen Neuendorf) ◆ 051/1: picture-alliance/dpa/dpa-sportbild ◆ 052/1: Rainer Bamberg (Backnang) ◆ 054/1: OKAPIA/allOver/PBA ◆ 056/1–2: CORBIS ◆ 056/3–4: T. Feltes ◆ 057/1: T. Feltes ◆ 061/1: dpa ◆ 062/1 (Bücherei): version-foto, Bonn/Christian Ditsch ◆ 062/2–4 (Tacho): Wolfgang Maria Weber, München ◆ 062/5 (Würfel): Bildart Volker Döring (Hohen Neuendorf) ◆ 063/1: artur, Köln/Jochen Helle ◆ 067/1–3: Carl Zeiss (Oberkochen) ◆ 068/1–3: Fuhrberger Zimmerei (Dipl.-Ing. Zeymer, Fuhrberg) ◆ 069/1 (Gerüst): Bildart Volker Döring (Hohen Neuendorf) ◆ 069/2 (Ornament): Kandula ◆ 069/3 (Giebel): Fuhrberger Zimmerei (Dipl.-Ing. Zeymer, Fuhrberg) ◆ 070/1–5: Bildart Volker Döring (Hohen Neuendorf) ◆ 071/1 (Faltung): Bildart Volker Döring (Hohen Neuendorf) ◆ 071/2: Wrba, Ernst (Wiesbaden) ◆ 071/3: Brüning, Eva (Hainfeld) ◆ 072/1: Felsch, Matthias (Berlin) ◆ 074/1–4: Bildart Volker Döring (Hohen Neuendorf) ◆ 075/1: Fotolia/Delphiimages ◆ 078/1: Cornelsen Verlagsarchiv/Jens Schacht ◆ 079/1: Felsch, Matthias (Berlin) ◆ 079/2: Bildart Volker Döring (Hohen Neuendorf) ◆ 080/1 (Zaun): Cornelsen Verlagsarchiv/Matthias Hamel ◆ 080/2 (Gleis): Cornelsen Verlagsarchiv/Jens Schacht ◆ 080/3 (Schild): Felsch, Matthias (Berlin) ◆ 080/4 (Faltung): Cornelsen Verlagsarchiv ◆ 084/1: Bildart Volker Döring (Hohen Neuendorf) ◆ 085/1: Schacht, Jens (Düsseldorf) ◆ 090/1: Fotolia/M. Schuppich ◆ 091/1 (Karte): www.opencaching.com ◆ 091/2 (GPS-Gerät): Fotolia/Henner Damke ◆ 095/1 (Memory): T. Feltes ◆ 095/2–3 (Malaufgaben): Bildart Volker Döring (Hohen Neuendorf) ◆ 095/4 (Schokolade): T. Feltes ◆ 096/1 (Luftbild): Lineair/Ricardo Funai ◆ 096/2 (Baum): Fotolia/sigi21 ◆ 096/3 (Transport): alimdi.net/Michael Peuckert ◆ 097/1–2 (Konzentrat, Fässer): alibaba trade company/Hongkong/Press Image ◆ 097/3 (Labor): transit/Thomas Härtrich ◆ 097/4 (Abfüllanlage): Martin Stollberg, Stuttgart ◆ 097/5: Bildart Volker Döring (Hohen Neuendorf) ◆ 098/1–2 (Gebinde, Palette): Bildart Volker Döring (Hohen Neuendorf) ◆ 098/3–4 (Hände): v+i+s+k ◆ 099/1: v+i+s+k ◆ 100/1–4 (Gebinde, Kisten): Bildart Volker Döring (Hohen Neuendorf) ◆ 100/5 (Schokolade): www.sunshineheart.ch ◆ 100/6 (Kino): © Disney/www.lionking.org ◆ 102/1: Bildart Volker Döring (Hohen Neuendorf) ◆ 103/1: Ingram Publishing (UK), Master Series Sport ◆ 105/1: Bildart Volker Döring (Hohen Neuendorf) ◆ 107/1: Fotolia/anweber ◆ 109/1 (Umschlag): p-a/akg-images/Rainer Hackenberg ◆ 109/2 (Eintrag): Felsch, Matthias (Berlin) ◆ 112/1–4: T. Feltes ◆ 117/1: United States Department of Agriculture, www.ars.usda.gov/ ◆ 124/1: Ingram Publishing (UK), Master Series Sport ◆ 125/1 (Flugzeug): Airbus Industries, Toulouse ◆ 125/2–3 (Schilder): Bildart Volker Döring (Hohen Neuendorf) ◆ 125/4 (ICE): DB AG/Mediathek ◆ 129/1 (Körper): Cornelsen Verlagsarchiv ◆ 129/2 (Zucker): pixelio.de/wagg66 ◆ 129/3 (Hand): Bildart Volker Döring (Hohen Neuendorf) ◆ 130/1 (Nürburg): vario images ◆ 130/2 (Bingen): Helga Lade/G.Krämer ◆ 131/1: Rainer Jahns, Siegsdorf ◆ 132/1–2 (Kantenmodell): Bildart Volker Döring (Hohen Neuendorf) ◆ 132/3 (Klebeecke): Felsch, Matthias (Berlin) ◆ 133/1(Verpackung): Felsch, Matthias (Berlin) ◆ 133/2–7 (Bausteine, Schattenbild): Bildart Volker Döring (Hohen Neuendorf) ◆ 134/1: Cornelsen Verlagsarchiv ◆ 135/1 (Bälle): Bildart Volker Döring (Hohen Neuendorf) ◆ 135/2 (Pyramiden): Your Photo Today/Superbild/Bert ◆ 135/3 (Eis): Bildart Volker Döring (Hohen Neuendorf) ◆ 135/4 (Rolle): Image State, Business Image Collection Forms, Rob Casey ◆ 135/5 (Keil): Bildart Volker Döring (Hohen Neuendorf) ◆ 135/6 (Alltagsdinge): Bildart Volker Döring (Hohen Neuendorf) ◆ 135/7 (Sandkegel): Ferropolis GmbH Gräfenhainichen (Peter Grabsdorf) ◆ 135/8 (Verpackungen): Bildart Volker Döring (Hohen Neuendorf) ◆ 135/9 (Räucherware): Flora Press/Practica Pictures ◆ 135/10 (Globus): Räthgloben 1917 Verlags GmbH (Markkranstädt), www.raethgloben.de ◆ 136/1: pixelio.de/wilhei ◆ 137/1: Tourismusinformation Bad Säckingen ◆ 138/1–3: Bildart Volker Döring (Hohen Neuendorf) ◆ 140/1: Bildart Volker Döring (Hohen Neuendorf) ◆ 142/1: Bildart Volker Döring (Hohen Neuendorf) ◆ 144/1: Felsch, Matthias (Berlin) ◆ 144/2: Flora Press/Barbara Schneider ◆ 145/1–2 (Burgenbau): Felsch, Matthias (Berlin) ◆ 145/3 (Sandburg): Avenue Images/Index Stock/Dana Sigall ◆ 148/1: Wikipedia/CC/ Ricardo Liberato ◆ 153/1–2 (Euro): EZB/Pressebild ◆ 153/3 (Zug): Felsch, Matthias (Berlin) ◆ 153/4–5: Deutsche Bahn AG (Bildarchiv Bahn im Bild) ◆ 153/6–7 (Chip, Feder): Bildart Volker Döring (Hohen Neuendorf) ◆ 154/1–2: akg-images ◆ 154/3: www.olympix.de ◆ 154/4: Cornelsen Verlagsarchiv ◆ 154/5: pa-/dpaweb/epa/Fabrice Coffrini ◆ 155/1: p-a: dpa-Sportreport/Gutberlet ◆ 155/2: p-a/dpa-sportreport/epa/Steve C. Mitchell ◆ 155/3–4: Getty Images/Bongarts ◆ 155/5: dpa-Sportreport/Arne Dedert ◆ 155/6: dpa-Sportreport/Tony Marshall/Empics ◆ 156/1 (Robert Harting): pic-all/Rainer Jensen ◆ 156/2–3 (Münzen, Geldscheine): Cornelsen Verlagsarchiv ◆ 157/1 (Kinder): Bildart Volker Döring (Hohen Neuendorf) ◆ 157/2 (Stoppuhr): Mertens, Jens-Uwe (Berlin) ◆ 158 (Münzen, Geldscheine): Cornelsen Verlagsarchiv ◆ 159 (Münzen, Geldscheine): Cornelsen Verlagsarchiv ◆ 162/1–5: Fotolia.com ◆ 165/1 (Radfahrer): p-a/KPA/Picture 24/Schunk ◆ 166/1–4 (Gepäckstücke): Bildart Volker Döring (Hohen Neuendorf) ◆ 166/5 (Lauf): p-a/dpaweb/Sportreport/Keystone/Patrick B. Krämer ◆ 167/1 (Weitsprung): Frank Boxler ◆ 17/2-4 (Bälle): Bildart Volker Döring (Hohen Neuendorf) ◆ 167/5 (Gewichtheben): dpa-Sportrepoet/PA ◆ 167/6 (Schultasche): Bildart Volker Döring (Hohen Neuendorf) ◆ 168/1 (Schild Autobahn): Cornelsen Verlagsarchiv ◆ 168/2 (Verkehrsschilder): Cornelsen Verlagsarchiv ◆ 169/1: Wikipedia/GNU/Jon Sullivan (PD-PDphoto.org) ◆ 170/1: Ingram Publishing (UK), Master Series Sport ◆ 171/1: Wolfgang Maria Weber, München ◆ 172/1–2: Bildart Volker Döhring (Hohen Neuendorf) ◆ 172/2: Cornelsen Verlagsarchiv ◆ 173/1–4 (Waagen): Bildart Volker Döring (Hohen Neuendorf) ◆ 173/5 (Verkaufswaage): Cornelsen Verlag/H. Krumbholz ◆ 176/1–2: CORBIS GmbH, Hamburg ◆ 177/1–2: CORBIS GmbH, Hamburg ◆ 179/1: blickwinkel.de/A. Hartl ◆ 180/1 (Regionalzug): DB AG/Mediathek ◆ 180/2 (Gewitter): blickwinkel/N. Dautel ◆ 181/1 (Familie): p-a/Picture Press/Frank Wartenberg ◆ 181/2 (Garten): Getty Images ◆ 181/3 (Waagen): Stock4B/unlike by/Felbert+Eickenberg ◆ 185/1 (Schokolade): Bildart Volker Döring (Hohen Neuendorf) ◆ 185/2 (Herz): Bildart Volker Döring (Hohen Neuendorf) ◆ 185/3 (Glas): Bildart Volker Döring (Hohen Neuendorf) ◆ 188/1: Bamberg, Rainer (Backnang) ◆ 188/2–3 (Stifte): Felsch, Matthias (Berlin) ◆ 188/4 (Kuchen): Ingram Ultimate Food Photography ◆ 191 (Apfelbilder): Bamberg, Rainer (Backnang) ◆ 192/1: Bildart Volker Döring (Hohen Neuendorf) ◆ 192/2: Bamberg, Rainer (Backnang) ◆ 194/1: Hamel (Berlin) ◆ 194/2: Felsch, Matthias (Berlin) ◆ 195/1–3: Bamberg, Rainer (Backnang) ◆ 196/1 (Münzen): Cornelsen Verlagsarchiv ◆ 196/2 (Gebäck): Ingram Food Menu Library ◆ 197/1 (Fische): Fotolia/K.-U. Häßler ◆ 198/1: Schacht (Düsseldorf) ◆ 201/1–4: Bamberg, Rainer (Backnang) ◆ 202/1 (Tankanzeige): Fotolia/matthias21 ◆ 202/2 (Stoppuhr): Fotolia/Taffi ◆ 203/2 (Messbecher): Profilfoto Marek Lange, Berlin ◆ 204/1–8 (Apfelbilder): Bildart Volker Döring (Hohen Neuendorf) ◆ 204/9 (Bruchstreifen): Felsch, Matthias (Berlin) ◆ 204/10 (Handschrift): Felsch, Matthias (Berlin) ◆ 205/1, 3–5 (Bruchstreifen): Felsch, Matthias (Berlin) ◆ 205/2 (Handschrift): Felsch, Matthias (Berlin) ◆ 205/6–8 (Apfelbilder): Bildart Volker Döring (Hohen Neuendorf) ◆ 205/1-2 (Apfelbilder): Retterath, Katalin (Speyer) ◆ 205/3–4 (Bruchstreifen): Felsch, Matthias (Berlin) ◆ 209/1: Cornelsen Verlagsarchiv ◆ 210/1: Atelier K. Mocker, Gera ◆ 211/1 (Tür): p-a/akg-images/Stefan Drechsel ◆ 211/2 (Elefant): dpa-Report/Ruppenthal ◆ 211/3 (Pandabär): dpaweb/Felix Heyder ◆ 211/4 (Känguru): KPA/B. + H. Röder/Picture 24 ◆ 214/1: Bildart Volker Döring (Hohen Neuendorf) ◆ 215/1–2: Screenshot Google Maps, Cornelsen Verlagsarchiv ◆ 216/1 (Luftbild): Fraunholz, Elfi (Dinkelsbühl) ◆ 216/2 (Reiterin): Bildart Volker Döring (Hohen Neuendorf) ◆ 216/3 (Reithalle): Bildart Volker Döring (Hohen Neuendorf) ◆ 217/1 (Widerrist): Peter Hahn, Kornbach /Gefrees ◆ 217/2 (Ponys): Bildart Volker Döring (Hohen Neuendorf) ◆ 217/3 (Hufschmied): Fotolia/Jürgen Fälchle ◆ 218/1: Fraunholz, Elfi (Dinkelsbühl) ◆ 219/1–2: Bildart Volker Döring (Hohen Neuendorf) ◆ 221/1 (Finger): Bildart Volker Döring (Hohen Neuendorf) ◆ 221/2 (Baum): Felsch, Matthias (Berlin) ◆ 222/1 (Schloss): Felsch, Matthias (Berlin) ◆ 222/2 (Gemälde): Weiss, Kirsten (Berlin) ◆ 223/2 (Ponys): Bildart Volker Döring (Hohen Neuendorf) ◆ 224/1 (Streichholz): Felsch, Matthias (Berlin) ◆ 224/2 (Briefmarke): Cornelsen Verlagsarchiv ◆ 225/1: SanDisk (Pressebild) ◆ 226/1 (Box): Bildart Volker Döring (Hohen Neuendorf) ◆ 226/2 (Reitplatz): Fraunholz, Elfi (Dinkelsbühl) ◆ 226/3 (Hof): Fraunholz, Elfi (Dinkelsbühl) ◆ 226/4 (Tafel): Fotolia/Santi ◆ 228/1: Cornelsen Verlagsarchiv ◆ 229/1: Felsch, Matthias (Berlin) ◆ 231/1: mediacolors/Flüeler ◆ 231/2: Visum/euroluftbild ◆ 233/1: Messe Berlin – Deutschlandhalle (Presse- und Bildarchiv) ◆ 234/1 (Zimmer): ullstein bild/CARO/Muhs ◆ 234/2 (Verlegen): Fotolia/Erik Schumann

Trotz intensiver Bemühungen konnten möglicherweise nicht alle Rechteinhaber ausfindig gemacht werden. Bei begründeten Ansprüchen wenden sich Rechteinhaber bitte an den Verlag.

Mathe-Rallye

Spielerzahl: 1 bis 4
(plus Schiedsrichter mit Taschenrechner)

START

	Wie viele Menschen leben auf der Erde?	Skizziere einen Würfel. / Skizziere einen Drachen.	780 − ▲ = 240 / Telefonnummer deiner Schule?	750 − 570 / 81 : 9
				30 mm = ? m / 1,80 € : 4
12 · 5 / 175 − 80		6543 − 44 / 0 · 128	5 · 5 / Skizziere einen Quader.	Wie groß ist Deutschland ungefähr?
138 − 99 / 125 : 25	Deine Schuhgröße mal 5? / 111 + 99	Erfinde eine Minusaufgabe zum Bild.	312 − 23 / 120 : 3	
	3 · 3 · 3 · 3 / Die Hälfte von 240?	340 − 48 / 101 − ▲ = 56	1 Hektar = ? m² / 25 · 20	4,25 € − 0,98 € / 8 · 11
		784 : 2 / 8,50 € − 5,80 €	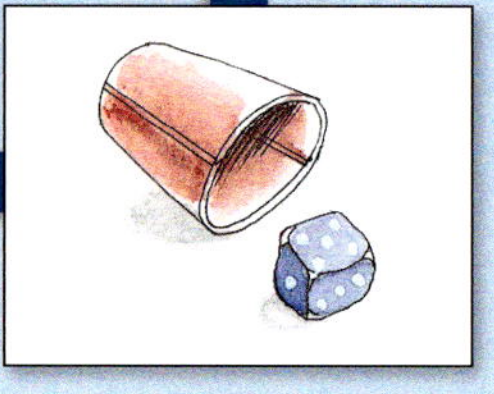	*Gehe 7 Felder weiter.*
				25 038 m = ? km / 4 · 55
				31 + 18 + 12 / 125 − 35

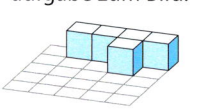

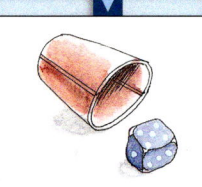

Spielverlauf

1. Es wird abwechselnd gewürfelt. Suche dir auf dem Feld, auf das du gelangst, eine freie Aufgabe aus. Du hast für den Lösungsversuch 30 Sekunden Zeit. Wenn keine Aufgabe frei ist, musst du aussetzen.
2. Alle kontrollieren, ob richtig oder falsch (Schiedsrichter entscheidet). Bei Schätzaufgaben bitte großzügig sein.
3. Wenn du die Aufgabe richtig gelöst hast, bleibst du auf dem Feld stehen. Wenn nicht, musst du zurück auf das Feld, von dem du in dieser Runde gestartet bist. Die Siegerin oder der Sieger ist in der nächsten Runde Schiedsrichter.

Natürlich könnt ihr euch auch eigene Regeln ausdenken!

Ruhe dich vom scharfen Nachdenken aus.    nochmals würfeln    zurück zum START